건축직
기출문제
정복하기

9급 공무원 건축직
기출문제 정복하기

개정2판	**발행**	2024년 01월 10일
개정3판	**발행**	2025년 01월 10일

편 저 자 | 주한종

발 행 처 | ㈜서원각

등록번호 | 1999-1A-107호

주　　　소 | 경기도 고양시 일산서구 덕산로 88-45(가좌동)

교재주문 | 031-923-2051

팩　　　스 | 031-923-3815

교재문의 | 카카오톡 플러스 친구[서원각]

홈페이지 | goseowon.com

모든 시험에 앞서 가장 중요한 것은 출제되었던 문제를 풀어봄으로써 그 시험의 유형 및 출제 경향, 난도 등을 파악하는 데에 있다. 즉, 최단시간 내 최대의 학습효과를 거두기 위해서는 기출문제의 분석이 무엇보다도 중요하다는 것이다.

건축직 시험은 건축계획, 건축구조의 기본 이론적인 내용과 함께 이해력과 응용력을 요구하는 내용을 동시에 학습해야 하며, 내용 역시 광범위하다. 암기형 문제와 더불어 다양한 자료를 분석, 계산해야 하는 문제도 함께 출제되기 때문에 각 영역의 출제 경향을 파악하고 학습해야 한다.

'9급 공무원 기출문제 정복하기-건축직'은 이를 주지하고 그동안 시행된 국가직, 지방직, 서울시 기출문제를 과목별로, 시행처와 시행연도별로 깔끔하게 정리하여 담고, 문제마다 상세한 해설과 함께 관련 이론을 수록한 군더더기 없는 구성으로 기출문제로집 본연의 의미를 살리고자 하였다.

9급 공무원 시험의 경쟁률이 해마다 점점 더 치열해지고 있다. 이럴 때일수록 기본적인 내용에 대한 탄탄한 학습이 빛을 발한다. 수험생 모두가 자신을 믿고 본서와 함께 끝까지 노력하여 합격의 결실을 맺기를 희망한다.

STRUCTURE
이 책의 특징 및 구성

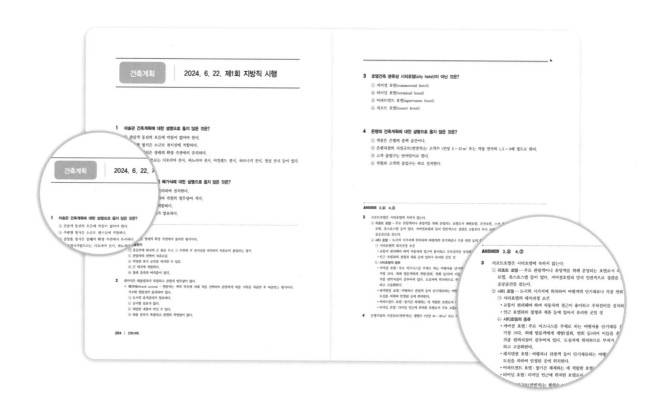

최신 기출문제분석

최신의 최다 기출문제를 수록하여 기출 동향을 파악하고, 학습한 이론을 정리할 수 있습니다. 기출문제들을 반복하여 풀어봄으로써 이전 학습에서 확실하게 깨닫지 못했던 세세한 부분까지 철저하게 파악, 대비하여 실전대비 최종 마무리를 완성하고, 스스로의 학습상태를 점검할 수 있습니다.

상세한 해설

상세한 해설을 통해 한 문제 한 문제에 대한 완전학습을 가능하도록 하였습니다. 정답을 맞힌 문제라도 꼼꼼한 해설을 통해 다시 한 번 내용을 확인할 수 있습니다. 틀린 문제를 체크하여 내가 취약한 부분을 파악할 수 있습니다.

CONTENT
이 책의 차례

01 건축계획

02 건축구조

01

건축계획

1 건축 형태의 구성요소 및 원리에 대한 설명으로 가장 옳은 것은?

① 비례는 건물을 구성하는 각 요소들(지붕과 벽, 기둥, 창문 등)의 질적인 관계이다.

② 대칭은 형태의 비평형적 관계이다.

③ 리듬은 균형에 의해 형성된다.

④ 질감이란 물체를 만져보지 않고 시각적으로 표면 상태를 알 수 있는 것이다.

2 택지개발 및 주택단지 계획과 관련된 설명으로 가장 옳은 것은?

① 페리의 근린주구에서 규모는 하나의 중학교를 필요로 하는 인구에 대응하며, 그 물리적 크기는 인구밀도에 의해 결정된다.

② 국지도로 유형 중 하나인 쿨데삭(Cul-de-sac)은 교통량이 많으며, 도로의 최대 길이는 30m 이하이어야 한다.

③ 블록형 단독주택 용지는 개별필지로 구분하지 않으며 적정규모의 블록을 하나의 개발단위로 공급하는 용지를 말한다.

④ 탑상형 공동주택은 각 세대에 개방감을 주며 거주 조건이나 환경이 균등하다는 장점이 있다.

ANSWER 1.④ 2.③

1 ① 비례는 건물을 구성하는 각 요소들(지붕과 벽, 기둥, 창문 등)의 양적인 관계이다.
② 대칭은 형태의 평형적 관계이다.
③ 리듬은 규칙적인 요소들의 반복으로 나타나는 통제된 운동감이다. (균형에 의해 형성되는 것이 아니다.)

2 ① 페리의 근린주구에서 규모는 하나의 초등학교를 필요로 하는 인구에 대응하며, 그 물리적 크기는 인구밀도에 의해 결정된다.
② 국지도로 유형 중 하나인 쿨데삭(Cul-de-sac)은 각 가구를 잇는 도로가 하나인 막힌 골목길로서 교통량이 적으며, 적정길이는 120~300m 정도이다. (단, 300m 이상 시에는 중간부에 회전지점이 요구된다. 모든 쿨데삭은 2차선을 확보해야 하며, 보차분리를 준수하고 쿨데삭의 진출입부의 교통 혼잡에 유의해야 한다.)
④ 탑상형 공동주택은 주호가 중앙홀을 중심으로 전면에 배치가 되어 있어 각 주호의 거주조건이나 환경조건이 불균등하다는 단점이 있다.

3 건축물 건축설비 관련 설명 중 가장 옳지 않은 것은?

① 온수난방은 예열시간이 길지만 잘 식지 않아 난방을 정지하여도 난방 효과가 지속된다.

② 서로 상이한 실에서 냉난방을 동시에 해야 하는 경우 가장 적절한 공조방식은 변풍량 단일덕트 방식이다.

③ 복사난방은 방 높이에 의한 실온의 변화가 적고, 실내가 쾌적하다는 장점이 있다.

④ 건축화 조명은 천장, 벽, 기둥 등 건축물의 내부에 조명 기구를 설치하여 건물의 내부 및 마감과 일체적으로 만들어 조명하는 방식이다.

4 쇼핑센터의 입지 조건 및 배치 특성에 대한 설명으로 가장 옳은 것은?

① 보행자 몰(Pedestrian Mall)은 가능한 한 인공조명을 설치하여 내부공간의 분위기와 같은 느낌을 주는 계획이 필요하다.

② 시티센터(City Center)형은 뉴타운(Newtown)의 중심부에 조성하고 비교적 중·소규모의 형태로 계획한다.

③ 보행자 몰(Pedestrian Mall)은 코트(Court), 알코브(Alcove) 등을 평균 50m 길이마다 설치하여 변화를 주거나 다층화를 도모함으로써 비교적 단조롭게 조성하는 것이 좋다.

④ 교외형 쇼핑센터는 교외의 간선도로에 면하여 입지하는 비교적 대규모시설로 단지차원의 계획이며 대규모 주차 시설의 계획이 필요하다.

ANSWER 3.② 4.④

3 서로 상이한 실에서 냉난방을 동시에 해야 하는 경우 가장 적절한 공조방식은 이중덕트 방식이다.

※ 이중덕트 방식
- 혼합박스가 있어 각 방의 온도조절이 가능하다.
- 계절마다 냉난방의 전환이 필요하지 않다.
- 운전 및 보수가 용이하다.
- 덕트의 면적이 상당히 크다.
- 운전 시 에너지소비가 많으며 설비비가 많이 든다.

4 ① 보행자 몰(Pedestrian Mall)은 자연광을 이용하여 외부공간과 같은 느낌을 주도록 한다.

② 시티센터(City Center)형은 도심의 상업지역에 입지하는 사회, 문화시설 등과 함께 대규모로 계획한다.

③ 보행자 몰(Pedestrian Mall)은 코트(Court), 알코브(Alcove) 등을 평균 20m~30m 길이마다 설치하여 변화를 주거나 다층화를 도모하여 변화감과 쾌적함을 제공하고 휴식장소로도 활용이 가능하도록 계획해야 한다.

※ 쇼핑센터의 분류(입지에 의한 분류)
- 시티센터 : 도심의 상업지역에 입지하는 사회, 문화시설 등과 함께 계획하는 경우가 많다.
- 터미널형 : 교통기관의 터미널에 상업시설이 입지하는 것을 말한다.
- 지하상가형 : 도심의 지하에 상점을 설치하여 상점가로 이용할 목적으로 계획한다.
- 역전형 : 뉴타운 계획에 수반하여 뉴타운 근처 역전에 계획한 것이다.

5 학교 교사 계획의 배치유형에 따른 특징으로 가장 적합한 것은?

① 폐쇄형 : 화재 및 비상시에 유리하다.

② 분산 병렬형 : 구조계획이 간단하고 규격형의 이용이 편리하다.

③ 집합형 : 시설물의 지역사회 이용과 같은 다목적 계획이 불리하다.

④ 클러스터형 : 건물 동 사이에 놀이 공간을 구성하기 불리하다.

6 종합병원의 병동부 계획에 대한 내용으로 가장 옳은 것은?

① 병실 출입구는 안목치수를 1m 이상으로 하여 침대가 통과할 수 있도록 하고 차음성은 고려할 필요가 없다.

② 일반 병동부는 다른 부문과 공간적으로 분리하여 감염을 방지하도록 한다.

③ 중환자 병동과 신생아 병동은 다른 부문과 공간적으로 분리하고, 공기와 접촉을 통한 전염의 방지를 위해 설비 및 공간을 계획한다.

④ 정신 병동의 문은 밖여닫이로 하고 실내를 감시할 수 있는 창문을 설치한다.

ANSWER 5.② 6.③

5 ① 폐쇄형 : 화재 및 비상시에 불리하다.
③ 집합형 : 시설물의 지역사회 이용과 같은 다목적 계획이 용이하다.
④ 클러스터형 : 건물 동 사이에 놀이 공간을 구성하기 유리하다.

6 ① 병실 출입구는 차음성을 반드시 고려해야 한다.
② 일반 병동부는 다른 부문과 공간적으로 연결하되, 출입문을 필히 설치하여 감염을 방지하도록 한다.
④ 정신 병동의 문은 안여닫이로 하고 실내를 감시할 수 있는 창문을 설치한다.

7 문화재시설 담당 공무원으로서 전통건축물 수리보수를 감독하고자 한다. 건축 문화재에 관한 용어 설명으로 가장 옳지 않은 것은?

① 평방(平枋)은 다포형식의 건물에서 주간포를 받기 위해 창방 위에 얹는 부재를 말한다.

② 부연(附椽)은 처마 서까래의 끝에 덧얹어 처마를 위로 올린 모양이 나도록 만든 짤막한 서까래를 말한다.

③ 첨차(檐遮)는 건물 외부기둥의 윗몸 부분을 가로로 연결하고 그 위에 평방, 소로, 화반 등을 높이는 수평부재를 말한다.

④ 닫집은 궁궐의 용상, 사찰·사당 등의 불단이나 제단 위에 지붕모양으로 씌운 덮개를 말한다.

8 도서관의 배치 및 기능에 대한 설명으로 가장 옳지 않은 것은?

① 별도의 아동실을 설치할 경우에는 이용이 빈번한 장소에 그 입구를 설치하여야 한다.

② 30~40년 후의 장래를 고려하여 충분한 여유 공간이 있어야 한다.

③ 서고 내에 설치하는 캐럴(Carrel)은 창가나 벽면 쪽에 위치시켜 이용자가 타인으로부터 방해 받는 일이 없도록 한다.

④ 도서관은 조사, 학습, 교양, 레크리에이션과 사회교육에 기여함을 목적으로 하는 시설을 말한다.

ANSWER 7.③ 8.①

7 첨차(檐遮)는 주두, 소로 및 살미와 함께 공포를 구성하는 기본 부재로 살미와 반턱맞춤에 의해 직교하여 결구되는 도리 방향의 부재이다. 한식 목조건물의 기둥 위에 가로 건너질러 연결하고 평방 또는 화반, 소로 등을 받는 수평부재는 창방이다.

8 별도의 아동실을 설치할 경우에는 이용이 빈번하지 않은 장소에 그 입구를 설치하여야 한다.

9 사무소의 실 배치 방법에 대한 설명으로 가장 옳은 것은?

① 개실배치(Individual Room System)는 임대에 불리하다.

② 개방식 배치(Open Room System)는 개실배치에 비해 공사비가 저렴하다.

③ 개방식 배치는 인공조명과 인공환기가 불필요하다.

④ 오피스 랜드스케이핑(Office Landscaping)은 개방된 사무 공간에 관리자를 위한 독립실을 제공하여 업무능률 향상을 도모하는 방식이다.

10 경주 및 포항 지진 이후 내진설계에 대한 국민들의 관심이 증가하고 있다. 건축물을 건축하거나 대수선하는 경우 착공신고 시에 건축주가 설계자로부터 구조안전 확인서류를 받아 허가권자에게 제출해야 하는 대상 건축물이 아닌 것은?

① 층수가 2층(주요구조부인 기둥과 보를 설치하는 건축물로서 그 기둥과 보가 목재인 목구조 건축물의 경우에는 3층) 이상인 건축물

② 연면적이 200m²(목구조 건축물의 경우에는 500m²) 이상인 건축물

③ 높이가 13m 이상인 건축물

④ 기둥과 기둥 사이의 거리가 10m 이하인 건축물

ANSWER 9.② 10.④

9 ① 개실배치(Individual Room System)는 여러 실이 만들어져서 임대에 유리하다.
③ 개방식 배치는 인공조명과 인공환기가 필요하다.
④ 오피스 랜드스케이핑(Office Landscaping)은 칸막이를 제거하여 부서 간의 업무 연계 및 작업능률의 효율화를 도모하기 위한 방식이다.

10 기둥과 기둥 사이의 거리가 10m 이상인 건축물이 해당된다.

11 건물의 리모델링 중 성능개선의 원인으로 가장 적합하지 않은 것은?

① 건물이 물리적 내용 연수의 한계에 달하는 경우 준공시점 수준까지 건물의 기능을 회복하기 위하여 수리·수선이 필요하다.

② 건물의 노후화에 따라 발생할 수 있는 구조적 성능저하를 개선하기 위하여 구조성능 개선이 필요하다.

③ 사회적 구조변화와 환경변화에 따라 건물의 기능적 성능을 새롭게 바꾸는 기능적 개선이 필요하다.

④ 시대적 성향의 변화에 따라 건물의 외관과 내부의 형태 및 마감 상태를 새롭게 하는 미관적 개선이 필요하다.

12 집합주택의 단면 형식에 의한 분류 중 그 내용으로 가장 적합하지 않은 것은?

① 스킵플로어형(Skip Floor Type) : 주택 전용면적비가 높아지며 피난 시 불리하다.

② 트리플렉스형(Triplex Type) : 프라이버시 확보에 유리하며 공용면적이 적다.

③ 메조네트형(Maisonette Type) : 주호의 프라이버시와 독립성 확보에 불리하며 속복도일 경우 소음 처리도 불리하다.

④ 플랫형(Flat Type) : 프라이버시 확보에 불리하며 규모가 클 경우 복도가 길어져 공용면적이 증가한다.

ANSWER 11.① 12.③

11 ① 건물이 물리적 내용 연수의 한계에 달하는 경우 준공시점 수준까지 건물의 기능을 회복하기 위하여 수리·수선을 하는 것은 보수(repair)이다.

• 리모델링이란 기존건물의 구조적, 기능적, 미관적, 환경적 성능이나 에너지 성능을 개선하여 거주자의 생산성과 쾌적성 및 건강을 향상시킴으로써 건물의 가치를 상승시키고 경제성을 높이는 것을 말한다.

• 리모델링은 현재 정상적으로 운영되고 있는 건물시스템의 성능을 개선시킨다는 점에서 건물의 보수, 보강, 수선, 개수, 교체 등과는 약간의 의미적 차이를 가지고 있다. 즉, 건축물의 리모델링은 기존의 성능을 그대로 유지해도 건물의 운영에는 문제가 없으나 성능개선을 통하여 가치를 향상시키고자 하는 선택적 수단임에 반해, 보수, 보강, 개수, 교체 등은 건물시스템의 하자나 불량, 고장, 성능저하로 인한 불가피한 선택인 것이다.

12 메조네트형(Maisonette Type)은 주호의 프라이버시와 독립성 확보 및 통풍, 채광에 유리하다. (속복도형은 중복도형을 의미한다.)

13 범죄를 예방하고 안전한 생활환경을 조성하기 위하여 건축물, 건축설비 및 대지에 관한 범죄예방 기준에 따라 건축하여야 하는 건축물로 가장 옳지 않은 것은?

① 공동주택 중 세대 수가 300세대 이상인 아파트
② 제1종 근린생활시설 중 일용품을 판매하는 소매점
③ 제2종 근린생활시설 중 다중생활시설
④ 노유자시설

14 공연장의 평면형식에 대한 내용으로 가장 옳은 것은?

① 아레나(Arena)형은 객석과 무대가 하나의 공간에 있으므로 일체감을 주며 긴장감이 높은 연극 공간을 형성한다.
② 오픈스테이지(Open Stage)형은 무대와 객석의 크기, 모양, 배열 그리고 그 상호관계를 한정하지 않고 변경할 수 있다.
③ 프로시니엄(Proscenium)형은 관객이 연기자에게 근접하여 공연을 관람할 수 있다.
④ 가변형 무대는 배경이 한 폭의 그림과 같은 느낌을 주어 전체적인 통일감을 형성하는 데 가장 좋은 형태이다.

ANSWER 13.정답 없음 14.①

13 출제 당시에는 '공동주택 중 세대수가 500세대 이상인 아파트'가 범죄예방 기준 대상 건축물에 해당되어 ①이 정답이었으나, 2019. 7. 이후 시행되는 법에서 해당 조문이 '다가구주택, 아파트, 연립주택 및 다세대주택'으로 개정되었으므로 아파트는 세대수 구분 없이 범죄예방 기준에 따라 건축하여야 한다.

※ 범죄예방 기준에 따라 건축하여야 하는 건축물〈건축법시행령 제63조의7〉
  ㉠ 다가구주택, 아파트, 연립주택 및 다세대주택
  ㉡ 제1종 근린생활시설 중 일용품을 판매하는 소매점
  ㉢ 제2종 근린생활시설 중 다중생활시설
  ㉣ 문화 및 집회시설(동·식물원은 제외)
  ㉤ 교육연구시설(연구소 및 도서관 제외)
  ㉥ 노유자시설
  ㉦ 수련시설
  ㉧ 업무시설 중 오피스텔
  ㉨ 숙박시설 중 다중생활시설

14 ② 가변형 스테이지(Adaptable Stage)형은 무대와 객석의 크기, 모양, 배열 그리고 그 상호관계를 한정하지 않고 변경할 수 있다.
③ 오픈스테이지(Open Stage)형은 관객이 연기자에게 근접하여 공연을 관람할 수 있다.
④ 프로시니엄(Proscenium)형 무대는 배경이 한 폭의 그림과 같은 느낌을 주어 전체적인 통일감을 형성하는 데 가장 좋은 형태이다.

15 주민자치센터 건축과정에서 「장애인·노인·임산부 등의 편의증진 보장에 관한 법률」의 기준에 의한 장애 없는(barrier free) 공공업무시설을 구현할 때 편의시설의 설치기준으로 가장 옳지 않은 것은?

① 경사로의 시작과 끝, 굴절 부분 및 참에는 1.5m×1.5m 이상의 활동공간을 확보하여야 한다.

② 휠체어 사용자용 세면대의 상단 높이는 바닥면으로부터 0.80m, 하단 높이는 0.55m 이상으로 하여야 한다.

③ 계단 및 참의 유효폭은 1.2m 이상으로 하여야 한다.

④ 장애인용 출입구(문)의 0.3m 전면에 시각장애인을 위한 점형블록을 설치하여야 한다.

16 1950년대 후반 지오데식 돔(geodesic dome) 건축기법을 개발하여 10층 높이의 축구 경기장으로 사용 가능한 규모의 구조물을 설계한 건축가는?

① 산티아고 칼라트라바(Santiago Calatrava)

② 루이스 바라간(Luis Barragán)

③ 리차드 버크민스터 풀러(Richard Buckminster Fuller)

④ 피에르 루이지 네르비(Pier Luigi Nervi)

ANSWER 15.② 16.③

15 휠체어 사용자용 세면대의 상단 높이는 바닥면으로부터 0.85m, 하단 높이는 0.65m 이상으로 하여야 한다.
④ 점형블록을 설치하거나 바닥재의 질감 등을 달리할 수 있다(건축물 주출입구의 0.3미터 전면에는 문의 폭만큼 점형블록을 설치하거나 시각장애인이 감지할 수 있도록 바닥재의 질감 등을 달리하여야 한다. - 시행규칙 별표1).

16 리차드 버크민스터 풀러(Richard Buckminster Fuller)에 관한 설명이다. 최초로 지오데식 돔(삼각형을 짝지어 돔을 형성하는 공법)을 비롯한 획기적인 아이디어를 실현한 인물로 건축기술의 발전에 큰 영향을 끼친 인물이다.

17 지구단위계획에 대한 설명으로 가장 옳은 것은?

① 지구단위계획은 「건축법」에 근거한다.

② 지구단위계획은 토지이용의 합리화와 체계적인 관리를 목적으로 한다.

③ 지구단위계획은 모든 도시계획 수립 대상 지역에 대한 관리계획이다.

④ 지구단위계획구역은 도시관리계획으로 관리하기 어려운 지역을 대상으로 한다.

18 주택계획의 기본방향에 대한 설명으로 가장 옳은 것은?

① 개인의 사적 영역을 보장한다.

② 건강 증진을 위해 가급적 동선을 길게 한다.

③ 활동성 증대와 전통성 강화를 위해 좌식을 우선시한다.

④ 가족전체 영역보다는 구성원 개인의 영역을 우선시한다.

ANSWER 17.② 18.①

17 ① 지구단위계획은 「국토의 계획 및 이용에 관한 법률」에 근거한다.
③ 지구단위계획구역은 도시 · 군계획 수립 대상지역의 일부에 대한 것이다.
④ 지구단위계획구역은 토지 이용을 합리화하고 그 기능을 증진시키며 미관을 개선하고 양호한 환경을 확보하며, 그 지역을 체계적 · 계획적으로 관리하기 위하여 수립하는 도시 · 군관리계획을 말한다.

18 ② 가급적 동선을 짧게 해야 한다.
③ 활동성 증대를 위해 입식을 우선시한다.
④ 가족전체 영역과 구성원 개인 영역의 균형을 추구해야 한다.

19 친환경 건축계획 기법의 하나인 중수 이용에 관한 설명으로 가장 옳지 않은 것은?

① 일정 규모 이상의 시설물을 신축(증축·개축 또는 재축하는 경우를 포함)하는 경우 물 사용량의 10% 이상의 중수도를 설치·운영하여야 한다.

② 중수는 소화용수, 변기세정수, 조경용수로 사용할 수 있다.

③ 중수의 청결도는 상수와 하수의 중간 정도이다.

④ 환경오염의 우려가 있으므로 빗물을 모아서 중수로 사용해서는 안 된다.

20 최근 다양한 건축분쟁이 증가하고 있는데, 주거지역 안에서 일조 등의 확보를 위한 높이제한 내용 중 가장 옳지 않은 것은?

① 전용주거지역이나 일반주거지역에서 건축하는 경우 건축물의 각 부분을 정북방향으로의 인접 대지경계선으로부터 높이 9m 이하인 부분은 1.5m 이상의 범위에서 건축조례로 정하는 거리 이상을 띄워 건축한다.

② 전용주거지역이나 일반주거지역에서 건축하는 경우 건축물의 각 부분을 정북방향으로의 인접대지 경계선으로부터 높이 9m를 초과하는 부분은 해당 건축물 각 부분 높이의 2분의 1 이상 범위에서 건축조례로 정하는 거리 이상을 띄워 건축한다.

③ 공동주택의 경우 건축물 각 부분의 높이는 그 부분으로부터 채광을 위한 창문 등이 있는 벽면에서 직각방향으로 인접 대지경계선까지의 수평거리의 2배(근린상업지역 또는 준주거지역의 건축물은 4배) 이하로 한다.

④ 같은 대지에서 두 동 이상의 건축물이 서로 마주보는 경우, 건축물 각 부분 사이의 거리는 그 대지의 모든 세대가 동지를 기준으로 9시에서 15시 사이에 1시간 이상 계속하여 일조를 확보할 수 있는 거리 이상 띄워서 건축해야 한다.

ANSWER 19.④ 20.④

19 한 번 사용한 물을 어떠한 형태로든 한 번 혹은 반복적으로 사용하는 물을 중수라 하며, 빗물 역시 중수로 사용할 수 있다. (중수도: 배수나 하수를 처리, 재생한 것을 청소, 변소, 살수 등의 양질의 물을 필요로 하지 않는 부분에 상수도와는 다른 계통으로 공급하는 수도)

20 같은 대지에서 두 동 이상의 건축물이 서로 마주보는 경우, 건축물 각 부분 사이의 거리는 일정 거리 이상(건축법 시행령 제86조 참조) 띄워서 건축해야 한다. 다만, 그 대지의 모든 세대가 동지를 기준으로 9시에서 15시 사이에 2시간 이상 계속하여 일조를 확보할 수 있는 거리 이상으로 할 수 있다.

1 공장건축의 계획 시 고려해야 할 사항으로 옳지 않은 것은?

① 건물의 배치는 공장의 작업내용을 충분히 검토하여 결정한다.

② 중층형 공장은 주로 제지·제분 등 경량의 원료나 재료를 취급하는 공장에 적합하다.

③ 증축 및 확장 계획을 충분히 고려하여 배치계획을 수립한다.

④ 무창공장은 냉·난방 부하가 커져 운영비용이 많이 든다.

2 병원건축 계획에 대한 설명으로 옳지 않은 것은?

① 중앙진료부에 해당하는 수술실은 병동부와 외래부 중간에 위치시킨다.

② ICU(Intensive Care Unit)는 중증 환자를 수용하여 집중적인 간호와 치료를 행하는 간호단위이다.

③ 종합병원의 병동부 면적비는 연면적의 $\frac{1}{3}$ 정도이다.

④ 1개 간호단위의 적절한 병상 수는 종합병원의 경우 70~80bed가 이상적이다.

3 공공문화시설에 대한 설명으로 옳지 않은 것은?

① 전시장 계획 시 연속순로(순회)형식은 동선이 단순하여 공간이 절약된다.

② 공연장 계획 시 객석의 형(形)이 원형 또는 타원형이 되도록 하는 것이 음향적으로 유리하다.

③ 도서관 계획 시 서고의 수장능력은 서고 공간 $1m^3$당 약 66권을 기준으로 한다.

④ 극장 계획 시 고려해야 할 가시한계(생리적 한도)는 약 15m이고, 1차 허용한계는 약 22m, 2차 허용한계는 약 35m이다.

ANSWER 1.④ 2.④ 3.②

1 무창공장은 열손실이 적어 냉·난방 부하가 줄어드는 효과가 있다.

2 1개 간호단위의 적절한 병상 수는 종합병원의 경우 30~40bed가 이상적이다.

3 공연장 계획 시 객석의 형(形)이 원형 또는 타원형이 되도록 하는 것은 음향적으로 매우 좋지 않다.

4 치수계획에 대한 설명으로 옳지 않은 것은?

① 건축공간의 치수는 인간을 기준으로 할 때 물리적, 생리적, 심리적 치수(scale)로 구분할 수 있다.

② 국제 척도조정(M.C.)을 사용하면 건축구성재의 국제교역이 용이해진다.

③ 건축공간의 치수는 인체치수에 대한 여유치수를 배제하고 계획하는 것이 좋다.

④ 모듈의 예로 르 꼬르뷔지에(Le Corbusier)의 모듈러(Le Modular)가 있다.

5 건축법령상 비상용 승강기에 대한 설명으로 옳지 않은 것은?

① 비상용 승강기를 설치하는 경우 설치대수는 건축물 층수를 기준으로 한다.

② 피난층이 있는 승강장의 출입구로부터 도로 또는 공지에 이르는 거리는 30m 이하로 계획하여야 한다.

③ 2대 이상의 비상용 승강기를 설치하는 경우에는 화재가 났을 때 소화에 지장이 없도록 일정한 간격을 두고 설치하여야 한다.

④ 승강장의 바닥면적은 옥외에 승강장을 설치하는 경우를 제외하고 비상용 승강기 1대에 대하여 $6m^2$ 이상으로 한다.

6 주거밀도에 대한 설명으로 옳지 않은 것은?

① 호수밀도는 단위 토지면적당 주호수로 주택의 규모와 중요한 관계가 있다.

② 건폐율은 건축밀도(건축물의 밀집도)를 산출하는 기초 지표로 대지면적에 대한 건축면적의 비율(%)이다.

③ 인구밀도는 거주인구를 토지면적으로 나눈 것이며, 단위 토지면적에 대한 거주인구수로 나타낸다.

④ 인구밀도는 호수밀도에 1호당 평균세대 인원을 곱하여 구할 수 있다.

ANSWER 4.③ 5.① 6.①

4 건축공간의 치수는 인체치수에 대한 여유치수를 고려하여 계획하는 것이 좋다.

5 비상용 승강기를 설치하는 경우 설치대수는 건축물의 바닥면적을 고려하여 산정한다.

※ 비상용 승강기의 설치기준

• 높이 31m를 넘는 각 층의 바닥면적 중 최대 바닥면적이 $1,500m^2$ 이하인 건축물의 경우 : 1대 이상

• 높이 31m를 넘는 각 층의 바닥면적 중 최대 바닥면적이 $1,500m^2$를 넘는 건축물의 경우 : $\left(\dfrac{A - 1,500m^2}{3,000m^2} + 1 \right)$ 대 이상

6 호수밀도는 단위면적당 그곳에 입지하는 주택수의 평균으로서 주택의 규모보다는 주택 수와 더 중요한 관련이 있다.

7 공동주택에 대한 설명으로 옳지 않은 것으로만 묶은 것은?

> ㉠ 편복도형은 엘리베이터 1대당 단위 주거를 많이 둘 수 있다.
> ㉡ 집중형은 대지 이용률이 낮으나 모든 단위 주거가 환기 및 일조에 유리하다.
> ㉢ 중복도형은 사생활 보호에 불리하며 대지 이용률이 낮다.
> ㉣ 계단실형은 사생활 보호에 유리하다.

① ㉠, ㉢
② ㉠, ㉣
③ ㉡, ㉢
④ ㉡, ㉣

8 우리나라 시대별 전통건축의 특징에 대한 설명으로 옳지 않은 것은?

① 통일신라시대의 가람배치는 불사리를 안치한 탑을 중심으로 하였던 1탑식 가람배치 방식에서 불상을 안치한 금당을 중심으로 그 앞에 두 개의 탑을 시립(侍立)한 2탑식 가람배치로 변화하였다.

② 고려 초기에는 기둥 위에 공포를 배치하는 주심포식 구조형식이 주류를 이루었고, 고려 말경에는 창방 위에 평방을 올려 구성하는 다포식 구조형식을 사용하였다.

③ 조선시대에는 다포식과 주심포식이 혼합된 절충식이 나타나기도 하였으며, 절충식 건축물로는 해인사 장경판고(대장경판전), 옥산서원 독락당, 서울 동묘, 서울 사직단 정문 등이 있다.

④ 20세기 초에 서양식으로 지어진 건물 중 조선은행(한국은행본관)은 르네상스식 건물이고, 경운궁의 석조전은 신고전주의 양식을 취한 건물이다.

ANSWER 7.③ 8.③

7 ㉡ 집중형은 대지 이용률이 매우 높으나 모든 단위 주거가 환기 및 일조에 불리하다.
　㉢ 중복도형은 대지 이용률이 높으나 환경이 좋지 않고 사생활 보호에 좋지 않다.

8 해인사 장경판고(대장경판전), 옥산서원 독락당, 서울 동묘, 서울 사직단 정문에는 익공양식을 적용하였다.
　조선초기에 사용된 절충식은 다포를 주로 하고 주심포를 혼합·절충하여 만들어진 양식으로서 이를 절충식다포, 또는 주심다포 또는 화반다포라고 한다.

9 빛 환경에 대한 설명으로 옳지 않은 것만을 모두 고른 것은?

> ㉠ 조명의 목적은 빛을 인간생활에 유익하게 활용하는 데 있으며 좋은 조명은 조도가 높아야 한다.
> ㉡ 국부조명은 조명이 필요한 부분에만 집중적으로 조명을 행하는 것으로 눈이 쉽게 피로해진다.
> ㉢ 시야 내에 눈이 순응하고 있는 휘도보다 현저하게 높은 휘도 부분이 있으면 눈부심 현상이 일어나 불쾌감을 느끼게 된다.
> ㉣ 간접조명은 조도 분포가 균일하여 적은 전력으로도 직접조명과 같은 조도를 얻을 수 있다.
> ㉤ 실내상시보조인공조명(PSALI)은 주광과 인공광을 병용한 방식이다. 이때 조명설비는 주광의 변동에 대응해서 인공광 조도를 조절할 수 있는 시스템이다.

① ㉠, ㉡
② ㉠, ㉣
③ ㉡, ㉢, ㉣
④ ㉢, ㉣, ㉤

10 먼셀표색계(Munsell System)에 대한 설명으로 옳지 않은 것은?

① 빨강(R), 노랑(Y), 녹색(G), 파랑(B), 보라(P)의 5가지 주색상을 기본으로 총 100색상의 표색계를 구성하였다.

② 모든 색은 백색량, 흑색량, 순색량의 합을 100으로 하여 배합하였기 때문에 어떠한 색도 혼합량은 항상 100으로 일정하다.

③ 명도는 가장 어두운 단계인 순수한 검정색을 0으로, 가장 밝은 단계인 순수한 흰색을 10으로 하였다.

④ 색채기호 5R7/8은 색상이 빨강(5R)이고, 명도는 7, 채도는 8을 의미한다.

ANSWER 9.② 10.②

9 ㉠ 조명의 목적은 빛을 인간생활에 유익하게 활용하는 데 있으며 좋은 조명은 조도가 요구조건에 적합한 정도여야 한다.
㉣ 간접조명은 조도 분포가 균일하지 않은 경우가 많으며 직접조명보다 조도 및 효율이 낮다.

10 ②는 오스트발트 색체계에 대한 설명이다. 먼셀 표색계는 인간의 심리적 지각을 반영한 직관적인 색 분류법으로, 색상·명도·채도의 색의 3속성에 따라 색을 나타내며, 색상환, 색입체 등의 형식을 통해 일정한 간격으로 색을 배치하였다.

11 **교육시설의 건축계획에 대한 설명으로 옳은 것은?**

① 초등학교의 복도 폭은 양 옆에 거실이 있는 복도일 경우 2.4m 이상으로 계획한다.

② 체육관 천장의 높이는 5m 이상으로 한다.

③ 교사의 배치에서 분산병렬형은 좁은 부지에 적합하지만 일조, 통풍 등 교실의 환경조건이 불균등하다.

④ 학교 운영방식 중 달톤형은 전 학급을 양분하여 한쪽이 일반교실을 사용할 때, 다른 한쪽은 특별교실을 사용한다.

12 **동선계획에 대한 설명으로 옳지 않은 것은?**

① 동선은 단순하고 명쾌해야 한다.

② 동선의 3요소는 속도, 빈도, 하중이다.

③ 사용 정도가 높은 동선은 짧게 계획하여야 한다.

④ 서로 다른 종류의 동선끼리는 결합과 교차를 통하여 동선의 효율성을 높여야 좋다.

13 **변전실의 위치에 대한 설명으로 옳지 않은 것은?**

① 기기의 반출입이 용이할 것

② 습기와 먼지가 적은 곳일 것

③ 가능한 한 부하의 중심에서 먼 장소일 것

④ 외부로부터 전원의 인입이 쉬운 곳일 것

ANSWER 11.① 12.④ 13.③

11 ② 체육관 천장의 높이는 6m 이상으로 한다.

③ 교사의 배치에서 분산병렬형은 좁은 부지에는 적합하지 않지만 일조, 통풍 등 교실의 환경조건이 균등하다.

④ 전 학급을 양분하여 한쪽이 일반 교실을 사용할 때, 다른 한쪽은 특별교실을 사용하는 것은 플래툰형으로서 교사의 수와 적당한 시설이 없으면 실시가 곤란하다. 시간을 할당하는 데 상당한 노력이 든다. 달톤형은 학급, 학생 구분을 없애고 학생들이 각자의 능력에 맞게 교과를 선택하고 일정한 교과가 끝나면 졸업하는 방식으로서 하나의 교과에 출석하는 학생 수가 정해져 있지 않기 때문에 같은 형의 학급교실을 몇 개 설치하는 것은 부적당하다.

12 서로 다른 종류의 동선은 가능한 한 분리하고 필요 이상의 교차를 피한다.

13 변전실은 가능한 한 부하의 중심에서 가까운 곳에 위치해야 한다.

14 「주차장법 시행규칙」상 주차장의 주차구획으로 옳지 않은 것은? (※ 기출변형)

① 평행주차형식의 이륜자동차전용 : 1.2m 이상(너비) × 2.0m 이상(길이)

② 평행주차형식의 경형 : 1.7m 이상(너비) × 4.5m 이상(길이)

③ 평행주차형식 외의 확장형 : 2.6m 이상(너비) × 5.2m 이상(길이)

④ 평행주차형식 외의 장애인전용 : 3.3m 이상(너비) × 5.0m 이상(길이)

15 「건축물의 에너지절약 설계기준」 건축부문의 의무사항에 대한 설명으로 옳지 않은 것은?

① 바닥난방에서 단열재를 설치할 때 온수배관하부와 슬래브 사이에 설치되는 구성재료의 열저항 합계는 층간바닥인 경우에는 해당 바닥에 요구되는 총열관류저항의 60% 이상으로 하는 것이 원칙이다.

② 외기에 직접 면하고 1층 또는 지상으로 연결된 출입문 중 바닥면적 200m^2 이상의 개별점포 출입문, 너비 1.0m 이상의 출입문은 방풍구조로 하여야 한다.

③ 단열재의 이음부는 최대한 밀착해서 시공하거나, 2장을 엇갈리게 시공하여 이음부를 통한 단열성능 저하가 최소화될 수 있도록 조치하여야 한다.

④ 방풍구조를 설치하여야 하는 출입문에서 회전문과 일반문이 같이 설치된 경우, 일반문 부위는 방풍실 구조의 이중문을 설치하여야 한다.

ANSWER 14.① 15.②

14 이륜자동차의 평행주차형식에 따른 주차단위구획은 너비 1.0미터 이상, 길이 2.3미터 이상으로 하고, 평행주차형식 외의 경우에도 너비 1.0미터 이상, 길이 2.3미터 이상으로 설치하도록 한다.

15 외기에 직접 면하고 1층 또는 지상으로 연결된 출입문은 방풍구조로 하여야 한다. 다만, 다음 각 호에 해당하는 경우에는 그러하지 않을 수 있다.
- 바닥면적 3백 제곱미터 이하의 개별 점포의 출입문
- 주택의 출입문(단, 기숙사는 제외)
- 사람의 통행을 주목적으로 하지 않는 출입문
- 너비 1.2미터 이하의 출입문

16 건물의 단열에 대한 설명으로 옳지 않은 것은?

① 열교는 벽이나 바닥, 지붕 등에 단열이 연속되지 않는 부위가 있을 경우 발생하기 쉽다.

② 단열재의 열전도율은 재료의 종류와는 무관하며 물리적 성질인 밀도에 반비례한다.

③ 반사형 단열재는 복사의 형태로 열 이동이 이루어지는 공기층에 유효하다.

④ 벽체의 축열성능을 이용하여 단열을 유도하는 방법을 용량형 단열이라 한다.

17 「건축물의 설비기준 등에 관한 규칙」상 공동주택 및 다중이용시설의 환기설비기준에 대한 설명으로 옳지 않은 것은? (※ 기출변형)

① 다중이용시설의 기계환기설비 용량기준은 시설이용 인원당 환기량을 원칙으로 산정한다.

② 환기구를 안전울타리 또는 조경 등을 이용하여 보행자 및 건축물 이용자의 접근을 차단하는 구조로 하는 경우에는 환기구의 설치 높이 기준을 완화해 적용할 수 있다.

③ 신축 또는 리모델링하는 30세대 이상의 공동주택은 시간당 0.5회 이상의 환기가 이루어질 수 있도록 자연환기설비 또는 기계환기설비를 설치하여야 한다.

④ 환기구는 보행자 및 건축물 이용자의 안전이 확보되도록 바닥으로부터 1.8미터 이상의 높이에 설치하는 것이 원칙이다.

ANSWER 16.② 17.④

16 단열재의 열전도율은 재료의 종류와 밀접한 관련을 가지며 밀도와 반드시 비례·반비례 관계를 가진다고 할 수 없다.

17 환기구는 보행자 및 건축물 이용자의 안전이 확보되도록 바닥면으로부터 2미터 이상의 높이에 설치하는 것이 원칙이다.

18 근대건축과 관련된 설명에서 ㉠에 들어갈 용어로 옳은 것은?

> (㉠)은/는 1917년에 결성되어 화가, 조각가, 가구 디자이너 그리고 건축가들을 중심으로 추상과 직선을 강조하는 새로운 양식으로 전개되었다. 아울러 (㉠)은/는 신 조형주의 이론을 조형적, 미학적 기본원리로 하여 회화, 조각, 건축 등 조형예술 전반에 걸쳐 전개하였으며 입체파의 영향을 받아 20세기 초 기하학적 추상 예술의 성립에 결정적 역할을 하였고, 근대건축이 기능주의적인 디자인을 확립하는 데 커다란 역할을 하였다.

① 예술공예운동(Arts and Crafts Movement)
② 데 스틸(De Stijl)
③ 세제션(Sezession)
④ 아르누보(Art Nouveau)

19 르네상스 시대의 건축가와 그의 작품의 연결이 옳지 않은 것은?

① 안드레아 팔라디오 – 빌라 로톤다(빌라 카프라)
② 필리포 브루넬레스키 – 일 레덴토레 성당
③ 미켈란젤로 부오나로티 – 라우렌찌아나 도서관
④ 레온 바티스타 알베르티 – 루첼라이 궁전

ANSWER 18.② 19.②

18 데 스틸(De Stijl)에 관한 설명이다.

19 일 레덴토레 성당은 베니스에 위치한 성당으로서, 안드레아 팔라디오의 작품이다.

20 소화설비 중 소화활동설비에 해당하지 않는 것은?

① 자동화재탐지설비

② 제연설비

③ 비상콘센트설비

④ 연결살수설비

....

ANSWER 20.①

20 자동화재탐지설비는 경보설비에 해당한다.

※ **소방시설의 종류**〈소방시설 설치 및 관리에 관한 법률 시행령 별표1〉

소화설비(물 또는 그 밖의 소화약제를 사용하여 소화하는 기계·기구 또는 설비)	
• 소화기구	• 스프링클러설비등
• 자동소화장치	• 물분무등소화설비
• 옥내소화전설비(호스릴옥내소화전설비 포함)	• 옥외소화전설비
경보설비(화재발생 사실을 통보하는 기계·기구 또는 설비)	
• 단독경보형 감지기	• 자동화재속보설비
• 비상경보설비	• 통합감시시설
• 시각경보기	• 누전경보기
• 자동화재탐지설비	• 가스누설경보기
• 비상방송설비	• 화재알림설비
피난구조설비(화재가 발생할 경우 피난하기 위하여 사용하는 기구 또는 설비)	
• 피난기구	• 유도등
• 인명구조기구	• 비상조명등 및 휴대용비상조명등
소화용수설비(화재를 진압하는 데 필요한 물을 공급하거나 저장하는 설비)	
• 상수도소화용수설비	• 소화수조·저수조, 그 밖의 소화용수설비
소화활동설비(화재를 진압하거나 인명구조활동을 위하여 사용하는 설비)	
• 제연설비	• 비상콘센트설비
• 연결송수관설비	• 무선통신보조설비
• 연결살수설비	• 연소방지설비

1 병원 건축의 형태에서 집중식(Block type)에 대한 설명으로 옳지 않은 것은?

① 대지를 효율적으로 이용할 수 있는 형태이다.

② 의료, 간호, 급식 등의 서비스 제공이 쉽다.

③ 환자는 주로 경사로를 이용하여 보행하거나 들것으로 이동된다.

④ 일조, 통풍 등의 조건이 불리해지며, 각 병실의 환경이 균일하지 못한 편이다.

2 사무소 건축에 대한 설명으로 옳은 것은?

① 엘리베이터 대수 산정 시 단시간에 이용자로 혼잡하게 되는 아침 출근 시간대의 경우, 10분간에 전체 이용자의 1/3~1/10을 처리해야 하기 때문에 10분간의 출근자 수를 기준으로 산정한다.

② 엘리베이터는 되도록 한곳에 집중 배치하며, 8대 이하는 직선배치한다.

③ 오피스 랜드스케이프는 사무공간을 절약할 수 있으나, 변화하는 작업의 패턴에 따라 조절이 불가능하다.

④ 개실형은 독립성과 쾌적감의 장점이 있지만 공사비가 비교적 많이 드는 단점이 있다.

ANSWER 1.③ 2.④

1 집중식의 경우, 병원에서 환자는 주로 엘리베이터 등을 통해 이동하거나 이동된다.

2 ① 엘리베이터 대수 산정 시 단시간에 이용자로 혼잡하게 되는 아침 출근 시간대의 경우, 5분간에 전체 이용자의 1/3~1/10을 처리해야 하기 때문에 5분간의 출근자 수를 기준으로 산정한다.

② 엘리베이터는 가급적 중앙에 집중배치하며 직선배치는 4대 이하로 한다.

③ 오피스 랜드스케이프는 변화하는 작업의 패턴에 따라 조절이 가능하다.

3 오스카 뉴먼(O. Newman)이 제시한 공동주택의 안전한 환경창조를 위해 개별적으로 또는 결합해서 작용하는 4개의 요소가 아닌 것은?

① 영역성(Territoriality)

② 자연스러운 감시(Natural surveillance)

③ 이미지(Image)

④ 통제수단(Restriction method)

4 은행의 평면계획에 대한 설명으로 옳지 않은 것은?

① 은행실은 일반적으로 객장과 영업장으로 나누어진다.

② 전실이 없을 경우 주 출입문은 화재 시 피난 등을 고려하여 밖여닫이로 계획하는 것이 일반적이다.

③ 객장 대기홀은 모든 은행의 중핵공간이며 조직상의 중심이 되는 공간이다.

④ 영업장은 소규모 은행의 경우 단일공간으로 이루어지는 것이 보통이다.

5 도서관 건축계획에 대한 설명으로 옳지 않은 것은?

① 이용자의 접근이 쉽고 친근한 장소로 선정하며, 서고의 증축공간을 고려한다.

② 서고는 도서 보존을 위해 항온·항습장치를 필요로 하며 어두운 편이 좋다.

③ 이용자의 입장에서 신설 공공도서관은 가급적 기존 도서관 인근에 건립하여 시너지 효과를 내는 것이 바람직하다.

④ 이용자, 관리자, 자료의 출입구를 가능한 한 별도로 계획하는 것이 바람직하다.

ANSWER 3.④ 4.② 5.③

3 오스카 뉴먼(O. Newman)이 제시한 공동주택의 안전한 환경창조를 위해 개별적으로 또는 결합해서 작용하는 4개의 요소는 영역성(Territoriality), 자연스러운 감시(Natural surveillance), 이미지(Image), 안전지역(환경, safe zone)이다.

4 전실이 없을 경우 주 출입문은 안여닫이로 계획하는 것이 일반적이다.

5 이용자의 입장에서 신설 공공도서관은 가급적 기존 도서관과 거리가 서로 떨어진 곳에 설치를 하는 것이 좋다.

6 미술관 건축계획에 대한 설명으로 옳지 않은 것은?

① 전시실 순회형식 중 중앙홀 형식은 홀이 클수록 동선 혼란이 적어지고 장래 확장에 유리하다.

② 전시실 순회형식 중 갤러리 및 코리더 형식은 각 실에 직접 들어갈 수 있는 장점이 있다.

③ 특수전시기법 중 아일랜드전시는 벽이나 천장을 직접 이용하지 않고 전시물 또는 전시장치를 배치함으로써 전시공간을 만들어내는 기법이다.

④ 출입구는 관람객용과 서비스용으로 분리하고, 오디토리움이 있을 경우 별도의 전용 출입구를 마련하는 것이 좋다.

7 배수트랩(Trap)에 대한 설명으로 옳지 않은 것은?

① S트랩 – 사이펀 작용이 발생하기 쉬운 형상이기 때문에 봉수가 파괴될 염려가 많다.

② P트랩 – 각개 통기관을 설치하면 봉수의 파괴는 거의 일어나지 않는다.

③ U트랩 – 비사이펀계 트랩이어서 봉수가 쉽게 증발된다.

④ 드럼트랩 – 봉수량이 많기 때문에 봉수가 파괴될 우려가 적다.

ANSWER 6.① 7.③

6 전시실 순회형식 중 중앙홀 형식은 홀이 클수록 동선의 혼란이 증대되며, 장래 확장에 어려움이 증가하게 된다.

7 U트랩은 사이펀계 트랩으로, 배수 횡주관 말단에 설치하여 공공 하수도에서 나오는 악취 및 유해가스의 역류를 방지한다. 배수관 내의 유속을 저해하는 단점이 있으나 봉수가 안전하다.

8 「건축물의 피난·방화구조 등의 기준에 관한 규칙」상 공연장의 피난시설에 대한 설명으로 옳지 않은 것은? (단, 공연장 또는 개별 관람석의 바닥면적합계는 300제곱미터 이상이다)

① 관람실로부터 바깥쪽으로의 출구로 쓰이는 문은 안여닫이로 하여서는 안 된다.

② 개별 관람실의 각 출구의 유효너비는 1.5미터 이상으로 해야 한다.

③ 개별 관람실 출구의 유효너비의 합계는 개별 관람실의 바닥면적 100제곱미터마다 0.6미터의 비율로 산정한 너비 이상으로 하여야 한다.

④ 개별 관람실의 바깥쪽에는 앞쪽 또는 뒤쪽에 복도를 설치하여야 한다.

9 인체의 온열 감각에 영향을 주는 요소에서 주관적인 변수로 옳지 않은 것은?

① 착의 상태(Clothing value)

② 기온(Air temperature)

③ 활동 수준(Activity level)

④ 연령(Age)

10 색(色)에 대한 설명으로 옳지 않은 것은?

① 색상대비는 보색관계에 있는 2개의 색이 인접한 경우 강하게 나타난다.

② 먼셀(Munsell) 색입체에서 수직축은 명도를 나타낸다.

③ 강조하고 싶은 요소가 있으면 그 요소의 배경색으로 채도가 높은 것을 선정한다.

④ 동일 명도와 채도일 경우, 난색은 거리가 가깝게 느껴지고 한색은 멀게 느껴진다.

ANSWER 8.④ 9.② 10.③

8 공연장 복도의 설치기준
　㉠ 공연장의 개별 관람실(바닥면적이 300제곱미터 이상인 경우에 한정)의 바깥쪽에는 그 양쪽 및 뒤쪽에 각각 복도를 설치할 것
　㉡ 하나의 층에 개별 관람실(바닥면적이 300제곱미터 미만인 경우에 한정)을 2개소 이상 연속하여 설치하는 경우에는 그 관람실의 바깥쪽의 앞쪽과 뒤쪽에 각각 복도를 설치할 것

9 기온은 객관적인 변수이다.

10 강조하고 싶은 요소가 있으면 그 요소의 배경색으로 채도가 낮은 것을 선정한다.

11 음(音)에 대한 설명으로 옳지 않은 것은?

① 음의 회절은 주파수가 낮을수록 쉽게 발생한다.

② 음악 감상을 주로 하는 실에서는 회화 청취를 주로 하는 실에서보다 짧은 잔향시간이 요구된다.

③ 볼록하게 나온 면(凸)은 음을 확산시키고 오목하게 들어간 면(凹)은 반사에 의해 음을 집중시키는 경향이 있다.

④ 음의 효과적인 확산을 위해서는 각기 다른 흡음처리를 불규칙하게 분포시킨다.

12 학교 건축의 교사배치계획에서 분산병렬형(Finger plan)에 대한 설명으로 옳지 않은 것은?

① 편복도 사용 시 유기적인 구성을 취하기 쉽다.

② 대지에 여유가 있어야 한다.

③ 각 교사동 사이에 정원 등 오픈스페이스가 생겨 환경이 좋아진다.

④ 일조, 통풍 등 교실의 환경조건이 균등하다.

13 급수방식에서 수도직결 방식에 대한 설명으로 옳지 않은 것은?

① 수질오염이 적어서 위생상 바람직한 방식이다.

② 중력에 의하여 압력을 일정하게 얻는 방식이다.

③ 주택 또는 소규모 건물에 적용이 가능하고 설비비가 적게 든다.

④ 저수조가 없기에 경제적이지만 단수 시는 급수가 불가능하다.

ANSWER 11.② 12.① 13.②

11 음악 감상을 주로 하는 실에서는 회화 청취를 주로 하는 실에서보다 비교적 긴 잔향시간이 요구된다.

12 분산병렬형은 편복도 사용 시 유기적인 구성을 취하기 매우 어렵다.

13 중력에 의한 급수 방식은 고가수조방식으로 볼 수 있으나 압력을 일정하게 얻기 위해서는 수위차를 고려하여 별도의 수압조절 장치가 요구된다.

14 팀텐(Team X)과 가장 관계가 없는 건축가는?

① 조르주 칸딜리스(Georges Candilis)

② 알도 반 아이크(Aldo Van Eyck)

③ 피터 쿡(Peter Cook)

④ 야콥 바케마(Jacob Bakema)

15 공기조화방식에서 변풍량단일덕트방식(VAV)에 대한 설명으로 옳지 않은 것은?

① 고도의 공조환경이 필요한 클린룸, 수술실 등에 적합하다.

② 가변풍량 유닛을 적용하여 개별 제어가 가능하다.

③ 저부하 시 송풍량이 감소되어 기류 분포가 나빠지고 환기 성능이 떨어진다.

④ 정풍량 방식에 비해 설비용량이 작아지고 운전비가 절약된다.

ANSWER 14.③ 15.①

14 피터 쿡은 영국출신의 혁신적 성향의 건축가로서 오스트리아 그라츠의 쿤스트하우스로 유명한 건축가이며 아키그램 (Archigram)의 일원이었으나 팀텐(Team X)과는 거리가 먼 건축가이다.

※ **팀텐(Team X)** : C.I.A.M.의 제10회를 준비한 스미슨 등이 제창한 주제는 '클러스터', '모빌리티', '성장과 변화', '도시와 건축'이 었으며, 이것은 신구세대의 대립으로 C.I.A.M.을 해체시키는 원인이 된다. C.I.A.M.의 붕괴 후 이를 이어 받은 젊은 건축가들 에 의해 TEAM-X이 탄생하게 된다. 관련 건축가는 다음과 같다.

• 카를로(Carlo)
• 조르주 칸딜리스(Georges Candilis)
• 우즈(Shadrach Woods)
• 스미슨 부부(Alison & Peter Smithson)
• 야콥 바케마 (Jacob Bakema)
• 반 아이크(Aldo van Eyck)
• 데 칼로 (Giancarlo de Carlo)

15 **변풍량 단일덕트방식** : 단일덕트방식의 변형으로서 가장 에너지절약적인 방식이다. 실의 부하조건에 따라 풍량을 제어하여 송풍 할 수 있는 방식이다. 이 방식은 발열량 변화가 심한 내부존, 일사량의 변화가 심한 외부존, OA사무소 건물 등에 주로 적용된 다.

16 「국토의 계획 및 이용에 관한 법률」상 용도지역의 지정에 해당되지 않는 것은?

① 도시지역

② 자연환경보전지역

③ 관리지역

④ 산업지역

17 「주차장법 시행규칙」상 노외주차장의 출구 및 입구의 적합한 위치에 대한 설명으로 옳은 것만을 모두 고르면?

㉠ 횡단보도, 육교 및 지하횡단보도로부터 10미터에 있는 도로의 부분
㉡ 교차로의 가장자리나 도로의 모퉁이로부터 10미터에 있는 도로의 부분
㉢ 유아원, 유치원, 초등학교, 특수학교, 노인복지시설, 장애인복지시설 및 아동전용시설 등의 출입구로부터 10미터에 있는 도로의 부분
㉣ 너비가 10미터, 종단 기울기가 5%인 도로

① ㉠, ㉢

② ㉢, ㉣

③ ㉠, ㉡, ㉣

④ ㉠, ㉡, ㉢, ㉣

18 하수설비에서 부패탱크식 정화조의 오물 정화 순서가 옳은 것은?

① 오수 유입 → 1차 처리(혐기성균) → 소독실 → 2차 처리(호기성균) → 방류

② 오수 유입 → 1차 처리(혐기성균) → 2차 처리(호기성균) → 소독실 → 방류

③ 오수 유입 → 스크린(분쇄기) → 침전지 → 폭기탱크 → 소독탱크 → 방류

④ 오수 유입 → 스크린(분쇄기) → 폭기탱크 → 침전지 → 소독탱크 → 방류

19 부석사의 건축적 특징에 대한 설명으로 옳지 않은 것은?

① 부석사는 통일신라 때 창건되었다.

② 무량수전은 주심포식 건축이다.

③ 무량수전 앞마당에는 신라 양식의 5층 석탑이 있다.

④ 산지가람의 배치특성을 가진다.

20 「노인복지법」상 노인주거복지시설에 해당하는 것으로만 나열한 것은?

① 양로시설, 노인공동생활가정, 노인복지주택

② 노인요양시설, 경로당, 노인복지주택

③ 주야간보호시설, 단기보호시설, 노인공동생활가정

④ 노인공동생활가정, 노인복지주택, 단기보호시설

ANSWER 18.② 19.③ 20.①

18 부패탱크식 정화조의 오물정화순서 : 오수 유입 → 1차 처리(혐기성균) → 2차 처리(호기성균) → 소독실 → 방류

19 영주 부석사 무량수전 앞마당에는 통일신라 양식의 3층 석탑(부석사 삼층석탑)이 있다.

20 노인복지시설의 종류

노인주거복지시설	양로시설, 노인공동생활가정, 노인복지주택	노인보호전문기관	–
노인의료복지시설	노인요양시설, 노인요양공동생활가정	노인일자리지원기관	–
노인여가복지시설	노인복지관, 경로당, 노인교실	학대피해노인 전용쉼터	–
재가노인복지시설	방문요양서비스, 주·야간보호서비스, 단기보호서비스, 방문목욕서비스, 그 밖의 보건복지부령으로 정하는 서비스		

1 사무소 건축 코어(core)별 장점 중 내진구조의 성능에 유리한 유형과 방재·피난에 유리한 유형이 바르게 짝지어진 것은?

① 편단 코어형 – 중심 코어형

② 중심 코어형 – 양단 코어형

③ 외 코어형 – 양단 코어형

④ 양단 코어형 – 편단 코어형

2 사무소 지하주차장 출입구 계획에 대한 설명으로 가장 옳은 것은?

① 전면도로가 2개 이상인 경우 교통연결이 쉬운 큰 도로에 설치한다.

② 도로의 교차점 또는 모퉁이에서 3m 이상 떨어진 곳에 설치한다.

③ 출구는 도로에서 2m 이상 후퇴한 곳으로 차로 중심선상 1.4m 높이에서 좌우 60° 이상 범위가 보이는 곳에 설치한다.

④ 공원, 초등학교, 유치원의 출입구에서 10m 이상 떨어진 곳에 설치한다.

ANSWER 1.② 2.③

1 • 중심 코어형 : 내진구조로 적합하여 코어외주 구조벽을 내력벽으로 한다.
　 • 양단 코어형 : 코어가 분리되어 있어 2방향 피난에 이상적이며 방재상 유리하다.

2 ① 전면도로가 2개 이상인 경우에는 그 전면도로 중 자동차교통에 미치는 지장이 적은 도로에 설치한다.
　 ② 교차로의 가장자리나 도로의 모퉁이로부터 5미터 이내인 곳에는 주차장의 출입구를 설치할 수 없다.
　 ④ 유아원, 유치원, 초등학교, 특수학교, 노인복지시설, 장애인복지시설 및 아동전용시설 등의 출입구로부터 20미터 이내에 있는 도로의 부분에는 노외주차장의 출입구를 설치할 수 없다.

3 주거단지 교통 및 동선계획에 대한 설명으로 가장 옳지 않은 것은?

① 근린주구단위 내부로의 자동차 통과 진입을 최소화한다.

② 목적동선은 최단거리로 계획하며, 가급적 오르내림이 없도록 한다.

③ 보행도로의 너비는 충분히 넓게 하고 쾌적한 문화공간이 되도록 지향한다.

④ 단지 내 통과교통량을 줄이기 위해 고밀도지역은 진입구에서 가장 먼 위치에 배치시킨다.

4 학교 건축계획 시 소요교실의 산정에 필요한 이용률과 순수율의 계산식이 〈보기〉와 같을 때 (가), (나)에 들어갈 내용으로 바르게 짝지어진 것은?

- 이용률(%) $= \dfrac{(가)}{1주\ 평균수업시간} \times 100$
- 순수율(%) $= \dfrac{(나)}{교실이\ 사용되는\ 시간} \times 100$

	(가)	(나)
①	교실 사용 시간	일정 교과에 사용되는 시간
②	일정 교과에 사용되는 시간	교실 사용 시간
③	1주일간 교실사용 평균 시간	1주일간 해당 교실로 사용되는 평균 시간
④	1주일간 해당 교실로 사용되는 평균 시간	1주일간 교실사용 평균 시간

ANSWER 3.④ 4.①

3 단지 내 통과교통량을 줄이기 위해 고밀도지역은 진입구 주변에 배치시킨다.

4
- 이용률(%) $= \dfrac{교실사용시간}{1주\ 평균수업시간} \times 100$
- 순수율(%) $= \dfrac{일정교과에\ 사용되는\ 시간}{교실이\ 사용되는\ 시간} \times 100$

5 극장건축 객석 단면계획에 대한 설명으로 가장 옳은 것은?

① 앞사람의 머리가 관객의 머리 끝과 무대 위의 점을 연결하는 가시선을 가리지 않도록 한다.

② 앞부분 2/3를 수평으로, 뒷부분 1/3을 구배 1/10의 경사진 바닥으로 한다.

③ 발코니 층을 두는 경우 단의 높이는 50cm 이하, 단의 폭은 80cm 이상으로 한다.

④ 시초선은 극장의 경우 무대 면에서 60cm 위 스크린 밑 부분, 영화관의 경우 무대의 앞 끝을 기준으로 한다.

6 옥내 소화전 개폐밸브는 바닥으로부터 ((가))m 이하, 방화 대상물의 층마다 그 층의 각부에서 호스 접속구까지의 수평 거리는 ((나))m 이하가 되어야 한다. (가)와 (나)에 들어갈 값으로 가장 옳은 것은?

(가)	(나)
① 1.5	25
② 2	30
③ 2.5	40
④ 3	50

ANSWER 5.③ 6.①

5 ① 앞사람의 머리가 관객의 눈과 무대 위의 점을 연결하는 가시선을 가리지 않도록 한다. 모든 객석에서 제일 앞 열의 객석에 앉은 관객의 머리가 방해가 되어서는 안 된다.

② 단면상 관람석의 바닥면은 앞에서 1/3을 수평바닥으로 하고, 뒷부분 2/3를 구배 1/12의 경사진 바닥으로 한다.

④ 시초선은 영화관의 경우 무대 면에서 60cm 위 스크린 밑부분, 극장의 경우 무대의 앞 끝을 기준으로 한다.

6 옥내 소화전 개폐밸브는 바닥으로부터 1.5m 이하, 방화 대상물의 층마다 그 층의 각부에서 호스 접속구까지의 수평 거리는 25m 이하가 되어야 한다.

7 현대생활을 위해 주택설계에서 해결해야 할 주생활내용과 관계된 계획의 기본목표로 가장 옳지 않은 것은?

① 양산화와 경제성

② 가사노동의 경감

③ 생활의 쾌적함 증대

④ 가족 위주의 주거

8 은행건축 규모계획에 대한 설명으로 가장 옳지 않은 것은?

① 연면적은 행원수×16m²~26m²로 한다.

② 고객용 로비 면적은 1일 평균 내점 고객수×0.13m²~0.2m²로 한다.

③ 고객용 로비와 영업실 면적의 비율은 1 : 0.1~0.2로 한다.

④ 연면적은 은행실 면적×1.5m²~3m²로 한다.

ANSWER 7.① 8.③

7 논란의 여지가 있는 문제이다. 경제성은 주택계획에 있어 큰 범주에서 생각할 경우 계획단계에서도 필수적으로 고려를 해야 하는 사항이다. 또한 주택의 양산화를 통해 편리함과 경제성을 갖출 수 있다면 양산화 역시 계획의 기본목표가 충분히 될 수 있는 사항이다.

8 고객용 로비와 영업실 면적의 비율은 2 : 3 정도로 한다.

9 병원건축 단위공간계획에 대한 설명으로 가장 옳은 것은?

① 간호사 대기실은 계단과 엘리베이터에 인접해 보행거리가 35m 이상이 되도록 하고, 병동부의 중앙에 위치시킨다.

② 병실의 출입구는 문턱이 없고 팔꿈치 조작이 가능한 밖여닫이로 하며 폭은 90cm로 한다.

③ 병실의 규모는 1인실의 경우 최소면적 $6.3m^2$ 이상, 2인실 이상의 경우는 1인당 최소면적 $4.3m^2$ 이상으로 한다.

④ 병실의 창면적은 바닥면적의 1/10 정도로 하며, 창문 높이는 1.2m 이상으로 하여 환자가 병상에서 외부를 전망할 수 있게 한다.

10 공장건축에서 제품중심 레이아웃형식의 특징에 대한 설명으로 가장 옳지 않은 것은?

① 대량생산에 유리하고, 생산성이 높다.

② 건축, 선박 등과 같이 제품이 큰 경우에 적합하다.

③ 장치공업(석유, 시멘트), 가전제품 조립공장 등에 유리하다.

④ 공정 간의 시간적, 수량적 균형을 이룰 수 있고, 상품의 연속성이 유지된다.

ANSWER 9.정답 없음 10.②

9 의료법 시행규칙 개정(2017.2.3)내용 미반영으로 정답 없음으로 결정되었다.
① 보행거리가 24m 이내가 되도록 중앙부에 위치해야 한다.
② 병실의 출입구는 안여닫이로 하며 폭은 최소 1.1m로 한다.
③ 병실의 규모는 1인실의 경우 최소 면적 $10m^2$ 이상, 2인실 이상의 경우 1인당 최소면적 $6.3m^2$ 이상으로 한다.
④ 병실의 창면적은 바닥면적의 1/3~1/4 정도로 하며, 창문 높이는 90cm 이하로 한다.

10 건축, 선박 등과 같이 제품이 큰 경우에 적합한 방식은 고정식 레이아웃방식이다.
 ※ 공장건축의 레이아웃 형식
  ① 제품의 중심의 레이아웃(연속 작업식)
   • 생산에 필요한 모든 공정, 기계 기구를 제품의 흐름에 따라 배치하는 방식이다.
   • 대량생산 가능, 생산성이 높음, 공정시간의 시간적, 수량적 밸런스가 좋고 상품의 연속성이 가능하게 흐를 경우 성립한다.
  ② 공정중심의 레이아웃(기계설비 중심)
   • 동일종류의 공정 즉 기계로 그 기능을 동일한 것, 혹은 유사한 것을 하나의 그룹으로 집합시키는 방식으로 일명 기능식 레이아웃이다.
   • 다종 소량생산으로 예상생산이 불가능한 경우, 표준화가 행해지기 어려운 경우에 채용한다.
  ③ 고정식 레이아웃
   • 주가 되는 재료나 조립부품은 고정된 장소에, 사람이나 기계는 그 장소로 이동해 가서 작업이 행해지는 방식이다.
   • 제품이 크고 수가 극히 적을 경우(선박, 건축)에 적합한 방식이다.

11 한식주택과 양식주택의 특징에 대한 설명으로 가장 옳지 않은 것은?

① 한식주택은 실의 조합으로 되어 있고, 양식주택은 실의 분화로 되어 있다.

② 한식주택의 가구는 주요한 내용물이며, 양식주택의 가구는 부차적 존재이다.

③ 한식주택은 혼용도(混用途)이며, 양식주택은 단일용도(單一用途)이다.

④ 한식주택은 좌식생활이며, 양식주택은 입식(의자식)생활이다.

12 근린생활권 주택지 단위 중 근린주구에 대한 설명으로 가장 옳지 않은 것은?

① 1,600~2,000호의 가구 수를 기준으로 한다.

② 보육시설(유치원, 탁아소)을 중심으로 한 단위이며, 후생시설(공중목욕탕, 진료소, 약국 등)을 설치한다.

③ 1단지 주택계획 단위는 인보구→근린분구→근린주구로 구성된다.

④ 100ha의 면적을 기준으로 한다.

ANSWER 11.② 12.②

11 한식주택의 경우 가구는 부차적 존재이나 양식주택의 경우 가구는 중요한 내용물이다.

12 근린주구는 초등학교를 중심으로 한다. 근린주구란 1924년 미국의 페리(C. A. Perry)가 제안한 주거단지계획 개념으로서 어린이들이 위험한 도로를 건너지 않고 걸어서 통학할 수 있는 단지규모에서 생활의 편리성과 쾌적성, 주민들간의 사회적 교류 등을 도모할 수 있도록 조성된 물리적 환경을 말한다. 이는 친밀한 사회적 교류가 어린이들 간의 친근감을 통하여 시작된다는 전제에서 초등학교구를 일상생활권의 단위로 하고 초등학교를 근린생활의 중심으로 한다.

※ 근린주구 구성의 6가지 계획원리
• 규모 : 하나의 초등학교가 필요하게 되는 인구규모이며 수용인구는 약 5000명 정도이다.
• 경계 : 통과교통이 내부를 관통하지 않고 용이하게 우회할 수 있도록 충분한 폭의 간선도로에 의해 구획되어야 한다.
• 오픈스페이스 : 개개의 근린주구의 요구에 부합되도록 전체 면적 10% 정도의 계획된 소공원과 위락공간의 체계가 있어야 한다.
• 공공건축물 : 단지의 경계와 일치하는 서비스구역을 갖는 학교나 공공건축용지는 근린주구의 중심위치에 적절히 통합되어야 한다.
• 근린점포 : 주민들에게 서비스를 제공할 수 있는 1~2개소 이상의 상점지구가 교통의 결절점이나 인접 근린주구 내의 유사지구 부근에 설치되어야 한다. (근린상가는 근린주구와 근린주구의 교차점이나 경계점에 배치한다.)
• 지구 내 가로체계 : 외곽 간선도로는 예상되는 교통량에 적절해야 하고, 내부가로망은 단지 내의 교통을 원활하게 하기 위하여 통과교통이 배제되어야 한다.

13 호텔 동선계획 시 고려되어야 할 사항으로 가장 옳지 않은 것은?

① 최상층에 레스토랑을 설치하는 방안은 엘리베이터 계획에 영향을 미치므로 기본계획 시 결정해야 한다.

② 숙박고객이 프런트 데스크(front desk)를 통하지 않고 직접 주차장으로 갈 수 있도록 동선을 계획한다.

③ 고객동선과 서비스동선이 교차되지 않도록 출입구를 분리하는 편이 좋다.

④ 고객동선은 방재계획상 고객이 혼동하지 않고 목적한 장소에 갈 수 있도록 명료하고 유연한 흐름이 되어야 한다.

14 르 코르뷔지에(Le Corbusier)의 건축작품으로 가장 옳지 않은 것은?

① 롱샹교회(Notre-Dame du Haut, Ronchamp)

② 빌라 사보아(Villa Savoye)

③ 찬디가르 국회의사당(Legislative Assembly Building and Capital Complex, chandigarh)

④ 크라운 홀(S. R. Crown Hall)

15 공연장 건축 후(後)무대 관련실에 대한 설명으로 가장 옳지 않은 것은?

① 의상실(dressing room)은 연기자가 분장을 하고 옷을 갈아입는 곳으로, 가능하면 무대 근처가 좋다.

② 그린룸(green room)은 연기자가 공연 중간에 휴식을 취할 수 있는 친환경적 온실을 말한다.

③ 리허설룸(rehearsal room)은 실제로 연기를 행하는 무대와 같은 크기이면 좋으나, 규모에 따라 알맞게 설정한다.

④ 연주자실은 오케스트라 피트(orchestra pit)와 같은 층에 설치하는 것이 일반적이다.

- -

ANSWER 13.② 14.④ 15.②

13 숙박고객이 주차장으로 갈 때 되도록 프런트 데스크를 통해서 가도록 계획해야 한다.

14 크라운 홀은 미스 반 데어로에(Mies van der Rohe)의 작품이다.

15 그린룸(green room)은 출연자 대기실을 말하며, 무대와 인접한 곳에 배치한다.

16 「노인복지법」에 따라 노인복지시설을 크게 4가지로 분류할 때 해당하지 않는 것은?

① 재가노인복지시설

② 노인의료복지시설

③ 노인여가복지시설

④ 실버노인요양시설

17 상점건축에서 대면판매와 측면판매에 대한 설명으로 가장 옳지 않은 것은?

① 대면판매는 판매원이 설명하기 편하고 정위치를 정하기도 용이하다.

② 대면판매는 판매원 통로면적이 필요하므로 진열면적이 감소한다.

③ 측면판매는 대면판매에 비해 충동적 구매가 어려운 편이다.

④ 측면판매는 양복, 서적, 전기기구, 운동용구점 등에서 주로 쓰인다.

ANSWER 16.④ 17.③

16 노인복지시설을 크게 4가지로 분류하면 노인주거복지시설, 노인의료복지시설, 노인여가복지시설, 재가노인복지시설로 나눌 수 있으며 그 외에 노인보호전문기관, 노인일자리지원기관, 학대피해노인 전용쉼터가 있다.

※ 노인복지시설의 종류

노인주거복지시설	양로시설, 노인공동생활가정, 노인복지주택	노인보호전문기관	–
노인의료복지시설	노인요양시설, 노인요양공동생활가정	노인일자리지원기관	–
노인여가복지시설	노인복지관, 경로당, 노인교실	학대피해노인 전용쉼터	–
재가노인복지시설	방문요양서비스, 주·야간보호서비스, 단기보호서비스, 방문목욕서비스, 그 밖의 보건복지부령으로 정하는 서비스		

17 측면판매는 대면판매에 비해 충동적 구매가 쉽게 이루어진다.

18 미술관건축에서 자연채광법에 대한 설명으로 가장 옳지 않은 것은?

① 정광창(top light) 형식은 유리 전시대 내의 공예품 전시실 등 채광량이 적게 요구되는 곳에 적합한 방법이다.

② 측광창(side light) 형식은 소규모의 전시실에 적합한 방법이다.

③ 고측광창(clerestory) 형식은 천장의 가까운 측면에서 채광하는 방법이다.

④ 정측광창(top side light monitor) 형식은 중앙부는 어둡고 전시벽면의 조도는 충분한 이상적 채광법이다.

19 체육관 기본계획에 대한 설명으로 가장 옳지 않은 것은?

① 개구부를 통해 채광을 받을 경우 경기자의 눈부심 방지를 고려해야 한다.

② 통풍은 자연환기를 고려해 환풍되는 것이 좋다.

③ 체육관은 크게 경기부문, 관람부문, 관리부문으로 구성된다.

④ 체육관은 육상경기장과 마찬가지로 장축을 남북으로 배치해야 한다.

20 도서관 서고 건축계획에 대한 설명으로 가장 옳지 않은 것은?

① 환기 및 채광을 위해 가급적 창문을 크게 두어야 한다.

② 자료의 수직이동을 위해 덤웨이터나 도서용 엘리베이터를 둘 수 있다.

③ 가변성, 확장성 및 융통성 등을 고려하여 계획한다.

④ 개가식 열람실일 경우 열람실 내부나 주위에도 배치 가능하다.

ANSWER 18.① 19.④ 20.①

18 정광창(top light) 형식은 전시실의 중앙부를 가장 밝게 하여 전시벽면에 조도를 균등하게 하는 방법이다. 따라서 채광량이 적게 요구되는 곳에 적합한 방법이 아니다.

19 체육관은 장축을 동서로 하고 남북방향으로부터 채광을 한다.

20 도서관 서고는 책의 보존(직사광선과 바람 등에 의한 파손을 막기 위함)을 위하여 되도록 창문을 작게 해야 한다.

1 병원건축에 대한 설명으로 가장 옳은 것은?

① 간호사 대기실은 간호작업에 편리한 수직통로 가까이에 배치하며 외부인의 출입도 감시할 수 있도록 한다.

② 병실 계획 시 조명은 조도가 높을수록 좋고 마감재는 반사율이 클수록 좋다.

③ 중앙 진료실은 외래부, 관리부 및 병동부에서 별도로 독립된 위치가 좋으며 수술부, 물리치료부, 분만부 등은 통과교통이 되지 않도록 한다.

④ 고층 밀집형 병원 건축은 각 실의 환경이 균일하고 관리가 편리하지만 설비 및 시설비가 많이 든다는 단점이 있다.

2 입주 후 평가(POE: Post Occupancy Evaluation)에 대한 설명으로 가장 옳지 않은 것은?

① 입주 후 생활을 통한 평가과정은 건축행위주기에서 중요하다.

② 이 과정을 통해 얻어지는 여러 자료들은 설계정보로 활용된다.

③ 설계작업에 대한 가정(hypothesis)의 단계로 볼 수 있다.

④ 순환성의 설계과정이 끝없이 연계되는(open ended) 과정으로 볼 수 있다.

ANSWER 1.① 2.③

1 ② 병실 계획 시 조명은 조도가 적당해야 하며 마감재는 반사율이 적을수록 좋다.
　③ 중앙 진료실은 외래부, 관리부 및 병동부에서 접근이 용이한 위치에 있어야 하며 수술부, 물리치료부, 분만부 등은 통과교통이 되지 않도록 한다.
　④ 고층 밀집형 병원 건축은 각 실의 환경이 불균일하므로 이에 대한 관리가 요구된다.

2 입주 후 평가는 글자 그대로 건물입주 후 행해지는 건물에 대한 평가이다.

3 '미적 대상을 구성하는 부분과 부분 사이에 질적으로나 양적으로 모순되는 일이 없이 질서가 잡혀 있는 것'을 의미하는 건축의 형태구성원리는?

① 통일성

② 균형

③ 비례

④ 조화

4 원시사회의 석조조형인 고인돌에 대한 설명으로 가장 옳지 않은 것은?

① 청동기 사람들이 제사의식과 함께 특별히 중요하게 여겼다.

② 고인돌은 지석묘(支石墓)라고도 한다.

③ 탁자식, 기반식, 개석식으로 구분하기도 한다.

④ 기반식은 북한강 이북에 많이 분포하여 북방식이라고도 한다.

·····

ANSWER 3.④ 4.④

3 ④ '미적 대상을 구성하는 부분과 부분사이에 질적으로나 양적으로 모순되는 일이 없이 질서가 잡혀 있는 것'을 의미하는 건축의 형태구성원리는 조화이다.
　　① 통일성은 구성체 각 요소들 간에 이질감이 느껴지지 않고 전체로서 하나의 이미지를 주는 것이다.
　　② 균형은 안정감을 주는 시각적 평형을 의미한다.
　　③ 비례는 부분과 부분 또는 부분과 전체와의 수량적 관계를 말한다.

4 기반식(바둑판식)은 판돌, 깬돌, 자연석 등으로 쌓은 무덤방을 지하에 만들고 받침돌을 놓은 뒤, 거대한 덮개돌을 덮은 형태로 서 주로 한강 이남에 분포하여 남방식 고인돌이라고도 한다.

5 전시실 관람순회형식으로 가장 옳지 않은 것은?

① 중앙홀 형식

② 연속순로 형식

③ 갤러리 및 코리더 형식

④ 디오라마 형식

6 18세기 말부터 19세기 말 이전까지의 양식적인 혼란기에 전개된 '낭만주의 건축'에 대한 설명으로 가장 옳은 것은?

① 그리스와 로마양식을 다시 빌려서 새로운 시대에 대응하는 건축

② 이탈리아를 중심으로 유럽에서 전개된 고전주의 양식의 건축

③ 과도기적인 건축양식으로 고딕양식에 의해 새로운 시대의 과제를 해결하고자 노력한 건축

④ 각 양식을 새로운 건축의 성격에 따라 적절히 선택 채용하는 건축

ANSWER 5.④ 6.③

5 디오라마 형식은 전시실 관람순회형식이 아닌, 전시실의 전시물 배치형식의 일종이다.

6 낭만주의 건축
  ㉠ 고전복원의 신고전주의 건축이 자신들과 시간, 거리상으로 먼 이국적 양식을 도입하고 건물외관의 피상적 형태를 추구하는 데 반발
  ㉡ 고대보다는 당시와 시간적으로 가까우며 자기 국가와 민족의 기원으로 삼고 있던 중세의 고딕양식에 주목
  ㉢ 오거스투스 퓨긴은 [고딕건축 실례집(1821~23년)]을 출판하여 고딕건축을 전파
    • 신고전주의 건축이 그리스와 로마의 고전건축에 열중한 반면 낭만주의 건축은 중세의 고딕건축에 관심
    • 자신들의 국가와 민족의 기원이 중세에 있는 것을 보고 중세를 낭만주의의 이상으로 삼음
    • 구조와 재료의 정직한 표현이라는 진실성이 반영된 고딕건축의 양식과 방법을 그대로 유지하려고 시도

7 모듈에 의한 치수계획에 대한 설명으로 가장 옳은 것은?

① 프랭크 로이드 라이트(Frank Lloyd Wright)의 모듈러는 인체의 치수를 기본으로 해서 황금비를 적용하여 고안된 것이다.

② 현재 국제표준기구(ISO)에서 MC(Modular Coordination)에 의거하여 사용하고 있는 기본 모듈은 미터법 사용 국가에서는 10mm로 의견이 일치하고 있다.

③ MC(Modular Coordination)의 이점으로는 설계 작업이 단순 간편하고, 구성재의 대량생산이 용이해지며, 현장 작업에서 시공의 균질성을 확보할 수 있다는 점 등이 있다.

④ MC(Modular Coordination)는 합리적인 건축공간 구성 시 여러 치수들을 계열화, 규격화하여 조정해서 사용할 필요에 의해 고려되는 것으로 건축공간의 형태에 창조성을 높이는 데 크게 기여한다.

8 국토교통부 장관은 범죄를 예방하고 안전한 생활환경을 조성하기 위해 건축물, 건축설비 및 대지에 대한 범죄예방 기준을 정하여 고시할 수 있다. 다음 중 범죄예방 기준에 따라 건축해야 하는 건축물로 가장 옳지 않은 것은?

① 공동주택 중 세대수가 500세대 이상인 아파트

② 동 · 식물원을 제외한 문화 및 집회시설

③ 도서관 등 교육연구시설

④ 업무시설 중 오피스텔

ANSWER 7.③ 8.③

7 ① 르코르뷔지에의 모듈러는 인체의 치수를 기본으로 해서 황금비를 적용하여 고안된 것이다.
  ② 현재 국제표준기구(ISO)에서 MC(Modular Coordination)에 의거하여 사용하고 있는 기본 모듈은 미터법 사용 국가에서는 10cm로 의견이 일치하고 있다.
  ④ MC(Modular Coordination)는 합리적인 건축공간 구성 시 여러 치수들을 계열화, 규격화하여 조정해서 사용할 필요에 의해 고려되는 것으로 건축공간의 형태를 규격화, 정형화시켜 창조성을 저하시키는 단점이 있다.

8 교육연구시설 중 연구소 및 도서관은 범죄예방 기준에 따라 건축해야 하는 건축물 대상에서 제외된다.
  ※ 범죄예방 기준에 따라 건축하여야 하는 건축물〈건축법시행령 제63조의7〉
    ㉠ 다가구주택, 아파트, 연립주택 및 다세대주택
    ㉡ 제1종 근린생활시설 중 일용품을 판매하는 소매점
    ㉢ 제2종 근린생활시설 중 다중생활시설
    ㉣ 문화 및 집회시설(동 · 식물원은 제외)
    ㉤ 교육연구시설(연구소 및 도서관 제외)
    ㉥ 노유자시설
    ㉦ 수련시설
    ㉧ 업무시설 중 오피스텔
    ㉨ 숙박시설 중 다중생활시설

9 「장애인 · 노인 · 임산부 등의 편의증진 보장에 관한 법률」의 내용에 대한 설명으로 가장 옳지 않은 것은? (※ 기출변형)

① 법률에서 '장애인 등'이란 장애인 · 노인 · 임산부 등 일상생활에서 이동, 시설이용 및 정보접근 등에 불편을 느끼는 사람을 말한다.

② 본 법률에서 편의시설을 설치해야 하는 대상 중에 통신시설은 포함되지 않는다.

③ 장애물 없는 생활환경 인증의 유효기간은 인증을 받은 날로부터 10년으로 한다.

④ 장애인 전용 주차구역에서는 누구든지 물건을 쌓거나 그 통행로를 가로막는 등 주차를 방해하는 행위를 해서는 안 된다.

10 백화점의 매장계획에 대한 설명으로 가장 옳지 않은 것은?

① 백화점의 합리적인 평면계획은 매장 전체를 멀리서도 넓게 보이도록 하되 시야에 방해가 되는 것은 피하는 것이다.

② 매장 내의 통로 폭은 상품의 종류, 품질, 고객층, 고객 수 등에 따라 결정되며, 고객의 혼잡도가 고려되어야 한다.

③ 매대배치는 통로계획과 밀접한 관계를 가지며 직각 배치 방법은 판매장의 면적을 최대로 활용할 수 있다.

④ 매장 구성에서 동일 층에서는 수평적으로 높이 차가 있을수록 좋다.

ANSWER 9.② 10.④

9 편의시설 설치 대상에는 '공원, 공공건물 및 공중이용시설, 공동주택, 통신시설, 그 밖에 장애인 등의 편의를 위하여 편의시설을 설치할 필요가 있는 건물 · 시설 및 그 부대시설'의 어느 하나에 해당하는 것으로서 대통령령으로 정하는 것이 포함된다.

10 ④ 매장 구성에서 동일 층에서는 수평적으로 높이 차가 있으면 안전문제나 동선제약 등의 문제로 좋지 않다.

11 LCC(Life Cycle Cost, 생애주기비용)에 대한 설명으로 가장 옳은 것은?

① 건축재료, 부품 생산에서 설계 및 시공에 이르기까지 건축생산 전반에 걸쳐 통일적으로 적용 가능한 모듈을 만드는 데 소요되는 총 비용

② 완공된 건축물 사용 후 사용자들의 만족도를 측정하여 건물의 성능을 진단 및 평가하는 데 소요되는 총 비용

③ 건축물의 기획, 설계, 시공에서부터 유지관리 및 해체에 이르기까지 소요되는 총 비용

④ 건축물의 효율적 기획, 설계, 시공 및 유지관리를 위해 건축요소별 객체정보를 3차원 정보모델에 담아내는 데 소요되는 총 비용

12 공연장의 실내음향계획에 대한 설명으로 가장 옳은 것은?

① 부채꼴의 평면형태는 객석의 앞부분에 측벽 반사음이 쉽게 도달한다.

② 타원이나 원형의 평면형태는 음이 집중되어 전체적으로 불균일하게 분포되기 쉽다.

③ 음의 균일한 분포를 위해 객석 전면 무대측에는 흡음재를, 객석 후면측에는 반사재를 계획한다.

④ 발코니 밑의 객석은 공간 깊이가 깊을수록 음이 커지는 음향적 그림자 현상이 생기기 쉽다.

ANSWER 11.③ 12.②

11 LCC(Life Cycle Cost, 생애주기비용) ⋯ 건축물의 기획, 설계, 시공에서부터 유지관리 및 해체에 이르기까지 소요되는 총 비용

12 ① 부채꼴의 평면형태는 객석의 앞부분에 측벽 반사음이 쉽게 도달하지 못한다.
③ 음의 균일한 분포를 위해 객석 전면 무대측에는 반사재를, 객석 후면측에는 흡수재를 계획한다.
④ 발코니 밑의 객석은 공간 깊이가 깊을수록 음이 작아지는 문제가 발생하게 된다. 음원으로부터 유효한 반사음이 도달하기 어려우며 객석 1인당의 체적도 줄어들게 되므로 잔향시간도 짧아지게 된다.

13 교과교실형(V형, department system) 학교운영방식에 대한 설명으로 가장 옳은 것은?

① 교실의 수는 학급 수와 일치한다.

② 학생 개인물품 보관 장소와 이동 동선에 대한 고려가 필요하다.

③ 전 학급을 2분단으로 나누어 운영한다.

④ 학급별로 하나씩 일반교실을 두고, 별도의 특별교실을 갖춘다.

14 상하수도, 직선가로망, 녹지 등의 도시기반시설을 설치하고, 가로변 주택, 기념비적 공공시설 등의 건축물을 조성하여 19세기 중반에서 20세기 초까지 프랑스 파리를 중세 도시에서 근대 도시로 개조하는 파리개조 사업을 주도했던 인물은?

① 토니 가르니에(Tony Garnier)

② 조르주 외젠 오스만(Georges Eugéne Haussmann)

③ 오귀스트 페레(Auguste Perret)

④ 르 꼬르뷔지에(Le Corbusier)

ANSWER 13.② 14.②

13 ① 교과교실의 경우 교실의 수는 학급 수와 일치하지 않는다.
　　 ③ 전 학급을 2분단으로 나누어 운영하는 방식은 플래툰방식이다.
　　 ④ 학급별로 하나씩 일반교실을 두고, 별도의 특별교실을 갖춘 형식은 종합교실형과 교과교실형의 혼용방식이다.

14 조르주 외젠 오스만은 파리개조 사업을 주도하여 방사상의 대도로망, 새로운 수도와 대하수도, 오페라 등의 공공시설을 건설하였고 파리 도시 전체의 3/7에 이르는 가옥을 개축하였다.

15 유치원의 일반적인 평면형식에 대한 설명으로 가장 옳지 않은 것은?

① 일실형 – 관리실, 보육실, 유희실을 분산시키는 유형이다.

② 중정형 – 안뜰을 확보하여 주위에 관리실, 보육실, 유희실을 배치한다.

③ 십자형 – 유희실을 중앙에 두고 주위에 관리실과 보육실을 배치한다.

④ L형 – 관리실에서 보육실, 유희실을 바라볼 수 있는 장점이 있다.

16 건물이 지어지는 과정에서 '기획단계'를 설명한 내용으로 가장 옳지 않은 것은?

① 구체화 정도에 따라 계획설계, 기본설계, 실시설계로 나눈다.

② 본질적으로 건축주의 업무이기도 하나 건축사에게 의뢰되기도 한다.

③ 사용자의 요구사항, 제약점 등 조건을 반영한다.

④ 타당성 검토와 프로그래밍을 수반한다.

ANSWER 15.① 16.①

15 ① 일실형은 보육실, 유희실을 통합시킨 형태이다.

※ 유치원교사 평면형

㉠ **일실형** : 보육실, 유희실 등을 통합시킨 형으로서 기능적으로는 우수하나 독립성이 결여된 형태이다.

㉡ **일자형** : 각 교실의 채광조건이 좋으나 한 줄로 나열되어 단조로운 평면이 된다.

㉢ **L자형** : 관리실에서 교실, 유희실을 바라볼 수 있는 장점이 있다.

㉣ **중정형** : 건물 자체에 변화를 주면 동시에 채광조건의 개선이 가능하다.

㉤ **독립형** : 각 실의 독립으로 자유롭고 여유있는 플랜이다.

㉥ **십자형** : 불필요한 공간 없이 기능적이고 활동적이지만 정적인 분위기가 결여되어 있다.

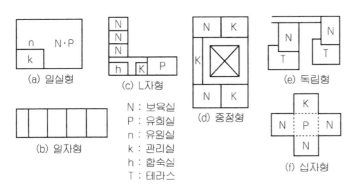

N : 보육실
P : 유희실
n : 유원실
k : 관리실
h : 합숙실
T : 테라스

16 ① 기획단계는 계획설계 이전에 행해지는 과정이다.

17 건물에너지 디자인에서 자연채광을 활용한 건축계획에 대한 설명으로 가장 옳은 것은?

① 아트리움이 에너지 측면에서 효율적이고 쾌적한 공간이 되기 위해서는 전도와 복사로 인한 열손실, 열획득, 열전달 등을 충분히 고려하여야 한다.

② 자연채광 효과를 높이기 위해서 아트리움에 환기장치를 둘 필요는 없다.

③ 태양광을 반사 루버나 광선반을 활용하여 실내에 사입시키기 위해서는 실내에 되도록 반사율이 낮은 재료로 마감하는 것이 좋다.

④ 덕트 채광방식은 고반사율의 박판경을 사용한 도광 덕트에 의해 주로 천공산란광을 효율적으로 실내에 삽입하며 야간 우천 시에도 자연 채광을 적극 활용한다.

18 건축물들의 동선 계획 시 고려해야 하는 사항으로 가장 옳은 것은?

① 주차장에서 진입동선을 가급적 길게 계획한다.

② 은행에서 고객동선은 가급적 짧게 계획한다.

③ 상점에서 고객동선을 가급적 짧게 계획한다.

④ 호텔에서는 숙박객이 프런트를 거치지 않고 바로 주차장으로 갈 수 있도록 계획한다.

ANSWER 17.① 18.②

17 ② 자연채광 효과를 높이기 위해서 아트리움에 환기장치를 두는 것이 좋다.
③ 태양광을 반사 루버나 광선반을 활용하여 실내에 사입시키기 위해서는 실내에 되도록 반사율이 높은 재료로 마감하여 반사가 이루어지도록 하는 것이 좋다.
④ 덕트 채광방식은 고반사율의 박판경을 사용한 도광 덕트에 의해 주로 천공산란광을 효율적으로 실내에 삽입하며 야간이나 우천 시에는 인공조명을 점등하여 보통조명기구의 역할을 하게 한다.

18 ① 주차장에서 진입동선을 가급적 짧게 계획한다.
③ 상점에서 고객동선을 가급적 길게 계획한다.
④ 호텔에서는 숙박객이 프런트를 거쳐서 주차장으로 갈 수 있도록 계획한다.

19 「건축기본법」에 대한 내용 중 가장 옳지 않은 것은?

① 건축정책기본계획에는 건축분야 전문인력의 육성·지원 및 관리에 관한 사항이 포함된다.

② 건축정책기본계획의 수립권자는 국토교통부장관이다.

③ 국가건축정책위원회에서 건축행정 개선에 관한 사항을 심의한다.

④ 광역건축기본계획은 4년마다 수립 및 시행한다.

20 「주차장법 시행규칙」에 따른 주차장 계획 시 적용사항으로 가장 옳지 않은 것은?

① 부설주차장의 총 주차대수가 6대인 자주식 주차장에서 주차단위구획과 접하지 않는 차로의 너비를 2.5 미터로 한다.

② 횡단보도로부터 6미터 이격된 곳에 노외주차장 출입구를 계획한다.

③ 사람이 통행하는 중형기계식 주차장의 출입구를 너비 2.3미터 높이 1.6미터로 계획한다.

④ 지하식 노외주차장의 직선 경사로의 종단경사로를 15퍼센트로 계획한다.

· ·

ANSWER 19.④ 20.③

19 ④ 광역건축기본계획은 시·도지사가 건축정책기본계획에 따라 5년마다 수립 및 시행한다.

※ 건축정책기본계획의 내용
- ㉠ 건축의 현황 및 여건변화, 전망에 관한 사항
- ㉡ 건축정책의 기본목표 및 추진방향
- ㉢ 건축의 품격 및 품질 향상에 관한 사항
- ㉣ 도시경관 향상을 위한 통합된 건축디자인에 관한 사항
- ㉤ 지역의 건축에 관한 발전 및 지원대책
- ㉥ 우수한 설계기법 및 첨단건축물 등 연구개발에 관한 사항
- ㉦ 건축분야 전문인력의 육성·지원 및 관리에 관한 사항
- ㉧ 건축디자인 등 건축의 국제경쟁력 향상에 관한 사항
- ㉨ 건축문화 기반구축에 관한 사항
- ㉩ 건축 관련 기술의 개발·보급 및 선도시범사업에 관한 사항
- ㉪ 건축정책기본계획의 시행 및 그 밖에 대통령령으로 정하는 건축 진흥에 필요한 사항

20 ③ 중형 기계식주차장의 출입구 크기는 너비 2.3미터 이상, 높이 1.6미터 이상으로 하여야 한다. 다만, 사람이 통행하는 기계식주차장치 출입구의 높이는 1.8미터 이상으로 한다.

① 부설주차장의 총 주차대수 규모가 8대 이하인 자주식주차장의 차로의 너비는 2.5미터 이상으로 한다(주차단위구획과 접하여 있지 않은 경우).

② 횡단보도(육교 및 지하횡단보도를 포함한다)로부터 5미터 이내에 있는 도로의 부분에는 노외주차장의 출입구를 설치할 수 없다.

④ 지하식 또는 건축물식 노외주차장 경사로의 종단경사도는 직선 부분에서는 17퍼센트를 초과하여서는 아니 되며, 곡선 부분에서는 14퍼센트를 초과하여서는 아니 된다.

1 급수방식 중 고가수조 방식에 대한 설명으로 옳지 않은 것은?

① 건축구조에 부담을 주게 되며 초기 설비비가 많이 든다.

② 단수 시에 급수가 가능하다.

③ 일정한 수압으로 급수할 수 있다.

④ 급수방식 중 수질오염 가능성이 가장 낮은 방식이다.

2 극장무대와 관련된 용어의 설명으로 옳지 않은 것은?

① 플라이 갤러리(fly gallery)는 그리드아이언에 올라가는 계단과 연결되는 좁은 통로이다.

② 그리드아이언(gridiron)은 와이어로프를 한 곳에 모아서 조정하는 장소로 작업이 편리하고 다른 작업에 방해가 되지 않는 위치가 좋다.

③ 사이클로라마(cyclorama)는 무대의 제일 뒤에 설치되는 무대배경용 벽이다.

④ 프로시니엄(proscenium)은 무대와 관람석의 경계를 이루며, 관객은 프로시니엄의 개구부를 통해 극을 본다.

<hr>

ANSWER 1.④ 2.②

1 고가수조 방식
㉠ 수도본관의 인입관으로부터 상수를 일단 저수조에 저수한 후, 펌프를 이용하여 옥상 등 높은 곳에 설치한 고가수조에 양수하여 중력에 의해 건물 내의 필요한 곳에 급수하는 방식이다.
㉡ 단수, 정전 시에도 급수가 가능하며 배관부속품의 파손이 적고 대규모 급수설비에 적합하다.
㉢ 급수가 오염되기 쉽고 저수시간이 길면 수질이 나빠지며 설비비가 많이 들고 옥상탱크의 하중 때문에 구조검토가 요구된다.

2 와이어 로프를 한 곳에 모아서 조정하는 장소는 록 레일(lock rail)에 대한 설명이며, 벽에 가이드레일을 설치해야 하기 때문에 무대의 좌우 한쪽 벽에 위치시킨다. 그리드아이언은 격자 발판으로 무대 천장에 설치되어 무대의 배경이나 조명기구 또는 음향반사판 등을 매달 수 있도록 한 장치이다.

3 내부결로 방지대책으로 옳지 않은 것은?

① 단열공법은 외단열로 하는 것이 효과적이다.

② 단열성능을 높이기 위해 벽체 내부 온도가 노점온도 이상이 되도록 열관류율을 크게 한다.

③ 중공벽 내부의 실내측에 단열재를 시공한 벽은 방습층을 단열재의 고온측에 위치하도록 한다.

④ 벽체 내부로 수증기의 침입을 억제한다.

4 건축화조명에 대한 설명으로 옳지 않은 것은?

① 실내장식의 일부로서 천장이나 벽에 배치된 조명기법으로 조명과 건물이 일체가 되는 조명시스템이다.

② 다운라이트조명, 라인라이트조명, 광천장조명 등이 있다.

③ 눈부심이 적고 명랑한 느낌을 주며, 필요한 곳에 적절하게 조명을 설치하여 직접조명보다 조명효율이 좋다.

④ 건축물 자체에 광원을 장착한 조명방식이므로 건축설계 단계부터 병행하여 계획할 필요가 있다.

ANSWER 3.② 4.③

3 ② 열관류율이 크면 단열성능이 저하된다.

※ **열관류율** … 단위 면적을 통하여 단위 시간에 이동하는 열량을 의미하며 단위는 $[kcal/m^2h℃]$이다.

4 건축화조명은 직접조명보다 조명효율이 좋지 않다.

※ **건축화조명**

㉠ 실내장식의 일부로서 천장이나 벽에 배치된 조명기법으로 조명과 건물이 일체가 되는 조명시스템이다.

㉡ 다운라이트조명, 라인라이트조명, 광천장조명 등이 있다.

㉢ 가급적 조명기구를 노출시키지 않고 벽, 천장, 기둥 등의 구조물을 이용한 조명이 되도록 한다.

㉣ 발광하는 면적이 넓어져 확산되는 빛으로 인하여 실내가 부드럽다.

㉤ 주간과 야간에 따라 실내 분위기를 전혀 다르게 할 수 있다.

㉥ 건축물 자체에 광원을 장착한 조명방식이므로 건축설계 단계부터 병행하여 계획할 필요가 있다.

㉦ 직접조명보다는 조명 효율이 낮은 편이다.

5 근대건축의 거장과 그의 작품의 연결이 옳지 않은 것은?

① 미스 반 데 로에(Mies van der Rohe) – 투겐하트 주택(Tugendhat House)

② 발터 그로피우스(Walter Gropius) – 데사우 바우하우스(Dessau Bauhaus)

③ 알바 알토(Alvar Aalto) – 시그램 빌딩(Seagram Building)

④ 프랭크 로이드 라이트(Frank Lloyd Wright) – 로비 하우스 (Robie House)

ANSWER 5.③

5 시그램 빌딩(Seagram Building)은 미스 반 데 로에(Mies van der Rohe)의 작품이다.

① 미스 반 데 로에(Mies Van der Rohe)
- 독일의 대표적 표현주의 건축가. 유리를 주재료로 사용하여 환상적인 건축을 계획하였으며 콘크리트를 사용하여 유기적인 건축형태로 순수한 기능미를 추구하였다.
- 전통적인 고전주의 미학과 근대 산업이 제공하는 소재를 교묘하게 통합하였다.
- "더 적은 것이 더 많은 것이다(Less is More)."라는 말로써 모더니즘의 특성을 압축하여 표현하였다.
- 콘크리트, 강철, 유리를 건축재료로 사용하여 고층 건축물들을 설계하였다. 콘크리트와 철은 건물의 뼈이고, 유리는 뼈를 감싸는 외피로서의 기능을 하였다.
- 주요 작품으로는 투겐하트 저택, 바르셀로나 파빌리온, 시그램빌딩, 크라운 홀, 레이크쇼어드라이브 아파트, 국제박람회의 독일관 등이 있다.

② 발터 그로피우스(Walter Gropius)
- 바우하우스를 설립하여 기능을 반영한 형태라는 근대적인 원칙과 노동자 계층을 위한 환경을 제공하기 위한 헌신적 활동을 하였다.
- 바우하우스(Bauhaus) : 독일어로 "건축의 집"을 의미한다. 1919년부터 1933년까지 독일에서 그로피우스에 의해 설립·운영된 학교로, 미술과 공예, 사진, 건축 등과 관련된 종합적인 내용을 교육하였다. 바우하우스의 양식은 현대식 건축과 디자인에 큰 영향을 주게 되었다. 교육의 최종 목표는 건축을 중심으로 모든 미술 분야를 통합하는 데 있었다.
- 주요 작품으로는 (구두를 만드는) 파구스 공장, 데사우의 바우하우스 건물, 하버드대학의 그레듀에이트 센터 등이 있다.

③ 알바 알토(Alvar Aalto)
- 그의 건축적 사고는 스칸디나비아 반도의 문화예술운동인 '낭만적 풍토주의(National Romanticism)'와 관련이 깊다.
- 유기주의적 구성원리를 바탕으로 합리주의적 구성원리를 수용하여 표준화와 유기적 구성의 결합을 추구하였다.
- 핀란드의 역사적, 지리적 전통과 지역성을 독자적 건축 어휘로 표현한 근대건축가로서 프리츠커상을 수상하였다.
- 비대칭적이면서 물결처럼 부드러운 곡선으로 자연으로부터 유추한 형상들을 건축작품으로 표현하였으며 북유럽의 자연을 우아한 곡선으로 형상화해 기능주의에 접목시켰다는 평을 받는 건축가이다.
- 주요 작품으로는 MIT기숙사, 비퓨리 시립도서관 등이 있다.

④ 프랭크 로이드 라이트(Frank Lloyd Wright)
- 미국 출신의 건축가로서 모더니즘 건축의 거장으로 꼽힌다.
- 건축 자체의 조건(condition)과 조화되는 외부로부터 발전하는 건축인 '유기적 건축'을 강조하였다.
- 주택건축에 특히 관심을 보였으며, 일본의 건축양식에 감명을 받아 이를 자신의 작품에 반영하기도 하였다.
- 주요 작품으로는 뉴욕 구겐하임 미술관, 카프만주택(낙수장), 존슨왁스 빌딩, 도쿄 제국호텔 등이 있다.
※ 근대 모더니즘 건축의 4대 거장으로 흔히 "르 꼬르뷔지에, 미스 반 데 로에, 프랭크 로이드 라이트, 발터 그로피우스"를 꼽는다.

6 전시실의 순회형식에 대한 설명으로 옳지 않은 것은?

① 연속순로형식은 소규모 전시실에 적용가능하고, 갤러리 및 코리더형식은 각 실에 직접 들어갈 수 있는 점이 유리하다.

② 중앙홀형식은 홀이 클수록 장래확장이 용이하고, 연속순로형식은 1실을 폐쇄하였을 때 전체 동선이 막히게 되는 단점이 있다.

③ 중앙홀형식은 중심부에 하나의 큰 홀을 두고, 갤러리 및 코리더형식은 복도가 중정을 포위하게 하여 순로를 구성하는 경우가 많다.

④ 중앙홀형식은 각 전시실을 자유로이 출입 가능하고, 연속순로 형식은 실을 순서대로 통해야 한다.

7 「건축법」상 용어의 정의에 대한 설명으로 옳지 않은 것은?

① '건축'이란 건축물을 신축·증축·개축·재축하거나 건축물을 이전하는 것을 말한다.

② '거실'이란 건축물 안에서 거주, 집무, 작업, 집회, 오락, 그 밖에 이와 유사한 목적을 위하여 사용되는 방을 말한다.

③ '고층건축물'이란 층수가 30층 이상이거나 높이가 120미터 이상인 건축물을 말한다.

④ '주요구조부'란 내력벽, 기둥, 최하층 바닥, 보를 말한다.

ANSWER 6.② 7.④

6 ② 중앙홀형식은 홀이 커질수록 장래확장이 어려워지며, 동선계획 시 여러 가지 문제가 발생하게 된다.

7 ④ "주요구조부"란 내력벽(耐力壁), 기둥, 바닥, 보, 지붕틀 및 주계단(主階段)을 말한다. 다만, 사이 기둥, 최하층 바닥, 작은 보, 차양, 옥외 계단, 그 밖에 이와 유사한 것으로 건축물의 구조상 중요하지 아니한 부분은 제외한다.

8 기계환기방식 중 송풍기에 의한 급기와 자연적인 배기로 클린룸과 수술실 등에 적용하는 환기방식은?

① 제1종 환기

② 제2종 환기

③ 제3종 환기

④ 제4종 환기

9 「건축법 시행령」상 건축물의 바닥면적 산정방법에 대한 설명으로 옳지 않은 것은?

① 건축물의 노대등의 바닥은 외벽의 중심선으로부터 노대등의 끝 부분까지의 면적에서 노대등이 접한 가장 긴 외벽에 접한 길이에 1.2미터를 곱한 값을 뺀 면적을 바닥면적에 산입한다.

② 공동주택으로서 지상층에 설치한 기계실의 면적은 바닥면적에 산입하지 아니한다.

③ 벽·기둥의 구획이 없는 건축물의 바닥면적은 그 지붕 끝부분으로부터 수평거리 1미터를 후퇴한 선으로 둘러싸인 수평투영면적으로 한다.

④ 계단탑, 장식탑의 면적은 바닥면적에 산입하지 아니한다.

ANSWER 8.② 9.①

8 ① 제1종(병용식) 환기 : 송풍기와 배풍기 모두를 사용해서 실내 환기를 행하는 것이며, 실내외의 압력차를 조정할 수 있고, 가장 우수한 환기를 행할 수 있다.

② 제2종(압입식) 환기 : 기계환기방식 중 송풍기에 의한 급기와 자연적인 배기로 클린룸과 수술실 등에 적용하는 환기방식이다. 송풍공기 이외의 외기라든가 기타 침입공기는 없지만, 역으로 다른 실로 배기가 침입할 수 있으므로 주의해야만 한다.

③ 제3종(흡출식) 환기 : 배풍기에 의해서 일방적으로 실내공기를 배기한다. 따라서, 공기가 실내로 들어오는 장소를 설치해서 환기에 지장이 없도록 해야만 한다. 주방, 화장실 등 냄새 또는 유해가스, 증기발생이 있는 장소에 적합하다.

9 ① 건축물의 노대등의 바닥은 난간 등의 설치 여부에 관계없이 노대등의 면적(외벽의 중심선으로부터 노대등의 끝 부분까지의 면적)에서 노대등이 접한 가장 긴 외벽에 접한 길이에 1.5미터를 곱한 값을 뺀 면적을 바닥면적에 산입한다.

10 난방방식에 대한 설명으로 옳지 않은 것은?

① 증기난방은 증발잠열을 이용하고, 열의 운반 능력이 크다.

② 온수난방은 온수의 현열을 이용하고, 온수 온도를 조절할 수 있다.

③ 복사난방은 방열면의 복사열을 이용하고, 바닥면의 이용도가 높은 편이다.

④ 온풍난방은 복사난방에 비하여 설비비가 많이 드나 쾌감도가 좋다.

ANSWER 10.④

10 ④ 온풍난방은 복사난방에 비해 쾌감도가 좋지 않다.

※ 난방방식의 특징

ⓐ 증기난방의 특징
- 증발잠열을 이용하므로 열의 운반능력이 크다.
- 예열시간이 짧고 증기순환이 빠르다.
- 방열면적과 관경이 작아도 된다.
- 설비비와 유지비가 저렴하다.
- 쾌감도가 좋지 않으며 방열량 제어가 어렵다.
- 소음이 크게 발생하며 화상의 우려가 있다.
- 관의 부식이 빠르게 진행된다.
- **분류**: 배관환수방식-단관식, 복관식 / 응축수 환수방식-중력환수식, 기계환수식, 진공환수식 / 환수주관의 위치-습식환수, 건식환수

ⓑ 온수난방의 특징
- 방열량의 조절이 용이하다.
- 증기난방보다 쾌감도가 좋다.
- 열용량이 크므로 난방을 중지해도 여열이 오래 가 연속난방에 유리하다.
- 예열시간이 길어서 간헐운전에 부적합하며 열운반능력이 작다.
- 한랭지에서는 난방정지 시 동결의 우려가 있다.
- 소음이 적은 편이나 설비비가 비싸다.
- 온수의 순환시간이 길다.
- **분류**: 온수의 온도-저온수난방, 고온수난방 / 순환방법-중력환수식, 강제순환식 / 배관방식-단관식, 복관식 / 온수의 공급방향-상향공급식, 하향공급식, 절충식

ⓒ 복사난방의 특징
- 천장, 벽, 바닥에 동관이나 플라스틱관 등으로 된 코일을 매설하여 여기에 온수나 증기를 통과시켜 발생하는 복사열로 실을 난방하는 방식이다.
- 실내의 수직온도분포가 균등하고 쾌감도가 높다.
- 방을 개방상태로 해도 난방효과가 높다.
- 바닥의 이용도가 높고 열손실이 적다.
- 대류가 적으므로 바닥면의 먼지가 상승하지 않는다.
- 외기의 급변에 따른 방열량 조절이 곤란하다.
- 예열시간이 길고, 열손실을 막기 위한 단열층을 필요로 한다.
- 설치공사가 어렵고 수리비, 설비비가 비싸다.
- 매입배관이므로 고장 시 결함부위의 발견이 어렵다.
- 바닥의 하중과 두께가 증가한다.

ⓓ 온풍난방
- 온풍로를 이용하여 가열된 공기를 실내로 직접 공급하여 난방하는 방식이다.
- 예열시간이 짧으며 누수, 동결의 우려가 적다.
- 설비비가 저렴하며 온습도의 조절이 용이하다.
- 쾌감도가 좋지 않으며 소음이 많이 발생한다.

11 상점건축에서 입면 디자인 시 적용하는 AIDMA 법칙에 대한 설명으로 옳지 않은 것은?

① A(Attention, 주의) – 주목시키는 배려가 있는가?

② I(Interest, 흥미) – 공감을 주는 호소력이 있는가?

③ D(Describe, 묘사) – 묘사를 통해 구체적인 정보를 인식하게 하는가?

④ M(Memory, 기억) – 인상적인 변화가 있는가?

12 건축 형태구성원리에 대한 설명으로 옳지 않은 것은?

① 리듬은 부분과 부분 사이에 시각적으로 강한 힘과 약한 힘이 규칙적으로 연속될 때 나타난다.

② 비례는 선·면·공간 사이에서 상호 간의 양적인 관계를 말하며, 점증, 억양 등이 있다.

③ 균형은 대칭을 통해 가장 손쉽게 구현할 수 있지만, 시각적 구성에서는 비대칭 기법을 통한 구성이 더 역동적인 경우가 많다.

④ 조화는 부분과 부분 사이에 질적으로나 양적으로 모순되는 일이 없이 질서가 잡혀 있는 것을 말한다.

ANSWER 11.③ 12.②

11 A : Attention(주의)

I : Interest(흥미)

D : Desire(욕망)

M : Memory(기억)

A : Action(행동)

12 ② 비례는 부분과 부분 또는 부분과 전체와의 수량적 관계를 말하는 것이다.

※ 리듬(rhythm)이란 부분과 부분 사이에 시각적으로 강한 힘과 약한 힘이 규칙적으로 연속될 때 나타나는 것으로, 반복 (repetition), 점증(gradation), 억양(accentuation) 등이 있다.

13 척도조정(Modular Coordination)의 장점이 아닌 것은?

① 설계작업이 단순해지고 대량생산이 용이하다.

② 건축재의 수송이나 취급이 편리하다.

③ 건축물 외관의 융통성 확보가 용이하다.

④ 현장작업이 단순해지고 공기가 단축된다.

14 건축 열환경과 관련된 용어의 설명으로 옳지 않은 것은?

① '현열'이란 물체의 상태변화 없이 물체 온도의 오르내림에 수반하여 출입하는 열이다.

② '잠열'이란 물체의 증발, 응결, 융해 등의 상태 변화에 따라서 출입하는 열이다.

③ '열관류율'이란 열관류에 의한 관류열량의 계수로서 전열의 정도를 나타내는 데 사용되며 단위는 kcal/mh℃이다.

④ '열교'란 벽이나 바닥, 지붕 등의 건물부위에 단열이 연속되지 않은 열적 취약부위를 통한 열의 이동을 말한다.

ANSWER 13.③ 14.③

13 ③ 척도조정은 규격화가 되어 융통성 확보가 어렵게 되는 단점이 있다.

※ 척도조정

㉠ 설계작업이 단순해지고 간편해진다.

㉡ 대량생산이 용이하다.(생산가가 낮아지고 질이 향상된다.)

㉢ 건축재의 수송이나 취급이 편리하다.

㉣ 현장작업이 단순해지고 공기가 단축된다.

㉤ 국제적인 MC 사용 시 건축 구성재의 국제교역이 용이하다.

㉥ 건축물 형태에 있어서 창조성 및 인간성을 상실할 우려가 있다.

㉦ 동일한 형태가 집단을 이루는 경향이 있어 건물의 배치와 외관이 단순해지므로 배색에 신중을 기해야 한다.

14 ③ 열관류율의 단위는 kcal/m²h℃이다.

15 사무소 건축에 대한 설명으로 옳은 것만을 모두 고르면?

> ㉠ 소시오페탈(sociopetal) 개념을 적용한 공간은 상호작용에 도움이 되지 못하는 공간으로 개인을 격리하는 경향이 있다.
> ㉡ 코어는 복도, 계단, 엘리베이터 홀 등의 동선부분과 기계실, 샤프트 등의 설비관련부분, 화장실, 탕비실, 창고 등의 공용서비스 부분 등으로 구분된다.
> ㉢ 엘리베이터 대수산정은 아침 출근 피크시간대의 5분 동안에 이용하는 인원수를 고려하여 계획한다.
> ㉣ 비상용 엘리베이터는 평상시에는 일반용으로 사용할 수 있으나 화재 시에는 재실자의 피난을 주요목적으로 계획한다.

① ㉡, ㉢
② ㉠, ㉡, ㉢
③ ㉠, ㉢, ㉣
④ ㉠, ㉡, ㉢, ㉣

ANSWER 15.①

15 ㉠ [×] 소시오페탈 공간(Sociopetal space)은 사회구심적 역할을 하는 공간으로서 상호작용이 활발하게 이루어질 수 있는 공간이다.
㉣ [×] 비상용 엘리베이터는 평상시는 승객이나 승객 화물용으로 사용되고 화재 발생 시에는 소방대의 소화·구출 작업을 위해 운전하는 엘리베이터로서 높이 31m를 넘는 건축물에 설치하도록 의무화되어 있다. (재실자의 피난은 계단이나 피난용승강기를 이용해야 하며 비상용 승강기는 비상시 소방관 등의 소방활동 등을 위한 것이다.)

16 다음에 해당하는 근대건축운동은?

> • 장식, 곡선을 많이 사용
> • 자연주의 경향과 유기적 형식 사용
> • 대표 건축가로는 안토니오 가우디

① 미술공예운동(Arts & Crafts Movement)　　② 시카고파(Chicago School)

③ 빈 세제션(Wien Secession)　　④ 아르누보(Art Nouveau)

ANSWER 16.④

16 보기에 제시된 사항들은 아르누보(Art Nouveau)에 관한 것들이다.

• 아르누보(Art Nouveau)
- 프랑스어로 신 예술이란 뜻으로 1890년~1910년 사이에 전 유럽에 퍼진 낭만적이고 개성적이며 과거와 결별한 번역사적 양식을 제창한 건축운동이다.
- 넓은 뜻으로는 영국의 모던스타일, 독일의 유겐스틸, 오스트리아 빈의 세제션 스타일까지 포함된 당시 유럽의 전위예술을 의미한다. - 자연 속에서 나타나는 생동감있는 형태 중 특히 곡선적인 미를 중시하였다.
- 식물의 구조를 추상화하거나 식물이나 꽃에서 영감을 얻는 이 스타일은 기계를 모델로 하는 20세기 디자인의 구성과는 대립되는 면이 강하였다.
• 미술공예운동(Arts & Crafts Movement)
- 19세기 후반, 영국에서 윌리엄 모리스와 그의 동료들이 수공예를 중시하면서 건축과 공예를 중심으로 전개하였던 예 술운동이다.
- 산업혁명의 물결 속에서 가구 등의 일용품과 건축시장에 범람하기 시작한 값이 싸고 저속하며 조잡한 기계생산 공예품에 대한 반작용으로서 시작이 되었다.
- 기계를 부정하고 중세시대의 수공예 생산방식으로 복귀하는 것을 주장하였으며 특히 고딕양식에 대한 향수를 가지고 있었다.
• 빈 세제션 운동(Wien Secession)
- 1897년 오스트리아 빈에서 시작된 운동으로 일체의 과거양식에서 벗어나 예술활동을 하려는 운동이었다.
- 오토바그너(빈 우체국), 아돌프로스(슈타이너 주택), 조셉호프만, 피터베렌스(AEG 터빈공장) 등이 대표적 건축가이다.
• 시카고파(Chicago School)
- 1880년대 초에서 1900년대 초까지 미국 시카고에서 활약했던 건축가들 또는 그들이 만든 건물의 특정한 양식을 의미한다.
- 1871년 발생된 시카고 대화재로 인해 전소된 도시의 재건을 위해 건축가와 공학기술자들이 일을 찾아 시카고로 몰려들었고, 상업적인 건물의 수요가 많아지던 당시의 상황과 그들의 실용주의적인 성격, 그리고 철골재료의 발전 등이 어우러져 기존의 건축양식과는 전혀 다른 건축양식을 만들어내었다.
- 철골구조와 넓은 유리 창문, 넓어진 내부 사용공간은 시카고학파가 유행시킨 새로운 건축양식이다.
- 오티스의 엘리베이터 발명에 영향을 주었으며 고층빌딩의 발전을 가속화하였다는 평을 받았다.
- 대표적인 인물과 작품으로는 윌리엄 레바론 제니(William Le Baron Jenny)의 홈 인슈어런스 빌딩, 다니엘 번햄의 풀러빌딩(Fuller Building, 형상이 다리미를 닮아서 다리미 빌딩으로 불린다.) 등이 있다.

17 병원건축에 대한 설명으로 옳지 않은 것은?

① 정형외과 외래진료부는 보행이 부자연스러운 환자가 많으므로 타과 진료부보다 멀리 떨어진 한적한 곳에 배치한다.

② 중앙진료부는 성장, 변화가 많은 부분이므로 증개축을 고려하여 계획한다.

③ 간호사 대기소(nurses station)는 간호단위 또는 각층 및 동별로 설치하되, 외부인의 출입을 확인할 수 있고, 환자를 돌보기 쉽도록 배치한다.

④ 대형 병원의 동선계획 시 병동부, 중앙진료부, 외래부, 공급부, 관리부 등 각부 동선이 가급적 교차되지 않도록 계획한다.

18 주거건축에서 사용 인원수 대비 필요한 환기량을 고려하여 침실 규모를 결정할 경우, 다음과 같은 조건에서 성인 2인용 침실의 적정한 가로변의 길이는? (단, 성인은 취침 중 $0.02m^3$/h의 탄산가스나 기타의 유해물을 배출한다)

> • 침실의 자연환기 횟수는 1회/h이다.
> • 침실의 천장고는 2.5m이다.
> • 침실의 세로변 길이는 5m이다.

① 2m

② 4m

③ 6m

④ 8m

ANSWER 17.① 18.④

17 ① 정형외과 외래진료부는 보행이 부자연스러운 환자가 많으므로 되도록 타과보다 가까운 곳에 배치하여야 한다.

18 이산화탄소를 기준으로 한 성인 1인당 소요환기량은 50(m^3/h)이다. (아동은 1/2을 적용한다.)
침실의 용적은 '12.5(m^2)×가로변의 길이'이다.
환기횟수는 1시간에 방의 공기를 외기와 교체하는 횟수를 의미한다.

$V = \dfrac{Q}{n}$ (V는 침실의 용적, Q는 환기량, n은 환기횟수)

$V = 2.5 \times 5 \times x = \dfrac{Q}{n} = \dfrac{50[m^3/h] \cdot 2명}{1[회/h]} = (100m^3)$

이를 만족하는 $x = 8(m)$이다.

19 건축법령상 건축신고 대상이 아닌 것은?

① 바닥면적의 합계가 100제곱미터인 개축

② 내력벽의 면적을 30제곱미터 이상 수선하는 것

③ 공업지역에서 건축하는 연면적 400제곱미터인 2층 공장

④ 기둥을 세 개 이상 수선하는 것

20 근린주구 이론에 대한 설명으로 옳지 않은 것은?

① 페리(Clarence Perry)는 「뉴욕 및 그 주변지역계획」에서 일조문제와 인동간격의 이론적 고찰을 통해 근린주구이론을 정리하였다.

② 라이트(Henry Wright)와 스타인(Clarence Stein)은 보행자와 자동차 교통의 분리를 특징으로 하는 래드번(Radburn)을 설계하였다.

③ 아담스(Thomas Adams)는 「새로운 도시」를 발표하여 단계적인 생활권을 바탕으로 도시를 조직적으로 구성하고자 하였다.

④ 하워드(Ebenezer Howard)는 도시와 농촌의 장점을 결합한 전원도시 계획안을 발표하고, 「내일의 전원도시」를 출간하였다.

ANSWER 19.① 20.③

19 바닥면적의 합계가 85m² 이내의 증축·개축 또는 재축인 경우에 건축신고 대상이다. 85m²를 초과하는 경우 건축허가를 받아야 한다.
②④ '내력벽의 면적을 30m² 이상 수선하는 것'과 '기둥을 세 개 이상 수선하는 것'은 주요구조부의 해체가 없는 등 대통령령으로 정하는 대수선에 해당되는 건축신고 대상이다.
③ 산업단지에서 건축하는 2층 이하인 건축물로서 연면적 합계 500m² 이하인 공장은 건축신고 대상이다.

20 ③ 〈새로운 도시〉를 발표한 인물은 페더(G. Feder)이다. 〈새로운 도시〉는 독일 여러 도시의 상세한 통계적 분석과 인구 20,000명을 갖는 자급자족적인 소도시를 지구단계 구성에 의해 만들어낸 연구논문(소도시론)이다.

1 공동주택의 평면형식 중에서 공사비는 많이 소요되나 출입이 편리하고 사생활 보호에 좋으며 통풍과 채광이 유리한 것은?

① 집중형   ② 편복도형

③ 중복도형   ④ 계단실형

ANSWER 1.④

1 공동주택의 평면형식 중에서 공사비는 많이 소요되나 출입이 편리하고 사생활 보호에 좋으며 통풍과 채광이 유리한 것은 계단실형이다.

※ 복도의 유형

㉠ 계단실형(홀형)
- 계단 또는 엘리베이터 홀로부터 직접 주거단위로 들어가는 형식
- 각 세대 간 독립성이 높다.
- 고층아파트일 경우 엘리베이터 비용이 증가한다.
- 단위주호의 독립성이 좋다.
- 채광, 통풍조건이 양호하다.
- 복도형보다 소음처리가 용이하다.
- 통행부의 면적이 작으므로 건물의 이용도가 높다.

㉡ 편복도형
- 남면일조를 위해 동서를 축으로 한쪽 복도를 통해 각 주호로 들어가는 형식
- 거주자의 자연적 환경을 동일하게 만들고자 할 때 일반적으로 채용
- 통풍 및 채광은 양호한 편이지만 복도 폐쇄 시 통풍이 불리

㉢ 중복도형
- 부지의 이용률이 높다.
- 고층고밀화에 유리하여 주로 독신자아파트에 적용된다.
- 통풍 및 채광이 불리하다.
- 프라이버시가 좋지 않다.

㉣ 집중형(코어형)
- 채광 및 통풍조건이 좋지 않으므로 기후조건에 따라 기계적 환경조절이 필요하다.
- 부지이용률이 극대화된다.
- 프라이버시가 좋지 않다.

2 모듈계획에 대한 설명으로 옳지 않은 것은?

① 모듈의 사용으로 공간의 통일성과 합리성을 얻을 수 있다.

② 모듈의 사용은 다양하고 자유로운 계획에 유리하다.

③ 사무소 건축에서는 지하주차를 고려한 모듈 설정이 바람직하다.

④ 설계 작업을 단순화, 간편화 할 수 있다.

3 학교 운영 방식과 교실 구성에 대한 설명으로 옳은 것은?

① 특별교실형은 교실 안에서 모든 교과를 학습할 수 있게 계획하는 방식으로 초등학교 저학년에 적합한 방식이다.

② 종합교실형은 설비, 가구, 자료 등이 필요하게 되어 교실 바닥면적이 증가될 수 있다.

③ 교과교실형은 전교 교실을 보통교실 이용 그룹과 특별교실 이용 그룹으로 분리하여 두 개의 학급 군이 각 교실 군을 교대로 사용하는 방식이다.

④ 플래툰형은 학급, 학년을 없애고 학생들이 각자의 능력에 따라 교과를 선택하고 수업하는 방식이다.

ANSWER 2.② 3.②

2 ② 모듈은 규격에 맞추어 공간이 구성되므로 계획안의 구성에 있어 제약을 받게 된다.

3 ① 교실 안에서 모든 교과를 학습할 수 있게 계획하는 방식은 종합교실형이다. 또한 특별교실형은 초등학교 저학년에는 부적합한 방식이다.

　③ 전교 교실을 보통교실 이용 그룹과 특별교실 이용 그룹으로 분리하여 두 개의 학급 군이 각 교실 군을 교대로 사용하는 방식은 플래툰형이다.

　④ 학급, 학년을 없애고 학생들이 각자의 능력에 따라 교과를 선택하고 수업하는 방식은 달톤형이다.

4 「건축법」상 용어 정의에 대한 설명으로 옳지 않은 것은?

① 고층건축물이란 층수가 30층 이상이거나 높이가 120m 이상인 건축물을 말한다.

② 거실이란 건축물 안에서 거주, 집무, 작업, 집회, 오락, 그 밖에 이와 유사한 목적을 위하여 사용되는 방을 말한다.

③ 지하층이란 건축물의 바닥이 지표면 아래에 있는 층으로서 바닥에서 지표면까지 평균높이가 해당 층 높이의 3분의 1 이상인 것을 말한다.

④ 리모델링이란 건축물의 노후화를 억제하거나 기능 향상 등을 위하여 대수선하거나 건축물의 일부를 증축 또는 개축하는 행위를 말한다.

5 재료의 열전도 특성을 파악할 수 있는 열전도율의 단위는?

① kcal/m · h · ℃

② kcal/m³ · ℃

③ kcal/m² · h · ℃

④ kcal/m² · h

6 건축가와 그의 작품의 연결이 옳지 않은 것은?

① 프랑크 게리(Frank Owen Gehry) – 구겐하임 빌바오 미술관

② 자하 하디드(Zaha Hadid) – 비트라 소방서

③ 렘 쿨하스(Rem Kolhas) – 베를린 신 국립미술관

④ 다니엘 리베스킨트(Daniel Libeskind) – 베를린 유대박물관

ANSWER 4.③ 5.① 6.③

4 지하층이란 건축물의 바닥이 지표면 아래에 있는 층으로서 바닥에서 지표면까지 평균높이가 해당 층 높이의 2분의 1 이상인 것을 말한다.

5 열전도율(λ) : kcal/m · h · ℃ 또는 W/mK
열관류율(K) : kcal/m² · h · ℃ 또는 W/m²K
열전달률(α) : kcal/m² · h · ℃ 또는 W/m²K
비열 : kJ/kg · k
절대습도 : kg/kg' 또는 kg/kg(DA)
엔탈피 : kJ/kg
난방도일 : ℃/day

6 ③ 베를린 신 국립미술관은 미스 반 데 로에의 작품으로, 그리스건축의 단순함을 모티브로 하여 디자인 한 건축물로서 '유리로 된 빛의 사원'이라는 별명을 가지고 있는 건물이다.

7 거주 후 평가(P.O.E.)에 대한 설명으로 옳지 않은 것은?

① 거주 후 평가(P.O.E.)를 통해 얻어진 각종 현실적 정보는 새로운 프로젝트에 활용되는 순환성이 있다.

② 거주 후 평가(P.O.E.)는 설계-시공-평가 등으로 이루어진 건축행위 주기에서 매우 중요한 과정으로 볼 수 있다.

③ 거주 후 평가과정 시 환경장치(setting), 사용자(user), 주변 환경(proximate environmental context), 디자인 활동(design activity)을 고려해야 한다.

④ 거주 후 평가(P.O.E.)는 행태적(behavioral) 항목에 국한하여 진행된다.

8 결로에 대한 설명으로 옳지 않은 것은?

① 결로는 실내외의 온도차, 실내습기의 과다발생, 생활습관에 의한 환기 부족, 구조재의 열적 특성, 시공 불량 등의 다양한 원인으로 발생할 수 있다.

② 난방을 통해 결로를 방지할 때에는 장시간 낮은 온도로 난방하는 것보다 단시간 높은 온도로 난방하는 것이 유리하다.

③ 외단열은 벽체 내의 온도를 상대적으로 높게 유지하므로 내단열에 비해 결로발생 가능성을 현저히 줄일 수 있다.

④ 표면결로는 건물의 표면온도가 접촉하고 있는 공기의 포화온도보다 낮을 때 그 표면에 발생한다.

ANSWER 7.④ 8.②

7 ④ 거주 후 평가(P.O.E.)는 행태적(behavioral) 항목만이 아닌 거주와 관련한 포괄적인 항목에 관하여 이루어진다.

  ※ 거주성 평가요소

   ㉠ 거주성이란 주거환경의 질을 표현하는 방법 중 하나이다. 주거환경 평가 과정 중에서 평가지표에 대한 만족도와 중요도를 파악하는 것은 주거의 문제점을 이해하는 데 매우 중요하다.

   ㉡ 평가요소의 분류체계는 차이가 있지만 평가를 위한 지표는 주로 거주자의 건강, 유지관리 용이성, 입지 및 주변 환경조건, 실의 구성 및 시설, 노후화정도, 건물 디자인 등으로 구성된다.

8 ② 난방을 통해 결로를 방지할 때에는 단시간 높은 온도로 난방하는 것보다 장시간 적정한 온도로 난방하는 것이 유리하다.

9 「주차장법 시행규칙」상 노외주차장 구조 설비기준에 대한 설명으로 옳지 않은 것은?

① 노외주차장(이륜자동차 전용 노외주차장 제외)이 출입구가 1개이고 주차형식이 평행주차일 경우 차로의 너비는 3.3m 이상이어야 한다.

② 노외주차장의 출입구 너비는 3.5m 이상으로 하여야 하며, 주차대수 규모가 50대 이상인 경우에는 출구와 입구를 분리하거나 너비 5.5m 이상의 출입구를 설치하여야 한다.

③ 노외주차장의 출구와 입구에서 자동차의 회전을 쉽게 하기 위하여 필요한 경우에는 차로와 도로가 접하는 부분을 곡선형으로 하여야 한다.

④ 노외주차장의 출구 부근의 구조는 해당 출구로부터 2m(이륜 자동차 전용출구의 경우에는 1.3m)를 후퇴한 노외주차장의 차로의 중심선상 1.4m의 높이에서 도로의 중심선에 직각으로 향한 왼쪽·오른쪽 각각 60°의 범위에서 해당 도로를 통행하는 자를 확인할 수 있도록 하여야 한다.

10 건축물 벽 재료에 대한 반사율이 높은 것부터 순서대로 바르게 나열한 것은?

① 붉은 벽돌 > 창호지 > 목재 니스칠

② 목재 니스칠 > 백색 유광 타일 > 검은색 페인트

③ 진한색 벽 > 검은색 페인트 > 목재 니스칠

④ 백색 유광 타일 > 목재 니스칠 > 붉은 벽돌

11 「건축법」상 공동주택에 포함되지 않는 것은? (단, 「건축법」상 해당용도 기준(층수, 바닥면적, 세대 등)에 모두 부합한다고 가정한다)

① 아파트   ② 다세대주택
③ 연립주택   ④ 다가구주택

ANSWER 9.① 10.④ 11.④

9 이륜자동차 전용이 아닌 노외주차장은 출입구가 1개이고 주차형식이 평행주차일 경우 차로의 너비는 5.0m 이상이어야 한다.

10 벽 재료의 반사율 : 백색 유광 타일 > 목재 니스칠 > 붉은 벽돌 > 검은색 페인트

11 다가구주택은 단독주택에 속한다.

단독주택	단독주택, 다중주택, 다가구주택, 공관
공동주택	아파트, 연립주택, 다세대주택, 기숙사

12 극장의 무대 부분에 대한 설명으로 옳지 않은 것은?

① 사이클로라마는 와이어 로프를 한곳에 모아서 조정하는 장소로서, 작업에 편리하고 다른 작업에 방해가 되지 않는 위치가 바람직하다.

② 그리드아이언은 배경이나 조명기구, 연기자 또는 음향반사판 등이 매달릴 수 있는 장치이다.

③ 프로시니엄은 무대와 객석을 구분하여 공연공간과 관람공간으로 양분되는 무대형식이다.

④ 오케스트라 피트의 바닥은 연주자의 상체나 악기가 관객의 시선을 방해하지 않도록 객석 바닥보다 낮게 하는 것이 일반적이나, 지휘자는 무대 위의 동작을 보고 지휘하는 관계로 무대를 볼 수 있는 높이가 되어야 한다.

13 공기조화 설비 중 습공기에 대한 설명으로 옳지 않은 것은?

① 엔탈피는 현열과 잠열을 합한 열량이다.

② 비체적은 건조공기 1kg을 함유한 습공기의 용적이다.

③ 절대습도는 습공기의 수증기 분압과 그 온도 상태 포화공기의 수증기 분압과의 비를 백분율로 나타낸 것이다.

④ 비중량은 습공기 1m^{3}에 함유된 건조공기의 중량이다.

....

ANSWER 12.① 13.③

12 ① 사이클로라마(호리존트)는 무대의 제일 뒤에 설치되는 무대 배경용의 벽이다. 와이어 로프(wire rope)를 한곳에 모아서 조정하는 장소는 록 레일이다.

13 ③ 습공기의 수증기 분압과 그 온도 상태 포화공기의 수증기 분압과의 비를 백분율로 나타낸 것은 상대습도이다. 절대습도는 1m^{3}의 공기 중에 포함되어 있는 수증기의 무게를 나타낸다.

14 「건축법」상 지구단위계획에 대한 설명으로 옳은 것은?

① 지구단위계획구역 안에서 대지의 일부를 공공시설 부지로 제공하고 건축할 경우, 용적률은 완화받을 수 있으나 건폐율은 완화받을 수 없다.

② 지구단위계획구역이 주민의 제안에 따라 지정된 경우, 그 제안자가 지구단위계획안에 포함시키고자 제출한 사항이 타당하다고 인정되는 때에는 특별시장·광역시장·특별자치시장·특별자치도지사·시장 또는 군수는 지구단위계획안에 반영하여야 한다.

③ 지구단위계획의 사항에는 도시의 공간구조, 건축물의 용도제한, 건축물의 건폐율 또는 용적률, 기반시설의 배치와 규모만 포함된다.

④ 지구단위계획구역의 지정결정 고시일부터 2년 이내에 해당 구역 지구단위계획이 결정, 고시되지 않으면 지구단위 계획구역의 지정결정은 효력을 상실한다.

ANSWER 14.②

14 ① 지구단위계획구역(도시지역 내에 지정하는 경우)에서 건축물을 건축하려는 자가 그 대지의 일부를 공공시설 등의 부지로 제공하거나 공공시설 등을 설치하여 제공하는 경우에는 그 건축물에 대하여 지구단위계획으로 구분에 따라 건폐율·용적률 및 높이제한을 완화하여 적용할 수 있다.

③ **지구단위계획의 내용** … 지구단위계획구역의 지정목적을 이루기 위하여 지구단위계획에는 다음의 사항 중 ⓒ과 ⓜ의 사항을 포함한 둘 이상의 사항이 포함되어야 한다. 다만, ⓛ을 내용으로 하는 지구단위계획의 경우에는 그러하지 아니하다.

  ㉠ 용도지역이나 용도지구를 대통령령으로 정하는 범위에서 세분하거나 변경하는 사항
  ㉡ 기존의 용도지구를 폐지하고 그 용도지구에서의 건축물이나 그 밖의 시설의 용도·종류 및 규모 등의 제한을 대체하는 사항
  ㉢ 대통령령으로 정하는 기반시설의 배치와 규모
  ㉣ 도로로 둘러싸인 일단의 지역 또는 계획적인 개발·정비를 위하여 구획된 일단의 토지의 규모와 조성계획
  ㉤ 건축물의 용도제한, 건축물의 건폐율 또는 용적률, 건축물 높이의 최고한도 또는 최저한도
  ㉥ 건축물의 배치·형태·색채 또는 건축선에 관한 계획
  ㉦ 환경관리계획 또는 경관계획
  ㉧ 보행안전 등을 고려한 교통처리계획
  ㉨ 그 밖에 토지 이용의 합리화, 도시나 농·산·어촌의 기능 증진 등에 필요한 사항으로서 대통령령으로 정하는 사항

④ 지구단위계획구역의 지정에 관한 도시·군관리계획결정의 고시일부터 3년 이내에 그 지구단위계획구역에 관한 지구단위계획이 결정·고시되지 아니하면 그 3년이 되는 날의 다음날에 그 지구단위계획구역의 지정에 관한 도시·군관리계획결정은 효력을 잃는다.

15 건축디자인 프로세스에서 프로그래밍에 대한 설명으로 옳지 않은 것은?

① 프로그래밍은 건축설계의 전(前) 단계로 설계작업에 필요한 정보를 분석·정리하고 평가하여 체계화시키는 작업이다.

② 프로그래밍은 목표설정, 정보수집, 정보분석 및 평가, 정보의 체계화, 보고서 작성의 순서로 진행된다.

③ 프로그래밍의 과정은 프로젝트 범위에 대한 정확한 정의와 성공적인 해결방안을 위한 기준을 설계자에게 제공하는 것이다.

④ 프로그래밍은 추출된 문제점들을 해결(problem solving)하는 종합적인 결정과정이다.

16 건축 흡음구조 및 재료에 대한 설명으로 옳은 것은?

① 다공질 흡음재는 저·중주파수에서의 흡음률은 높지만 고주파수에서는 흡음률이 급격히 저하된다.

② 다공질 재료의 표면이 다른 재료에 의해 피복되어 통기성이 저하되면 저·중주파수에서의 흡음률이 저하된다.

③ 단일 공동공명기는 전 주파수 영역 범위에서 흡음률이 동일하다.

④ 판진동형 흡음구조의 흡음판은 기밀하게 접착하는 것보다 못 등으로 고정하는 것이 흡음률을 높일 수 있다.

ANSWER 15.④ 16.④

15 ④ 프로그래밍은 문제점들을 해결하는 과정이 아니라 문제점을 파악하고 문제의 해결을 위해 필요한 데이터를 수집하여 체계화시키는 과정이다.

※ 건축디자인 프로세스

프로그래밍(Programming) → 개념설계(Concept Design) → 계획설계(Schematic Design) → 기본설계(Design Development) → 실시설계(Construction Documentation) → 시공(Construction) → 거주 후 평가(Post-occupancy Evaluation)

16 ① 다공질 흡음재는 고주파에서 높은 흡음률을 나타낸다.

② 다공질 재료의 표면이 다른 재료에 의해 피복되어 통기성이 저하되면 고·중주파수에서의 흡음률이 저하된다.

③ 단일 공동공명기는 주파수에 따라 흡음률이 변한다.

• 판진동 흡음재의 흡음판은 막진동하기 쉬운 얇은 것일수록 흡음효과가 크다. 또한 중량이 큰 것을 사용할수록 공명주파수 범위가 저음역으로 이동한다.

• 공동(천공판)공명기는 음파가 입사할 때 구멍부분의 공기는 입사음과 일체가 되어 앞뒤로 진동하며 동시에 배후공기층의 공기가 스프링과 같이 압축과 팽창을 반복한다. (특히 공명주파수 부근에서는 공기의 진동이 커지고 공기의 마찰점성저항이 생겨 음에너지가 열에너지로 변하는 양이 증가하여 흡음률이 증가한다.) 배후 공기층의 두께를 증가시키면 최대 흡음률의 위치가 저음역으로 이동한다.

17 화재경보설비에 대한 설명으로 옳지 않은 것은?

① 감지기는 화재에 의해 발생하는 열, 연소 생성물을 이용하여 자동적으로 화재의 발생을 감지하고, 이것을 수신기 송신하는 역할을 한다.

② 감지기에는 열감지기와 연기감지기가 있다.

③ 수신기는 감지기에 연결되어 화재발생 시 화재등이 켜지고 경보음이 울리도록 한다.

④ 열감지기에는 주위 온도의 완만한 상승에는 작동하지 않고 급상승의 경우에만 작동하는 정온식과 실온이 일정 온도에 달하면 작동하는 차동식이 있다.

18 미노루 야마자키가 세인트루이스에 설계한 주거단지로, 당시 미국 건축가협회 상(賞)을 수상하였지만 슬럼화와 범죄 발생으로 인해 폭파되었으며, 찰스 젱스(Charles Jencks)가 모더니즘 건축 종말의 상징으로 언급한 건축물은?

① 갈라라테세(Gallaratese) 집합주거단지

② 프루이트 이고우(Pruit Igoe) 주거단지

③ 아브락사스 주거단지(Le Palais d'Abraxas Housing Development)

④ IBA 공공주택(IBA Social Housing)

ANSWER 17.④ 18.②

17 ④ 실온이 일정 온도에 달하면 작동하는 것은 정온식이며 급상승할 때 작동하는 것은 차동식이다.

※ 자동화재 탐지설비

ⓐ **차동식 감지기** : 감지기 내의 장치가 주변의 온도상승으로 인한 열팽창률에 의해 팽창하여 파이프에 접속된 감압실의 접점을 동작시켜 작동되는 감지기로, 부착높이가 15m 이하인 곳에 적합하다.

ⓑ **정온식 감지기** : 주위의 온도가 일정 온도 이상이 되었을 경우 바이메탈이 팽창하여 접점이 닫힘으로써 작동되는 감지기로, 화기 및 열원기기를 취급하는 보일러실이나 주방 등에 적합하다.

ⓒ **보상식 감지기** : 차동식 감지기와 정온식 감지기의 기능을 합친 감지기

ⓓ **이온화식 감지기** : 연기에 의해서 이온전류가 변화하는 현상을 이용하여 감지하는 방식

ⓔ **광전식 감지기** : 감지기의 주위의 공기가 일정한 농도의 연기를 포함하게 됐을 때 작동하는 것으로, 연기에 의하여 광전소자의 수광량이 변화하는 것을 이용해서 작동하는 감지기

18 프루이트 이고우(Pruit Igoe) 주거단지 … 미노루 야마자키가 설계한 근대건축의 상징적인 아파트였으나 범죄를 비롯하여 여러 가지 문제가 발생하게 되었고 결국 1972년 해체가 됨으로써 근대건축의 종말을 상징하는 건물이 되었다.

19 미술관의 자연채광방식에 대한 설명으로 옳지 않은 것은?

① 정광창 형식은 채광량이 많아 조각품 전시에 적합하다.

② 정측광창 형식은 전시실 채광방식 중 가장 불리하다.

③ 고측광창 형식은 정광창식과 측광창식의 절충방식이다.

④ 측광창 형식은 소규모 전시실 이외에는 부적합하다.

20 다음 목조건축물 중 고려시대의 다포식 건축물은?

① 영주 – 부석사 무량수전

② 안동 – 봉정사 극락전

③ 연탄 – 심원사 보광전

④ 안동 – 봉정사 대웅전

ANSWER 19.② 20.③

19 ② 측광창 형식이 전시실 채광방식 중 가장 불리하다.

20 ① 부석사 무량수전 : 고려시대 주심포식
② 봉정사 극락전 : 고려시대 주심포식
④ 봉정사 대웅전 : 조선 초기 다포식

1 건축물의 치수와 모듈계획(Modular Planning)에 대한 설명으로 가장 옳은 것은?

① 기본 단위는 30cm로 하며 이를 1M으로 표시한다.

② 건축물의 수직 방향은 3M을 기준으로 하고 그 배수를 사용한다.

③ 모듈치수는 공칭치수가 아닌 제품치수로 한다.

④ 창호치수는 문틀과 벽 사이의 줄눈 중심 간의 거리가 모듈치수에 적합하도록 한다.

2 〈보기〉에서 건설정보모델링(BIM : Building Information Modeling)의 특징으로 옳은 항목을 모두 고른 것은?

> 〈보기〉
> ㉠ 설계 단계에서 공사비 견적에 필요한 정확한 물량과 공간 정보 추출이 가능하다.
> ㉡ 다양한 설계 분야 전문가들과 협업이 가능하며, 시공 전 설계 오류 및 누락을 발견할 수 있다. 따라서, 설계 및 시공상 문제들에 대한 빠른 대응이 가능하다.
> ㉢ 건설정보모델링의 개념은 객체 속성이 없는 설계 시각화용 3차원 디지털 모델을 포함한다.
> ㉣ 에너지 효율과 지속 가능성을 사전 평가하고 향상시킬 수 있다.

① ㉠, ㉡, ㉢

② ㉠, ㉢, ㉣

③ ㉠, ㉡, ㉣

④ ㉡, ㉢, ㉣

ANSWER 1.④ 2.③

1 ① 기본 단위는 10cm로 하며 이를 1M으로 표시한다.
② 건축물의 수직 방향은 2M을 기준으로 하고 그 배수를 사용한다.
③ 모듈치수는 공칭치수를 기준으로 한다.

2 ㉢ [×] 건설정보모델링의 각 객체들은 여러 가지 속성정보를 포함하고 있다.

3 친환경 건축계획을 설명한 내용으로 가장 옳지 않은 것은?

① 이중외피는, 전면 유리를 사용하여 외부 열적부하에 취약한 건물외피의 성능을 향상시키기 위하여, 건물외벽의 외측에 또 다른 외피를 이중으로 만드는 것을 말한다.

② 옥상녹화를 통해 건물 외표면의 온도를 효과적으로 억제시킬 수 있으며, 우수의 집수와 보존을 제공함으로써 물의 재활용/재사용 측면에서 물 사용을 줄일 수 있다.

③ 패시브 시스템의 축열벽 방식은 실내의 남쪽 창의 안쪽에 열용량이 큰 돌이나 콘크리트 벽을 설치하여 태양 복사열을 저장하여 축열한 뒤 야간에 축열된 열을 실내로 방출하는 방식으로, 상대적으로 저렴하고 실내 공간으로부터의 조망이나 채광에 유리하다.

④ 액티브 시스템의 종류로는 태양열에 의한 급탕과 냉난방, 태양광 발전, 풍력, 지열의 이용 등이 있다.

4 건축계획에서 습도와 관련된 설명으로 가장 옳지 않은 것은?

① 습도가 높은 지역일수록 개방적 공간 형태를 구성한다.

② 쾌적 온도에서는 증발 냉각이 필요 없지만, 고온에서는 중요한 열 발산 방법이다.

③ 증발 조절에는 절대습도(Absolute humidity)가 가장 큰 영향을 미친다.

④ 상대습도(Relative humidity)는 그 공기에 포함되는 수증기 분압을 그 공기의 포화수증기 분압으로 나눈 후 100을 곱하여 구한다.

ANSWER 3.③ 4.③

3 축열벽방식에 사용되는 자재들은 부피와 면적이 크므로 실내공간의 조망, 채광에 있어 매우 불리한 방식이다.

※ **축열벽(Trombe)** … 전면을 유리로 덮은 석조, 콘크리트, 흙벽으로 축열이 목적이며 흡수된 태양열을 건물 내로 방출하는 역할을 한다. 태양열을 잘 흡수하기 위해 주로 검은색 유리를 사용하거나 콘크리트벽에 검은색을 칠하기도 한다. 집밖(주로 남측벽)에서 태양열을 흡수한 축열벽을 통하여 실내로 열을 방출하는데 이때 축열벽 위아래에 환기구를 설치하여 벽바깥 공기층과 실내 공기층 사이에 자연대류를 일으켜 열을 실내로 전달하기도 한다.

4 ③ 증발 조절에는 상대습도가 가장 큰 영향을 미친다.

5 소음 조절에 대한 설명으로 가장 옳지 않은 것은?

① 실내에서 소음 레벨의 증가는 실표면으로부터 반복적인 음의 반사에 기인한다.

② 강당의 무대 뒷부분 등 음의 집중 현상 및 반향이 예견되는 표면에서는 반사재를 집중하여 사용한다.

③ 모터, 비행기 소음과 같은 점음원의 경우, 거리가 2배가 될 때 소리는 6데시벨(dB) 감소한다.

④ 평면이 길고 좁거나 천장고가 높은 소규모 실에서는 흡음재를 벽체에 사용하고, 천장이 낮고 큰 평면을 가진 대규모 실에서는 흡음재를 천장에 사용하는 것이 효과적이다.

6 급수 방식과 그 특성을 옳게 짝지은 것은?

〈보기 1〉

(가) 배관 부속품의 파손이 적고, 항상 일정한 수압으로 급수가 가능하다.

(나) 급수 설비가 간단하고 시설비가 저렴하다.

(다) 수조의 설치 위치에 제한을 받지 않고 미관상 좋다.

〈보기 2〉

㉠ 수도직결 방식
㉡ 고가수조 방식
㉢ 압력수조 방식

① (가) – ㉠   ② (가) – ㉡
③ (나) – ㉢   ④ (다) – ㉡

5   ② 강당의 무대 뒷부분 등 음의 집중 현상 및 반향이 예견되는 표면에서는 흡수재를 사용하여야 한다.

6 (개) 배관 부속품의 파손이 적고, 항상 일정한 수압으로 급수가 가능하다. → 고가수조방식의 특성이다.

(내) 급수 설비가 간단하고 시설비가 저렴하다. → 수도직결방식의 특성이다.

(대) 수조의 설치 위치에 제한을 받지 않고 미관상 좋다. → 압력수조 방식의 특성이다.

※ 급수 방식

　㉠ **수도직결방식** : 수도본관에서 인입관을 따내어 급수하는 방식이다.
- 정전 시에 급수가 가능하다.
- 급수의 오염이 적다.
- 소규모 건물에 주로 이용된다.
- 설비비가 저렴하며 기계실이 필요없다.

　㉡ **고가(옥상)탱크방식** : 수도본관의 인입관으로부터 상수를 일단 저수조에 저수한 후, 펌프를 이용하여 옥상 등 높은 곳에 설치한 고가수조에 양수하여 중력에 의해 건물 내의 필요한 곳에 급수하는 방식이다.
- 일정한 수압으로 급수할 수 있다.
- 단수, 정전 시에도 급수가 가능하다.
- 배관부속품의 파손이 적다.
- 저수량을 확보하여 일정 시간 동안 급수가 가능하다.
- 대규모 급수설비에 가장 적합하다.
- 저수조에서의 급수오염 가능성이 크다.
- 저수시간이 길어지면 수질이 나빠지기 쉽다.
- 옥상탱크의 하중 때문에 구조검토가 요구된다.
- 설비비, 경상비가 높다

　㉢ **압력탱크방식** : 수조의 물을 펌프로 압력탱크에 보내고 이곳에서 공기를 압축, 가압하며 그 압력으로 건물 내에 급수하는 방식으로 탱크의 설치위치에 제한을 받지 않고 국부적으로 고압을 필요로 하는 곳에 적합하며 옥상에 탱크를 설치하지 않아 건축물의 구조를 강화할 필요가 없다. 그러나 급수압이 일정하지 않으며 펌프의 양정이 커서 시설비가 많이 들며 정전이나 단수 시 급수가 중단된다.
- 옥상탱크가 필요 없으므로 건물의 구조를 강화할 필요가 없다.
- 고가 시설 등이 불필요하므로 외관상 깨끗하다.
- 국부적으로 고압을 필요로 하는 경우에 적합하다.
- 탱크의 설치 위치에 제한을 받지 않는다.
- 최고·최저압의 차가 커서 급수압이 일정하지 않다.
- 탱크는 압력에 견디어야 하므로 제작비가 비싸다.
- 저수량이 적으므로 정전이나 펌프 고장 시 급수가 중단된다.
- 에어 컴프레서를 설치하여 때때로 공기를 공급해야 한다.
- 취급이 곤란하며 다른 방식에 비해 고장이 많다.

　㉣ **탱크가 없는 부스터방식** : 수도본관으로부터 물을 일단 저수조에 저수한 후 급수펌프만으로 건물 내에 급수하는 방식으로 부스터 펌프 여러 대를 병렬로 연결하고 배관 내의 압력을 감지하여 펌프를 운전하는 방식이다.
- 옥상탱크가 필요없다.
- 수질오염의 위험이 적다.
- 펌프의 대수제어운전과 회전수제어 운전이 가능하다.
- 펌프의 토출량과 토출압력조절이 가능하다.
- 최상층의 수압도 크게 할 수 있다.
- 펌프의 교호운전이 가능하다.
- 펌프의 단락이 잦으므로 최근에는 탱크가 있는 부스터 방식이 주로 사용된다.

7 공기조화 중 덕트 방식과 설명을 옳게 짝지은 것은?

〈보기 1〉

㈎ 송풍량을 일정하게 하고 실내의 열 부하 변동에 따라 송풍온도를 변화시키는 방식으로 에너지 소비가 크다.

㈏ 송풍온도를 일정하게 하고 실내 부하 변동에 따라 취출구 앞에서 송풍량을 변화시켜 제어하는 방식으로 에너지 절감 효과가 크다.

㈐ 각 존의 부하 변동에 따라 냉·온풍을 공조기에서 혼합하여 각 실내로 송풍한다.

㈑ 공조계통을 세분화하여 각 층마다 공조기를 배치한다.

〈보기 2〉

㉠ 정풍량 방식(CAV)　　　　　　　　　㉡ 변풍량 방식(VAV)

㉢ 멀티 존 유닛(Multi Zone Unit) 방식　　㉣ 각층 유닛 방식

① ㈎ – ㉢　　　　　　　　　　　　　　② ㈏ – ㉡

③ ㈐ – ㉣　　　　　　　　　　　　　　④ ㈑ – ㉠

ANSWER 7.②

7 ㈎ 정풍량 방식

㈏ 변풍량 방식

㈐ 멀티 존 유닛 방식

㈑ 각층 유닛 방식

※ 공조장치에 의한 분류

　㉠ **단일덕트 정풍량방식** : 공급덕트와 환기덕트에 의해 항상 일정풍량을 공급하는 방식이다.

　㉡ **닥일덕트 변풍량방식** : 덕트 말단에 VAV를 설치하여 온도는 일정하게 하고 송풍량만 조절하는 방식. 에너지절약이 가장 큰 방식이지만 변풍량 유닛을 설치해야 하므로 설비비가 정풍량방식보다 많이 든다.

　㉢ **이중덕트방식** : 냉풍, 온풍 2개의 공급덕트와 1개의 환기덕트로 구성된다. 실내의 취출구 앞에 설치한 혼합상자에서 룸서머스탯에 의하여 냉풍, 온풍을 조절하여 송풍량으로 실내 온도를 유지하는 방식이다.

　㉣ **멀티존방식** : 이중덕트방식과 달리 각 존의 부하변동에 따라 공조기 내에서 냉·온풍이 혼합되는 방식이다.

　㉤ **각층 유닛방식** : 공조계통을 세분화하여 각 층마다 공조기를 배치한 방식으로, 외기처리용 중앙공조기가 1차로 처리한 외기를 각 층에 설치한 각층 유닛에 보내 필요에 따라 가열 및 냉각하여 실내에 송풍하는 방식이다.

　㉥ **유인유닛방식** : 중앙에 설치된 1차공조기에서 냉각감습 또는 가열가습한 1차공기를 고속·고압으로 실내의 유인유닛에 보내어 유닛의 노즐에서 불어내고 그 압력으로 유인된 2차 공기가 유닛 내의 코일에 의해 냉각·가열되는 방식이다.

　㉦ **팬코일유닛방식** : 중앙기계실에서 냉수, 온수를 공급받아서 각 실내에 있는 소형공조기로 공조하는 방식이다.

8 「건축물의 피난·방화구조 등의 기준에 관한 규칙」에 따르면, 스프링클러가 설치되고 벽 및 반자의 실내에 접하는 부분이 불연재료로 마감된 11층의 경우 방화 구획의 설치 기준 최소 면적은?

① 바닥면적 200m^2

② 바닥면적 500m^2

③ 바닥면적 1,000m^2

④ 바닥면적 1,500m^2

9 시대별 건축에 대한 설명으로 가장 옳지 않은 것은?

① 초기의 고딕 건축은 나이브 벽의 다발 기둥이 정리되고 리브 그로인 볼트가 정착되면서 수직적으로 높아질 수 있었다.

② 낭만주의 건축은 독일을 중심으로 전개되었으며, 픽처레스크 개념으로 구성한 장식풍의 양식에 집중되었다.

③ 바로크 건축은 종교적 열정을 건축적으로 표현해 낸 양식이며, 역동적인 공간 또는 체험의 건축을 주요 가치로 등장시켰다.

④ 르네상스 건축은 이탈리아의 플로렌스가 발상지이며, 브루넬레스키의 플로렌스 성당 돔 증축에서 시작되었다.

ANSWER 8.④ 9.②

8 방화구획의 설치기준

㉠ 10층 이하의 층은 바닥면적 1천m^2(스프링클러 기타 이와 유사한 자동식 소화설비를 설치한 경우에는 바닥면적 3천m^2) 이내마다 구획할 것

㉡ 매층마다 구획할 것. (다만, 지하 1층에서 지상으로 직접 연결하는 경사로 부위는 제외)

㉢ 11층 이상의 층은 바닥면적 200m^2(스프링클러 기타 이와 유사한 자동식 소화설비를 설치한 경우에는 600m^2) 이내마다 구획할 것. 다만, 벽 및 반자의 실내에 접하는 부분의 마감을 불연재료로 한 경우에는 바닥면적 500m^2(스프링클러 기타 이와 유사한 자동식 소화설비를 설치한 경우에는 1천500m^2) 이내마다 구획하여야 한다.

㉣ 필로티나 그 밖에 이와 비슷한 구조(벽면적의 2분의 1 이상이 그 층의 바닥면에서 위층 바닥 아래면까지 공간으로 된 것만 해당)의 부분을 주차장으로 사용하는 경우 그 부분은 건축물의 다른 부분과 구획할 것

9 낭만주의 건축

㉠ 영국에서 19C에 들어와서 고전주의에 대한 반발로 중세 고딕건축을 채택하는 낭만주의 운동이 일어나서 독일, 프랑스 등지에서 발전하였다.

㉡ 고전주의는 먼 그리스, 로마의 고전을 모방했으나 낭만주의는 당시의 자기민족, 국가를 중심으로 특수성을 파악하고자 하였으며 그 중심은 고딕건축양식이었다.

㉢ 낭만주의 건축은 영국을 중심으로 전개되었으며, 픽처레스크 개념으로 구성한 장식풍의 양식에 집중되었다.

10 〈보기〉에 해당하는 인물은?

> 〈보기〉
> - 1919년 경성고등공업학교 졸업 후 13년간 조선총독부에서 근무
> - 1932년 건축사무소 설립
> - 적극적인 사회 활동과 참여, 한글 건축 월간지 발간
> - 조선 생명 사옥(1930), 종로 백화점(1931), 화신 백화점(1935) 설계

① 박길룡
② 박동진
③ 김순하
④ 박인준

11 단지계획과 관련된 용어에 대한 설명으로 가장 옳지 않은 것은?

① 건폐율은 건물의 밀집도를 나타내며, 건축면적을 대지(토지)면적으로 나눈 후 백분율로 산정한다.
② 용적률은 토지의 고도집약 정도를 나타내며, 건물의 지상층 연면적을 대지(토지)면적으로 나눈 후 백분율로 산정한다.
③ 호수밀도는 토지와 인구와의 관계를 나타내며, 주거 인구를 토지면적으로 나누어서 산정한다.
④ 토지이용률은 건물의 바닥면적을 부지면적으로 나누어 백분율로 산정한다.

ANSWER 10.① 11.③

10 보기에 제시된 사항은 건축가 박길룡에 관한 사항들이다.
  ※ 한국의 근현대 건축가와 작품
   ㉠ 박길룡 : 화신백화점, 한청빌딩
   ㉡ 박동진 : 고려대학교 본관 및 도서관, 구 조선일보사
   ㉢ 이광노 : 어린이회관, 주중대사관
   ㉣ 김중업 : 프랑스대사관, 삼일로빌딩, 명보극장, 주불대사관
   ㉤ 김수근 : 국립부여박물관, 자유센터, 국회의사당, 경동교회, 남산타워
   ㉥ 강봉진 : 국립중앙박물관
   ㉦ 배기형 : 유네스코회관, 조흥은행 남대문지점

11 ③ 호수밀도는 주택 호수를 그 구역 내의 토지 면적으로 나눈 수치로 단위는 보통 '호/㏊'로 나타낸다. 주택지의 토지 이용도를 나타내는 지표가 되며, 또 여기에 1호당 평균 거주 인원을 곱해 인구 밀도를 구한다.

12 대중교통 중심 개발(TOD)에 대한 설명으로 가장 옳지 않은 것은?

① 무분별한 교외 지역 확산을 막고 중심적인 고밀 개발을 위하여 제시되었다.

② 경전철, 버스와 같은 대중교통 수단의 결절점을 중심으로 근린주구를 개발한다.

③ 주 도로를 따라 소매 상점과 시민센터 등이 배치되고 저층이면서 중간 밀도 정도의 주거가 계획된다.

④ 영국의 찰스 황태자에 의해 전개된 운동으로, 과거의 인간적이고 아름다운 경관을 지닌 주거환경을 구성한다.

....

ANSWER 12.④

12 대중교통 중심 개발(TOD)

㉠ TOD(Transit Oriented Development)는 미국 캘리포니아 출신의 건축가 피터 칼소프(Peter Calthorpe)가 제시한 이론이다.

㉡ 기존 도시 성장 과정에서 문제점으로 지적되었던 무분별한 도시의 외연적 팽창과 난개발 등에 문제의식을 가진 미국 건축 및 계획 관련 전문가들이 시작한 도시 개발 운동이다. '신도심주의' 또는 '신도시주의'로 번역된다.

㉢ 개인 승용차 의존적인 도시에서 탈피해 대중교통 이용에 역점을 둔 도시 개발 방식으로서 도심 지역을 대중교통 체계가 잘 정비된 대중교통 지향형 복합 용도의 고밀도지역으로 정비하고, 외곽 지역은 저밀도 개발과 자연 생태 지역 보전을 추구한다.

㉣ 경전철, 버스와 같은 대중교통 수단의 결절점을 중심으로 근린주구를 개발하며 주도로를 따라 소매 상점과 시민센터 등이 배치되고 저층이면서 중간 밀도 정도의 주거가 계획된다.

㉤ 입지적으로 현재 역세권이거나 도심의 상업지역 등에 주상 복합 아파트 또는 두 개 이상의 용도가 복합된 복합 건물 형태로 개발되고 있다. (TOD 목적 자체가 지하철·기차역, 버스터미널 등 대중교통을 중심으로 도보권 내에 행정, 상업, 업무, 교육 등의 기능과 다양한 주택 등을 갖춘 복합 용도의 커뮤니티를 개발하는 것이기 때문이다.)

13 「주차장법 시행규칙」에 따르면, 노상주차장의 주차 대수가 40대일 경우 설치해야 하는 장애인 전용주차 구획의 최소기준에 해당하는 것은?

① 1면
② 2면
③ 3면
④ 4면

14 「장애인·노인·임산부 등의 편의증진 보장에 관한 법률 시행규칙」의 내용에 대한 설명으로 가장 옳지 않은 것은?

① 장애인 등의 통행이 가능한 접근로의 기울기는 지형상 곤란한 경우 12분의 1까지 완화할 수 있다.

② 장애인전용주차구역이 평행주차형식인 경우, 주차대수 1대에 대하여 폭 2미터 이상, 길이 6미터 이상으로 하여야 한다.

③ 건물을 신축하는 경우, 장애인이 이용 가능한 대변기의 유효바닥면적은 폭 1.6미터 이상, 깊이 2.0미터 이상이 되도록 설치하여야 한다.

④ 장애인 등의 통행이 가능한 복도 및 통로의 유효폭은 0.9미터 이상으로 하되, 복도의 양옆에 거실이 있는 경우에는 1.2미터 이상으로 할 수 있다.

ANSWER 13.① 14.④

13 노상주차장에 설치해야 하는 장애인 전용주차구획
　㉠ 주차대수 규모가 20대 이상 50대 미만인 경우 : 한 면 이상
　㉡ 주차대수 규모가 50대 이상인 경우 : 주차대수의 2%부터 4%까지의 범위에서 장애인의 주차수요를 고려하여 해당 지방자치단체의 조례로 정하는 비율 이상

14 ④ 장애인 등의 통행이 가능한 복도의 유효폭은 1.2m 이상으로 하되, 복도의 양옆에 거실이 있는 경우에는 1.5m 이상으로 할 수 있다.

15 공연장 계획에 대한 설명으로 가장 옳지 않은 것은?

① 프로시니엄(Proscenium)은 그림의 액자와 같이 관객의 눈을 무대에 쏠리게 하는 시각적 효과를 갖게 하는 것으로, 일반적으로 정사각형의 형태가 가장 많다.

② 이상적인 공연장 무대 상부 공간의 높이는, 사이클로라마(Cyclorama) 상부에서 그리드아이언 (Gridiron) 사이에 무대배경 등을 매달 공간이 필요하므로, 프로시니엄(Proscenium) 높이의 4배 정도 이다.

③ 영화관이 아닌 공연장 무대의 폭은 적어도 프로시니엄 아치(Proscenium Arch) 폭의 2배, 깊이는 1배 이상의 크기가 필요하다.

④ 실제 극장의 경우 사이클로라마(Cyclorama)의 높이는 대략 프로시니엄(Proscenium) 높이의 3배 정도 이다.

ANSWER 15.①

15 ① 프로시니엄(Proscenium)은 그림의 액자와 같이 관객의 눈을 무대에 쏠리게 하는 시각적 효과를 갖게 하는 것으로, 일반적 으로 부채꼴의 형태가 가장 많다.

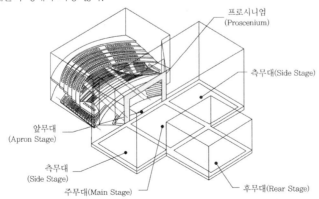

16 박물관 동선계획에 대한 〈보기〉의 내용으로 옳은 것을 모두 고른 것은?

〈보기〉
⊙ 대규모 박물관의 경우 직원 동선과 자료의 동선을 병용하여 효율성을 높이는 것을 고려할 수 있다.
ⓛ 관람객 동선의 길이가 길어질 경우 적당한 위치에 짧은 휴식을 취할 수 있는 공간을 계획하는 것이 좋다.
ⓒ 자료의 반출입 동선은 관람객에게 노출되지 않도록 계획한다.
ⓔ 연구원(학예원) 동선은 관람객의 서비스나 직원과의 연락이 용이하게 계획한다.

① ⊙, ⓒ 　　　　　　　　　　　　② ⊙, ⓔ
③ ⓛ, ⓒ 　　　　　　　　　　　　④ ⓛ, ⓔ

17 「건축물의 피난·방화구조 등의 기준에 관한 규칙」에 따른 피난계단 및 특별피난계단에 대한 설명으로 가장 옳지 않은 것은?

① 건축물 내부에 설치하는 피난계단은 내화구조로 하고 피난층 또는 지상까지 직접 연결되도록 한다.
② 건축물의 내부에서 계단실로 통하는 출입구의 유효너비는 0.75미터 이상으로 하고, 그 출입구는 피난의 방향으로 열 수 있어야 한다.
③ 건축물의 바깥쪽에 설치하는 피난계단의 유효너비는 0.9미터 이상으로 하고 지상까지 직접 연결되도록 한다.
④ 피난계단 또는 특별피난계단은 돌음계단으로 하여서는 아니된다.

ANSWER 16.③ 17.②

16 ⊙ [×] 대규모 박물관의 경우 직원 동선과 자료의 동선을 병용을 하게 되면 자료의 하역, 운반, 배치에 있어서 혼선을 초래하므로 바람직하지 않다.
　　ⓔ [×] 연구원(학예원)은 박물관의 전시분야에 관한 연구를 하는 것이 주목적이므로 관람객의 서비스를 용이하도록 하는 것은 연구원의 동선계획 시 적합하지 않다.

17 ② 건축물의 내부에서 계단실로 통하는 출입구의 유효너비는 0.90미터 이상으로 하고, 그 출입구는 피난의 방향으로 열 수 있어야 한다.

18 「건축법 시행령」의 용도별 건축물에 대한 설명으로 가장 옳은 것은?

① 다가구주택은 대지 내 동별 세대수를 합하여 19세대 이하가 거주할 수 있어야 한다.

② 다세대주택은 주택으로 쓰는 1개 동의 바닥면적 합계가 660제곱미터를 초과하고, 층수가 5개 층 이하인 주택을 말한다.

③ 아파트는 주택으로 쓰는 층수가 4개 층 이상인 주택을 말한다.

④ 다중주택은 학생 또는 직장인 등 여러 사람이 장기간 거주할 수 있도록 독립된 주거의 형태를 갖추어야 한다.

19 「건축법 시행령」에 따른 건축물의 높이 산정 방법으로 가장 옳지 않은 것은?

① 대지에 접하는 전면도로의 노면에 고저차가 있는 경우, 그 건축물이 접하는 범위의 전면도로부분의 수평거리에 따라 가중평균한 높이의 수평면을 전면 도로면으로 본다.

② 건축물의 대지의 지표면이 전면도로보다 높은 경우, 그 고저차의 2분의 1의 높이만큼 올라온 위치에 그 전면도로의 면이 있는 것으로 본다.

③ 옥상에 설치되는 승강기탑 · 계단탑 · 망루 등으로서 그 수평투영면적의 합계가 해당 건축물 건축면적의 8분의 1 이하의 경우에는 그 부분의 높이가 15미터를 넘는 부분만 해당 건축물의 높이에 산입한다.

④ 지붕마루장식 · 굴뚝 · 방화벽의 옥상돌출부나 그 밖에 이와 비슷한 옥상돌출물과 난간벽(그 벽면적의 2분의 1 이상이 공간으로 되어 있는 것만 해당)은 그 건축물의 높이에 산입하지 아니한다.

ANSWER 18.① 19.③

18 ② 다세대주택은 주택으로 쓰는 1개 동의 바닥면적 합계가 660제곱미터 이하이고, 층수가 4개 층 이하인 주택을 말한다.

③ 아파트는 주택으로 쓰는 층수가 5개 층 이상인 주택을 말한다.

④ 다중주택은 학생 또는 직장인 등 여러 사람이 장기간 거주할 수 있으나 독립된 주거의 형태를 갖추지 않아야 하며(각 실별로 욕실은 설치할 수 있으나 취사시설이 설치되지 아니한 것을 의미한다.) 1개동의 주택으로 쓰이는 바닥면적의 합계가 660제곱미터 이하이고, 주택으로 쓰는 층수(지하층은 제외한다.)가 3개층 이하인 것을 말한다.

19 ③ 건축물의 옥상에 설치되는 승강기탑 · 계단탑 · 망루 · 장식탑 · 옥탑 등으로서 그 수평투영면적의 합계가 해당 건축물 건축면적의 8분의 1(「주택법」 제15조제1항에 따른 사업계획승인 대상인 공동주택 중 세대별 전용면적이 85제곱미터 이하인 경우에는 6분의 1) 이하인 경우로서 그 부분의 높이가 12미터를 넘는 경우에는 그 넘는 부분만 해당 건축물의 높이에 산입한다.

20 〈보기〉에서 「건축법 시행령」에 따른 피난층 또는 지상으로 통하는 직통계단까지의 보행거리 적용기준 중 옳은 항목을 모두 고른 것은?

〈보기〉

㉠ 거실 각 부분으로부터 계단에 이르는 보행거리는 30미터 이하를 기준으로 한다.

㉡ 주요구조부가 내화구조 또는 불연재료인 건축물(지하층에 설치하는 것으로서 바닥면적의 합계가 300제곱미터 이상인 공연장·집회장·관람장 및 전시장은 제외)의 경우에는 보행거리를 50미터 이하로 산정한다.

㉢ 주요구조부가 내화구조 또는 불연재료인 건축물 중 16층 이상인 공동주택의 경우에는 보행거리를 40미터 이하로 산정한다.

㉣ 자동화 생산시설에 자동식 소화설비를 설치한 공장으로서 국토교통부령으로 정하는 공장의 경우에는 보행거리를 75미터 이하로 산정하며, 무인화 공장의 경우에는 100미터 이하로 산정한다.

① ㉠

② ㉡, ㉢

③ ㉠, ㉡, ㉣

④ ㉠, ㉡, ㉢, ㉣

ANSWER 20.④

20 건축법 시행령 제34조(직통계단의 설치) 제1항

건축물의 피난층 외의 층에서는 피난층 또는 지상으로 통하는 직통계단(경사로를 포함)을 거실의 각 부분으로부터 계단(거실로부터 가장 가까운 거리에 있는 1개소의 계단을 말한다)에 이르는 <u>보행거리가 30미터 이하가 되도록 설치해야 한다.(㉠)</u> 다만, <u>건축물(지하층에 설치하는 것으로서 바닥면적의 합계가 300제곱미터 이상인 공연장·집회장·관람장 및 전시장은 제외)의 주요구조부가 내화구조 또는 불연재료로 된 건축물은 그 보행거리가 50미터(㉡)</u>(층수가 16층 이상인 공동주택의 경우 16층 이상인 층에 대해서는 <u>40미터(㉢)</u> 이하가 되도록 설치할 수 있으며, <u>자동화 생산시설에 스프링클러 등 자동식 소화설비를 설치한 공장으로서 국토교통부령으로 정하는 공장인 경우에는 그 보행거리가 75미터(무인화 공장인 경우에는 100미터) 이하(㉣)</u>가 되도록 설치할 수 있다.

1 미술관 출입구 계획에 대한 설명으로 옳지 않은 것은?

① 일반 관람객용과 서비스용 출입구를 분리한다.

② 상설전시장과 특별전시장은 입구를 같이 사용한다.

③ 오디토리움 전용 입구나 단체용 입구를 예비로 설치한다.

④ 각 출입구는 방재시설을 필요로 하며 셔터 등을 설치한다.

2 「건축법 시행령」상 면적 등의 산정방법에 대한 설명으로 옳지 않은 것은?

① 층고는 방의 바닥구조체 아랫면으로부터 위층 바닥구조체의 아랫면까지의 높이로 한다.

② 처마높이는 지표면으로부터 건축물의 지붕틀 또는 이와 비슷한 수평재를 지지하는 벽·깔도리 또는 기둥의 상단까지의 높이로 한다.

③ 지하주차장의 경사로는 건축면적에 산입하지 아니한다.

④ 해당 건축물의 부속용도인 경우 지상층의 주차용으로 쓰는 면적은 용적률 산정 시 제외한다.

ANSWER 1.② 2.①

1 상설전시장과 특별전시장은 입구를 서로 분리해야 한다. 일반적으로 특별전시장은 상설전시장보다 높은 입장료를 받는 기획전 시물들이 전시되는 공간이기도 하며 출입에 제한을 둘 필요가 있다.

2 층고 : 방의 바닥구조체 윗면으로부터 위층 바닥구조체의 윗면까지의 높이로 한다. 다만, 한 방에서 층의 높이가 다른 부분이 있는 경우에는 그 각 부분 높이에 따른 면적에 따라 가중평균한 높이로 한다.

3 「건축물의 피난·방화구조 등의 기준에 관한 규칙」상 특별피난계단의 구조에 대한 설명으로 옳은 것만을 모두 고르면?

> ㉠ 계단실에는 예비전원에 의한 조명설비를 할 것
> ㉡ 계단실의 실내에 접하는 부분의 마감은 난연재료로 할 것
> ㉢ 계단은 내화구조로 하고 피난층 또는 지상까지 직접 연결되도록 할 것
> ㉣ 출입구의 유효너비는 0.9미터 이상으로 하고 피난의 방향으로 열 수 있을 것
> ㉤ 건축물의 내부와 접하는 계단실의 창문등(출입구를 제외한다)은 망이 들어 있는 유리의 붙박이창으로서 그 면적을 각각 1제곱미터 이하로 할 것

① ㉠, ㉡, ㉤
② ㉠, ㉢, ㉣
③ ㉠, ㉢, ㉣, ㉤
④ ㉡, ㉢, ㉣, ㉤

ANSWER 3.②

3 ⓛ 계단실 및 부속실의 실내에 접하는 부분(바닥 및 반자 등 실내에 면한 모든 부분을 말한다)의 마감(마감을 위한 바탕을 포함한다)은 불연재료로 할 것

ⓜ 계단실의 노대 또는 부속실에 접하는 창문등(출입구를 제외한다)은 망이 들어 있는 유리의 붙박이창으로서 그 면적을 각각 1제곱미터 이하로 할 것

※ **특별피난계단의 구조**

• 건축물의 내부와 계단실은 노대를 통하여 연결하거나 외부를 향하여 열 수 있는 면적 1제곱미터 이상인 창문(바닥으로부터 1미터 이상의 높이에 설치한 것에 한한다) 또는 「건축물의 설비기준 등에 관한 규칙」 제14조의 규정에 적합한 구조의 배연설비가 있는 면적 3제곱미터 이상인 부속실을 통하여 연결할 것

• 계단실 · 노대 및 부속실(「건축물의 설비기준 등에 관한 규칙」 제10조 제2호 가목의 규정에 의하여 비상용승강기의 승강장을 겸용하는 부속실을 포함한다)은 창문 등을 제외하고는 내화구조의 벽으로 각각 구획할 것

• <u>계단실 및 부속실의 실내에 접하는 부분(바닥 및 반자 등 실내에 면한 모든 부분을 말한다)의 마감(마감을 위한 바탕을 포함한다)은 불연재료로 할 것</u>

• 계단실에는 예비전원에 의한 조명설비를 할 것

• 계단실 · 노대 또는 부속실에 설치하는 건축물의 바깥쪽에 접하는 창문등(망이 들어 있는 유리의 붙박이창으로서 그 면적이 각각 1제곱미터 이하인 것을 제외한다)은 계단실 · 노대 또는 부속실 외의 당해 건축물의 다른 부분에 설치하는 창문 등으로부터 2미터 이상의 거리를 두고 설치할 것

• 계단실에는 노대 또는 부속실에 접하는 부분외에는 건축물의 내부와 접하는 창문등을 설치하지 아니할 것

• <u>계단실의 노대 또는 부속실에 접하는 창문등(출입구를 제외한다)은 망이 들어 있는 유리의 붙박이창으로서 그 면적을 각각 1제곱미터 이하로 할 것</u>

• 노대 및 부속실에는 계단실외의 건축물의 내부와 접하는 창문등(출입구를 제외한다)을 설치하지 아니할 것

• 건축물의 내부에서 노대 또는 부속실로 통하는 출입구에는 60+방화문 또는 60분방화문을 설치하고, 노대 또는 부속실로부터 계단실로 통하는 출입구에는 60+방화문, 60분방화문 또는 30분방화문을 설치할 것. 이 경우 방화문은 언제나 닫힌 상태를 유지하거나 화재로 인한 연기 또는 불꽃을 감지하여 자동적으로 닫히는 구조로 해야 하고, 연기 또는 불꽃으로 감지하여 자동적으로 닫히는 구조로 할 수 없는 경우에는 온도를 감지하여 자동적으로 닫히는 구조로 할 수 있다.

• 계단은 내화구조로 하되, 피난층 또는 지상까지 직접 연결되도록 할 것

• 출입구의 유효너비는 0.9미터 이상으로 하고 피난의 방향으로 열 수 있을 것

4 도서관의 서고계획에 대한 설명으로 옳지 않은 것은?

① 도서 증가에 따른 확장을 고려하여 계획한다.

② 내화, 내진 등을 고려한 구조로서 서가가 재해로부터 안전해야 한다.

③ 도서의 보존을 위해 자연채광을 하며 기계 환기로 방진, 방습과 함께 세균의 침입을 막는다.

④ 서고 공간 $1m^3$당 약 66권 정도를 보관한다.

5 현대적 학교운영방식인 개방형 학교(open school)에 대한 설명으로 옳지 않은 것은?

① 학생 개인의 능력과 자질에 따른 수준별 학습이 가능한 수요자 중심의 학교운영방식이다.

② 2인 이상의 교사가 협력하는 팀티칭(team teaching) 방식을 적용하기에 부적합하다.

③ 공간 계획은 개방화, 대형화, 가변화에 대응할 수 있어야 한다.

④ 흡음효과가 있는 바닥재 사용이 요구되며, 인공조명 및 공기조화 설비가 필요하다.

ANSWER 4.③ 5.②

4 도서의 보존을 위해서는 직사광선을 피해야 하므로 자연채광은 적합하지 않다. 또한 도서는 장기간 보존되어야 하므로 항온항습이 유지되어야 한다.

5 개방형학교(Open School)는 2인 이상의 교사가 협력하는 팀티칭(team teaching) 방식을 적용하기에 적합한 방식이다. 종래의 학급 단위로 하던 수업을 거부하고 개인의 자질과 능력 또는 경우에 따라서 학년을 없애고 그룹별 팀 티칭(team teaching, 교수학습제) 등 다양한 학습활동을 할 수 있게 만든 학교이다. 평면형은 가변식 벽구조로 하여 융통성을 갖도록 하고, 칠판, 수납장 등의 가구는 주로 이동식을 많이 사용한다. 또한 인공 조명을 주로 하며, 공기조화 설비가 필요하다.

6 1인당 공기공급량(m³/h)을 기준으로 할 때 다음과 같은 규모의 실내 공간에 1시간당 필요한 환기 횟수 (회)는?

> • 정원 : 500명
> • 실용적 : 2,000 m³
> • 1인당 소요 공기량 : 40 m³/h

① 8

② 10

③ 16

④ 25

7 공연장에 대한 설명으로 옳은 것은?

① 대규모 공연장의 경우 클락룸(clock room)의 위치는 퇴장 시 동선 흐름에 맞추어 1층 로비의 좌측 또는 우측에 집중배치한다.

② 오픈스테이지(open stage)형은 가까이에서 공연을 관람할 수 있으며 가장 많은 관객을 수용하는 평면형이다.

③ 객석이 양쪽에 있는 바닥면적 800m² 공연장의 세로통로는 80cm 이상을 확보한다.

④ 잔향시간은 객석의 용적과 반비례 관계에 있다.

....

ANSWER 6.② 7.③

6 정원이 500명이므로 여기에 1인마다 1시간 동안 소요하는 공기량을 곱한 후 이를 실용적으로 나눈 값은 10이 된다.

7 ① 대규모 공연장의 경우 클락룸(clock room)의 위치는 관객의 퇴장 동선과 충돌이 일어나지 않도록 해야 한다.
② 오픈스테이지(open stage)형은 가까이에서 공연을 관람할 수 있으나 가장 많은 관객을 수용할 수 있는 형으로 볼 수는 없다. (가장 많은 관객의 수용이 가능한 형식은 아레나(arena)형식이다.)
④ Sabine의 잔향시간 T=0.16V/A(V:실의 체적, A:바닥면적)에 따라 잔향시간은 객석의 용적과 비례관계로 볼 수 있다.

8 특수전시기법에 대한 설명으로 옳지 않은 것은?

① 디오라마 전시 – 사실을 모형으로 연출하여 관람시킬 수 있다.

② 파노라마 전시 – 벽면전시와 입체물이 병행되는 것이 일반적인 유형이다.

③ 아일랜드 전시 – 대형전시물, 소형전시물 등 전시물 크기와 관계없이 배치할 수 있다.

④ 하모니카 전시 – 전시 평면이 동일한 공간으로 연속 배치되어 다양한 종류의 전시물을 반복 전시하기에 유리하다.

9 주요 작품으로는 씨그램빌딩과 베를린 신 국립미술관 등이 있으며 "Less is more"라는 유명한 건축적 개념을 주장했던 건축가는?

① 미스 반 데어 로에

② 알바 알토

③ 프랭크 로이드 라이트

④ 루이스 설리반

ANSWER 8.④ 9.①

8　하모니카 전시는 전시평면이 하모니카의 흡입구처럼 동일한 공간으로, 연속되어 배치되는 전시기법으로 전시내용을 통일된 형식 속에서 규칙, 반복적으로 나타내므로 동일종류의 전시물을 반복 전시할 경우에 유리하다. (즉, 다양한 종류의 전시물을 반복 전시하기에는 불리한 방법이다.) 또한 전시체계가 질서정연하며 전시항목 구분이 짧고 명확하여 동선계획이 용이하다.

9　미스 반 데어 로에(Mies van der Rohe)
독일에서는 바우하우스의 학장으로, 미국에서는 일리노이 공과대학교의 학장으로 재직한 모더니즘 건축의 대가이다. "더 적은 것이 더 많은 것이다(Less is More)."라는 말로써 모더니즘의 특성을 압축하여 표현하였다.
콘크리트, 강철, 유리를 건축재료로 사용하여 고층 건축물들을 설계하였으며, 콘크리트와 철은 건물의 뼈로, 유리는 뼈를 감싸는 외피로서의 기능을 하였다. 주요 작품으로는 투켄트하트(Tugendhat) 저택, 바르셀로나 파빌리온, 시그램빌딩, 크라운 홀, 슈투트가르트의 바이젠호프 주택단지 등이 있다.

10 병원건축의 간호 단위계획에 대한 설명으로 옳지 않은 것은?

① 공동병실은 주로 경환자의 집단수용을 위해 구성하며, 전염병 및 정신병 병실은 별동으로 격리한다.

② 1개의 간호사 대기소에서 관리할 수 있는 병상수는 일반적으로 30 ~ 40개 정도로 구성한다.

③ 오물처리실은 각 간호 단위마다 설치하는 것이 좋다.

④ PPC(progressive patient care)방식은 동일 질병의 환자들만을 증세의 정도에 따라 구분하여 간호 단위를 구성하는 것이다.

11 수격작용(water hammering) 방지 대책으로 옳지 않은 것은?

① 공기실(air chamber)을 설치한다.

② 유속을 느리게 한다.

③ 밸브작동을 천천히 한다.

④ 배관에 굴곡을 많이 만든다.

....

ANSWER 10.④ 11.④

10 간호단위 구성(PPC) : 질병의 종류에 따라 구분하지 않고, 다음과 같이 분류되는 간호방식이다.
　㉠ 집중간호(intensive care unit) : 밀도 높은 의료와 간호, 계속적인 관찰을 필요로 하는 중환자를 대상으로 한다.
　㉡ 보통간호(intermediate care unit) : 집중간호와 자가간호의 중간적인 단위로 병상 점유율이 가장 높다.
　㉢ 자가간호(self care unit) : 스스로 일상생활을 하는 데 별로 불편이 없는 환자들을 대상으로 한다.

11 배관에 굴곡이 많을수록 수격작용이 심해진다.
　※ 수격작용
　　㉠ 정의 : 관 속으로 물이 흐를 때 밸브를 갑자기 막으면 순간적으로 유속은 0이 되고 이로 인해 급격한 압력 증가가 생긴다. 이는 관내를 일정한 전파속도로 왕복하면서 충격을 주어(압력파의 작용) 큰 소음을 유발한다.
　　㉡ 원인 : 좁은 관경, 과도한 수압과 유속, 밸브의 급조작으로 인한 유속의 급변
　　㉢ 방지대책
　　　• 기구류 가까이에 공기실(에어챔버)를 설치한다.
　　　• 관 지름을 크게 하여 수압과 유속을 줄이고 밸브는 서서히 조작한다.
　　　• 도피밸브나 서지탱크를 설치하여 축적된 에너지를 방출하거나 관내의 에너지를 흡수하도록 한다.
　　　• 급수배관의 횡주관에 굴곡부가 생기지 않도록 한다.

12 백화점 판매 매장의 배치형식 계획에 대한 설명으로 옳은 것은?

① 직각배치는 판매장 면적이 최대한으로 이용되고 배치가 간단하다.

② 사행배치는 많은 고객이 판매장 구석까지 가기 어렵다.

③ 직각배치는 통행폭을 조절하기 쉽고 국부적인 혼란을 제거할 수 있다.

④ 사행배치는 현대적인 배치수법이지만 통로폭을 조절하기 어렵다.

13 한국 목조건축의 구성요소 중 기둥에 적용된 의장 기법에 대한 설명으로 옳지 않은 것은?

① 배흘림은 평행한 수직선의 중앙부가 가늘어 보이는 착시현상을 교정하기 위한 기법이다.

② 민흘림은 상단(주두) 부분의 지름을 굵게 하여 안정감을 주는 기법이다.

③ 귀솟음은 중앙 기둥부터 모서리 기둥으로 갈수록 기둥 높이를 약간씩 높게 하는 기법이다.

④ 안쏠림은 모서리 기둥을 안쪽으로 약간 경사지게 하는 기법이다.

12 진열장 배치유형
- ㉠ **직각배치** : 진열장을 직각으로 배치하여 매장면적을 최대한 이용할 수 있으나 구성이 단순하여 단조로우며 고객의 통행량에 따라 통로폭을 조절할 수 없으므로 혼선을 야기할 수 있다.
- ㉡ **사행배치** : 주통로 이외의 제2통로를 상하교통계를 향해서 45°사선으로 배치한 형태로 많은 고객이 판매장 구석까지 가기 쉬운 이점이 있으나 이형의 진열장이 필요하다.
- ㉢ **방사배치** : 통로를 방사형으로 배치하여 고객의 시선 유도와 점원의 관리가 어려워 적용하기 어려운 기법이다.
- ㉣ **자유 유선배치** : 자유롭게 진열장을 배치하는 형식으로 각 매장의 특징을 살려 고객에게 보여줄 수 있지만 매장의 변경 및 이동이 어려우므로 계획이 복잡하며 시설비가 많이 든다.

13
- **민흘림기둥** : 기둥머리의 직경이 기둥뿌리에 비해 작아 단면이 사다리꼴 형태를 가지는 기둥을 말한다.
- **배흘림기둥** : 원기둥의 경우 기둥허리 부분이 가장 두껍고 기둥머리와 기둥뿌리쪽으로 갈수록 직경이 줄어드는 형태의 기둥을 말한다. 주로 아래에서 1/3 지점이 가장 두껍다.

14 조선시대 궁궐에 대한 설명으로 옳지 않은 것은?

① 경복궁 – 근정전을 중심으로 하는 일곽의 중심건물은 남북축선상에 좌우 대칭으로 배치하였다.

② 창덕궁 – 인정전을 정전으로 하며 궁궐배치는 산기슭의 지형에 따라서 자유롭게 하였다.

③ 창경궁 – 명정전을 정전으로 하며 정전이 동향을 한 특유한 예로서 창덕궁의 서쪽에 위치한다.

④ 덕수궁 – 임진왜란 후에 선조가 행궁으로 사용하였으며 서양식 건물이 있다.

15 공기조화방식 중 패키지 유닛방식에 대한 설명으로 옳지 않은 것은?

① 설비비가 저렴하다.

② 각 유닛을 각각 단독으로 조절할 수 있다.

③ 일반적으로 진동과 소음이 적다.

④ 용량이 작으므로 대규모 건물에는 적합하지 않다.

ANSWER 14.③ 15.③

14 창경궁은 창덕궁의 남동쪽에 위치하며, 명정전을 정전으로 한다. 다른 궁궐의 정전이 남향인 데 비해 명정전은 유일하게 동향을 하고 있다. 이 때문에 성종은 '임금은 남쪽을 바라보고 정치를 하는데 명정전은 동쪽이니 임금이 나라를 다스리는 정전이 아니다'라고 말했다고 전해진다. 창경궁은 창덕궁에 딸린 대비궁으로 지은 것으로 규모가 작은 편이며 크거나 중요한 국가행사보다는 비교적 작은 행사나 왕실의 잔치 등에 많이 활용되었다.

15 패키지유닛방식은 진동과 소음이 큰 편이다.

※ **패키지유닛방식**: 냉동기를 포함한 공기조화설비의 주요부분이 일체화된 방식으로 냉방만을 위한 유닛과 냉난방이 모두 가능한 히트펌프형 유닛이 있다.

• 공장생산방식으로 생산되어 시공과 취급이 간단하며 설비비가 저렴하고 온도조절이 용이하다.

• 유닛의 추가가 용이하며 기계실면적과 덕트스페이스가 작다.

• 덕트가 길어지면 송풍이 곤란하고 소음이 크며, 대규모인 경우 유지관리가 어렵다.

16 열전달에 대한 설명으로 옳은 것은?

① 대류란 고체와 고체 사이의 접촉에 의한 열전달을 의미하고 전도란 고체 표면과 유체 사이에 열이 전달되는 형태이다.

② 물은 다른 재료보다 열용량이 커서 열을 저장하기에 좋은 재료이다.

③ 복사열은 대류와 마찬가지로 중력의 영향을 받으므로 아래로는 복사가 가능하나 위로는 복사가 불가능하다.

④ 물이 높은 곳에서 낮은 곳으로 흐르는 것과 마찬가지로 열도 높은 곳에서 낮은 곳으로 흐르므로 고온도에 있는 열을 저온도로 보내는 장치를 열 펌프(heat pump)라 한다.

17 복사난방 방식에 대한 설명으로 옳지 않은 것은?

① 매입 배관 시공으로 설비비가 비싸나 유지관리는 용이하다.

② 실내의 온도 분포가 균등하고 쾌감도가 우수하다.

③ 외기 급변에 따른 방열량 조절은 어려우나 층고가 높은 공간에서도 난방 효과가 우수하다.

④ 바닥의 이용도가 높으며 개방상태에서도 난방 효과가 있다.

ANSWER 16.② 17.①

16 ① 전도란 고체와 고체 사이의 접촉에 의한 열전달을 의미하고 대류란 고체 표면과 유체 사이에 열이 전달되는 형태이다.
③ 복사열은 중력의 영향을 받지 않으며 열원으로부터 모든 방향으로 방출된다.
④ 열은 본래 온도가 높은 곳에서 낮은 곳으로 흐르는데 이와 반대로 온도가 낮은 곳에서 온도가 높은 곳으로 흐르도록 인위적으로 열을 끌어올리는 장치를 열펌프(heat pump)라 한다.

17 복사난방방식은 수리 및 유지관리가 어렵다.
※ 복사난방의 특징
• 실내의 수직온도분포가 균등하고 쾌감도가 높다.
• 방을 개방상태로 해도 난방효과가 높다.
• 바닥의 이용도가 높다.
• 대류가 적으므로 바닥면의 먼지가 상승하지 않는다.
• 외기의 급변에 따른 방열량 조절이 곤란하다.
• 시공이 어렵고 수리비, 설비비가 비싸다.
• 매입배관이므로 고장요소를 발견할 수 없다.
• 열손실을 막기 위한 단열층을 필요로 한다.
• 바닥하중과 두께가 증가한다.

18 분전반 설치 시 유의사항으로 옳지 않은 것은?

① 가능한 한 매층마다 설치하고 제3종 접지를 한다.

② 통신용 단자함이나 옥내 소화전함과 조화 있게 설치한다.

③ 조작상 안전하고 보수·점검을 하기 쉬운 곳에 설치한다.

④ 가능한 한 부하의 중심에서 멀리 설치한다.

19 「건축기본법」에서 규정하여 건축의 공공적 가치를 구현하고자 하는 기본이념만을 모두 고르면?

> ㉠ 국민의 안전·건강 및 복지에 직접 관련된 생활공간의 조성
> ㉡ 사회의 다양한 요구를 조정하고 수용하며 경제활동의 토대가 되는 공간환경의 조성
> ㉢ 환경 친화적이고 지속가능한 녹색건축물 조성
> ㉣ 지역의 고유한 생활양식과 역사를 반영하고 미래세대에 계승될 문화공간의 창조 및 조성
> ㉤ 건축물의 안전·기능·환경 및 미관을 향상시킴으로써 공공복리의 증진에 이바지하는 것

① ㉠, ㉡, ㉣

② ㉠, ㉣, ㉤

③ ㉡, ㉢, ㉤

④ ㉡, ㉣, ㉤

ANSWER 18.④ 19.①

18 분전반은 가능한 한 부하의 중심에 가까이 설치하여 부하의 컨트롤이 용이하게끔 배치해야 한다.

19 건축기본법은 국가 및 지방자치단체와 국민의 공동의 노력으로 다음 각 호와 같은 건축의 공공적 가치를 구현함을 기본이념으로 한다.
1. 국민의 안전·건강 및 복지에 직접 관련된 생활공간의 조성
2. 사회의 다양한 요구를 조정하고 수용하며 경제활동의 토대가 되는 공간환경의 조성
3. 지역의 고유한 생활양식과 역사를 반영하고 미래세대에 계승될 문화공간의 창조 및 조성

20 건물정보모델링(BIM : building information modeling) 기술을 도입하여 설계단계에서 얻을 수 있는 장점들만을 모두 고르면?

> ㉠ 설계안에 대한 검토를 통해 설계 요구조건 등에 대한 만족 여부를 확인할 수 있다.
> ㉡ 정확한 물량 산출을 하여 공사비 견적에 활용할 수 있다.
> ㉢ 각 작업단위에서 필요한 자재 정보를 연동하여 공정계획 및 관리 효율을 향상시킬 수 있다.
> ㉣ 발주자에게 건물 모델 및 정보를 건물 운영 관리 시스템에 사용될 수 있도록 넘겨줄 수 있다.

① ㉠, ㉡
② ㉠, ㉢
③ ㉡, ㉣
④ ㉢, ㉣

ANSWER 20.①

20 ㉢ BIM기술의 도입을 통해 설계 이후의 시공단계에서 각 작업단위에서 필요한 자재 정보를 연동하여 공정계획 및 관리 효율을 향상시킬 수 있다.
㉣ BIM기술을 활용하여 건축물이 완공된 후 유지관리단계에서 발주자에게 건물 모델 및 정보를 건물 운영 관리 시스템에 사용될 수 있도록 넘겨줄 수 있다.

1 호텔건축에 대한 설명으로 옳지 않은 것은?

① 아파트먼트호텔은 리조트호텔의 한 종류로 스위트룸과 호화로운 설비를 갖추고 있는 호텔이다.

② 리조트호텔은 조망 및 자연환경을 충분히 고려하고 있으며, 호텔 내외에 레크리에이션 시설을 갖추고 있다.

③ 터미널호텔은 교통기관의 발착지점에 위치하여 손님의 편의를 도모한 호텔이다.

④ 커머셜호텔은 주로 상업상, 업무상의 여행자를 위한 호텔로 도시의 번화한 교통의 중심에 위치한다.

2 은행 건축계획에 대한 설명으로 옳지 않은 것은?

① 주 출입구에 전실을 두거나 칸막이를 설치한다.

② 주 출입구는 도난방지를 위해 안여닫이로 하는 것이 좋다.

③ 은행 지점의 시설규모(연면적)는 행원 수 1인당 $16 \sim 26m^2$ 또는 은행실 면적의 $1.5 \sim 3$배 정도이다.

④ 금고실에는 도난이나 화재 등 안전상의 이유로 환기설비를 설치하지 않는다.

ANSWER 1.① 2.④

1 아파트먼트호텔은 장기간 체재하는 데 적합한 호텔로서 각 객실에는 주방설비를 갖추고 있다. 리조트 호텔은 주로 관광객이나 휴양객을 위해 운영되는 호텔로서 해변호텔, 온천호텔, 스키 호텔, 산장 호텔, 클럽하우스, 모텔, 유스호스텔 등이 있다. 따라서 아파트먼트 호텔은 리조트호텔로 볼 수 없다.

2 금고실에는 화재 등의 발생 시 배연 등을 위해 반드시 환기설비를 설치해야 한다.

3 다음 설명에 해당하는 공장건축의 지붕 종류를 옳게 짝지은 것은?

> ㉠ 채광, 환기에 적합한 형태로, 환기량은 상부창의 개폐에 의해 조절될 수 있다.
> ㉡ 채광창을 북향으로 하는 경우 온종일 일정한 조도를 가진다.
> ㉢ 기둥이 적게 소요되어 바닥면적의 효율성이 높다.

	㉠	㉡	㉢
①	솟을지붕	샤렌지붕	평지붕
②	솟을지붕	톱날지붕	샤렌지붕
③	평지붕	샤렌지붕	뾰족지붕
④	평지붕	톱날지붕	뾰족지붕

4 르네상스건축에 대한 설명으로 옳지 않은 것은?

① 일반적으로 층의 구획이나 처마 부분에 코니스(cornice)를 둘렀다.

② 수평선을 의장의 주요소로 하여 휴머니티의 이념을 표현하였다.

③ 건축의 평면은 장축형과 타원형이 선호되었다.

④ 건축물로는 메디치 궁전(Palazzo Medici), 피티 궁전(Palazzo Pitti) 등이 있다.

ANSWER 3.② 4.③

3 공장건축 지붕형식

㉠ **톱날지붕** : 채광창을 북향으로 하는 경우 온종일 일정한 조도를 가진다.

㉡ **뾰족지붕** : 직사광선을 어느 정도 허용하는 결점이 있다.

㉢ **솟을지붕** : 채광, 환기에 적합한 형태로, 환기량은 상부창의 개폐에 의해 조절될 수 있다.

㉣ **샤렌지붕** : 지붕 슬래브가 곡면으로 되어 있어 외력에 저항하도록 만들어진 지붕이므로 일반평지붕보다 기둥이 적게 소요된다.

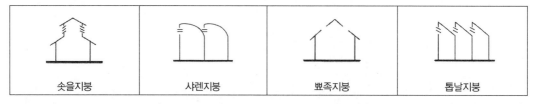

| 솟을지붕 | 샤렌지붕 | 뾰족지붕 | 톱날지붕 |

4 르네상스 시대에는 수학적 비례체계가 건축물의 기본적 구성원리였으며 수평선을 디자인의 주요소로 하여 인간의 사회관과 그 횡적인 유대를 강조하였다. 따라서 건축의 평면형태에서 장축형과 타원형을 선호했다고 볼 수는 없다.

르네상스 양식은 대칭, 비례, 기하학 및 부품의 규칙성에 중점을 두었으며 반원형 아치, 반구형 돔, 틈새 및 경계선의 사용뿐만 아니라 기둥, 필라스터 및 상인방의 정렬된 배열을 특징으로 한다.

5 백화점 건축계획에서 에스컬레이터에 대한 설명으로 옳은 것은?

① 엘리베이터에 비해 점유면적이 크고 승객 수송량이 적다.

② 직렬식 배치는 교차식 배치보다 점유면적이 크지만, 승객의 시야 확보에 좋다.

③ 교차식 배치는 단층식(단속식)과 연층식(연속식)이 있다.

④ 엘리베이터를 2대 이상 설치하거나 1,000인/h 이상의 수송력을 필요로 하는 경우는 엘리베이터보다 에스컬레이터를 설치하는 것이 유리하다.

ANSWER 5.②

5 ① 에스컬레이터는 엘리베이터에 비해 점유면적이 크고 승객 수송량이 많다.

③ 단층식(단속식)과 연층식(연속식)이 있는 방식은 병렬식 배치이다.

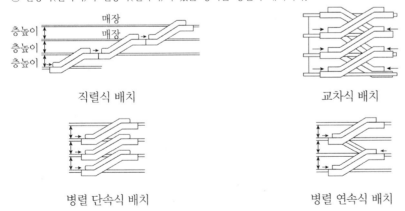

④ 일반적으로 엘리베이터를 2대 정도만 설치해도 충분한 경우라면 고객의 수가 적다고 볼 수 있으며 에스컬레이터의 수송능력은 일반적으로 4,000~8,000/h로 대량수송에 효과적이다. 따라서 1,000 인/h 이상 정도인 경우에 에스컬레이터를 운용하는 것은 바람직하지 않다.

6 증기난방 중 진공환수식에 대한 설명으로 옳지 않은 것은?

① 환수관의 말단에 설치된 진공펌프가 증기트랩 이후의 환수관내를 진공압으로 만들어 강제적으로 응축수를 환수한다.

② 환수가 원활하고 급속히 이루어지므로 관경을 작게 할 수 있다.

③ 보일러와 방열기의 높이차를 충분히 유지할 수 있어야 한다.

④ 중력환수식 증기난방과 달리 환수관의 말단에 공기빼기 밸브를 설치할 필요가 없다.

7 병원의 건축계획에 대한 설명으로 옳은 것은?

① 병원은 전용주거지역, 전용공업지역을 제외한 모든 용도지역에서 건축이 허용된다.

② 병동부의 간호단위 구성 시 간호사의 보행거리는 약 24m 이내가 되도록 한다.

③ 수술실은 26.6℃ 이상의 고온, 55% 이상의 높은 습도를 유지하고, 3종 환기방식을 사용한다.

④ COVID-19 감염병 환자의 병실은 일반 병실과 분리하고 2종 환기방식을 사용한다.

ANSWER 6.③ 7.②

6 진공환수식은 리프트 이음을 사용하여 환수를 위쪽 환수관으로 올릴 수 있으므로 방열기의 설치위치에 제한을 받지 않는다. 반면 자연(중력)순환식은 중력을 이용하여 응축수를 환수하므로 보일러와 방열기의 높이차가 충분히 있어야 한다.

   ※ 진공환수식
   • 대규모 난방에 많이 사용되는 것으로 환수관의 끝, 보일러의 바로 앞에 진공펌프를 설치하여 환수관 내를 진공압으로 만들어 강제적으로 응축수 및 공기를 흡인하여 환수관의 진공도를 100~250mmHg로 유지하므로 응축수를 속히 배출시킬 수 있고 방열기 내의 공기도 빼낼 수 있다.
   • 환수가 원활하고 급속히 이루어지므로 관경을 작게 할 수 있다.
   • 환수관의 기울기를 1/200~1/300으로 낮게 할 수 있어 대규모 난방에 적합하다.
   • 리프트 이음을 사용하여 환수를 위쪽 환수관으로 올릴 수 있으므로 방열기 설치위치에 제한을 받지 않는다.
   • 중력환수식 증기난방과 달리 환수관의 말단에 공기빼기 밸브를 설치할 필요가 없다.

7 ① 병원은 종류에 따라 용도지역 안에서의 건축제한 규정을 달리 한다. 일반병원의 경우 전용주거지역, 유통상업지역, 자연환경보전지역에서 건축이 허용되지 않으며, 격리병원의 경우 모든 주거지역, 근린상업지역, 유통상업지역, 자연환경보전지역에서 건축이 허용되지 않는다. 그 외의 지역에서도 병원 종류 및 지역에 따라 도시·군계획 조례가 정하는 바에 따라 건축제한 규정을 두고 있다.

   ③ 수술실은 26.6℃ 이상의 고온, 55% 이상의 높은 습도를 유지하고, 외부로부터의 세균 등의 유입을 최소화하기 위해 수술실 내부가 외부보다 높은 압력상태가 되어야 하므로 1종이나 2종 환기방식을 적용해야 한다.

   ④ COVID-19 감염병 환자의 병실은 일반 병실과 분리하고 병실내부의 바이러스가 외부로 나가지 못하도록 수술실 내부가 음압이 되는 음압격리병실과 같은 3종 환기방식으로 구성해야 한다.

   > **음압격리병실**
   > 병실 내부의 병원체가 외부로 퍼지는 것을 차단하는 특수 격리병실이다. 국내에서는 음압병실(Negative pressure room), 국제적으로는 감염병격리병실(Airborne Infection Isolation Room)이라고 표현한다.
   > 이 시설은 병실내부의 공기압을 주변보다 낮춰 공기의 흐름이 항상 외부에서 병실 안쪽으로 흐르도록 한다. 바이러스나 병균으로 오염된 공기가 외부로 배출되지 않도록 설계된 시설로 감염병 확산을 방지하기 위한 필수시설이다.

8 다음 설명에 해당하는 쾌적지표는?

> 온도, 기류, 습도를 조합한 감각지표로서 효과온도 또는 체감온도라고도 한다. 상대습도(RH)가 100 %, 풍속 0 m/s인 임의 온도를 기준으로 정의한 것이며, 복사열은 고려하지 않는다.

① 작용온도　　　　　　　　　　　　　② 유효온도
③ 수정유효온도　　　　　　　　　　　④ 신유효온도

9 배관 및 밸브 설비에 대한 설명으로 옳지 않은 것은?

① 동관이나 스테인리스강관은 내구성, 내식성이 우수하여 급수관이나 급탕관으로 적합하다.
② 급탕배관의 경우 슬루스밸브는 배관 내 공기의 체류를 유발하기 쉬우므로 글로브밸브를 사용하는 것이 좋다.
③ 체크밸브는 유체를 한 방향으로 흐르게 하고 반대 방향으로는 흐르지 못하게 하는 밸브이다.
④ 급탕배관의 경우 신축·팽창을 흡수 처리하기 위해 강관은 30m, 동관은 20m마다 신축이음을 1개씩 설치하는 것이 좋다.

ANSWER 8.② 9.②

8 • 유효온도 : 온도, 기류, 습도를 조합한 감각지표로서 효과온도 또는 체감온도라고도 한다. 상대습도(RH)가 100%, 풍속 0m/s인 임의 온도를 기준으로 정의한 것이며, 복사열은 고려하지 않는다.
• 수정유효온도 : 기존의 유효온도는 복사열을 고려하지 않았는데 이에 복사열까지 고려하여 산정하는 온열지표이다.
• 신유효온도 : 유효온도의 단점을 보완한 것으로, '온도, 습도, 기류, 복사열, 착의량, 인체대사량 6가지를 고려하여 나타낸 지표이다.
• 표준유효온도 : 상대습도 50%, 풍속 0.125m/s, 활동량 1met(58.2W/m^2), 착의량 0.6clo의 환경일 때, 건구온도값의 변화에 따른 신유효온도값을 나타낸 선도이다.

온도	기호	기온	습도	기류	복사열
유효온도	ET	O	O	O	
수정유효온도	CET	O	O	O	O
신유효온도	ET*	O	O	O	O
표준유효온도	SET	O	O		O
작용온도	OT	O		O	O
등가온도	E$_q$T	O		O	O
등온감각온도	E$_{qw}$T	O	O	O	O
합성온도	RT	O		O	O

9 급탕배관의 경우 글로브밸브는 배관 내 공기의 체류를 유발하기 쉬우므로 슬루스밸브를 사용하는 것이 좋다.

10 「실내공기질 관리법 시행규칙」상 PM-10 미세먼지에 대한 실내공기질 유지기준이 다른 것은? (단, 실내공기질에 미치는 기타 요소들은 동일한 상태이고 각각의 연면적은 3,000 m² 이상인 경우이다)

① 업무시설

② 학원

③ 지하역사

④ 도서관

11 「건축법 시행령」상 막다른 도로의 길이에 따른 최소한의 너비 기준으로 옳은 것은?

	막다른 도로의 길이	도로의 너비
①	10m 미만	2m 이상
②	10m 미만	3m 이상
③	10m 이상 35m 미만	4m 이상
④	10m 이상 35m 미만	6m 이상

···

ANSWER 10.① 11.①

10 지하역사, 도서관, 학원 등은 100($\mu g/m^3$) 이하여야 하나 업무시설은 200($\mu g/m^3$) 이하여야 한다.

다중이용시설 ＼ 오염물질 항목	미세먼지 (PM-10) ($\mu g/m^3$)	미세먼지 (PM-2.5) ($\mu g/m^3$)	이산화탄소 (ppm)	폼알데하이드 ($\mu g/m^3$)	총부유세균 (CFU/m³)	일산화탄소 (ppm)
가. 지하역사, 지하도상가, 철도역사의 대합실, 여객자동차터미널의 대합실, 항만시설 중 대합실, 공항시설 중 여객터미널, 도서관·박물관 및 미술관, 대규모 점포, 장례식장, 영화상영관, 학원, 전시시설, 인터넷컴퓨터게임시설제공업의 영업시설, 목욕장업의 영업시설	100 이하	50 이하	1,000 이하	100 이하	–	10 이하
나. 의료기관, 산후조리원, 노인요양시설, 어린이집, 실내 어린이놀이시설	75 이하	35 이하		80 이하	800 이하	
다. 실내주차장	200 이하	–		100 이하	–	25 이하
라. 실내 체육시설, 실내 공연장, 업무시설, 둘 이상의 용도에 사용되는 건축물	200 이하	–	–	–	–	–

11 • 막다른 도로의 길이가 10미터 미만인 경우 도로의 최소너비는 2미터
• 막다른 도로의 길이가 10미터 이상 35미터 미만인 경우 도로의 최소너비는 3미터
• 막다른 도로의 길이가 35미터 이상이면 도로의 최소너비는 6미터(단, 도시지역이 아닌 읍·면지역은 4미터)

12 「국토의 계획 및 이용에 관한 법률」상 용도지역에 대한 설명으로 옳지 않은 것은? (단, 조례는 고려하지 않는다)

① 주거지역에서 건폐율의 최대한도는 70퍼센트이다.

② 자연환경보전지역에서 건폐율의 최대한도는 20퍼센트이다.

③ 계획관리지역이란 도시지역으로의 편입이 예상되는 지역이나 자연환경을 고려하여 제한적인 이용·개발을 하려는 지역으로서 계획적·체계적인 관리가 필요한 지역을 말한다.

④ 보전관리지역이란 자연환경·농지 및 산림의 보호, 보건위생, 보안과 도시의 무질서한 확산을 방지하기 위하여 녹지의 보전이 필요한 지역을 말한다.

ANSWER 12.④

12 ④는 도시지역 중 '녹지지역'에 대한 설명이다. 보전관리지역이란 관리지역 중 '자연환경 보호, 산림 보호, 수질오염 방지, 녹지 공간 확보 및 생태계 보전 등을 위하여 보전이 필요하나, 주변 용도지역과의 관계 등을 고려할 때 자연환경보전지역으로 지정하여 관리하기가 곤란한 지역'을 말한다.

※ 용도지역의 구분 및 건폐율

구분		건폐율	내용
도시지역	주거지역	70% 이하	거주의 안녕과 건전한 생활환경의 보호를 위하여 필요한 지역
	상업지역	90% 이하	상업이나 그 밖의 업무의 편익을 증진하기 위하여 필요한 지역
	공업지역	70% 이하	공업의 편익을 증진하기 위하여 필요한 지역
	녹지지역	20% 이하	자연환경·농지 및 산림의 보호, 보건위생, 보안과 도시의 무질서한 확산을 방지하기 위하여 녹지의 보전이 필요한 지역
관리지역	보전관리지역	20% 이하	자연환경 보호, 산림 보호, 수질오염 방지, 녹지공간 확보 및 생태계 보전 등을 위하여 보전이 필요하나, 주변 용도지역과의 관계 등을 고려할 때 자연환경보전지역으로 지정하여 관리하기가 곤란한 지역
	생산관리지역	20% 이하	농업·임업·어업 생산 등을 위하여 관리가 필요하나, 주변 용도지역과의 관계 등을 고려할 때 농림지역으로 지정하여 관리하기가 곤란한 지역
	계획관리지역	40% 이하	도시지역으로의 편입이 예상되는 지역이나 자연환경을 고려하여 제한적인 이용·개발을 하려는 지역으로서 계획적·체계적인 관리가 필요한 지역
농림지역		20% 이하	-
자연환경보전지역		20% 이하	-

13 다음 설명에 해당하는 공동주택의 단위주거 단면형식은?

> • 단위주거의 평면구성 제약이 적고 소규모도 설계가 용이하다.
> • 복도가 있는 경우 단위주거의 규모가 크면 복도가 길어져 공용 면적이 증가하며, 프라이버시에 있어 타 형식보다 불리하다.
> • 단위주거가 한 개의 층에만 한정된 형식이다.

① 메조넷형   ② 스킵 메조넷형
③ 트리플렉스형   ④ 플랫형

ANSWER 13.④

13 제시된 특성들은 플랫형(단층형)에 관한 것이다.

※ **단층형(플랫형)**
• 평면 계획이나 구조가 단순하고 시공이 간편하다.
• 평면 구성에 제약이 적고, 작은 면적에서도 설계가 가능하다.
• 공동 복도에 면하는 부분이 많으므로 주호의 프라이버시 유지가 어렵다.

※ **복층형(메조네트형/듀플렉스/트리플렉스형)**
• 공용통로 면적을 절약할 수 있고, 엘리베이터의 정지 층을 감소시켜 경제적이다.
• 복도가 없는 층은 남북 면이 트여 있으므로 좋은 평면이 가능하다. 통로면적이 감소하고 임대면적이 증가하며 프라이버시가 가장 좋다.
• 거주성, 채광, 통풍, 프라이버시가 좋다.
• 작은 평형에는 비경제적이다.
• 단위 주거의 평면계획에 변화를 줄 수가 있다.
• 각 층(상하 층) 평면이 달라서 구조, 설비 등이 복잡하고 설계가 어렵다.
• 플랫형에 비해 통로면적 등의 공용면적이 감소하여 전용면적비가 증가한다.
• 트리플렉스형은 하나의 단위 주거가 3층으로 구성되어 있는 것으로 프라이버시 확보와 통로 면적의 절약은 메조네트형 보다 유리하다.
• 상당한 주호 면적이 없으면 융통성이 없게 되며, 피난 계획도 곤란하다.

※ **스킵플로어형**
• 계단실형의 장점과 편복도형의 장점을 복합한 방식으로서 1층 또는 2층을 걸러 복도를 설치하고, 그 밖의 층에서는 복도가 없이 계단실로 각 단위 주거에 도달하는 형식이다.
• 복도가 없는 층(계단실형)에서는 채광, 통풍, 프라이버시가 좋다.
• 엘리베이터의 이용률이 높고, 경제적이다.
• 공용통로 면적을 줄일 수 있으므로 건물의 이용도가 높고 대지 이용률이 높다.
• 복도가 없는 층에서는 피난하는 데 결점이 있다.
• 복도가 없는 층은, 각 단위 주거에 이르는 동선이 길어지는 단점이 있다.

14 다음 설명에 해당하는 공포 양식을 적용한 건축물을 옳게 짝지은 것은?

> ㉠ 창방 위에 평방을 올리고 그 위에 공포를 배치한 형식
> ㉡ 소로와 첨차로 공포를 짜서 기둥 위에만 배치한 형식

	㉠	㉡
①	수원 화서문	강릉 객사문
②	영주 부석사 무량수전	서울 숭례문
③	서울 창경궁 명정전	예산 수덕사 대웅전
④	안동 봉정사 대웅전	경주 불국사 대웅전

15 개인적 공간(personal space)에 대한 설명으로 옳지 않은 것은?

① 개인 상호간의 접촉을 조절하고 바람직한 수준의 프라이버시를 이루는 보이지 않는 심리적 영역이다.

② 개인이 사용하는 공간으로서, 외부에 대하여 방어하는 한정되고 움직이지 않는 고정된 공간이다.

③ 개인의 신체를 둘러싸고 있는 기포와 같은 형태이다.

④ 홀(Edward T. Hall)은 대인간의 거리를 친밀한 거리(intimate distance), 개인적 거리(personal distance), 사회적 거리(social distance), 공적 거리(public distance)로 구분하였다.

ANSWER 14.③ 15.②

14 ㉠ 창방 위에 평방을 올리고 그 위에 공포를 배치한 형식 : 다포식
㉡ 소로와 첨차로 공포를 짜서 기둥 위에만 배치한 형식 : 주심포식
주어진 보기에 제시된 것을 양식에 따라 분류하면
• 주심포식 : 영주 부석사 무량수전, 예산 수덕사 대웅전, 강릉 객사문
• 다포식 : 서울 창경궁 명정전, 서울 숭례문, 안동 봉정사 대웅전, 경주 불국사 대웅전
• 익공식 : 수원 화서문

15 개인적 공간(personal space) : 개개인의 신체 주변에 다른 사람이 들어올 수 없는 프라이버시 공간의 형태를 말하며 이는 상황에 따라 변화되는 유동적인 공간이다.

16 다음 설명에 해당하는 서양 근대건축운동과 가장 관련 있는 인물과 작품을 옳게 짝지은 것은?

> • 19세기 말 프랑스와 벨기에를 중심으로 전개된 예술운동 양식이다.
> • 과거의 복고주의에서 탈피하여 상징주의 형태와 패턴의 미학을 받아들였다.
> • 주로 곡선을 사용하고 식물을 모방하여 '꽃의 양식'으로도 불린다.

① 빅토르 호르타(Victor Horta) − 타셀 주택(Tassel House)

② 게리트 토머스 리트벨트(Gerrit Thomas Rietveld) − 슈뢰더 주택(Schröder House)

③ 안토니 가우디(Antoni Gaudi) − 로비 주택(Robie House)

④ 월터 그로피우스(Walter Gropius) − 바우하우스(Bauhaus)

17 사무소계획의 표준계단설계에서 계단 단높이(R)와 단너비(T)의 가장 적합한 실용적 표준설계치수 범위는?

	R	T	R + T
①	10 ~ 15cm	20 ~ 25cm	약 35cm
②	13 ~ 18cm	22 ~ 27cm	약 40cm
③	15 ~ 20cm	25 ~ 30cm	약 45cm
④	18 ~ 23cm	27 ~ 32cm	약 50cm

ANSWER 16.① 17.③

16 제시문은 아르누보(Art Nouveau)에 대한 설명이다. 빅터 호르타는 대표적인 아르누보 건축가로, 타셀 주택, 살베이 주택, 인민의 집 등을 건축하였다. 또다른 아르누보 건축가로 안토니 가우디, 앙리 반 데 벨데 등이 있다.
② 게리트 토머스 리트벨트는 데 스틸 파에 속하며 슈뢰더 하우스를 건축하였다.
③ 로비 주택은 국제주의 건축가인 프랭크 로이드 라이트에 의해 건축되었다.
④ 바우하우스는 국제주의 건축가 그로피우스에 의해 설립·운영된 학교로, 미술과 공예, 사진, 건축 등을 교육한 기관이다. 그로피우스의 대표 작품으로는 파구스 공장, 데사우 바우하우스, 하버드 대학 그레듀에이트 센터 등이 있다.

17 사무소계획의 표준계단설계에서 계단 단높이(R)는 15 ~ 20cm, 단너비(T)는 25 ~ 30cm, 이 둘의 합은 약 45 cm를 적정한 것으로 본다.

18 상점 건축계획에서 진열장 배치에 대한 설명으로 옳지 않은 것은?

① 직렬배열형은 통로가 직선이므로 고객의 흐름이 빠르며, 부분별 상품진열이 용이하고 대량 판매형식도 가능한 형태이다.

② 굴절배열형은 진열케이스의 배치와 고객동선이 굴절 또는 곡선으로 구성된 형태로 대면판매와 측면판매의 조합으로 이루어진다.

③ 복합형은 서로 다른 배치형태를 적절히 조합한 형태로 뒷부분은 대면판매 또는 카운터 접객부분으로 계획된다.

④ 환상배열형은 중앙에는 대형상품을 진열하고 벽면에는 소형상품을 진열하며 침구점, 의복점, 양품점 등에 적합하다.

ANSWER 18.④

18 환상배열형은 중앙에는 판매대 등을 설치하고 벽면에는 대형상품을 진열한 방식으로서 민속예술품점이나 수공예품점 등에 적합하다.

평면배치형	특 징	적용대상
굴절배열형	대면판매와 측면판매의 조합	안경점, 양품점, 모자점, 문방구
직렬배열형	고객의 흐름이 가장 빠름 부분별로 상품진열이 용이하여 대량판매형식도 가능	침구점, 전기용품, 서점, 식기점
환상배열형	중앙에 판매대 등을 설치하고 판대를 둘러싼 벽면에는 대형상품을 진열한 방식	민속예술품점, 수공예품점
복합형	위의 방식들을 조합시킨 방식	서점, 부인복점, 피혁제품점

19 급수펌프에 대한 설명으로 옳은 것은?

① 펌프의 진공에 의한 흡입 높이는 표준기압상태에서 이론상 12.33m이나 실제로는 9m 이내이다.

② 히트펌프는 고수위 또는 고압력 상태에 있는 액체를 저수위 또는 저압력의 곳으로 보내는 기계이다.

③ 원심식 펌프는 왕복식 펌프에 비해 고속운전에 적합하고 양수량 조정이 쉬워 고양정 펌프로 사용된다.

④ 왕복식 펌프는 케이싱 내의 회전자를 회전시켜 케이싱과 회전자 사이의 액체를 압송하는 방식의 펌프이다.

ANSWER 19.③

19 ① 펌프의 진공에 의한 흡입 높이는 표준기압상태에서 이론상 10.33m이나 실제로는 흡입관 내의 마찰손실이나 물속에 함유된 공기 등에 의해 7m 이상은 흡상하지 않는다.

② 히트펌프는 열을 저온에서 고온으로 이동시키는 장치들을 펌프로 비유한 개념이다.

④ 케이싱 내의 회전자를 회전시켜 케이싱과 회전자 사이의 액체를 압송하는 방식의 펌프는 원심식펌프이다.

20 전원설비에서 수변전설비의 용량 추정과 관련한 산식으로 옳지 않은 것은?

① 수용률(%) = $\dfrac{\text{부하설비용량(kW)}}{\text{최대수용전력(kW)}} \times 100$

② 부등률(%) = $\dfrac{\text{각 부하의 최대수용전력의 합계(kW)}}{\text{합계 부하의 최대수용전력(kW)}} \times 100$

③ 부하율(%) = $\dfrac{\text{평균수용전력(kW)}}{\text{최대수용전력(kW)}} \times 100$

④ 부하설비용량 = 부하밀도$(VA/m^2) \times$ 연면적(m^2)

......

ANSWER 20.①

20 수용률(%) = $\dfrac{\text{최대수요전력}(kW)}{\text{부하설비용량}(kW)} \times 100$

※ 부하율, 부등률, 수용률의 정확한 이해

㉠ 부하율(%) = $\dfrac{\text{평균수용전력(kW)}}{\text{최대수용전력(kW)}} \times 100$

최대전력에 대한 시간당 평균 사용량을 의미한다. 즉, 부하율이 높다는 것은 매시간 거의 최대전력에 가깝게 사용한다는 것이고 부하율이 낮다는 것은 최대전력을 사용하는 시간 이외의 시간에는 가동률이 그만큼 낮다는 의미이다. 최대부하는 피크치이고 평균부하는 총 사용전력량을 총 사용시간으로 나눈 값이다.

㉡ 부등률(%) = $\dfrac{\text{각 부하의 최대수용전력의 합계(kW)}}{\text{합계 부하의 최대수용전력(kW)}} \times 100$

각 층의 최대수요전력의 합을 합성최대수요전력으로 나눈 값이다. 설비된 용량만큼 항상 가동을 하는 것이 아니기 때문에 DM(최대수요전력계)를 통해 각 층의 최대전력은 그보다 더 작을 것이므로 그만큼 더 적은 용량을 선정해도 된다는 개념이다. 예를 들어 1층의 최대수요전력이 100kVA, 2층의 최대수요전력이 30kVA, 3층의 최대수요전력이 20kVA로 나왔다면 150kVA의 변압기 용량보다 더 적어질 수 있다. (부하사용시간이 각 층이 전부 같지가 않기 때문이다. 부등률은 항상 1보다 같거나 크고 부등률이 1이라는 것은 극단적으로 보면 각층이 동시에 전기를 사용하고 동시에 전기를 끄는 것이고 1보다 큰 것은 각 층의 사용시간이 몰리지 않고 분산되는 것을 의미한다.)

㉢ 수용률(%) = $\dfrac{\text{최대수용전력}(kW)}{\text{부하설비용량}(kW)} \times 100$

최대수요전력을 설비용량으로 나눈 값이다. 설비용량이라는 것은 현재 전기를 사용하든 하지 않는 기기이든 전기를 소비할 수 있는 모든 기기의 용량의 합이며 최대전력은 일정기간 내에서 가장 전력을 많이 소모할 때의 전력사용량(피크치)을 의미한다. 즉, 수용률은 수용가에서 갖추고 있는 전기설비들에 대해서 최대로 전력을 많이 사용할 때의 비율이다.

1 호텔 건축계획에 대한 설명으로 옳지 않은 것은?

① 직원용 출입구는 관리상 가급적 여러 개를 설치한다.

② 객실은 차음상 엘리베이터 샤프트와 거리를 두어 배치한다.

③ 숙박 고객과 연회 고객의 출입구는 분리하는 것이 좋다.

④ 물품 검수용 출입구는 검사 및 관리상 1개소로 한다.

2 사무소 건축계획에서 승강기 조닝(zoning)에 대한 설명으로 옳지 않은 것은?

① 더블데크(double deck) 방식은 단층형 승강기를 이용하며, 복합용도의 초고층건물에 적합하다.

② 스카이로비(sky lobby) 방식은 초고속의 셔틀(shuttle) 승강기를 설치한다.

③ 승강기 조닝(zoning)은 수송시간 단축, 유효면적 증가 등의 이점이 있다.

④ 컨벤셔널(conventional) 방식은 여러 층으로 구성된 1존(zone)을 1뱅크(bank)의 승강기가 서비스하는 방식이다.

ANSWER 1.① 2.①

1 직원용 출입구를 여러 개를 설치할 경우 동선이 복잡하게 되어 관리상 여러 가지 문제가 발생할 수 있으므로 바람직하지 않다.

2 더블데크시스템(double deck system)은 동일 샤프트(shaft) 내에 2대분의 수송력을 가진 엘리베이터를 사용하고 정지층도 2개층으로 운행하는 방식이다.

3 연립주택 분류 중 중정형 주택(patio house)에 대한 설명으로 옳지 않은 것은?

① 아트리움 하우스(atrium house)라고도 한다.

② 내부세대의 좋지 않은 채광을 극복하기 위해 일부 세대들을 2층으로 구성할 수 있다.

③ 격자형의 단조로운 형태를 피하기 위해 돌출 또는 후퇴시킬 수 있다.

④ 경사지의 자연 지형 훼손을 최소화하기 위해 많이 활용되며, 한 세대의 지붕이 다른 세대의 테라스로 사용된다.

ANSWER 3.④

3 경사지의 자연 지형 훼손을 최소화하기 위해 많이 활용되며, 한 세대의 지붕이 다른 세대의 테라스로 사용되는 것은 테라스형 주택이며 중정형과는 거리가 멀다.

㉠ 중정형 주택
- 중앙에 중정을 두고 이를 거주용건물이 둘러싼 형식이다.
- 격자형의 단조로움을 피하기 위해 돌출, 후퇴시킬 수 있다. 입구의 연속적인 효과를 위해 도로나 공공보도에 면해 중정을 배치시켜 중정이 입구가 되게 한다.
- 놀이, 휴식, 수영장 등 커뮤니티시설이나 오픈스페이스를 확보하기 위해 한 세대를 제거할 수 있다.
- 다양하고 풍부한 외부공간을 구성하기에 유리하다.
- 일조를 위한 방위조절이 어렵고, 고밀도의 유지도 어렵고 개성있는 설계나 변형된 평면구성이 어렵다.
- 일정한 대지에 몇 개의 주거군 건립을 중정을 중심으로 하게 되는데, 본인이 이해하는 것처럼 남향 이외의 층이 나올 수밖에 없는 필연적 이유이다.
- 중정형의 경우 대부분 고층 아파트 형식 보다는 연립주택 유형으로 분류되어 이해하는 것에 따른 고층, 고밀의 한계, 대지를 벗어나지 못하고 그 범주에서 설계하게 되므로 평면구성의 한계가 있을 수밖에 없다.

㉡ 테라스하우스
- 경사진 대지를 계획하여 배치하는 형태로 아래 세대의 옥상을 테라스로 갖는 이점이 있지만, 배면에 창호가 없으므로 각 세대의 깊이가 7.5m 이상일 경우 세대의 일조에 불리하다.
- 테라스 하우스(terrace house)는 대지의 경사도가 30°가 되면 윗집과 아랫집이 절반정도 겹치게 되어 평지보다 2배의 밀도로 건축이 가능하다.

㉢ 파티오 하우스(patio house)는 1가구의 단층형 주택으로, 주거 공간이 마당을 부분적으로 또는 전부 에워싸고 있다.

㉣ 테라스 하우스(terrace house)는 상향식이든 하향식이든 경사지에서는 스플릿 레벨(split level) 구성이 가능하다.

4 「건축법」상 '주요구조부'에 속하는 것만을 모두 고르면?

㉠ 내력벽	㉡ 작은 보
㉢ 주계단	㉣ 지붕틀
㉤ 옥외 계단	㉥ 최하층 바닥

① ㉠, ㉡, ㉢

② ㉠, ㉢, ㉣

③ ㉠, ㉢, ㉥

④ ㉡, ㉣, ㉤

5 「범죄예방 건축기준 고시」상 범죄예방 건축기준 용어의 정의에 대한 설명으로 옳지 않은 것은?

① '접근통제'란 출입문, 담장, 울타리, 조경, 안내판, 방범시설 등을 설치하여 외부인의 진·출입을 통제하는 것을 말한다.

② '영역성 확보'란 공적공간과 사적공간의 적극적 연계를 통해 지역 공동체(커뮤니티)를 증진하는 것을 말한다.

③ '활동의 활성화'란 일정한 지역에 대한 자연적 감시를 강화하기 위하여 대상 공간 이용을 활성화 시킬수 있는 시설물 및 공간 계획을 하는 것을 말한다.

④ '자연적 감시'란 도로 등 공공 공간에 대하여 시각적인 접근과 노출이 최대화되도록 건축물의 배치, 조경, 조명 등을 통하여 감시를 강화하는 것을 말한다.

ANSWER 4.② 5.②

4 주요구조부는 내력벽, 기둥, 바닥, 보, 지붕틀, 주계단이 해당되며 사이 기둥, 최하층바닥, 작은 보, 차양, 옥외 계단 등은 제외된다.

5 영역성 확보란 공간배치와 시설물 설치를 통해 공적공간과 사적공간의 소유권 및 관리와 책임 범위를 명확히 하는 것을 말한다.
  - **영역성** : 주민에게 거시적인 영역의 소속감을 제공하여 범죄에 대한 관심을 높이고 잠재적 범죄자에게 그러한 영역성을 인식시키는 것이다.
  - **자연적 감시** : 자연적 감시는 건물·시설물의 배치에 있어 일반인들에 의한 가시권을 최대화하는 전략이다. (도로 등 공공 공간에 대하여 시각적인 접근과 노출이 최대화되도록 건축물의 배치, 조경, 조명 등을 통하여 감시를 강화하는 것을 말한다.)
  - **자연적 접근 통제** : 자연적 접근 통제는 보호되어야 할 공간에 대한 출입을 제어하여 범죄 목표에 대한 접근을 어렵게 하고 범죄 행위의 노출(발각) 가능성을 높이는 설계 원리를 말한다. (즉, 출입문, 담장, 울타리, 조경, 안내판, 방범시설 등을 설치하여 외부인의 진·출입을 통제하는 것을 말한다.)
  - **활동의 활성화** : 활동의 활성화는 주민들이 함께 어울릴 수 있는 환경을 조성하여 자연적인 감시 활동을 강화하는 것이다. (즉, 일정한 지역에 대한 자연적 감시를 강화하기 위하여 대상 공간 이용을 활성화 시킬 수 있는 시설물 및 공간 계획을 하는 것을 말한다.)
  - **유지 및 관리** : 유지 및 관리의 원리는 시설물을 깨끗하고 정상적으로 유지하여 범죄를 예방하는 것으로 깨진 창문 이론과 그 맥락을 같이 한다.

6 박물관 건축계획에서 배치유형에 대한 설명으로 옳은 것은?

① 분동형(pavilion type)은 단일 건축물 내에 크고 작은 전시실을 집약하는 형식으로, 가동적인 전시연출에 유리하다.

② 개방형(open plan type)은 분산된 여러 개의 전시실이 광장을 중심으로 건물군을 이루는 형식으로, 많은 관람객의 집합, 분산, 선별 관람에 유리하다.

③ 중정형(court type)은 중정을 중심으로 전시실을 배치한 형식으로, 실내 · 외 전시공간 간 유기적 연계에 유리하다.

④ 폐쇄형(closed plan type)은 분산된 여러 개의 전시실이 작은 광장 주변에 분산 배치 되는 형식으로, 자연채광을 도입하는 데 유리하다.

7 수격작용(water hammering)에 대한 설명으로 옳지 않은 것은?

① 수격작용은 밸브, 수전 등의 관내 흐름을 순간적으로 막을 때 발생한다.

② 수격작용이 발생하면 배관이나 기구류에 진동이나 소음이 발생한다.

③ 수격방지기구는 발생원이 되는 밸브와 가급적 먼 곳에 부착한다.

④ 수격작용을 방지하기 위하여 관내 유속을 가능한 한 느리게 한다.

ANSWER 6.③ 7.③

6　① 집약형에 대한 설명이다. 분동형은 몇 개의 단독 전시관들이 Pavilion 형식으로 건물군을 이루고 핵이 되는 중심광장(Communicore)이 있어서 많은 관객의 집합, 분산, 휴식, 선별관람이 용이하도록 도와주는 형식이다. 중정형과 유사한 특성을 가지나 주로 규모가 큰 경우에 적용된다.

② 개방형은 공간 전체가 구획됨이 없이 개방된 형식으로, 전시 내용에 따라 가동적이다.

④ 폐쇄형(closed plan type)은 자연채광을 도입하는데 매우 불리하다.

• 분동형 배치

-몇 개의 단독 전시관들이 Pavilion 형식으로 건물군을 이루고 핵이 되는 중심광장(Communicore)이 있어서 많은 관객의 집합, 분산, 휴식, 선별관람이 용이하도록 도와주는 것이 보통이고 "순환동선고리"를 고려해야 한다.

-중정형과 유사한 특성을 가지나 주로 규모가 큰 경우에 적용된다.

• 개방형 배치

-전시공간 전체가 구획됨이 없이 개방된 형식을 의미한다.

-주로 미스 반 데어로에가 즐겨 쓰는 수법으로 필요에 따라 간이 칸막이로 구획하고 가변적인 공간의 이점을 잘만 살리면 효과적인 전시분위기를 연출할 수 있다.

-내외부 공간의 구분이 투명한 유리벽 위주로 되어 있어 내부와 외부공간의 구분이 모호해지는 효과를 얻을 수 있다.

7　수격방지기구(에어챔버 등)는 발생원(주로 수전이 급폐쇄되는 곳)이 되는 밸브와 가급적 가까운 곳에 부착한다.

8 그림의 밸브에 대한 설명으로 옳은 것은?

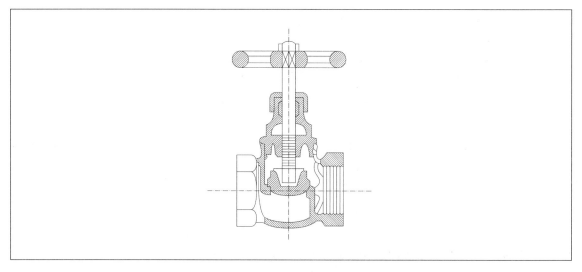

① 슬루스밸브(sluice valve)라고 하며, 유체의 흐름에 대하여 마찰이 적어 물과 증기의 배관에 주로 사용된다.
② 스톱밸브(stop valve)라고 하며, 유로 폐쇄나 유량 조절에 적합하다.
③ 체크밸브(check valve)라고 하며, 스윙형과 리프트형이 있고 그림은 리프트형을 나타낸 것이다.
④ 글로브밸브(globe valve)라고 하며, 쐐기형의 밸브가 오르내림으로써 유체의 흐름을 반대 방향으로 흐르지 못하게 한다.

ANSWER 8.②

8 제시된 그림은 스톱밸브(글로브밸브)로서 유로 폐쇄나 유량 조절에 적합하며 마찰저항(국부저항 상당관길이)이 가장 크다.
※ 밸브의 종류
• 슬루스밸브 : 게이트 밸브라고도 하며 마찰저항(국부저항 상당관길이)이 가장 작다. 급수 및 급탕용으로 가장 많이 사용되는 밸브이다.
• 글로브밸브 : 스톱밸브, 구형밸브라고도 하며 마찰저항(국부저항 상당관길이)이 가장 크다. (슬루스[게이트]밸브는 유량의 개폐를 목적으로 사용하며 글로브[스톱, 구형]밸브는 유량을 제어하는 것을 목적으로 한다.)

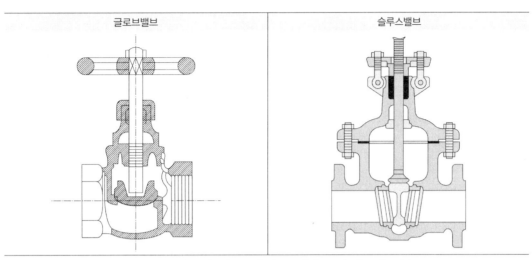

| 글로브밸브 | 슬루스밸브 |

- **앵글밸브** : 글로브 밸브의 일종으로 유체의 입구와 출구가 이루는 각이 90o가 되는 밸브이다.
- **콕** : 원추형의 꼭지를 90° 회전하여 유로를 급속히 개폐하는 장치
- **역지밸브** : 유체를 한 방향으로만 흐르게 하는 역류방지용 밸브로 수평관에만 사용할 수 있는 리프트형과 수평, 수직관 어디에서도 사용가능한 스윙형이 있다. 유량을 조절하는 기능은 없다.
- **스트레이너** : 밸브류 앞에 설치하여 배관내의 흙, 모래, 쇠부스러기 등을 제거하기 위한 장치이다.
- **버터플라이밸브** : 주로 저압공기와 수도용이며 밸브몸통이 유체내에서 단순회전하므로 다른 밸브보다 구조가 간단하고 압력손실이 적으며 조작이 간편하다.
- **공기빼기밸브** : 배관내의 유체속에 섞여 있던 공기가 유체에서 분리되어 굴곡배관이 높은 곳에 체류하면서 유체의 유량을 감소시키는데 이를 방지하기 위해 굴곡배관 상부에 공기빼기 밸브를 설치하여 분리된 공기와 기체를 자동적으로 빼내는데 사용된다.
- **볼밸브** : 통로가 연결된 파이프와 같은 모양과 단면으로 되어 있는 중간에 위치한 둥근 볼의 회전에 의하여 유체를 조절하는 밸브이다.
- **감압밸브** : 고압배관과 저압배관 사이에 설치하여 압력을 낮추어 일정하게 유지할 때 사용하는 것으로 다이어프램식, 벨로우즈식, 파이롯트식 등이 있다.
- **안전밸브** : 증기, 압력수등의 배관계에 있어 그 압력이 일정한도 이상으로 상승했을 때 과잉압력을 자동적으로 외부에 방출하여 안전을 유지하는 밸브로서 증기보일러, 압축공기탱크, 압력탱크 등에 설치한다.
- **전동밸브** : 모터의 작동에 의해 자동으로 밸브를 조절개폐시킴으로써 각종 증기, 물, 오일 등의 온도, 압력, 유량 등을 자동제어하는데 사용된다.
- **플러시밸브** : 대소변기의 세정에 주로 사용되며 한 번 누르면 밸브가 작동되어 0.07MPa 이상의 수압으로 일정량의 물이 한꺼번에 나오며 서서히 자동으로 잠기는 밸브이다.
- **전자밸브** : 온도조절기 또는 압력조절기 등에 의해 신호전류를 받아 전자식의 흡인력을 이용하여 자동적으로 밸브를 개폐시키는 것으로 증기, 물, 기름, 공기, 가스 등 광범위하게 사용되고 있다.
- **플로트밸브** : 보일러의 급수탱크와 용기의 액면을 일정한 수위로 유지하기 위해 플로트를 수면에 띄워, 수위가 내려가면 플로트에 연결되어 있는 레버를 작동시켜서 밸브를 열어 급수를 한다. 또 일정한 수위로 되면 플로트도 부상하여 레버를 밀어내려 밸브가 닫히는 구조이며 일종의 자력식 조절밸브이다.
- **방열기밸브** : 증기용, 온수용 두 가지가 있으며 증기난방용 디스크밸브를 이용한 스톱밸브형이다. 이 밸브로는 방열량 조절(온수의 경우)도 가능하다. 유체흐름방향에 따라 앵글형, 직선형, 코너형으로 분류된다.

9 신·재생에너지에 대한 설명으로 옳지 않은 것은?

① 재생에너지는 햇빛이나 물과 같은 자연요소가 아닌 재생가능한 에너지를 변환시켜 이용하는 것이다.

② 수소에너지와 연료전지는 신에너지에 속한다.

③ 연료전지는 수소, 메탄 및 메탄올 등의 연료를 산화시켜서 생기는 화학에너지를 전기에너지로 변환시킨 것이다.

④ 「신에너지 및 재생에너지 개발·이용·보급 촉진법」에서 신·재생에너지 이용의무화 등을 규정하고 있다.

10 다음 중 근대 건축의 대표적인 건축가와 작품이 잘못 짝 지어진 것은?

① 미스 반 데어 로에(Mies van der Rohe) – 판스워스(Farnsworth) 주택

② 르 코르뷔제(Le Corbusier) – 롱샹(Ronchamp) 성당

③ 알바 알토(Alvar Aalto) – 소크(Salk) 생물학연구소

④ 발터 그로피우스(Walter Gropius) – 파구스(Fagus) 공장

9 신·재생에너지 … 신에너지와 재생에너지를 합쳐 부르는 말로서 석탄, 석유, 원자력 및 천연가스 등의 화석연료를 대체할 수 있는 태양에너지, 바이오매스, 풍력, 수력, 연료전지, 석탄의 액화, 가스화, 해양에너지, 폐기물에너지 및 기타로 구분되고 있고 이외에도 지열, 수소, 석탄에 의한 물질을 혼합한 유동성 연료까지도 의미한다. 신재생에너지개발 및 이용·보급촉진법에 의하면 다음과 같이 분류된다.

㉠ **재생에너지** : 태양에너지, 풍력에너지, 수력에너지, 해양에너지, 지열에너지, 바이오에너지, 폐기물에너지

㉡ **신에너지** : 연료전지에너지, 석탄액화·가스화에너지, 수소에너지

10 소크(salk) 생물학연구소는 루이스칸의 작품이다.

• **미스 반 데어 로에**(Mies van der Rohe) : 바르셀로나 파빌리온, 판스워스주택, 시그램빌딩

• **르 코르뷔제**(Le Corbusier) : 빌라 사부아, 마르세유 집합주택, 라투레트 수도원, 롱샹성당

• **발터 그로피우스**(Walter Gropius) : 데사우 바우하우스교사, 아테네 미국대사관

11 다음 설명에 해당하는 설비는?

> 건물 내부의 각 층에 설치되어 화재 시 급수설비로부터 배관을 통하여 호스(hose)와 노즐(nozzle)의 방수압력에 따라 소화 효과를 발휘하는 설비이다. 소방대상물의 각 부분으로부터 수평거리 25m 이하에 설비를 설치하여야 한다.

① 드렌처 (drencher) 설비
② 스프링클러(sprinkler) 설비
③ 연결 송수관 설비
④ 옥내 소화전 설비

ANSWER 11.④

11 제시된 보기는 옥내소화전에 관한 설명이다.

※ 소화설비
- **옥내소화전** : 방수압력 0.17MPa, 방수량 130L/min, 건물의 각 부분에서 소화전까지의 수평거리는 25m 이내, 20분간 사용할 수 있어야 하며 동시개구수는 최대 5개
- **옥외소화전** : 방수압력 0.25MPa, 방수량 350L/min, 건물외부 각 부분에서 소화전까지 수평거리 40m 이하, 20분간 사용할 수 있어야 하며 동시개구수는 최대 2개
- **스프링클러** : 방수압력 0.1MPa, 방수량 80L/min, 설치간격 3m 이내(스프링클러 헤드 하나가 소화할 수 있는 면적은 10m², 20분간 사용할 수 있어야 하며 기준개수는 아파트(16층 이상)의 경우는 10개, 판매 및 복합상가, 11층 이상의 소방대상물은 30개
- **드렌처** : 방수압력 0.1MPa, 방수량 80L/min, 설치간격은 2.5m 이하, 소화수량은 1.6Nm²

12 다음에서 설명하는 도시계획가는?

> • 도시와 농촌의 관계에서 서로의 장점을 결합한 도시를 주장하였다.
> • 그의 이론은 런던 교외 신도시지역인 레치워스(Letchworth)와 웰윈(Welwyn) 지역 등에서 실현되었다.
> • 『내일의 전원도시(Garden Cities of Tomorrow)』를 출간하였다.

① 하워드(E. Howard)

② 페리(C. A. Perry)

③ 페더(G. Feder)

④ 가르니에(T. Garnier)

13 학교 운영방식에 대한 설명으로 옳은 것은?

① 종합교실형은 초등학교 고학년에 가장 적합하다.

② 교과교실형은 모든 교실을 특정 교과를 위해 만들어 일반교실은 없으며 학생의 이동이 많은 방식이다.

③ 플래툰형은 학년과 학급을 없애고 학생들은 각자의 능력에 따라 교과를 선택하고 일정한 교과를 수료하면 졸업하는 방식이다.

④ 달톤형은 각 학급을 2분단으로 나누어 한쪽이 일반교실을 사용할 때 다른 한쪽은 특별교실을 사용한다.

ANSWER 12.① 13.②

12 보기의 사항들은 하워드(E. Howard)에 대한 설명들이다.
- 하워드(E. Howard)는 도시와 농촌의 장점을 결합한 전원도시(Garden City)계획안을 발표하고, 런던 교외 신도시 지역인 레치워스에서 실현하였다. 하워드의 전원도시 레치워스는 도시와 농촌의 장점을 결합하였다.
- 페리(C. A. Perry)는 일조문제와 인동간격의 이론적 고찰을 통하여 근린주구의 중심시설을 교회와 커뮤니티센터로 하였다. 편익시설은 마을과 마을의 교차지점에 배치해야 한다.
- 페더는 일(day)중심, 주 중심, 월중심의 단계별 일상생활권의 개념을 확립했다. 단계적인 일상생활권을 바탕으로 자급자족적 소도시를 구상하였다.
- 아담스는 소주택의 근린지제안 및 중심시설은 공공시설과 상업시설이 위치한다고 하였다. 중심시설은 공민관과 상업시설이다.
- 라이트(H. Wright)와 스타인(C. S. Stein)은 자동차와 보행자를 분리한 슈퍼블록을 제안하였고, 쿨드삭(Cul-de-Sac)의 도로 형태를 제안하였다.
- 루이스는 현대도시계획을 제시하였고 어린이의 최대 통학거리를 1km로 산정하였다.
- 토니 가르니에는 철근콘크리트의 가능성을 최대한 활용하여 연속창, 유리벽, 지주, 돌출처마, 옥상정원, 평지붕을 개발하였고 이는 훗날 르코르뷔지에의 근대건축 5원칙에 지대한 영향을 미치게 된다.

13 ① 종합교실형은 초등학교 저학년에 가장 적합하다.
③ 플래툰은 각 학급을 2분단으로 나누어 한쪽이 일반교실을 사용할 때 다른 한쪽은 특별교실을 사용한다.
④ 달톤형은 학년과 학급을 없애고 학생들은 각자의 능력에 따라 교과를 선택하고 일정한 교과를 수료하면 졸업하는 방식이다.

14 자연형 태양열시스템 중 부착온실방식에 대한 설명으로 옳지 않은 것은?

① 집열창과 축열체는 주거공간과 분리된다.

② 온실(green house)로 사용할 수 있다.

③ 직접획득방식에 비하여 경제적이다.

④ 주거공간과 분리된 보조생활공간으로 사용할 수 있다.

15 녹색건축물 조성 지원법령상 녹색건축물에 대한 설명으로 옳지 않은 것은? (※ 기출변형)

① 녹색건축물이란 「기후위기 대응을 위한 탄소중립·녹색성장 기본법」 제31조에 따른 건축물과 환경에 미치는 영향을 최소화하고 동시에 쾌적하고 건강한 거주환경을 제공하는 건축물을 말한다.

② 국토교통부장관은 지속가능한 개발의 실현과 자원절약형이고 자연친화적인 건축물의 건축을 유도하기 위하여 녹색건축 인증제를 시행한다.

③ 녹색건축 인증등급은 에너지 소요량에 따라 10등급으로 한다.

④ 녹색건축 인증의 유효기간은 녹색건축 인증서를 발급한 날부터 5년으로 한다.

ANSWER 14.③ 15.③

14 자연형(패시브형) 태양열시스템은 환경계획적 측면이 큰 것이며 직접획득형과 간접획득형(축열벽형, 분리획득형, 부착온실형, 자연대류형, 이중외피구조형)으로 나뉜다.

㉠ **직접획득형** : 집열창을 통하여 겨울철에 많은 양의 햇빛이 실내로 유입되도록 하여 얻어진 태양에너지를 바닥이나 실내 벽에 열에너지로서 저장하여 야간이나 흐린날 난방에 이용할 수 있도록 한다. 일반건물에서 쉽게 적용되고 투과체가 다양한 기능을 갖지만 과열현상을 초래할 수 있다.

㉡ **간접획득형** : 태양에너지를 석벽, 벽돌벽 또는 물벽 등에 집열하여 열전도, 복사 및 대류와 같은 자연현상에 의하여 실내 난방효과를 얻을 수 있도록 한 것이다. 태양과 실내난방공간 사이에 집열창과 축열벽을 두어 주간에 집열된 태양열이 야간이나 흐린날 서서히 방출되도록 하는 것이다.

• **축열벽방식** : 추운지방에서 유리하고 거주공간내 온도변화가 적으나 조망이 결핍되기 쉽다.

• **부착온실방식** : 기존 재래식 건물에 적용하기 쉽고, 여유공간을 확보할 수 있으나 시공비가 높게 된다.

• **축열지붕방식** : 냉난방에 모두 효과적이고, 성능이 우수하나 지붕 위에 수조 등을 설치하므로 구조적 처리가 어렵고 다층건물에서는 활용이 제한된다.

• **자연대류방식** : 열손실이 가장 적으며 설치비용이 저렴하지만 설치위치가 제한되고 축열조가 필요하다.

㉢ **분리획득형** : 집열 및 축열부와 이용부를 격리시킨 형태이다. 이 방식은 실내와 단열되거나 떨어져 있는 부분에 태양에너지를 저장할 수 있는 집열부를 두어 실내난방필요시 독립된 대류작용에 의하여 그 효과를 얻을 수 있다. 즉, 태양열의 집열과 축열이 실내 난방공간과 분리되어 있어 난방효과가 독립적으로 나타날 수 있다는 점이 특징이다.

15 녹색건축 인증 등급은 최우수(그린1등급), 우수(그린2등급), 우량(그린3등급) 또는 일반(그린4등급)으로 한다.

16 도서관 건축계획 중 출납시스템에 대한 설명으로 옳지 않은 것은?

① 자유개가식은 도서가 손상되기 쉽고 분실 우려가 있다.

② 안전개가식은 도서 열람의 체크 시설이 필요하다.

③ 반개가식은 열람자가 직접 책의 내용을 열람하고 선택할 수 있어 출납시설이 불필요하다.

④ 폐가식은 대출받는 절차가 복잡하여 직원의 업무량이 많다.

17 병원 건축계획에 대한 설명으로 옳지 않은 것은?

① 간호단위의 크기는 1조(8~10명)의 간호사가 담당하는 병상수로 나타낸다.

② 병동부의 소요실로는 병실, 격리병실, 처치실 등이 있다.

③ 「의료법 시행규칙」상 '음압격리병실'은 보건복지부장관이 정하는 기준에 따라 전실 및 음압시설 등을 갖춘 1인 병실을 말한다.

④ CCU(Coronary Care Unit)는 요양시설과 같이 만성화되어 재원 기간이 긴 환자를 대상으로 하는 간호단위 구성이다.

ANSWER 16.③ 17.④

16 반개가식
• 열람자는 직접 서가에 면하여 책의 체재나 표시 정도는 볼 수 있으나 내용을 보려면 관원에게 요구하여 대출 기록을 남긴 후 열람하는 형식이다.
• 신간 서적 안내에 채용되며 대량의 도서에는 부적당하며 출납 시설이 필요하다.

17 ④ 만성화되어 재원기간이 긴 환자, 물리치료 환자 대상 : 장기간호
CCU(Coronary Care Unit) : 심장내과중환자실

18 건축화조명에 대한 설명으로 옳은 것만을 모두 고르면?

> ㉠ 조명이 건축물과 일체가 되는 조명방식으로 건축물의 일부가 광원의 역할을 한다.
> ㉡ 다운라이트 조명은 광원을 천장 또는 벽면 뒤쪽에 설치 후 천장 또는 벽면에 반사된 반사광을 이용하는 간접조명 방식이다.
> ㉢ 광천장 조명은 천장면에 확산투과성 패널을 붙이고 그 안쪽에 광원을 설치하는 방법이다.
> ㉣ 코브라이트 조명은 천장면에 루버를 설치하고 그 속에 광원을 설치하는 방법이다.

① ㉠, ㉡

② ㉠, ㉢

③ ㉡, ㉣

④ ㉢, ㉣

ANSWER 18.②

18 광원을 천장 또는 벽면 뒤쪽에 설치 후 천장 또는 벽면에 반사된 반사광을 이용하는 간접조명 방식은 바운스조명이다.
천장면에 루버를 설치하고 그 속에 광원을 설치하는 방식은 광천장조명이다.

※ 건축화 조명의 종류

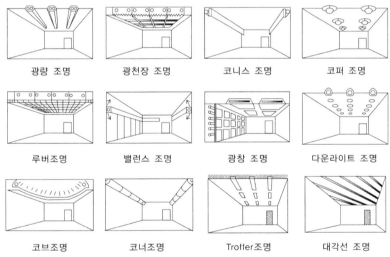

광량 조명	광천장 조명	코니스 조명	코퍼 조명
루버조명	밸런스 조명	광창 조명	다운라이트 조명
코브조명	코너조명	Troffer조명	대각선 조명

• **다운 라이트**: 천장에 작은 구멍을 뚫어 그 속에 광원을 매입한 것
• **코브 조명**: 광원을 눈가림판 등으로 가리고 빛을 천장에 반사시켜 간접조명하는 방식
• **코퍼 조명**: 실내의 천장면을 사각, 동그라미 등 여러 형태로 오려내고 그 속에 다양한 형태의 광원을 매입하여 단조로움을 피하는 방식
• **코니스 조명**: 광원을 벽면의 상부에 설치하여 빛이 아래로 비추도록 하는 조명방식
• **밸런스 조명**: 광원을 벽면의 중간에 설치하여 빛이 상하로 비추도록 하는 조명방식
• **광창 조명**: 광원을 벽에 설치하고 확산투과 플라스틱판이나 창호지 등으로 넓게 마감한 방식
• **광천장 조명**: 광원을 천장에 설치하고 그 밑에 루버나 확산투과 플라스틱판을 넓게 설치한 방식으로 천장 전면을 낮은 휘도로 빛나게 하는 방법

19 ㉠에 해당하는 공포의 구성 부재 명칭은?

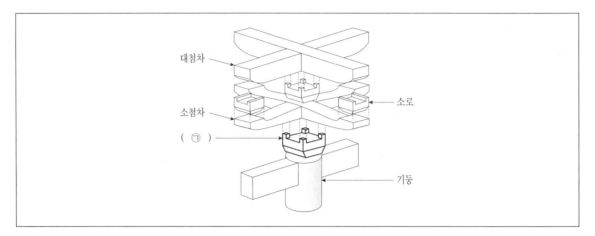

① 주두
② 평방
③ 살미
④ 창방

ANSWER 19.①

19 ㉠은 주두이다.

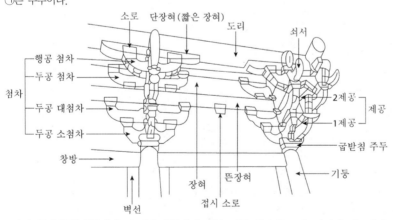

- **살미** : 주심(중심기둥)에서 보 밑을 받치거나, 좌우 기둥 중간에 도리, 장혀에 직교하여 받쳐 괸 쇠서(牛舌, 소의 혀) 모양의 공포 부재이다. 소의 혀 모양으로 만들어진 살미를 제공(齊工)이라 하고, 마구리(살미의 끝부분)가 새 날개 모양인 살미는 익공(翼工)이라 하며, 구름 모양은 운공(雲工)이라고 한다.
- **창방**(昌防) : 외진기둥을 한바퀴 돌아가면서 기둥머리를 연결하는 부재. 민도리집은 창방이 없고 도리나 장혀가 창방을 대신하는 경우가 많다.
- **평방**(平防) : 다포 건물에서 주간포를 받기 위해 창방 위에 수평으로 창방과 같은 방향으로 얹히는 부재

20 건축법령상 공개 공지 또는 공개 공간(이하 공개공지 등)에 대한 설명으로 옳지 않은 것은?

① 공개공지 등을 설치하는 경우 건축물의 용적률, 건폐율, 높이제한 등을 완화하여 적용할 수 있다.

② 공개 공지는 필로티의 구조로 설치하여서는 아니되며, 울타리를 설치하는 등 공개공지 등의 활용을 저해하는 행위를 해서는 아니 된다.

③ 공개공지 등의 면적은 대지면적의 100분의 10 이하의 범위에서 건축조례로 정하며, 이 경우 「건축법」 제42조에 따른 조경면적을 공개공지 등의 면적으로 할 수 있다.

④ 공개공지 등에는 일정 기간 동안 건축조례로 정하는 바에 따라 주민들을 위한 문화행사를 열거나 판촉활동을 할 수 있다.

ANSWER 20.②

20 공개 공지 등의 확보(건축법 시행령 제27조의2)

1. 법 제43조 제1항에 따라 다음 각 호의 어느 하나에 해당하는 건축물의 대지에는 공개 공지 또는 공개 공간(이하 이 조에서 "공개공지등"이라 한다)을 설치해야 한다. 이 경우 공개 공지는 필로티의 구조로 설치할 수 있다.
    가. 문화 및 집회시설, 종교시설, 판매시설(「농수산물 유통 및 가격안정에 관한 법률」에 따른 농수산물유통시설은 제외한다), 운수시설(여객용 시설만 해당한다), 업무시설 및 숙박시설로서 해당 용도로 쓰는 바닥면적의 합계가 5천 제곱미터 이상인 건축물
    나. 그 밖에 다중이 이용하는 시설로서 건축조례로 정하는 건축물

2. 공개공지등의 면적은 대지면적의 100분의 10 이하의 범위에서 건축조례로 정한다. 이 경우 법 제42조에 따른 조경면적과 「매장문화재 보호 및 조사에 관한 법률」 제14조 제1항 제1호에 따른 매장문화재의 현지보존 조치 면적을 공개공지등의 면적으로 할 수 있다.

3. 제1항에 따라 공개공지등을 설치할 때에는 모든 사람들이 환경친화적으로 편리하게 이용할 수 있도록 긴 의자 또는 조경시설 등 건축조례로 정하는 시설을 설치해야 한다.

4. 제1항에 따른 건축물(제1항에 따른 건축물과 제1항에 해당되지 아니하는 건축물이 하나의 건축물로 복합된 경우를 포함한다)에 공개공지등을 설치하는 경우에는 법 제43조 제2항에 따라 다음 각 호의 범위에서 대지면적에 대한 공개공지 등 면적 비율에 따라 법 제56조 및 제60조를 완화하여 적용한다. 다만, 다음 각 호의 범위에서 건축조례로 정한 기준이 완화 비율보다 큰 경우에는 해당 건축조례로 정하는 바에 따른다.
    가. 법 제56조에 따른 용적률은 해당 지역에 적용하는 용적률의 1.2배 이하
    나. 법 제60조에 따른 높이 제한은 해당 건축물에 적용하는 높이기준의 1.2배 이하

5. 제1항에 따른 공개공지등의 설치대상이 아닌 건축물(「주택법」 제15조 제1항에 따른 사업계획승인 대상인 공동주택 중 주택 외의 시설과 주택을 동일 건축물로 건축하는 것 외의 공동주택은 제외한다)의 대지에 법 제43조 제4항, 이 조 제2항 및 제3항에 적합한 공개 공지를 설치하는 경우에는 제4항을 준용한다.

6. 공개공지등에는 연간 60일 이내의 기간 동안 건축조례로 정하는 바에 따라 주민들을 위한 문화행사를 열거나 판촉활동을 할 수 있다. 다만, 울타리를 설치하는 등 공중이 해당 공개공지등을 이용하는데 지장을 주는 행위를 해서는 아니 된다.

7. 법 제43조 제4항에 따라 제한되는 행위는 다음 각 호와 같다.
    가. 공개공지등의 일정 공간을 점유하여 영업을 하는 행위
    나. 공개공지등의 이용에 방해가 되는 행위로서 다음 각 목의 행위
        ㉠ 공개공지등에 제3항에 따른 시설 외의 시설물을 설치하는 행위
        ㉡ 공개공지등에 물건을 쌓아 놓는 행위
    다. 울타리나 담장 등의 시설을 설치하거나 출입구를 폐쇄하는 등 공개공지등의 출입을 차단하는 행위
    라. 공개공지등과 그에 설치된 편의시설을 훼손하는 행위
    마. 그 밖에 '가'부터 '라'까지의 행위와 유사한 행위로서 건축조례로 정하는 행위

1 은행의 건축계획에 대한 설명으로 옳지 않은 것은?

① 고객 출입구는 2개소 이상으로 하고 밖여닫이로 한다.

② 고객의 공간과 업무공간 사이에는 원칙적으로 구분이 없도록 한다.

③ 현금 반송 통로는 관계자 외 출입을 금하며 감시가 쉽도록 한다.

④ 고객이 지나는 동선은 가능한 한 짧게 한다.

ANSWER 1.①

1 고객 출입구는 되도록 1개소로 하고 안여닫이로 해야 한다.

※ 은행건축계획 주요사항

• 큰 건물의 경우 고객출입구는 되도록 1개소로 해야 한다.

• 바깥쪽 출입구는 외여닫이, 안쪽의 출입구는 안여닫이로 한다.

• 영업실의 면적은 은행원 1인당 $4\sim6m^2$를 기준으로 한다.

• 출입구에 전실을 둘 경우 바깥문을 밖여닫이 또는 자재문으로 설치하기도 한다.

• 고객공간과 업무공간과의 사이에는 원칙적으로 구분이 없어야한다.(단, 업무 내부의 일은 되도록 고객이 알게 어렵게 해야 만 한다.)

• 은행실은 은행건축의 주체를 이루는 곳으로 기둥수가 적고 넓은 실이 요구된다.

• 은행금고가 철근콘크리트구조인 경우 벽체의 두께가 30~45cm이며(큰 규모인 경우 60cm이상), 지름은 16~19mm로 철근을 15cm간격으로 이중배근한다.

• 야간금고는 가능한 주출입문 근처에 위치하도록 해야 하며 조명시설이 완비되어야 한다.

• 주출입구는 도난방지를 위해 안여닫이로 하며 어린이의 출입이 많은 곳은 안전을 위해 회전문을 설치해서는 안 된다.

• 업무내부의 일의 흐름은 되도록 고객이 알기 어렵게 한다.

• 어린이의 출입이 많은 곳은 안전을 위해 회전문을 설치해서는 안 된다.

• 영업대의 높이는 고객대기실에서 100~110cm가 적당하다.

• 객장 내에는 최소폭을 3.2m 이상 확보한다.

• 영업장의 조도는 책상면을 기준으로 400lx 정도로 한다.

2 다음에서 설명하는 디자인의 원리는?

> • 양 지점으로부터 같은 거리인 점에서 평형이 이루어진다는 것을 의미
> • 두 부분의 중앙을 지나는 가상의 선을 축으로 양쪽 면을 접어 일치되는 상태

① 강조   ② 점이

③ 대칭   ④ 대비

ANSWER 2.③

2 주어진 보기의 내용은 디자인의 원리 중 대칭에 관한 사항들이다.

※ **디자인의 원리**(Principle)

ㄱ **조화**(Harmony) : 부분과 부분 및 부분과 전체 사이에 안정된 관련성을 주며 상호간에 공감을 불러일으키는 효과이다. 유사조화와 대비조화가 있다.

ㄴ **대비**(Contrast) : 서로 대조되는 요소를 대치시켜 상호간의 특징을 더욱 뚜렷하게 하는 효과이다.

ㄷ **비례**(Proportion) : 선, 면, 공간 사이의 상호간의 양적인 관계이다.

ㄹ **균형**(Balance) : 부분과 부분, 부분과 전체 사이의 시각적인 힘의 균형이 잡히면 쾌적한 느낌을 주게 되는 효과이다. 대칭균형, 비대칭균형, 정적균형과 동적균형이 있다.

ㅁ **통일**(Unity) : 화면 안에서 일정한 형식과 질서를 갖는 것으로서 하나의 '규칙'에 해당되며, 다양한 디자인 요소들을 하나로 묶어준다.

ㅂ **율동**(Rhythm) : 요소의 규칙적인 특징을 반복하거나 교차시킴으로써 비롯되는 움직임으로 패턴과 재질을 구성할 수 있다.

• 반복 : 주기적인 규칙이나 질서를 주었을 때 생기는 느낌으로, 대상의 의미나 내용을 강조하는 수단으로도 사용된다.

• 교차 : 두 개 이상의 요소를 서로 교체하는 것으로, 파워풀한 느낌을 주고 에너지를 느낄 수 있다.

• 방사 : 중심으로 방사되는 형태로, 율동감을 느낄 수 있다.

• 점이 : 두개 이상의 요소 사이에 형태나 색의 단계적인 변화를 주었을 때 나타나는 현상을 말한다.

ㅅ **대칭**(Symmetry) : 균제라고도 하며 균형 중에 가장 단순한 형태로 나타나는 것으로 정지, 안정, 엄숙, 정적인 느낌을 준다.

• 선대칭 : 대칭축을 중심으로 좌우나 상하가 같은 형태로 되는 것으로 두 형이 서로 겹치면 포개진다.

• 방사대칭 : 도형을 한 점 위에서 일정한 각도로 회전시켰을 때 생기는 방사상의 도형이다.

• 이동대칭 : 도형이 일정한 규칙에 따라 평행으로 이동했을 때 생기는 형태이다.

• 확대대칭 : 도형이 일정한 비율과 크기로 확대되는 형태이다.

ㅇ **변화**(Variety) : 화면안의 구성 요소들을 서로 다르게 구성하는 것으로서, 통일성에서 오는 지루함을 크기변화, 형태변화 등으로 지루함을 없앨 수 있는 원리를 말한다.

3 빛의 단위로 옳은 것은?

① 광도 – 칸델라(cd)

② 휘도 – 켈빈(K)

③ 광속 – 라드럭스(rlx)

④ 광속발산도 – 루멘(lm)

4 다음에서 설명하는 개념은?

성별, 연령, 국적 및 장애의 유무와 관계없이 모든 사람이 안전하고 편리하게 이용할 수 있는 제품,
건축, 환경을 설계하는 개념

① 범죄예방환경설계(Crime Prevention Through Environmental Design)

② 길찾기(Wayfinding)

③ 지속가능한 건축(Sustainable Architecture)

④ 유니버설 디자인(Universal Design)

- - -

ANSWER 3.① 4.④

3
- **광속** : 단위시간당 흐르는 광의 에너지량 (단위는 루멘(lm)을 사용한다.)
- **광도** : 빛을 발하는 점에서 어느 방향으로 향한 단위 입체각당 발산광속 (단위는 칸델라(cd)를 사용한다.)
- **조도** : 어떤 면에서의 입사광속밀도 (단위는 럭스(lx)를 사용한다.)
- **휘도** : 광원은 겉보기상으로 밝기에 대한 느낌이 달라지는데 이러한 표면의 밝기를 의미한다. (단위는 cd/m^2 또는 nit를 사용한다.)
- **광속발산도** : 단위면적당 발산광속 (단위는 rlx를 사용한다.)

4 유니버설 디자인 : 성별, 연령, 국적 및 장애의 유무와 관계없이 모든 사람이 안전하고 편리하게 이용할 수 있는 제품, 건축, 환경을 설계하는 개념

5 특수전시기법인 디오라마(Diorama) 전시에 대한 설명으로 옳지 않은 것은?

① 전시물을 부각해 관람자가 현장에 있는 듯한 느낌을 주게 하는 입체적인 기법이다.

② 사실을 모형으로 연출해 관람시키는 방법으로 실물 크기의 모형 또는 축소형의 모형 모두가 전시 가능하다.

③ 조명은 전면 균질조명을 기본으로 한다.

④ 벽면전시와 입체물을 병행하는 것이 일반적이며 넓은 시야의 실경을 보는 듯한 감각을 주는 기법이다.

6 주거건축 계획에 대한 설명으로 옳지 않은 것은?

① 주택 전체 건물의 방위는 남쪽이 좋으며, 남쪽 이외에는 동쪽으로 18° 이내와 서쪽으로 16° 이내가 합리적이다.

② 주택의 입지 조건은 일조와 통풍이 양호하고 전망이 좋은 곳이 이상적이다.

③ 한식 주택의 평면구성은 개방적이며 실의 분화로 되어 있고, 양식 주택의 평면구성은 폐쇄적이며 실의 조합으로 되어 있다.

④ 주택의 생활공간은 개인생활공간, 가사노동공간, 공동생활공간 등으로 구분한다.

ANSWER 5.④ 6.③

5 벽면전시와 입체물을 병행하는 것이 일반적이며 넓은 시야의 실경을 보는 듯한 감각을 주는 기법은 파노라마 전시기법이다.

※ 특수전시기법
- 파노라마전시 : 전시물들의 나열 자체가 하나의 큰 그림이나 풍경처럼 보이도록 하여 전체적인 맥락이 이해될 수 있도록 한 기법
- 아일랜드 전시 : 바다에 떠 있는 섬처럼 전시물을 천장에 매달아서 전시물들이 동선을 만들어 관람하게 하는 기법
- 하모니카 전시 : 동일한 형태의 연속적 배치로 동일 종류의 전시물을 반복 전시할 경우 유리한 기법
- 디오라마 전시 : 현장감을 가장 실감나게 표현하는 방법으로 하나의 사실 또는 주제의 시간상황을 고정시켜 연출하는 기법

6 한식 주택의 평면구성은 패쇄적이며 실의 조합으로 되어 있는 반면 양식주택의 구성은 개방적이며 실의 분화로 되어 있다.

분류	한식주택	양식주택
평면의 차이	• 실의 조합(은폐적) • 위치별 실의 구분 • 실의 다용도	• 실의 분화(개방적) • 기능별 실의 분화 • 실의 단일용도
구조의 차이	• 목조가구식 • 바닥이 높고 개구부가 크다.	• 벽돌조적식 • 바닥이 낮고 개구부가 작다.
습관의 차이	좌식(온돌)	입식(의자)
용도의 차이	방의 혼용용도(사용 목적에 따라 달라진다.)	방의 단일용도(침실, 공부방)
가구의 차이	부차적존재(가구에 상관없이 각 소요실의 크기, 설비가 결정된다.)	중요한 내용물(가구의 종류와 형태에 따라 실의 크기와 폭이 결정된다.)

7 주차장법령상 주차장 계획 및 구조·설비기준에 대한 설명으로 옳지 않은 것은?

① 노외주차장의 출입구 너비는 3m 이상으로 하고, 주차대수 규모가 30대 이상이면 출구와 입구를 분리해야 한다.

② 횡단보도에서 5m 이내에 있는 도로의 부분에는 노외주차장의 출구 및 입구를 설치할 수 없다.

③ 단독주택(다가구주택 제외)의 시설면적이 50m² 를 초과하고 150m² 이하일 경우, 부설주차장 설치기준은 1대이다.

④ 지하식 또는 건축물식 노외주차장 경사로의 종단경사도는 직선 부분에서 17%를, 곡선 부분에서는 14%를 초과해서는 안 된다.

8 사무소 건축계획에 대한 설명으로 옳지 않은 것은?

① 편심코어는 바닥면적이 작은 소규모 사무소 건축에 유리하다.

② 사무공간을 개실형으로 배치할 경우, 임대는 용이하나 공사비가 많이 든다.

③ 승강기 배치의 경우 4대 이상이면 알코브형으로 배치하되, 10대를 최대한도로 한다.

④ 기준층 평면의 결정요소는 구조상 스팬의 한도, 설비 시스템상 한계, 자연채광, 피난거리, 지하주차장 등이다.

9 「건축물의 범죄예방 설계 가이드라인」상 설계기준에 대한 설명으로 옳지 않은 것은?

① 공동주택의 지하주차장에는 자연채광과 시야 확보가 용이하도록 썬큰, 천창 등의 설치를 권장한다.

② 단독주택의 출입문은 도로 또는 통행로에서 직접 볼 수 있도록 계획한다.

③ 높은 조도의 조명보다 낮은 조도의 조명을 많이 설치하여 과도한 눈부심을 줄인다.

④ 공적인 장소와 사적인 장소 간의 융합을 통해 공간의 소통을 강화하여 영역성을 확보한다.

ANSWER 7.① 8.③ 9.④

7 노외주차장의 출입구의 너비는 3.5미터 이상으로 하여야 하며, 주차대수규모가 50대 이상인 경우에는 출구와 입구를 분리하거나 너비 5.5미터 이상의 출입구를 설치하여 소통이 원활하도록 하여야 한다.

8 알코브형 배치는 8대 정도를 한도로 하고 그 이상일 경우 군별로 분할하는 것을 고려해야 한다.

9 공적인 장소와 사적인 장소 간 공간의 위계를 명확히 계획하여 공간의 성격을 명확하게 인지할 수 있도록 설계하여야 한다.
※ 「건축물의 범죄예방 설계 가이드라인」 행정규칙은 2022년 8월 12일자로 폐지되었다.

10 「건축물의 에너지절약설계기준」상 건축부문의 권장사항에 대한 설명으로 옳지 않은 것은? (※ 기출변형)

① 외피의 모서리 부분은 열교가 발생하지 않도록 단열재를 연속적으로 설치한다.

② 건물 옥상에는 조경을 하여 최상층 지붕의 열저항을 높이고, 옥상면에 직접 도달하는 일사를 차단한다.

③ 건물의 창 및 문은 가능한 한 크게 설계하여 자연채광을 좋게 하고 열획득 효율을 높이도록 한다.

④ 건축물 용도 및 규모를 고려하여 건축물 외벽, 천장 및 바닥으로의 열손실이 최소화되도록 설계한다.

ANSWER 10.③

10 건물의 창 및 문은 가능한 작게 설계하고, 특히 열손실이 많은 북측 거실의 창 및 문의 면적은 최소화한다.

> ※ 건축부문의 권장사항
> 1. 배치계획
>   가. 건축물은 대지의 향, 일조 및 주풍향 등을 고려하여 배치하며, 남향 또는 남동향 배치를 한다.
>   나. 공동주택은 인동간격을 넓게 하여 저층부의 태양열 취득을 최대한 증대시킨다.
> 2. 평면계획
>   가. 거실의 층고 및 반자 높이는 실의 용도와 기능에 지장을 주지 않는 범위 내에서 가능한 낮게 한다.
>   나. 건축물의 체적에 대한 외피면적의 비 또는 연면적에 대한 외피면적의 비는 가능한 작게 한다.
>   다. 실의 냉난방 설정온도, 사용스케줄 등을 고려하여 에너지절약적 조닝계획을 한다.
> 3. 단열계획
>   가. 건축물 용도 및 규모를 고려하여 건축물 외벽, 천장 및 바닥으로의 열손실이 최소화되도록 설계한다.
>   나. 외벽 부위는 외단열로 시공한다.
>   다. 외피의 모서리 부분은 열교가 발생하지 않도록 단열재를 연속적으로 설치하고, 기타 열교부위는 별표11의 외피 열교 부위별 선형 열관류율 기준에 따라 충분히 단열되도록 한다.
>   라. 건물의 창 및 문은 가능한 작게 설계하고, 특히 열손실이 많은 북측 거실의 창 및 문의 면적은 최소화한다.
>   마. 발코니 확장을 하는 공동주택이나 창 및 문의 면적이 큰 건물에는 단열성이 우수한 로이(Low-E) 복층창이나 삼중창 이상의 단열성능을 갖는 창을 설치한다.
>   바. 태양열 유입에 의한 냉·난방부하를 저감 할 수 있도록 일사조절장치, 태양열취득률(SHGC), 창 및 문의 면적비 등을 고려한 설계를 한다. 건축물 외부에 일사조절장치를 설치하는 경우에는 비, 바람, 눈, 고드름 등의 낙하 및 화재 등의 사고에 대비하여 안전성을 검토하고 주변 건축물에 빛반사에 의한 피해 영향을 고려하여야 한다.
>   사. 건물 옥상에는 조경을 하여 최상층 지붕의 열저항을 높이고, 옥상면에 직접 도달하는 일사를 차단하여 냉방부하를 감소시킨다.
> 4. 기밀계획
>   가. 틈새바람에 의한 열손실을 방지하기 위하여 외기에 직접 또는 간접으로 면하는 거실 부위에는 기밀성 창 및 문을 사용한다.
>   나. 공동주택의 외기에 접하는 주동의 출입구와 각 세대의 현관은 방풍구조로 한다.
>   다. 기밀성을 높이기 위하여 외기에 직접 면한 거실의 창 및 문 등 개구부 둘레를 기밀테이프 등을 활용하여 외기가 침입하지 못하도록 기밀하게 처리한다.
> 5. 자연채광계획
>   가. 자연채광을 적극적으로 이용할 수 있도록 계획한다. 특히 학교의 교실, 문화 및 집회시설의 공용부분(복도, 화장실, 휴게실, 로비 등)은 1면 이상 자연채광이 가능하도록 한다.

11 도서관 건축계획에 대한 설명으로 옳지 않은 것은?

① 도서관 건축계획은 모듈러 플랜(modular plan)을 통해 확장 변화에 대응하는 것이 유리하다.

② 반개가식은 이용률이 낮은 도서나 귀중서 보관에 적합하다.

③ 안전개가식은 1실의 규모가 1만 5천권 이하의 도서관에 적합하다.

④ 참고실(reference room)은 일반열람실과 별도로 하고, 목록실과 출납실에 인접시키는 것이 좋다.

12 ㈎ ~ ㈒의 건축용어와 A ~ D의 건축물 유형이 옳게 짝지어진 것은?

㈎ 프로시니엄 아치(proscenium arch)	㈏ 클린 룸(clean room)
㈐ 캐럴(carrel)	㈒ 프런트 오피스(front office)

A. 공장	B. 공연장
C. 호텔	D. 도서관

	㈎	㈏	㈐	㈒
①	B	A	D	C
②	B	D	C	A
③	D	B	A	C
④	D	C	A	B

ANSWER 11.② 12.①

11 이용률이 낮은 도서나 귀중서 보관에는 폐가식이 적합하다.

※ **반개가식(semi-open access)** … 열람자는 직접 서가에 면하여 책의 체재나 표시 정도는 볼 수 있으나 내용을 보려면 관원에게 요구하여 대출 기록을 남긴 후 열람하는 형식이다.
- 신간 서적 안내에 채용되며 대량의 도서에는 부적당하다.
- 출납 시설이 필요하다.
- 서가의 열람이나 감시가 불필요하다.

12 ㈎ **프로시니엄 아치(proscenium arch)** : 무대와 객석을 구분하는 아치모양의 구조물

㈏ **클린 룸(clean room)** : 공중의 미립자, 공기의 온·습도, 실내 압력 등이 일정하게 유지되도록 제어된 방이다. 공업용과 의료용(바이오클린룸)으로 나누어지는데, 공업용은 주로 전자·정밀 기기의 제조에 이용되고, 의료용은 제어 조건 외에 생물 미립자의 제어가 규제되어 수술실 등에 사용된다. 미립자의 제거에는 일반적으로 고성능 필터가 사용되고 있다.

㈐ **캐럴(carrel)** : 열람실 내의 개인전용의 연구를 위한 소열람실로 서고 내에 둔다.

㈒ **프런트 오피스(front office)** : 호텔 등에서 가장 먼저 손님을 접하는 공간

13 병원건축의 분관식(pavilion type) 배치에 대한 설명으로 옳지 않은 것은?

① 넓은 대지가 필요하며 보행거리가 멀어진다.

② 급수, 난방, 위생, 기계설비 등의 설비비가 적게 든다.

③ 병동부, 외래부, 중앙진료부가 수평 동선을 중심으로 연결된 형태이다.

④ 일조 및 통풍 조건이 좋다.

14 치수와 모듈에 대한 설명으로 옳지 않은 것은?

① 모듈치수는 공칭치수를 의미한다.

② 고층 라멘 건물은 조립부재 줄눈 중심 간 거리가 모듈치수에 일치해야 한다.

③ 제품치수는 공칭치수에서 줄눈 두께를 뺀 거리이다.

④ 창호치수는 문틀과 벽 사이의 줄눈 중심 간 거리가 모듈치수에 일치하도록 한다.

13 분관식은 집중식에 비해 급수, 난방, 위생 등의 배관길이가 길어지게 되므로 설비비가 더 많이 든다.

비교내용	분관식	집중식
배치형식	저층평면 분산식	고층집약식
환경조건	양호(균등)	불량(불균등)
부지의 이용도	비경제적(넓은부지)	경제적(좁은부지)
설비시설	분산적	집중적
관리상	불편함	편리함
보행거리	길다	짧다
적용대상	특수병원	도심대규모 병원

14 ② 조립식 건물 : 조립부재 줄눈 중심간 거리가 모듈치수에 일치

고층 라멘 건물 : 층 높이 및 기둥 중심거리가 모듈 치수에 일치하여야 하고, 장막벽 등은 모든 모듈제품의 사용이 가능해야 한다.

① 건축물의 모듈치수 : 공칭치수를 의미, 제품치수를 알고자 할 때는 공칭치수에서 줄눈 두께를 빼야한다.

③ 공칭치수 : 제품치수와 줄눈두께의 합

④ 창호의 치수 : 문틀과 벽사이의 줄눈 중심선간의 치수가 모듈 치수에 일치이어야 하고 장막벽 등을 모듈제품 사용이 가능해야 한다.

15 수도직결방식에 대한 설명으로 옳지 않은 것은?

① 탱크나 펌프가 필요하지 않아 설비비가 적게 소요된다.
② 수도 압력 변화에 따라 급수압이 변한다.
③ 정전일 때 급수를 계속할 수 있다.
④ 대규모 급수 설비에 가장 적합하다.

ANSWER 15.④

15 수도직결방식은 소규모급수설비에 적합하다.
ㄱ **수도직결방식** : 수도본관에서 인입관을 따내어 급수하는 방식이다.
- 정전시에 급수가 가능하다.
- 급수의 오염이 적다.
- 소규모 건물에 주로 이용된다.
- 설비비가 저렴하며 기계실이 필요없다.

ㄴ **고가(옥상)탱크방식** : 수도본관의 인입관으로부터 상수를 일단 저수조에 저수한 후, 펌프를 이용하여 옥상 등 높은 곳에 설치한 고가수조에 양수하여 중력에 의해 건물 내의 필요한 곳에 급수하는 방식이다.
- 일정한 수압으로 급수할 수 있다.
- 단수, 정전 시에도 급수가 가능하다.
- 배관부속품의 파손이 적다.
- 저수량을 확보하여 일정 시간 동안 급수가 가능하다.
- 대규모 급수설비에 가장 적합하다.
- 저수조에서의 급수오염 가능성이 크다.
- 저수시간이 길어지면 수질이 나빠지기 쉽다.
- 옥상탱크의 자중 때문에 구조검토가 요구된다.
- 설비비, 경상비가 높다.

ㄷ **압력탱크방식** : 수조의 물을 펌프로 압력탱크에 보내고 이곳에서 공기를 압축, 가압하며 그 압력으로 건물내에 급수하는 방식으로 탱크의 설치위치에 제한을 받지 않고 국부적으로 고압을 필요로 하는 곳에 적합하며 옥상에 탱크를 설치하지 않아 건축물의 구조를 강화할 필요가 없다. 그러나 급수압이 일정하지 않으며 펌프의 양정이 커서 시설비가 많이 들며 정전이나 단수 시 급수가 중단된다.
- 옥상탱크가 필요 없으므로 건물의 구조를 강화할 필요가 없다.
- 고가 시설 등이 불필요하므로 외관상 깨끗하다.
- 국부적으로 고압을 필요로 하는 경우에 적합하다.
- 탱크의 설치 위치에 제한을 받지 않는다.
- 최고·최저압의 차가 커서 급수압이 일정하지 않다
- 탱크는 압력에 견디어야 하므로 제작비가 비싸다.
- 저수량이 적으므로 정전이나 펌프 고장 시 급수가 중단된다.
- 에어 컴프레서를 설치하여 때때로 공기를 공급해야 한다.
- 취급이 곤란하며 다른 방식에 비해 고장이 많다.

ㄹ **탱크가 없는 부스터방식** : 수도본관으로부터 물을 일단 저수조에 저수한 후 급수펌프 만으로 건물내에 급수하는 방식으로 부스터 펌프 여러 대를 병렬로 연결하고 배관내의 압력을 감지하여 펌프를 운전하는 방식이다.
- 옥상탱크가 필요없다.
- 수질오염의 위험이 적다.
- 펌프의 대수제어운전과 회전수제어 운전이 가능하다.
- 펌프의 토출량과 토출압력조절이 가능하다.
- 최상층의 수압도 크게 할 수 있다.
- 펌프의 교호운전이 가능하다.
- 펌프의 단락이 잦으므로 최근에는 탱크가 있는 부스터 방식이 주로 사용된다.

16 온수난방에 대한 설명으로 옳은 것은?

① 난방 부하의 변동에 따라 온수 온도와 온수의 순환수량을 쉽게 조절할 수 있다.

② 온수순환방식에 따라 단관식, 복관식으로 분류한다.

③ 증기난방에 비해 방열 면적과 배관의 관경이 작아 설비비를 줄일 수 있다.

④ 예열시간이 짧고 동결 우려가 없다.

ANSWER 16.①

16 ② 배관방식에 따라 단관식, 복관식으로 분류한다.
③ 증기난방에 비해 방열 면적과 배관의 관경이 크다.
④ 예열시간이 길고 동결우려가 있다.

※ 온수난방의 특징
• 예열시간이 길어서 간헐운전에 부적합하다.
• 열용량은 크나 열운반능력이 작다.
• 방열량의 조절이 용이하다. (난방 부하의 변동에 따라 온수 온도와 온수의 순환수량을 쉽게 조절할 수 있다.)
• 소음이 적은 편이나 설비비가 비싸다.
• 쾌감도가 높은 편이다.

※ 분류 : 온수의 온도-저온수난방, 고온수난방 / 순환방법-중력환수식, 강제순환식 / 배관방식-단관식, 복관식 / 온수의 공급방
향-상향공급식, 하향공급식, 절충식

구분	증기난방	온수난방
표준방열량	$650kcal/m^2h$	$450kcal/m^2h$
방열기면적	작다	크다
이용열	잠열	현열
열용량	작다	크다
열운반능력	크다	작다
소음	크다	작다
예열시간	짧다	길다
관경	작다	크다
설치유지비	싸다	비싸다
쾌감도	나쁘다	좋다
온도조절 (방열량조절)	어렵다	쉽다
열매온도	102℃ 증기	85~90℃ 100~150℃
고유설비	방열기트랩 (증기트랩, 열동트랩)	팽창탱크 개방식 : 보통온수 밀폐식 : 고온수
공동설비	공기빼기 밸브 방열기 밸브	

17 급탕 배관에 이용하는 신축이음쇠의 종류에 대한 설명으로 옳지 않은 것은?

① 슬리브형(sleeve type) : 배관의 고장이나 건물의 손상을 방지한다.

② 벨로즈형(bellows type) : 온도 변화에 따른 관의 신축을 벨로즈의 변형에 의해 흡수한다.

③ 스위블 조인트(swivel joint) : 1개의 엘보(elbow)를 이용하여 나사부의 회전으로 신축 흡수한다.

④ 신축곡관(expansion loop) : 고압 옥외 배관에 사용할 수 있으나 1개의 신축길이가 길다.

18 「장애인·노인·임산부 등의 편의증진 보장에 관한 법률 시행규칙」상 장애인의 통행이 가능한 계단에 대한 설명으로 옳지 않은 것은?

① 계단은 직선 또는 꺾임형태로 설치할 수 있다.

② 계단 및 참의 유효폭은 1.2m 이상으로 하되, 건축물의 옥외 피난계단은 0.8m 이상으로 할 수 있다.

③ 바닥면으로부터 높이 1.8m 이내마다 휴식을 할 수 있도록 수평면으로 된 참을 설치할 수 있다.

④ 경사면에 설치된 손잡이의 끝부분에는 0.3m 이상의 수평손잡이를 설치하여야 한다.

ANSWER 17.③ 18.②

17 스위블 조인트(swivel joint)는 2개 이상의 엘보(elbow)를 이용한다.

  ※ 신축이음의 종류

스위블 조인트(swivel joint)	2개 이상의 엘보를 사용하여 신축을 흡수하는 것으로 신축과 팽창으로 누수의 원인이 되는 것이 결점이다. 분기배관이나 방열기 주위배관에 사용된다.
신축곡관(expansion loop)	고압배관에도 사용할 수 있는 장점이 있으나 1개의 신축길이가 큰 것이 결점이며 고압배관의 옥외배관에 적합하다.
슬리브형(sleeve type)	배관의 고장이나 건물의 손상을 방지하고 보수가 용이한 곳에 설치한다. 벽, 바닥용의 관통배관에 사용된다.
벨로스형(bellows type)	주름모양으로 되어 있으며 고압에 부적당하다.

  ※ 일반적으로 많이 사용되는 이음쇠는 슬리브형 이음쇠와 벨로즈형 이음쇠이며 보통 1개의 신축이음쇠로 30mm 전후의 팽창력을 흡수한다. 따라서 강관은 보통 30m, 동관은 20m마다 신축이음을 1개씩 설치하는 것이 좋다.

18 계단 및 참의 유효폭은 1.2m 이상으로 하되, 건축물의 옥외 피난계단은 0.9m 이상으로 할 수 있다.

19 한국의 근현대 건축가와 그의 작품의 연결이 옳은 것은?

① 나상진 – 부여박물관

② 이희태 – 제주대학교 본관

③ 김수근 – 경동교회

④ 김중업 – 절두산 성당

20 서양 건축양식에 대한 설명으로 옳지 않은 것은?

① 로마 양식은 아치(arch)나 볼트(vault)를 이용하여 넓은 내부 공간을 만들었다.

② 초기 기독교 양식은 투시도법을 도입하였고 장미창(rose window)을 사용하였다.

③ 비잔틴 양식은 동서양의 문화 혼합이 특징이며 펜던티브 돔(pendentive dome)을 창안하였다.

④ 고딕 양식은 첨두아치(pointed arch), 플라잉 버트레스(flying buttress), 리브 볼트(rib vault)와 같은 구조적이자 장식적인 기법을 사용하였다.

ANSWER 19.③ 20.②

19 부여박물관은 김수근, 제주대학교 본관은 김중업, 절두산 성당은 이희태의 작품이다.

※ 한국의 근현대 건축가와 작품
- 박길룡 : 화신백화점, 한청빌딩
- 박동진 : 고려대학교 본관 및 도서관, 구 조선일보사
- 이광노 : 어린이회관, 주중대사관
- 김중업 : 제주대학교본관, 프랑스대사관, 삼일로빌딩, 명보극장, 주불대사관
- 김수근 : 국립부여박물관, 자유센터, 국회의사당, 경동교회, 남산타워
- 이희태 : 절두산 성당
- 강봉진 : 국립중앙박물관
- 배기형 : 유네스코회관, 조흥은행 남대문지점

20 투시도법은 르네상스시대에 적용되기 시작하였고, 장미창은 고딕양식에서부터 적용되었다.

1 유니버설 디자인의 7대 원칙에 해당하지 않는 것은?

① 공평한 사용(Equitable Use)

② 사용상의 융통성 (Flexibility in Use)

③ 오류에 대한 포용력(Tolerance for Error)

④ 안전한 사용(Safe Use)

2 학교 건축계획에 대한 설명으로 가장 옳지 않은 것은?

① 초등학교 배치계획은 학년단위로 구획하는 것이 원칙이며, 저학년 교실은 저층에 두는 것이 좋다.

② 특별교실은 교과교육내용에 따라 융통성, 보편성, 학생 이동 시 소음 등을 고려하여 배치한다.

③ 관리부문은 전체 중심 위치에 배치하며 학생들의 동선을 차단하지 않도록 한다.

④ 교사배치계획은 폐쇄형보다 분산병렬형으로 하는 것이 토지이용 측면에서 효율적이다.

ANSWER 1.④ 2.④

1 유니버설 디자인의 7대원칙
- 공평한 사용
- 사용상의 융통성
- 간단하고 직관적인 사용
- 정보이용의 용이
- 오류에 대한 포용력
- 적은 물리적 노력
- 접근과 사용을 위한 충분한 공간

2 토지이용측면에서는 폐쇄형이 분산병렬형보다 효율적이다.

3 〈보기〉에서 체육시설 계획 시 가동수납식 관람석의 특징으로 옳은 것을 모두 고른 것은?

> ─────── 〈보기〉 ───────
>
> ㉠ 경기장 바닥면에 설치가 용이하다.
> ㉡ 피난에 대비한 직통계단의 설치와 관람석 등으로부터 출구에 대한 법규 사항을 고려할 필요가 없다.
> ㉢ 벽의 1면에만 설치가 가능하다.
> ㉣ 좁은 경기장 코트의 충분한 면적을 확보하고 관람석에서 경기와 일체감을 유도하는 것이 가능하다.

① ㉠, ㉢
② ㉠, ㉣
③ ㉠, ㉢, ㉣
④ ㉡, ㉢, ㉣

4 배설물 정화조에 대한 설명으로 가장 옳지 않은 것은?

① 배설물 정화조의 정화성능은 일반적으로 BOD와 BOD제거율로 나타낸다.
② 산화조에서는 혐기성균을 작용시켜 산화한다.
③ 부패조에서는 오수분해 및 침전작용을 한다.
④ 부패탱크방식에서 오물은 부패조, 산화조, 소독조의 순서를 거치면서 정화된다.

··

ANSWER 3.③ 4.②

3 수납식 관람석이라고 하더라도 피난에 대비한 직통계단의 설치와 관람석 등으로부터 출구에 대한 법규 사항을 고려해야만 한다.
관람석시스템은 의자를 고정구조체에 정착시키는 고정식, 필요시 조립하고 사용 후 해체하여 보관하는 조립식, 기 조립된 관람석으로 수납공간에 보관하다가 필요시 인출하여 사용하는 수납식시스템이 있다.
㉠ 수납식관람석
　• 여러 개의 단으로 구성되어 필요에 따라 관람석을 펼쳐서 다단의 관람석을 구성하는 방식으로 수납한 후에는 관람석 공간을 활용할 수 있어 한정된 공간을 다목적으로 활용할 수 있다.
　• 한 단씩 순서에 따라 수납, 인출이 되며 최소한의 공간을 최대한 사용한다.
　• 자유로운 배치가 가능하며, 여러 가지의 의자형과 색상으로 선택의 폭이 넓다.
　• 자동(시스템 내장모터 내장)작동과 수동작동이 가능하다.
㉡ 조립식관람석
　• 여러 개의 단으로 구성되며, 평지는 물론 지형에 관계없이 설치가 가능하다. 기존 콘크리트구조의 관람석에 비해 경제적이며 심플한 이미지창출과 신속한 시공이 장점이다.
　• 조립식스탠드는 손쉽게 조립해체가 되며 재설치 사용이 가능하다.
　• 필요시 관객들의 근접관람이 가능한 배치를 할 수 있다.

4 산화조에서는 호기성균을 작용시켜 산화한다.

5 지구단위계획에 대한 설명으로 가장 옳지 않은 것은?

① 지구단위계획은 도시계획 수립 대상지역의 일부에 대하여 토지 이용을 합리화하고 그 기능을 증진시키며 미관 개선 등을 위하여 수립하는 계획이다.

② 지구단위계획구역 및 지구단위계획은 도시관리계획으로 결정한다.

③ 지구단위계획은 건축물의 건폐율 또는 용적률, 건축물 높이의 최고한도 또는 최저한도 내용을 포함한다.

④ 지구단위계획은 건축법에 근거한다.

6 단열에 대한 설명으로 가장 옳지 않은 것은?

① 벽체의 축열성능을 이용하여 단열을 유도하는 방법을 용량형 단열이라고 한다.

② 열교는 단열된 벽체가 바닥·지붕 또는 창문 등에 의해 단절되는 부분에서 생기기 쉽다.

③ 내단열의 경우 외단열보다 실온변동이 작으며 표면 결로 발생의 위험이 적다.

④ 기포성 단열재를 통해 공기층을 형성하여 단열을 유도하는 방법을 저항형 단열이라고 한다.

7 16세기 르네상스를 대표하는 건축가 중 한 사람인 안드레아 팔라디오의 작품으로 가장 옳은 것은?

① 빌라 로톤다

② 캄피돌리오 광장

③ 피렌체 대성당(두오모)

④ 라 뚜레트 수도원

ANSWER 5.④ 6.③ 7.①

5 지구단위계획은 국토의 계획 및 이용에 관한 법률에 근거한다.

6 단열의 경우 외단열보다 실온변동이 크며 표면 결로 발생의 위험이 크다.

7 ② 캄피돌리오 광장 : 미켈란젤로
③ 피렌체 대성당(두오모) : 브루넬레스키
④ 라 뚜레트 수도원 : 르 코르뷔지에

8 예산 수덕사 대웅전에 대한 설명으로 가장 옳지 않은 것은?

① 전형적인 주심포 양식 건물이다.

② 우리나라에서 가장 오래된 목조 건물이다.

③ 고려시대의 사찰이다.

④ 앞면 3칸, 옆면 4칸의 단층건물이다.

9 「건축물의 피난 · 방화구조 등의 기준에 관한 규칙」상 학교 계단의 설치기준으로 가장 옳지 않은 것은?

① 중 · 고등학교 계단의 단높이는 18cm 이하로 한다.

② 초등학교 계단의 단높이는 18cm 이하로 한다.

③ 중 · 고등학교 계단의 단너비는 26cm 이상으로 한다.

④ 초등학교 계단의 단너비는 26cm 이상으로 한다.

10 업무시설 코어계획 시 코어의 역할 및 효용성으로 가장 옳지 않은 것은?

① 공용부분을 집약시켜 유효 임대 면적을 증가시키는 역할

② 건물의 단열성과 기밀성을 향상시키는 역할

③ 기둥 이외의 2차적 내력 구조체로서의 역할

④ 파이프, 덕트 등 설비요소의 설치공간으로서의 역할

ANSWER 8.② 9.② 10.②

8 우리나라에서 가장 오래된 목조 건물은 봉정사 극락전이다.

9 초등학교 계단의 단높이는 16cm 이하로 한다.

10 코어 자체는 건물의 단열성과 기밀성을 향상시키는 역할과는 거리가 멀다.

11 병원 건축계획에 대한 설명으로 가장 옳지 않은 것은?

① 수술실은 외래진료부와 병동부와의 접근성을 고려하여 배치하고 이를 위해 통과 동선으로 계획한다.

② 외래진료부는 외부환자 접근이 유리한 곳에 위치시키며 외래진료와 대기, 간단한 처치 등을 고려하여 계획한다.

③ 병동부는 환자가 입원하여 24시간 간호가 이루어지는 곳으로 간호단위를 고려하여 계획한다.

④ 병원계획에서는 의료기술 발전에 따른 성장과 미래 변화에 대응할 수 있도록 공간의 확장 변형, 설비변경이 가능하도록 계획하여야 한다.

12 「주차장법 시행규칙」상 노외주차장 설치에 대한 계획기준과 구조 · 설비기준에 대한 설명으로 가장 옳지 않은 것은?

① 노외주차장의 출입구 너비는 주차대수 규모가 50대이상인 경우에는 출구와 입구를 분리하거나 너비 3.5미터 이상의 출입구를 설치하여 소통이 원활하도록 하여야 한다.

② 지하식 노외주차장의 경사로의 종단경사도는 직선부분에서는 17퍼센트를 초과하여서는 아니 되며 곡선부분에서는 14퍼센트를 초과하여서는 아니 된다.

③ 지하식 노외주차장 차로의 높이는 주차바닥면으로부터 2.3미터 이상으로 하여야 한다.

④ 경사진 곳에 노외주차장을 설치하는 경우에는 미끄럼 방지시설 및 미끄럼 주의 안내표지 설치 등 안전대책을 마련해야 한다.

ANSWER 11.① 12.①

11 수술실은 절대로 통과교통이 발생해서는 안 되며 수술실 위치는 중앙재료 멸균실에 수직적으로 또는 수평적으로 근접이 쉬운 장소이어야 한다. (수술실은 일반적으로 외래진료부와 병동부 중간에 배치한다.)

12 노외주차장의 출입구 너비는 주차대수 규모가 50대이상인 경우에는 출구와 입구를 분리하거나 너비 5.5미터 이상의 출입구를 설치하여 소통이 원활하도록 하여야 한다.

13 〈보기〉에서 옳은 것을 모두 고른 것은?

〈보기〉

㉠ 하워드(E. Howard)의 내일의 전원도시 이론은 산업화에 따른 근대공업 도시에 대한 대안으로 제시되었다. 또한 농촌과 도시의 장점만을 골라 결합한 제안으로 런던 교외 도시 레치워스의 모델이 되었다.

㉡ 페리(C. A. Perry)의 근린주구 이론은 한 개의 초등학교를 중심으로 한 인구 규모를 단위로 삼고 주구 내 통과교통을 방지하는 교통계획을 제안하였다.

㉢ 라이트(H. Wright)와 스타인(C. S. Stein)의 래드번 설계의 주된 특징은 자동차와 보행자의 분리이며 쿨데삭으로 계획되었다.

---

① ㉠, ㉡   ② ㉠, ㉢

③ ㉡, ㉢   ④ ㉠, ㉡, ㉢

14 공동주택의 건축계획적 분류에 대한 설명으로 가장 옳지 않은 것은?

① 편복도형 아파트는 공용복도로 인하여 사생활 침해가 발생할 우려가 있다.

② 계단실형 아파트는 복도를 통하지 않고 단위주호에 접근할 수 있는 장점은 있지만 중간에 위치한 주택은 직접 외기에 접할 수 있는 개구부를 2면에 설치할 수 없다는 단점이 있다.

③ 중복도형 아파트는 대지에 대한 이용도가 높으나 일반적으로 채광과 통풍이 양호하지 않다.

④ 홀집중형 아파트는 좁은 대지에 주거를 집약할 수 있으나 통풍이 불리해질 수 있다.

ANSWER 13.④ 14.②

13
- 1898년에 영국의 에버니저 하워드 경이 제창한 도시 계획 방안으로서 "전원 속에 건설된 도시"라는 뜻이다. 영국 산업혁명의 결과로 도시들이 걷잡을 수 없이 팽창했으며 슬럼이 생겨나고 생활환경이 매우 조악해졌다. 사회일각에서 이를 우려하여 도시관리 및 계획에 대해 새롭게 생각하기 시작했다. 이에 에버네저 하워드는 그의 여러 저서를 통해 새로운 도시개념을 피력하였고 이를 전원도시(가든시티)라고 칭하였다.
- 근린주구는 1929년 페리에 의해 제시된 개념으로서 적절한 도시 계획에 의하여 거주자의 문화적인 일상생활과 사회적 생활을 확보할 수 있는 이상적 주택지의 단위를 말한다.
- 래드번은 H.Wright(라이트)와 C.Stein(스타인)에 의해 제시된 시스템이었는데, 12~20ha의 대가구(super-block)를 채택하여 격자형 도로가 가지는 도로율 증가, 통과교통 및 단조로운 외부공간형성을 방지하였다. 따라서 제시된 보기의 내용은 모두 옳은 것이다.

14 중간에 위치한 주택은 직접 외기에 접할 수 있는 개구부를 2면에 설치할 수 없다는 단점이 있는 형식은 홀집중형과 중복도형이다.

15 「건축법 시행령」 제2조에 명시된 특수구조 건축물에 대한 설명 중 〈보기〉의 ㉠, ㉡에 들어갈 값을 옳게 짝지은 것은?

〈보기〉

(가) 한쪽 끝은 고정되고 다른 끝은 지지(支持)되지 아니한 구조로 된 보·차양 등이 외벽(외벽이 없는 경우에는 외곽 기둥을 말한다)의 중심선으로부터 (㉠)미터 이상 돌출된 건축물

(나) 기둥과 기둥 사이의 거리(기둥의 중심선 사이의 거리를 말하며, 기둥이 없는 경우에는 내력벽과 내력벽의 중심선 사이의 거리를 말한다)가 (㉡)미터 이상인 건축물

(다) 특수한 설계·시공·공법 등이 필요한 건축물로서 국토교통부장관이 정하여 고시하는 구조로 된 건축물

	㉠	㉡			㉠	㉡
①	3	10		②	3	20
③	5	10		④	5	20

16 급배수 및 위생설비 등에 대한 설명으로 가장 옳지 않은 것은?

① 급수·급탕설비는 양호한 수질과 수압을 확보하기 위한 설비시스템이 요구되며 일단 공급된 물은 역류되지 않아야 한다.

② 가스설비는 가스의 공급설비와 이를 연소시키기 위한 설비이다.

③ 배수와 통기설비 설치 시 악취나 해충이 실내에 침입하는 것을 방지하기 위해 트랩이 사용된다.

④ 소화설비는 화재 시 물과 소화약제를 분출하는 설비로 「건축법」의 규정에 맞춰 용량 및 규격을 결정하여야 한다.

ANSWER 15.② 16.④

15 「건축법 시행령」 제2조는 건축법 상의 용어를 정의한 조항이다. 그 중 특수구조건축물은 다음에 해당되는 건축물을 말한다.

(가) 한쪽 끝은 고정되고 다른 끝은 지지(支持)되지 아니한 구조로 된 보·차양 등이 외벽(외벽이 없는 경우에는 외곽 기둥을 말한다)의 중심선으로부터 3미터 이상 돌출된 건축물

(나) 기둥과 기둥 사이의 거리(기둥의 중심선 사이의 거리를 말하며, 기둥이 없는 경우에는 내력벽과 내력벽의 중심선 사이의 거리를 말한다)가 20미터 이상인 건축물

(다) 특수한 설계·시공·공법 등이 필요한 건축물로서 국토교통부장관이 정하여 고시하는 구조로 된 건축물

16 소화설비는 화재 시 물과 소화약제를 분출하는 설비로 「화재안전기준」의 규정에 맞춰 용량 및 규격을 결정하여야 한다.

17 「주차장법 시행령」상 시설면적이 동일할 경우 부설주차장의 주차대수를 가장 많이 설치하여야 하는 시설은?

① 위락시설

② 판매시설

③ 제2종 근린생활시설

④ 방송통신시설 중 데이터센터

17

주요시설	설치기준
위락시설	100m²당 1대
문화 및 집회시설(관람장 제외) 종교시설 판매시설 운수시설 의료시설(정신병원, 요양병원 및 격리병원 제외) 운동시설(골프장, 골프연습장, 옥외수영장 제외) 업무시설(외국공관 및 오피스텔은 제외) 방송통신시설 중 방송국 장례식장	150m²당 1대
숙박시설, 근린생활시설(제1종, 제2종)	200m²당 1대
단독주택	시설면적 50m²초과 150m²이하: 1대 시설면적 150m²초과 시 : $1 + \dfrac{(시설면적 - 150m^2)}{100m^2}$
다가구주택, 공동주택(기숙사 제외), 오피스텔	주택건설기준 등에 관한 규정
골프장 골프연습장 옥외수영장 관람장	1홀당 10대 1타석당 1대 15인당 1대 100인당 1대
수련시설, 발전시설, 공장(아파트형 제외)	350m²당 1대
창고시설	400m²당 1대
학생용 기숙사	400m²당 1대
방송통신시설 중 데이터센터	400m²당 1대
그 밖의 건축물	300m²당 1대

18 「건축법 시행령」 제27조의 2 (공개 공지 등의 확보)에 명시된 공개 공지에 대한 설명으로 가장 옳지 않은 것은?

① 공개 공지는 필로티의 구조로 설치할 수 있다.

② 공개공지 등의 면적은 대지면적의 100분의 10 이하의 범위에서 건축조례로 정한다.

③ 공개공지 등에는 연간 60일 이내의 기간 동안 건축조례로 정하는 바에 따라 주민들을 위한 문화행사를 열거나 판촉활동을 할 수 있다.

④ 문화 및 집회시설, 종교시설, 농수산물유통시설, 업무시설 및 숙박시설로서 해당 용도로 쓰는 바닥면적의 합계가 3천 제곱미터 이상인 건축물에는 공개공지 등을 설치해야 한다.

19 건축설계 도서에 포함되는 도면은 배치도, 평면도, 단면도, 상세도 등이 있다. 배치도에 표현되는 정보로 가장 옳지 않은 것은?

① 대지 내 건물들 간의 간격 및 부지경계선과 건물 외곽선과의 거리

② 대지에 접하거나 대지를 통과하는 모든 도로

③ 건물 계단실 형태와 계단참의 높이

④ 건물 주변 수목들의 위치와 조경부분

ANSWER 18.④ 19.③

18 공개공지 확보대상

다음의 용도 및 규모의 건축물은 일반이 사용할 수 있도록 소규모 휴식시설 등의 공개공지를 설치해야 한다.

대상지역	용도	규모
• 일반주거지역 • 준주거지역 • 상업지역 • 준공업지역 • 특별자치시장, 특별자치도지사, 시장, 군수, 구청장이 도시화의 가능성이 크다고 인정하여 지정, 공고하는 지역	• 문화 및 집회시설 • 판매시설(농수산물 유통시설은 제외) • 업무시설 • 숙박시설 • 종교시설 • 운수시설(여객용 시설만 해당) • 다중이 이용하는 시설로서 건축조례가 정하는 건축물	연면적의 합계 5000m² 이상

19 건물 계단실 형태와 계단참의 높이는 계단상세도에 나타나있다.

20 〈보기〉에서 설명하는 수법의 명칭은?

━━━━━━━ 〈보기〉 ━━━━━━━

우리나라 전통목조건축에서 사용되는 기법으로 건물 중앙에서 양쪽 모퉁이로 갈수록 기둥의 높이를 조금씩 높이는 수법을 뜻한다. 같은 높이로 기둥을 세우면 건물 양쪽이 처진 것처럼 보이는 착시현상을 교정하는 방법 중 하나이다.

① 후림
② 조로
③ 귀솟음
④ 안쏠림

··

ANSWER 20.③

20 보기에서 설명하고 있는 것은 귀솟음에 관한 것들이다.

※ 한옥의 착시효과
- **후림** : 평면에서 처마의 안쪽으로 휘어 들어오는 것
- **조로** : 입면에서 처마의 양끝이 들려 올라가는 것
- **귀솟음**(우주) : 건물의 귀기둥을 중간 평주(平柱)보다 높게 한 것
- **오금**(안쏠림) : 귀기둥을 안쪽으로 기울어지게 한 것

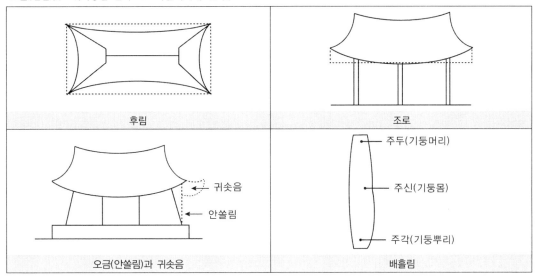

1 「노인복지법」상 노인복지시설 중 노인주거복지시설이 아닌 것은?

① 양로시설   ② 노인공동생활가정

③ 노인복지주택   ④ 노인요양시설

2 학교건축 학습공간계획에 있어서 열린교실 계획방법으로 옳지 않은 것은?

① 일반교실과 오픈스페이스를 하나의 기본 유닛(unit)으로 계획한다.

② 저 · 중 · 고학년별로 그루핑하여 계획한다.

③ 모든 학습과 활동이 일반교실 내에서 긴밀하게 이루어지도록 계획한다.

④ 개방형 또는 가변형 칸막이(movable partition)를 계획한다.

ANSWER 1.④ 2.③

1 노인복지시설 중 하나로 다음과 같이 여러 가지가 있다.
- **양로시설**: 노인을 입소시켜 급식과 그 밖의 일상생활에 필요한 편의를 제공하는 시설,
- **노인공동생활가정**: 노인에게 가정과 같은 주거여건과 급식, 그 밖의 일상생활에 필요한 편의를 제공하는 시설,
- **노인복지주택**: 노인에게 주거시설을 분양 또는 임대하여 주거의 편의 · 생활지도 · 상담 및 안전관리 등 일상생활에 필요한 편의를 제공하는 시설을 말한다.
- 노인복지법상 노인복지시설의 종류는 다음과 같다. 노인요양시설은 노인의료복지시설에 속한다.

구분	내용
노인주거 복지시설	양로시설 노인공동생활가정 실비양로시설과 실비노인복지주택 유료양로시설과 유료노인복지주택
노인의료 복지시설	노인요양시설, 노인전문병원 실비노인요양시설, 유료노인 요양시설 노인전문요양시설, 유료노인 전문요양시설
노인여가 복지시설	노인복지회관, 경로당, 노인교실, 노인휴양소
재가노인 복지시설	가정봉사원 파견시설 주간보호시설, 단기보호시설

2 모든 학습과 활동이 일반교실 내에서 긴밀하게 이루어지는 것은 종합교실형이며 이는 열린교실과는 반대되는 개념이다.

3 「장애인·노인·임산부 등의 편의증진 보장에 관한 법률 시행규칙」상 장애인을 위한 편의시설에 대한 설명으로 옳지 않은 것은?

① 장애인 출입문의 전면 유효거리는 1.2m 이상으로 하여야 한다.

② 접근로의 기울기는 18분의1 이하이어야 하며, 다만 지형상 곤란한 경우에는 12분의1까지 완화할 수 있다.

③ 건물을 신축하는 경우, 장애인용 화장실의 대변기 전면에는 1.4m × 1.4m 이상의 활동공간을 확보하여야 한다.

④ 장애인용 승강기의 승강장바닥과 승강기바닥의 틈은 2cm이하이어야 하며, 승강장 전면의 활동공간은 1.2m × 1.2m 이상 확보하여야 한다.

4 ㈎에 해당하는 주거단지 계획 용어는?

• ⎡㈎⎤ 은/는 자동차 통과교통을 막아 주거단지의 안전을 높이기 위한 도로 형식으로 도로의 끝을 막다른 길로 하고 자동차가 회차할 수 있는 공간을 제공한다.

• 미국 뉴저지의 래드번(Radburn) 근린주구 설계(1928년)는 ⎡㈎⎤ 이/가 적용되었으며, 자동차 통과교통을 막고 보행자는 녹지에 마련된 보행자 전용통로로 학교나 상점에 갈 수 있게 한 보차분리 시스템이다.

---

① 슈퍼블록(super block)

② 본엘프(Woonerf)

③ 쿨데삭(Cul-de-sac)

④ 커뮤니티(community)

....

ANSWER 3.④ 4.③

3 장애인용 승강기의 승강장바닥과 승강기바닥의 틈은 3cm 이하이어야 하며, 승강장 전면의 활동공간은 1.4m × 1.4m 이상 확보하여야 한다.

4 쿨데삭(Cul-de-sac) : 자동차 통과교통을 막아 주거단지의 안전을 높이기 위한 도로 형식으로 도로의 끝을 막다른 길로 하고 자동차가 회차할 수 있는 공간을 제공한다. 미국 뉴저지의 래드번(Radburn) 근린주구 설계(1928년)에 적용되었으며, 자동차 통과교통을 막고 보행자는 녹지에 마련된 보행자 전용통로로 학교나 상점에 갈 수 있게 한 보차분리 시스템이다.
본엘프(Woonerf) : 1960년대 말 네덜란드 델프트시의 신거주지 설계에서 본엘프 지구를 설정하면서 보차공존도로를 처음 채택하였다. 기존의 도로에서와 같이 차량과 보행자를 분리하는 것이 아니라 보행자와 주민의 도로이용과 도로에서의 활동만 침해하지 않는 범위에서 자동차의 이용을 인정하는 것이다. 보도와 차도를 엄격하게 분리하지 않고 차량의 감소를 유도할 수 있는 여러가지 물리적인 시설기법들을 적용한 본엘프는 도로교통법에서 법적 지위를 보장받고 1980년대까지 약 1,500개 이상의 주거지역에 적용되었다.

5 주택법령상 도시형 생활주택에 대한 설명으로 옳은 것은?

① 도시형 생활주택이란 500세대 미만의 국민주택규모에 해당하는 주택을 말한다.

② 소형주택의 경우 세대별로 독립된 주거가 가능하도록 욕실 및 부엌을 설치하면 지하층에 세대를 설치할 수 있다.

③ 단지형 연립주택의 경우 건축위원회의 심의를 받은 경우에는 주택으로 쓰는 층수를 10개 층까지 건축할 수 있다.

④ 소형주택과 주거전용면적이 85제곱미터를 초과하는 주택 1세대를 함께 건축하는 경우에 이 둘을 하나의 건축물에 건축할 수 있다.

ANSWER 5.④

5 ① 도시형 생활주택이란 300세대 미만의 국민주택규모에 해당하는 주택을 말한다.
② 소형주택의 경우 지하층에는 세대를 설치할 수 없다.
③ 단지형 연립주택의 경우 건축위원회의 심의를 받은 경우에는 주택으로 쓰는 층수를 5개 층까지 건축할 수 있다.

도시형 생활주택

제10조(도시형 생활주택)
① 법 제2조 제20호에서 "대통령령으로 정하는 주택"이란 「국토의 계획 및 이용에 관한 법률」 제36조 제1항 제1호에 따른 도시지역에 건설하는 다음 각 호의 주택을 말한다.
　1. 소형 주택: 다음 각 목의 요건을 모두 갖춘 공동주택
　　가. 세대별 주거전용면적은 60제곱미터 이하일 것
　　나. 세대별로 독립된 주거가 가능하도록 욕실 및 부엌을 설치할 것
　　다. 지하층에는 세대를 설치하지 않은 것
　2. 단지형 연립주택: 소형 주택이 아닌 연립주택. 다만, 「건축법」 제5조제2항에 따라 같은 법 제4조에 따른 건축위원회의 심의를 받은 경우에는 주택으로 쓰는 층수를 5개층까지 건축할 수 있다.
　3. 단지형 다세대주택: 소형 주택이 아닌 다세대주택. 다만, 「건축법」 제5조제2항에 따라 같은 법 제4조에 따른 건축위원회의 심의를 받은 경우에는 주택으로 쓰는 층수를 5개층까지 건축할 수 있다.
② 하나의 건축물에는 도시형 생활주택과 그 밖의 주택을 함께 건축할 수 없다. 다만, 다음 각 호의 어느 하나에 해당하는 경우는 예외로 한다.
　1. 소형 주택과 주거전용면적이 85제곱미터를 초과하는 주택 1세대를 함께 건축하는 경우
　2. 「국토의 계획 및 이용에 관한 법률 시행령」 제30조 제1항 제1호 다목에 따른 준주거지역 또는 같은 항 제2호에 따른 상업지역에서 소형 주택과 도시형 생활주택 외의 주택을 함께 건축하는 경우
③ 하나의 건축물에는 단지형 연립주택 또는 단지형 다세대주택과 소형 주택을 함께 건축할 수 없다.

6 도서관의 건축계획에 대한 설명으로 옳지 않은 것은?

① 도서관의 현대적 기능은 교육 및 연구시설을 넘어 지역사회와 연계된 공공문화 활동의 중심체 역할을 하므로 이러한 특징을 건축계획에 반영할 수 있어야 한다.

② 도서관은 이용자 안전을 보장하고 도서보관이 용이하도록 접근에 대한 강한 통제와 감시가 확보되어야 한다.

③ 도서관은 이용자와 관리자, 자료의 동선이 교차되지 않도록 배치하는 것이 바람직하다.

④ 도서관 공간구성에서 중심 부분은 열람실 및 서고이며 미래의 확장 수요에 건축적으로 대응할 수 있어야 한다.

7 건물에서 공조방식의 결정요인에 대한 설명으로 옳지 않은 것은?

① 건물 설계방법이나 공조 설비계획에서 이루어지는 에너지 절약

② 각 존(zone)마다 실내의 온·습도 조건을 고려하여 제어하는 개별제어

③ 공조구역별 공조계통과 내·외부 존(zone)을 통합하는 조닝(zoning)

④ 설비비, 운전비, 보수관리비, 시간 외 운전, 설비의 변경 등의 요인

8 아트리움의 장점이 아닌 것은?

① 천창을 통한 시각적 개방감을 줄 수 있다.

② 외기로부터 보호되어 외부공간보다 쾌적한 온열환경을 제공할 수 있다.

③ 화재 등 재난 방재에 유리하다.

④ 휴식공간, 라운지, 실내정원, 전시, 공연 등 다양한 기능적 공간으로 활용할 수 있다.

ANSWER 6.② 7.③ 8.③

6 도서관은 이용자들이 보다 많은 도서를 접할 수 있도록 계획되어야 한다.

7 공조계획 시 내부존과 외부존을 구분해서 계획을 해야 한다. 내부존은 온도가 균일하게 유지되지만 외부존은 외기의 영향을 받기 쉽기 때문에 이러한 차이를 고려하여 공조를 계획해야 한다.

8 아트리움은 화재 등 재난방지에 있어 불리하다.
- 아트리움 내 혹은 인접해 있는 공간에서 화재가 발생하게 되면 아트리움을 통해서 단시간에 다른 영역으로 화재가 퍼질 수 있으며 건물 내의 잔류인원에게 피해를 줄 수 있다.
- 일반적인 건축물에 설치되는 기존의 감지기로는 천장이 매우 높은 아트리움의 특성 상 정상적인 연기감지기의 작동이 어렵게 된다. 또한 아트리움 공간 내의 미적효과 증대를 위해 장식재료 등이 도입되어 화재하중이 증가하는 문제도 있다.

9 먼셀 색채계에 따른 색채(color)의 속성에 대한 설명으로 옳지 않은 것은?

① 기본색(primary color)은 원색으로서 적색(red), 황색(yellow), 청색(blue)을 말하며, 기본색이 혼합하여 이루어진 2차색(secondary color) 중 녹색(green)은 황색(yellow)과 청색(blue)을 혼합한 것이다.

② 오렌지색(orange)과 자주색(violet)은 상호 보색(complimentary color)관계이다.

③ 먼셀 색입체(Munsell color solid)에서 명도(value)는 흑색, 회색, 백색의 차례로 배치되며, 흑색은 0, 백색은 10으로 표기된다.

④ 채도(chroma)는 색의 선명도를 나타낸 것으로서 먼셀 색입체(Munsell color solid)에서 중심축과 직각의 수평방향으로 표시된다.

10 배관 속에 흐르는 물질의 종류와 배관 식별색을 바르게 연결한 것은? (단, KS A 0503 : 2020 배관계의 식별표시를 따른다)

① 증기(S) – 어두운 빨강
② 물(W) – 하양
③ 가스(G) – 연한 주황
④ 공기(A) – 초록

....

ANSWER 9.② 10.①

9 보색은 색상환상에서 서로 가장 멀리 떨어져 있는 관계인 한 쌍의 색, 즉 서로 마주보고 있는 색들의 관계를 말한다. 오렌지색의 보색은 청색계열이다.

10

종류	식별색	종류	식별색
물	청색	산	회자색
증기	진한 적색	알칼리	회자색
공기	백색	기름	진한 황적색
가스	황색	전기	엷은 황적색

11 18세기 말 조선시대에 대두되었던 신진 학자들의 실학정신이 성곽 축조에 반영된 사례는?

① 풍납토성   ② 부소산성

③ 남한산성   ④ 수원화성

12 공연장 무대와 객석의 평면 형식과 그에 대한 특징을 바르게 연결한 것은?

> ㉠ 무대 및 객석 크기, 모양, 배열 등의 형태는 작품과 환경에 따라 변화가 가능하다.
> ㉡ 사방(360°)에 둘러싸인 객석의 중심에 무대가 자리하고 있는 형식이다.
> ㉢ 연기자가 일정 방향으로만 관객을 대하고 관객들은 무대의 정면만을 바라볼 수 있다.
> ㉣ 관객의 시선이 3 방향(정면, 좌측면, 우측면)에서 형성될 수 있다.

① ㉠ – 아레나 타입

② ㉡ – 오픈스테이지 타입

③ ㉢ – 프로시니엄 타입

④ ㉣ – 가변형 타입

13 건축조형원리에 대한 설명으로 옳지 않은 것은?

① '축'은 공간 내 두 점으로 성립되고, 형태와 공간을 배열하는 데 중심이 되는 선을 말한다.

② '리듬'은 서로 다른 형태 또는 공간이 반복패턴을 이루지 않고, 모티프의 특성을 활용하는 것을 말한다.

③ '대칭'은 하나의 선(축) 또는 점을 중심으로 동일한 형태와 공간이 나누어지는 것을 말한다.

④ '비례'는 부분과 부분 또는 부분과 전체와의 수량적 관계를 말한다.

ANSWER 11.④   12.③   13.②

11 수원화성은 18세기 말 조선시대에 대두되었던 신진 학자들의 실학정신이 잘 반영된 건축물이다. 풍납토성과 부소산성은 백제가 건립한 성곽이며 남한산성은 조선시대에 건립된 산성이다.

12 • 무대 및 객석 크기, 모양, 배열 등의 형태는 작품과 환경에 따라 변화가 가능한 타입은 가변형타입이다.
• 사방(360°)에 둘러싸인 객석의 중심에 무대가 자리하고 있는 형식은 아레나타입이다.
• 연기자가 일정 방향으로만 관객을 대하고 관객들은 무대의 정면만을 바라볼 수 있는 타입은 프로시니엄 타입이다.
• 관객의 시선이 3방향(정면, 좌측면, 우측면)에서 형성될 수 있는 것은 오픈스테이지타입이다.

13 리듬은 서로 다른 형태 또는 공간이 반복패턴을 이루어 모티프의 특성을 활용하는 것을 말한다.

14 트랩(trap)의 봉수파괴 원인이 아닌 것은?

① 위생기구의 배수에 의한 사이펀작용

② 이물질에 의한 모세관현상

③ 장기간 미사용에 의한 증발

④ 낮은 기온에 의한 동결

15 건물들이 가로에 면하여 나란히 연속하여 입지한 경우, 바람이 가로에 빠르게 흐르는 현상은?

① 벤투리 효과(Venturi effect)

② 통로효과(channel effect)

③ 차압효과(pressure connection effect)

④ 피라미드 효과(pyramid effect)

16 BIM(Building Information Modeling)에 대한 설명으로 옳지 않은 것은?

① 신속한 의사결정을 가능하게 하여 중복작업 및 공사 지연을 감소시킬 수 있다.

② 복잡한 곡면형태를 가진 비정형 건축의 경우 물량산출이 불가능하다.

③ 시공 시 필요한 상세 정보를 공장에서 제작할 수 있는 데이터로 변환해 제공할 수 있다.

④ 시공 시 부재 간의 충돌을 사전에 확인하고 시공품질을 향상시킬 수 있다.

ANSWER 14.④ 15.② 16.②

14 낮은 기온에 의한 동결은 트랩의 봉수파괴 원인으로 보기는 어렵다.

15 • 통로효과 : 건물들이 가로에 면하여 나란히 연속하여 입지한 경우, 바람이 가로에 빠르게 흐르는 현상
• 벤투리효과 : 굵기가 다른 관에 유체를 통과시킬 때, 넓은 관보다 좁은 관에서 유체의 속도가 빨라지는 대신에 압력은 낮아지게 되는 현상

16 BIM은 관련 기술의 발전으로 복잡한 곡면형태를 가진 비정형 건축의 경우도 물량산출이 가능하다.

17 「건축물의 피난·방화구조 등의 기준에 관한 규칙」상 연면적 200m²를 초과하는 건물에 설치하는 계단의 설치기준으로 옳지 않은 것은?

① 높이가 3m를 넘는 계단에는 높이 3m 이내마다 유효너비 150cm 이상의 계단참을 설치할 것

② 높이가 1m를 넘는 계단 및 계단참의 양옆에는 난간(벽 또는 이에 대치되는 것을 포함한다)을 설치할 것

③ 너비가 3m를 넘는 계단에는 계단의 중간에 너비 3m 이내마다 난간을 설치하되, 계단의 단높이가 15cm 이하이고 계단의 단너비가 30cm 이상인 경우에는 그러하지 아니함

④ 계단의 유효높이(계단의 바닥 마감면부터 상부 구조체의 하부 마감면까지의 연직방향의 높이를 말한다)는 2.1m 이상으로 할 것

18 주거단지 근린생활권에 대한 설명으로 옳지 않은 것은?

① 인보구는 어린이 놀이터가 중심이 되는 단위이며 아파트의 경우 3~4층, 1~2동의 규모이다.

② 근린분구는 일상 소비생활에 필요한 공동시설이 운영 가능한 단위이며 소비시설, 유치원, 후생시설 등을 설치한다.

③ 근린주구는 약 200ha의 면적에 초등학교를 중심으로 한 단위를 말하며 경찰서, 전화국 등의 공공시설이 포함된다.

④ 주거단지의 생활권 체계는 인보구, 근린분구, 근린주구 순으로 위계가 형성된다.

ANSWER 17.① 18.③

17 높이가 3m를 넘는 계단에는 높이 3m 이내마다 유효너비 120cm 이상의 계단참을 설치할 것

18 근린주구의 면적은 약 100ha정도이며 경찰서, 전화국이 포함되는 규모는 아니다.

구분	인보구	근린분구	근린주구	근린지구
규모	0.5~2.5ha(최대 6ha)	15~25ha	100ha	400ha
반경	100m전후	150~250m	400~500m	1,000m
가구수	20~40호	400~500호	1,600~2,000호	20,000호
인구	100~200명	2,000~2,500명	8,000~10,000명	100,000명
중심시설	유아놀이터, 어린이놀이터, 구멍가게, 공동세탁장 등	유치원, 어린이공원, 근린상점(잡화, 음식점, 쌀가게 등), 미용소, 진료소, 노인정, 독서실, 파출소, 버스정거장 등	초등학교, 도서관, 동사무소, 우체국, 소방서, 병원, 근린상가, 운동장 등	도시생활의 대부분의 시설
상호관계	친분유지의 최소단위	주민 간 면식이 가능한 최소생활권	보행으로 중심부와 연결이 가능한 범위이자 도시계획종합계획에 따른 최소단위	

19 한국의 대표적인 현대건축가와 그 설계 작품을 바르게 연결한 것은?

① 김수근 – 자유센터

② 류춘수 – 수졸당

③ 승효상 – 주한 프랑스 대사관

④ 김중업 – 상암 월드컵 경기장

20 범죄예방 환경설계(CPTED)에 대한 설명으로 옳지 않은 것은?

① 범죄예방을 위한 전략으로 영역성 강화, 자연적 접근, 활동성 증대, 유지관리의 4개의 전략을 제시하고 있다.

② 공적공간과 사적공간의 경계부분은 바닥에 단을 두거나 바닥의 재료 또는 색채를 다르게 하여 공간구분을 명확하게 인지할 수 있도록 한다.

③ 오스카 뉴먼(O. Newman)이 제시한 '방어공간(Defensible Space)'이론은 범죄예방 환경설계의 발전에 기여하였다.

④ 범죄예방 환경설계는 잠재적 범죄가 발생할 수 있는 환경요소의 다각적인 상황을 변화시키거나 개조함으로써 범죄를 예방하는 설계기법을 의미한다.

ANSWER 19.① 20.①

19 • 김수근 – 자유센터
• 류춘수 – 상암 월드컵 경기장
• 승효상 – 수졸당
• 김중업 – 주한 프랑스 대사관

20 CPTED는 자연적 감시, 자연적 접근 통제, 영역감이라는 세 가지 기본원리와 활용성 증대, 유지관리라는 두 가지 부가원리를 바탕으로 이뤄진다. CPTED 원리는 범죄예방을 위해 다양한 도시계획이나 설계 전략으로 전환되어 적용될 수 있다. 이러한 전략은 다음과 같은 카테고리로 나누어 볼 수 있다.
① 분명한 시야선 확보
② 적합한 조명의 사용
③ 고립지역의 개선
④ 사각지대의 개선
⑤ 대지의 복합적 사용 증진
⑥ 활동 인자
⑦ 영역성 강화
⑧ 정확한 표시로 정보 제공
⑨ 공간 설계

1 루이스 헨리 설리반(Louis Henry Sullivan)에 대한 설명으로 옳은 것만을 모두 고르면?

> ㉠ "형태는 기능을 따른다(Form follows function)."라는 명제를 주장하였다.
> ㉡ 구성주의 이론을 전개하였다.
> ㉢ 홈 인슈어런스 빌딩을 설계하였다.
> ㉣ 프랭크 로이드 라이트의 스승이다.

① ㉠, ㉡

② ㉠, ㉣

③ ㉡, ㉢

④ ㉠, ㉢, ㉣

....

ANSWER 1.②

1 루이스 헨리 설리반은 기능주의적 건축을 추구하였으며 이는 그 당시 러시아를 중심으로 전개된 사조인 구성주의와 연관짓기
에는 무리가 있다.
홈 인슈어런스 빌딩은 1883년 건축가 윌리엄 르 베런 제니가 설계하였다.

2 다음에서 설명하는 공기조화 방식에 해당하는 것으로만 묶은 것은?

> • 온도 및 습도 등을 제어하기 쉽고 실내의 기류 분포가 좋다.
> • 실내에 설치되는 기기가 없어 실의 유효 면적이 증가한다.
> • 외기냉방 및 배열회수가 용이하다.
> • 덕트 스페이스가 크고, 공조 기계실을 위한 큰 면적이 필요하다.

① 패키지유닛방식, 룸에어컨

② CAV방식, VAV방식, 이중덕트방식

③ 팬코일유닛방식, 유인유닛방식

④ 인덕션유닛방식, 복사냉난방방식

ANSWER 2.②

2 보기에 나열된 사항들은 공조방식 중 전공기방식의 특징이다.

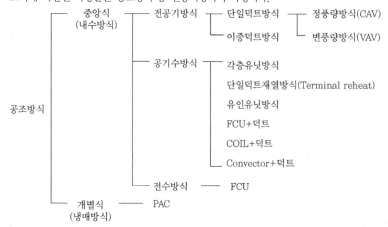

3 화장실 바닥 배수에 주로 사용하는 트랩은?

① U형 트랩

② 드럼 트랩

③ 벨 트랩

④ 샌드 트랩

3

트랩	용도	특징
S트랩	대변기, 소변기, 세면기	사이펀 작용이 심하여 봉수파괴가 쉽다. 배관이 바닥으로 이어진다.
P트랩	위생 기구에 가장 많이 쓰임	통기관을 설치하면 봉수가 안정된다. 배관이 벽체로 이어진다.
U트랩	일명 가옥트랩, 메인트랩이라고 하며 하수가스 역류방지용	가옥배수 본관과 공공하수관 연결부위에 설치한다. 배수관 최말단에 위치하여 유속을 저하시키는 단점이 있다.
벨트랩	욕실 등 바닥배수에 이용	종 모양으로 다량의 물을 배수한다. 찌꺼기를 회수하기 위해 설치
드럼트랩	싱크대에 이용	봉수가 안정된다. 다량의 물을 배수한다.
그리스트랩	호텔, 식당 등 주방바닥	주방 바닥 기름기 제거용 트랩이다. 양식 등 기름이 많은 조리실에 이용된다.
가솔린트랩	주유소, 세차장	휘발성분이 많은 가솔린을 트랩 수면 위에 띄워 토익관을 통해서 휘발시킨다.
샌드트랩	흙이 많은 곳	
석고트랩	병원 기공실	치과기공실, 정형외과 기브스실에서 배수시 사용
헤어트랩	이발소, 미장원	모발 제거용 트랩
런드리트랩	세탁소	단추, 끈 등 세탁 오물 제거용 트랩

4 건축물의 급수방식에 대한 설명으로 옳지 않은 것은?

① 고가수조방식은 상수도에서 받은 물을 저수탱크에 저장한 뒤, 펌프로 건물 옥상 등에 끌어올린 후 공급하는 방식이다.

② 초고층 건물에서는 과대한 수압으로 인한 수격작용이나, 저층부와 상층부의 불균등한 수압 차 문제를 해소하기 위해 급수조닝을 할 필요가 있다.

③ 수도직결방식은 일반주택이나 소규모 건물에서 많이 사용하는 방식으로 상수도 본관에서 인입관을 분기하여 급수하는 방식이다.

④ 부스터 방식은 수도 본관에서 물을 받아 물받이 탱크에 저수한 다음 급수펌프로 압력탱크에 물을 보내면 압력탱크에서는 공기를 압축 가압하여 급수하는 방식이다.

5 건축의 과정에 대한 설명으로 옳은 것은?

① 기초조사 – 실시설계 – 기본계획 – 기본설계의 순으로 진행된다.

② 기본계획은 구체적인 형태의 기본을 결정하는 단계로 기본설계도서를 작성한다.

③ 기초조사는 설계도면에 표시할 수 없는 각종 건축, 기계, 전기, 기타 사항 등을 글이나 도표로 작성하는 과정이다.

④ 실시설계는 공사에 필요한 사항을 상세도면 등으로 명시하는 작업단계이다.

ANSWER 4.④ 5.④

4 • 부스터방식 : 수도본관으로부터 물을 일단 저수조에 저수한 후 급수펌프 만으로 건물내에 급수하는 방식으로 부스터 펌프 여러 대를 병렬로 연결하고 배관내의 압력을 감지하여 펌프를 운전하는 방식이다.
  • 압력탱크방식 : 수도 본관에서 물을 받아 물받이 탱크에 저수한 다음 급수펌프로 압력탱크에 물을 보내면 압력탱크에서는 공기를 압축 가압하여 급수하는 방식

5 ① 기초조사 – 기본계획 – 기본설계 – 실시설계의 순으로 진행된다.
  ② 기본설계는 구체적인 형태의 기본을 결정하는 단계로 기본설계도서를 작성한다.
  ③ 기본계획은 설계도면에 표시할 수 없는 각종 건축, 기계, 전기, 기타 사항 등을 글이나 도표로 작성하는 과정이다.

6 주거 건축계획에 대한 설명으로 옳은 것만을 모두 고르면?

> ⊙ 공동주택 단면형식 중 단위주거의 복층형은 프라이버시가 좋으므로 소규모 주택일수록 경제적이다.
> ⊙ 공동주택 접근형식 중 편복도형은 각 세대의 주거환경을 균질하게 할 수 있다.
> ⓒ 쿨데삭(cul-de-sac)은 통과교통이 없어 보행자의 안전성 확보에 유리하다.
> ⓔ 근린 생활권 중 인보구는 어린이놀이터가 중심이 되는 단위이다.

① ㄱ, ㄴ   ② ㄷ, ㄹ

③ ㄱ, ㄴ, ㄷ   ④ ㄴ, ㄷ, ㄹ

7 건축법령상 용어의 정의로 옳지 않은 것은?

① "초고층 건축물"이란 층수가 50층 이상이거나 높이가 200미터 이상인 건축물을 말한다.

② "주요구조부"란 기초, 내력벽, 기둥, 보, 지붕틀 및 주계단을 말한다.

③ "고층건축물"이란 층수가 30층 이상이거나 높이가 120미터 이상인 건축물을 말한다.

④ "거실"이란 건축물 안에서 거주, 집무, 작업, 집회, 오락, 그 밖에 이와 유사한 목적을 위하여 사용되는 방을 말한다.

8 고대 건축에 대한 설명으로 옳지 않은 것은?

① 인슐라(Insula)는 1층에 상점이 있는 중정 형태의 로마 시대 서민주택이다.

② 로마의 컴포지트 오더는 이오니아식과 코린트식 오더를 복합한 양식으로 화려한 건물에 많이 사용되었다.

③ 조세르왕의 단형 피라미드는 마스타바라고도 부르며 쿠푸왕의 피라미드보다 후기에 만들어졌다.

④ 우르의 지구라트는 신에게 제사를 지내는 신전의 기능과 천문관측의 기능을 동시에 가지고 있었으며, 평면은 사각형이고 각 모서리가 동서남북으로 배치되었다.

ANSWER 6.④ 7.② 8.③

6 ⊙ 공동주택 단면형식 중 단위주거의 복층형은 프라이버시가 좋으나 소규모 주택일수록 비경제적이다.

7 기초는 주요구조부에 속하지 않는다.
"주요구조부"란 내력벽(耐力壁), 기둥, 바닥, 보, 지붕틀 및 주계단(主階段)을 말한다. 다만, 사이 기둥, 최하층 바닥, 작은 보, 차양, 옥외 계단, 그 밖에 이와 유사한 것으로 건축물의 구조상 중요하지 아니한 부분은 제외한다.

8 "마스터바 - 단형피라미드 - 굴절형 피라미드 - 일반형 피라미드(쿠푸왕의 피라미드)"순의 변천단계를 거쳤다.

9 우리나라 전통 목조 가구식 건축에 대한 설명으로 옳은 것은?

① 정면(도리 방향) 5칸, 측면(보 방향) 3칸인 평면구성일 경우에는 칸 수가 24칸이다.

② 고주는 외곽기둥으로 사용되며, 평주와 우주는 내부기둥으로 사용된다.

③ 오량가는 종단면상에 보가 3줄, 도리가 2줄로 걸리는 가구형식이다.

④ 장방형의 건물은 일반적으로 정면(도리 방향) 중앙에 정칸을 두고 그 좌우에는 협칸을 둔다.

10 소화설비 중 스프링클러에 대한 설명으로 옳지 않은 것은?

① 스프링클러헤드와 소방대상물 각 부분에서의 수평거리(R)는 내화구조건축물의 경우 2.3m이며, 스프링클러를 정방형으로 배치한다면 스프링클러헤드 간의 설치간격은 $\sqrt{3}$ R로 나타낼 수 있다.

② 개방형은 천장이 높은 무대부를 비롯하여 공장, 창고에 채택하면 효과적이다.

③ 스프링클러헤드의 방수압력은 $1kg/cm^2$ 이상이고, 방수량은 80ℓ /min 이상이 되어야 한다.

④ 병원의 입원실에는 조기반응형 스프링클러헤드를 설치하여야 한다.

....

ANSWER 9.④ 10.①

9

① 정면(도리 방향) 5칸, 측면(보 방향) 3칸인 평면구성일 경우에는 칸 수가 15칸이다.

② 고주는 내부기둥으로 사용되며, 평주와 우주는 외부기둥으로 사용된다.

③ 오량가는 살림집 안채와 일반건물, 작은 대웅전 등에서 많이 사용하는 가구법이다. 종단면상에 도리가 다섯 줄로 걸리는 가구형식을 말한다.

10 스프링클러헤드와 소방대상물 각 부분에서의 수평거리(R)는 내화구조건축물의 경우 2.3m이며, 스프링클러를 정방형으로 배치한다면 스프링클러헤드 간의 설치간격은 $\sqrt{2}$ R로 나타낼 수 있다.

11 「주차장법 시행규칙」상 노외주차장의 출구 및 입구가 설치될 수 없는 경우는?

① 유치원 출입구로부터 24미터 이격된 도로의 부분

② 종단 기울기가 8퍼센트인 도로

③ 건널목의 가장자리로부터 6미터 이격된 도로의 부분

④ 횡단보도로부터 10미터 이격된 도로의 부분

12 병원 건축계획에 대한 설명으로 옳은 것만을 모두 고르면?

> ㉠ 「의료법 시행규칙」상 입원실은 내화구조인 경우에는 지하층에 설치할 수 있다.
> ㉡ 종합병원은 생산녹지지역 및 자연녹지지역에서 건축이 가능하다.
> ㉢ 간호사 근무실(nurse station)은 병실군의 중앙에 배치하여야 한다.
> ㉣ 「의료법 시행규칙」상 병상이 300개 이상인 종합병원은 입원실 병상 수의 100분의 3 이상을 중환자실 병상으로 만들어야 한다.

① ㉠, ㉡   ② ㉠, ㉢

③ ㉡, ㉢   ④ ㉢, ㉣

....

ANSWER 11.③ 12.③

11 노외주차장의 출구 및 입구가 설치될 수 없는 곳
- 교차로 · 횡단보도 · 건널목이나 보도와 차도가 구분된 도로의 보도
- 교차로의 가장자리나 도로의 모퉁이로부터 5미터 이내인 곳
- 안전지대가 설치된 도로에서는 그 안전지대의 사방으로부터 각각 10미터 이내인 곳
- 버스여객자동차의 정류지(停留地)임을 표시하는 기둥이나 표지판 또는 선이 설치된 곳으로부터 10미터 이내인 곳
- 건널목의 가장자리로부터 10미터 이내인 곳
- 터널 안 및 다리 위
- 도로공사를 하고 있는 경우에는 그 공사 구역의 양쪽 가장자리로부터 5미터 이내인 곳
- 「다중이용업소의 안전관리에 관한 특별법」에 따른 다중이용업소의 영업장이 속한 건축물로 소방본부장의 요청에 의하여 시 · 도경찰청장이 지정한 곳으로부터 5미터 이내인 곳
- 시 · 도경찰청장이 도로에서의 위험을 방지하고 교통의 안전과 원활한 소통을 확보하기 위하여 필요하다고 인정하여 지정한 곳
- 횡단보도(육교 및 지하횡단보도를 포함한다)로부터 5미터 이내에 있는 도로의 부분
- 너비 4미터 미만의 도로(주차대수 200대 이상인 경우에는 너비 6미터 미만의 도로)와 종단 기울기가 10퍼센트를 초과하는 도로
- 유아원, 유치원, 초등학교, 특수학교, 노인복지시설, 장애인복지시설 및 아동전용시설 등의 출입구로부터 20미터 이내에 있는 도로의 부분

12 ㉠ 「의료법 시행규칙」상 입원실은 3층 이상, 지하층에는 설치할 수 없다. 그러나 내화구조인 경우에는 3층 이상에 설치할 수 있다.
㉣ 「의료법 시행규칙」상 병상이 300개 이상인 종합병원은 입원실 병상 수의 100분의 5 이상을 중환자실 병상으로 만들어야 한다.

13 호텔 건축계획에 대한 설명으로 옳지 않은 것은?

① 기준층 기둥 간격은 객실 단위 폭(침실 폭 + 각 실 입구 통로 폭 + 반침 폭)의 두 배로 한다.

② 연면적에 대한 숙박부의 면적비는 평균적으로 리조트호텔보다 시티호텔이 크다.

③ 프런트 오피스는 호텔의 기능적 분류상 관리부분에 속한다.

④ 호텔 연회장의 회의실 1인당 소요 면적은 $1.8m^2$/인이다.

14 지상 15층 사무소 건축물에서 아침 출근 시간에 10분간 엘리베이터 이용자의 최대 인원수가 62명일 때, 일주시간이 5분인 10인승 엘리베이터의 최소 필요 대수는? (단, 10인승 엘리베이터 1대의 평균 수송 인원은 8명으로 한다)

① 3대

② 4대

③ 7대

④ 8대

15 극장 건축계획에 대한 설명으로 옳은 것은?

① 객석의 단면형식 중 단층형이 복층형보다 음향효과 측면에서 유리하다.

② 각 객석에서 무대 전면이 모두 보여야 하므로 수평시각은 클수록 이상적이다.

③ 공연장의 출구는 2개 이상 설치하며, 관람석 출입구는 관람객의 편의를 위하여 안여닫이 방식으로 한다.

④ 연극 등을 감상하는 경우 연기자의 표정을 읽을 수 있는 가시 한계(생리적 한도)는 22m이다.

16 「주택법 시행령」상 준주택에 해당하지 않는 것은? (단, 건축물의 종류 및 범위는 「건축법 시행령」에 따른다)

① 다중주택
② 다중생활시설
③ 기숙사
④ 오피스텔

ANSWER 16.①

16 다중주택은 단독주택으로 분류된다.

준주택 : 주택 외의 건축물과 그 부속토지로서 주거시설로 이용가능한 시설 등으로서 기숙사, 다중생활시설, 노인복지주택, 오피스텔이 이에 속한다.

다중생활시설〈다중생활시설 건축기준 제2조〉
다중이용업소의 안전관리에 관한 다중이용업 중 고시원업의 시설로서 다음 각 호의 기준에 적합한 구조이어야 한다.
• 각 실별 취사시설 및 욕조 설치는 설치하지 말 것(단, 샤워부스는 가능)
• 다중생활시설(공용시설 제외)을 지하층에 두지 말 것
• 각 실별로 학습자가 공부할 수 있는 시설(책상 등)을 갖출 것
• 시설내 공용시설(세탁실, 휴게실, 취사시설 등)을 설치할 것
• 2층 이상의 층으로서 바닥으로부터 높이 1.2미터 이하 부분에 여닫을 수 있는 창문(0.5제곱미터 이상)이 있는 경우 그 부분에 높이 1.2미터이상의 난간이나 이와 유사한 추락방지를 위한 안전시설을 설치할 것
• 복도 최소폭은 편복도 1.2미터이상, 중복도 1.5미터이상으로 할 것
• 실간 소음방지를 위하여 「건축물의 피난 · 방화구조 등의 기준에 관한 규칙」 제19조에 따른 경계벽 구조 등의 기준과 「소음방지를 위한 층간 바닥충격음 차단 구조기준」에 적합할 것
• 범죄를 예방하고 안전한 생활환경 조성을 위하여 「범죄예방 건축기준」에 적합할 것

---

17 다음과 같은 조건을 가진 어떤 학교 미술실의 이용률[%]과 순수율[%]은?

> 1주간 평균 수업시간은 50시간이다. 미술실이 사용되는 수업시간은 1주에 총 30시간이다. 그 중 9시간은 미술 이외 다른 과목 수업에서 사용한다.

	이용률	순수율
①	42	60
②	60	42
③	60	70
④	70	60

18 열교에 대한 설명으로 옳지 않은 것은?

① 열의 손실이라는 측면에서 냉교라고도 한다.
② 난방을 통해 실내온도를 노점온도 이하로 유지하면 열교를 방지할 수 있다.
③ 중공벽 내의 연결 철물이 통과하는 구조체에서 발생하기 쉽다.
④ 내단열 공법 시 슬래브가 외벽과 만나는 곳에서 발생하기 쉽다.

ANSWER 17.③ 18.②

17 1주간 평균수업시간이 50시간, 미술실이 사용되는 1주간 수업시간이 30시간이므로 이용률은 30/50=0.6이므로 60%가 된다.
미술실이 1주일동안 사용되는 시간이 30시간이며 이 중 9시간을 제외한 21시간이 미술교과를 위해 사용되므로 순수율은 21/30=0.7이므로 70%이다.

이용률 : $\dfrac{\text{교실이 사용되고 있는 시간}}{\text{1주간의 평균수업시간}} \times 100\%$

순수율 : $\dfrac{\text{일정한 교과를 위해 사용되는 시간}}{\text{교실이 사용되고 있는 시간}} \times 100\%$

18 난방을 통해 실내온도를 노점온도 이하로 유지하면 결로가 발생하기 쉽고 열교가 유발될 수 있다.

19 다음 설명에 해당하는 사회심리적 요인은?

> • 어떤 물건 또는 장소를 개인화하고 상징화함으로써 자신과 다른 사람을 구분하는 심리적 경계이다.
> • 개인이나 집단이 어떤 장소를 소유하거나 지배하기 위한 환경장치이다.
> • 침해당하면 소유한 사람들은 방어적인 반응을 보인다.
> • 오스카 뉴먼(Oscar Newman)은 이 개념을 이용해 방어적 공간(defensible space)을 주장했다.

① 영역성
② 과밀
③ 프라이버시
④ 개인공간

20 음환경에 대한 설명으로 옳지 않은 것은?

① 다공성 흡음재는 중·고주파 흡음에 유리하고 판(막)진동 흡음재는 저주파 흡음에 유리하다.
② 잔향시간이란 실내에 일정 세기의 음을 발생시킨 후 그 음이 중지된 때로부터 실내의 평균에너지 밀도가 최초값보다 60dB 감쇠하는 데 소요되는 시간을 말한다.
③ 동일 면적의 공간에서 층고를 낮추면 잔향시간은 늘어난다.
④ 공기의 점성저항에 의한 음의 감쇠는 잔향시간에 영향을 준다.

ANSWER 19.① 20.③

19 보기에 제시된 사항들은 영역성에 관한 내용들이다.
   ※ **방어공간의 영역성** … 인간이 물리적 경계를 정해 자기영역을 확보하고 유지하는 행동을 의미하며 어떤 물건 또는 장소를 개인화, 상징화하여 자신과 다른 사람을 구분하는 심리학적 경계이다. 동물과 사람 모두에게 적용되며 범죄예방을 위한 공간설계에 적용될 수 있는 개념이다.

20 동일 면적의 공간에서 층고를 낮추게 되면 실의 체적이 감소되어 잔향시간이 줄어들게 된다.

1 건축가와 주요 사상 및 대표 작품의 연결이 옳지 않은 것은?

① 프랭크 로이드 라이트(Frank Lloyd Wright) - 유기적 건축 - 낙수장(Falling Water)

② 르 꼬르뷔제(Le Corbusier) - 근대건축의 5원칙 - 라투레트 수도원(Sainte Marie de La Tourette)

③ 미스 반 데어 로에(Mies van der Rohe) - 적을수록 풍부하다(Less is more) - 시그램 빌딩(Seagram Building)

④ 필립 존슨(Philip Johnson) - 지역주의 - 로이드 보험 본사(Lloyd's of London)

2 기후대에 따른 토속건축에 대한 설명으로 옳은 것은?

① 고온건조기후에서는 일사가 충분하므로 이를 최대한 활용하기 위해 개구부의 수가 많고 크기 또한 크다.

② 고온다습기후에서는 증발에 의한 냉각효과가 잘 일어나므로 습공기의 실내 체류 시간이 최대한 길게 설계되었다.

③ 온난기후에서는 따뜻한 기후가 유지되므로 처마 등의 차양으로 연중 최대한 일사가 들지 않도록 하였다.

④ 한랭기후에서는 열손실을 최소로 하는 것이 중요하므로 용적에 대한 표면적의 비율이 최소화되었다.

ANSWER 1.④ 2.④

1 로이드 보험 본사(Lloyd's of London)는 제임스스털링의 작품으로서 신합리주의 성향의 건축물이다.

2 ① 고온건조기후에서는 일사의 직접적 영향을 최소화하기 위해 개구부의 수와 크기를 최소로 한다.
② 고온다습기후에서는 높은 습도로 인해 증발이 원활하지 않으므로 습공기의 실내 체류 시간이 최대한 짧도록 설계되었다.
③ 온난기후는 여름에 덥고 겨울에 춥다. 주로 여름철의 강한 일사를 피하기 위해 처마 등의 차양을 설치하였으나 연중 일사가 들지 않도록 하기 위한 것은 아니었다. (온난기후지역이라고 하여도 기온이 낮아지기 시작하는 가을과 겨울철에는 가능한 많은 일사를 받도록 하였다.)

3 학교건축계획에서 교과교실형에 대한 설명으로 옳은 것은?

① 각 학급이 전용 일반교실을 가지며 특정 교과는 특별교실을 두고 운영한다.

② 각 교과의 순수율이 높은 교실이 주어지며 시설의 수준이 높아진다.

③ 학생의 이동이 적으며 교실 이용률이 100%라 하더라도 반드시 순수율이 높다고 할 수 없다.

④ 초등학교 저학년에 가장 적합하며 안정적인 생활을 위한 홈베이스가 필요하다.

4 난방방식에 대한 설명으로 옳지 않은 것은?

① 온수난방은 난방 휴지기간이 길면 동결의 우려가 있으나 증기난방에 비하여 쾌감도는 높다.

② 증기난방은 현열을 이용하므로 배관 관경이 크고 열의 운반능력 또한 커서 연속난방에 적합하다.

③ 온풍난방은 예열시간이 짧아 손쉽게 이용할 수 있으나 소음이 크고 쾌감도가 낮다.

④ 복사난방은 방이 개방된 상태에서도 난방효과가 있으며 방열기가 필요 없어 바닥면의 이용도가 높다.

ANSWER 3.② 4.②

3 ① 각 학급이 전용 일반교실을 가지며 특정 교과는 특별교실을 두고 운영하는 방식은 종합교실형이다.
③ 교과교실형은 학생의 이동이 많고 해당 교과를 위해 교실의 사용빈도가 높아질수록 순수율이 높아진다.
④ 교과교실형은 초등학교 저학년에는 적합하지 않으며 고학년에 적합한 방식이다.

4 증기난방은 잠열을 이용하는 방식으로서 간헐난방에 적합하다.
※ 증기난방
㉠ 잠열을 이용하기 때문에 열의 운반능력이 크다.
㉡ 예열시간이 짧고 증기순환이 빠르다.
㉢ 방열면적을 온수난방보다 작게 할 수 있다.
㉣ 유지비와 설비비가 저렴하다.
㉤ 한랭지에서 동결의 우려가 적다.
㉥ 간헐난방을 하는 장소에 적합하다.
㉦ 타는 듯한 냄새가 나며 쾌감도가 낮다.
㉧ 고온이므로 난방부하의 변동에 따라 방열량 조절이 어렵다.
㉨ 소음이 크게 발생하고 방열기 표면에 접하면 화상의 위험이 있다.
㉩ 중앙에서 계통별 용량제어가 곤란하다.

5 건축법령상 '건축물'에 해당하지 않는 것은?

① 주택의 대문

② 공장의 담장

③ 높이 6미터의 고가수조

④ 지붕과 기둥만 있는 차고

6 「건축법 시행령」상 리모델링이 쉬운 구조의 요건이 아닌 것은?

① 각 세대는 인접한 세대와 수직 또는 수평 방향으로 통합하거나 분할할 수 있을 것

② 구조체에서 건축설비, 내부 마감재료 및 외부 마감재료를 분리할 수 있을 것

③ 개별 세대 안에서 구획된 실(室)의 크기, 개수 또는 위치 등을 변경할 수 있을 것

④ 세대 내부 내력벽 및 기둥의 길이 비율을 높여 경제성 확보 및 공기 단축을 유도할 수 있을 것

ANSWER 5.③ 6.④

5 건축법에서 건축물이라 함은 토지에 정착하는 공작물 중 지붕과 기둥 또는 벽이 있는 것과 이에 부수되는 담장, 대문 등의 시설물, 지하 또는 고가의 공작물에 설치하는 사무소, 공연장, 점포, 차고, 창고 기타 대통령령으로 정한 것을 말한다. 고가수조는 건축물이 아닌 공작물로서 분류된다.

6 세대 내부의 내력벽과 기둥의 길이의 비율이 증가하면 리모델링에 있어 제약이 많아지게 된다.

7 우리나라 전통건축 부재에 대한 설명으로 옳은 것은?

① 첨차는 보방향으로 걸리고, 살미는 도리방향으로 걸리는 공포부재이다.

② 평방은 외진기둥을 한 바퀴 돌면서 기둥머리를 연결한 부재로, 다포식의 경우에는 평방만으로 간포의 하중을 견디기 어려워 그 위에 창방을 올린다.

③ 소로는 주두와 모양이 같고 크기가 작은 부재로, 장혀나 공포재(첨차, 살미 등) 밑에 놓여 상부 하중을 아래로 전달하는 역할을 하는 부재이다.

④ 장혀는 포와 포 사이에 놓여 화반을 받치고 있는 부재이다.

.....

ANSWER 7.③

7 ① 살미는 보방향으로 걸리고, 첨차는 도리방향으로 걸리는 공포부재이다. (살미는 보방향으로 놓이는 부재로 도리방향으로 놓이는 첨차와 함께 결구된다.)

② 창방은 외진기둥(건축공간을 형성하는 기본 축부(軸部)로 건축물 구축의 근간이 되는 것으로서, 건물의 외부 변두리에 둘러 세운 기둥)을 한 바퀴 돌면서 기둥머리를 연결한 부재이다.

④ 화반은 주로 익공집에서 볼 수 있는 것으로 포와 포 사이의 포벽에 놓여 장혀의 중간을 받치고 있는 부재를 말한다.

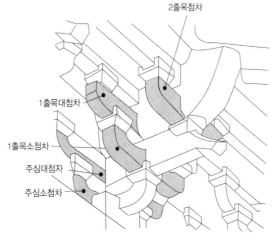

첨차(봉정사 대웅전)

8 르네상스 시대 건축가와 업적에 대한 설명으로 옳은 것만을 모두 고르면?

> ㉠ 필리포 브루넬레스키(Filippo Brunelleschi)는 입체적 원근법을 도입한 투시도법을 창안하였다.
> ㉡ 레온 바티스타 알베르티(Leon Battista Alberti)는 「건축론(De re aedificatoria)」을 저술하였다.
> ㉢ 안토니오 산텔리아(Antonio Sant'Elia)는 비트루비우스의 「건축십서」를 번역한 초기 르네상스시대 건축가이다.
> ㉣ 안드레아 팔라디오(Andrea Palladio)는 「건축의 다섯 오더」에서 고전건축의 다섯 가지 비례를 정량적으로 법칙화 하여 오더를 정확히 그릴 수 있도록 하였다.

① ㉠, ㉡

② ㉢, ㉣

③ ㉠, ㉡, ㉣

④ ㉠, ㉢, ㉣

ANSWER 8.①

8 • 안토니오 산텔리아는 이탈리아의 미래주의 건축가였던 인물이다.
  • 비트루비우스의 「건축십서」를 번역한 초기 르네상스시대 건축가는 알베르티이다.
  • 안드레아 팔라디오는 비트루비우스와 알베르티의 저서를 연구하여 건축사서를 저술하였다. 팔라디오의 작품 중 가장 유명한 건축물은 빌라 라 로툰다Villa La Rotonda(1569)다.
  • '건축의 다섯 오더'에서 고전건축의 다섯가지 오더의 비례를 정량적으로 법칙화하여 오더를 정확히 그릴 수 있도록 한 인물은 쟈코모 바로찌이다. 그의 이 책은 이후 2~3백년간 북유럽의 건축가에게 필수적인 고전주의 건축의 교과서가 되었다.

> 쟈코모 바로찌는 미켈라젤로 이후 로마에서 가장 두각을 나타낸 이탈리아 마니에리스모 건축가. 작품 가운데 공동작품이거나 다른 사람이 시작한 건물을 완성한 것이 많다. 아일(복도)를 없애고 네이브를 넓혀 높은 제단에 초점을 맞춘 일 제수 교회 설계안은 타원형 평면을 가진 산타 안나 데이 팔라프레니에리 교회(1572년경 착공)와 마찬가지로 큰 영향을 미쳤다.

9 「장애인·노인·임산부 등의 편의증진 보장에 관한 법률 시행규칙」상 다음 그림과 같이 복도의 벽에 손잡이를 설치할 때 규격을 바르게 나열한 것은?

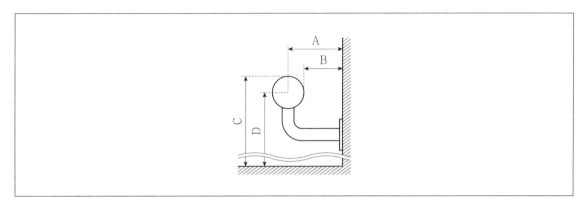

	손잡이와 벽의 간격	간격	손잡이의 높이	높이
①	A	3.2 ~ 3.8cm	D	0.85m 내외
②	A	5cm 내외	D	0.8 ~ 0.9m
③	B	3.2 ~ 3.8cm	C	0.85m 내외
④	B	5cm 내외	C	0.8 ~ 0.9m

....

ANSWER 9.④

9 손잡이와 벽의 간격은 B를 의미하며 적정간격은 5cm내외이어야 한다.
또한 손잡이의 높이는 C를 의미하며 적정높이는 0.8~0.9m정도이다.

10 업무시설 용도의 건축물에서 승강기 설치계획에 대한 설명으로 옳은 것은? (단, 승용승강기는 비상용승강기 구조로 하지 않는다)

① 승강기 대수는 1시간 동안 실제 운반해야 할 총인원수를 5분간 1대가 운반하는 인원수로 나눈 값으로 산정한다.

② 승강기 운행형식 중 스킵스톱운행은 2대 이상의 승강기를 병설하는 경우에 주로 적용하여 승강장 수를 줄일 수 있으나 시설비가 많이 든다.

③ 건축법령상 6층 이상의 거실 면적의 합계가 5,000m^{2}인 경우 16인승 승용승강기로 계획한다면 1대를 설치한다.

④ 건축법령상 높이 31m를 넘는 각 층의 바닥면적 중 최대 바닥면적이 5,000m^{2}인 경우 비상용승강기는 2대를 설치한다.

ANSWER 10.③

10 ① 승강기 대수는 5분간의 최대 이용자수를 기준으로 1대의 왕복시간을 이용하여 대수를 산출한다.
② 승강기 운행형식 중 스킵스톱운행은 필요한 승강장의 수가 늘어나게 된다.
④ 건축법령상 높이 31m를 넘는 각 층의 바닥면적 중 최대 바닥면적이 5,000m^{2}인 경우 비상용승강기는 3대를 설치해야 한다.
(아래의 수식을 통해 계산하면 필요한 비상용승강기 대수는 2.16대가 나오며 이는 3대로 산정해야 한다.)
1. 높이 31미터를 넘는 각 층의 바닥면적 중 최대 바닥면적이 1천500 제곱미터 이하인 건축물 : 1대 이상
2. 높이 31미터를 넘는 각 층의 바닥면적 중 최대 바닥면적이 1천500 제곱미터를 넘는 건축물 : 1대에 1천500 제곱미터를 넘는 3천 제곱미터 이내마다 1대씩 더한 대수 이상

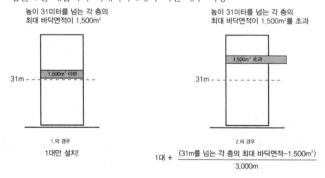

11 공연장 평면유형에 대한 설명으로 옳지 않은 것은?

① 아레나(arena)형은 무대배경을 만들지 않으므로 경제적이다.

② 프로시니엄(proscenium)형은 가까운 거리에서 가장 많은 관객을 수용할 수 있고 연기자와의 접촉면도 넓다.

③ 오픈 스테이지(open stage)형은 연기자가 다양한 방향감 때문에 통일된 효과를 나타내는 것이 쉽지 않다.

④ 가변형 무대(adaptable stage)는 작품의 성격에 따라 연출에 적합한 성격의 공간을 만들어 낼 수 있다.

12 기계식 주차시설에 대한 설명으로 옳지 않은 것은?

① 단시간 내에 많은 차량의 주차가 가능하다.

② 고층의 입체적인 주차가 가능하므로 지가(地價)가 비싼 대지에 유리하다.

③ 기계 고장 시 승강 및 피난이 어렵다.

④ 자주식에 비해 운영비가 많이 든다.

ANSWER 11.② 12.①

11 프로시니엄(proscenium)형식은 프로시니엄 아치로 무대와 객석을 사진틀처럼 확연하게 구분한 무대 형식(액자 무대)이다. 이는 가까운 거리에 많은 관객을 수용하기에는 무리가 있는 형식이다.
'프로시니엄'이라는 말은 높은 바닥의 무대로부터 관객을 분리하는 커다란 중앙의 트인 문을 가진 벽에서 비롯된 말이다. '아치'라고 불렸으나 이것은 실제로는 직사각형이었다. 실제로 관객들은 무대의 정면만을 바라볼 수 있으며, 측면 및 후면은 바라볼 수가 없게 된다. 철저히 제작자들의 의도된 연출만을 관람할 수 있는 형태의 극장인 것이다.
가까운 거리에서 가장 많은 관객을 수용할 수 있고 연기자와의 접촉면도 넓은 형식은 아레나형식이다.

12 기계식 주차는 좁은 면적의 대지상에 여러 대의 차량을 주차시키기 위해 여러 층으로 구성된 운반기계를 적용하는 형식으로서 단시간 내에 많은 차량을 주차시키기는 매우 어려운 방식이다.

13 게슈탈트(gestalt) 이론에 따른 지각법칙에 대한 설명으로 옳은 것은?

① 연속성(good continuation) − 형이나 그룹이 방향성을 잃고 단절되어 지각되는 경향

② 폐쇄성(closure) − 불완전한 형이나 그룹이 완전한 형이나 그룹으로 완성되어 지각되는 경향

③ 근접성(proximity) − 형이나 그룹이 가까이 있을수록 분리된 것으로 지각되는 경향

④ 유사성(similarity) − 유사한 모양의 형이나 그룹을 하나의 부류로 지각하지 못하는 경향

14 음에 대한 설명으로 옳은 것만을 모두 고르면?

> ㉠ '음의 강도(sound intensity)'와 '최소가청음 강도($= 10^{-12}\,\mathrm{W/m^2}$)'의 비율로 '음의 세기레벨'을 구할 수 있다.
> ㉡ '음압레벨'이 20dB에서 40dB로 변하면 음압은 10배로 증가한다.
> ㉢ '잔향시간'은 실의 용적에 비례하고 흡음력에 반비례한다.

① ㉠, ㉡

② ㉠, ㉢

③ ㉡, ㉢

④ ㉠, ㉡, ㉢

ANSWER 13.② 14.④

13 ① 연속성(good continuation) : 중간에 끊기는 대상보다 연속적으로 부드럽게 직선이나 곡선을 이루는 시각적 요소들을 더 잘 인지하는데 이러한 형태 지각경향을 말한다.
③ 근접성(proximity) : 형이나 그룹이 가까이 있을수록 하나로 묶어 지각하려는 경향을 말한다.
④ 유사성(similarity) : 유사한 모양의 형이나 그룹을 하나의 부류로 지각하는 경향을 말한다.

14 음에 대한 설명으로 제시된 보기는 모두 맞는 것이다.

15 일조와 일사에 대한 설명으로 옳은 것은?

① 일조는 태양으로부터 받는 열의 복사에너지를 말한다.

② 일조시간을 가조시간으로 나눈 비율을 일조율이라고 한다.

③ 일사 차단을 위한 차양은 실내에 설치하는 것이 실외에 설치하는 것보다 효과적이다.

④ 일사량의 단위는 $W/m^2 \cdot {}^\circ C$로 나타낸다.

16 주거건축에서 부엌에 대한 설명으로 옳은 것은?

① 일렬형(일자형)은 소규모에 적합하다.

② 주방의 시설은 개수대, 조리대, 냉장고, 준비대, 가열대, 배선대 순으로 배치한다.

③ 작업삼각형은 냉장고, 개수대, 배선대를 연결한 것이다.

④ 작업삼각형의 길이는 2.4 ~ 3.4m 범위가 적당하다.

ANSWER 15.② 16.①

15 ① 일사는 지표면에 도달하는 태양복사에너지로 따갑고 강한 느낌을 주는 등 피부가 인지할 수 있는 요소이다. 반면 일조는 태양광선이 구름이나 안개로 가려지지 않고 실재로 땅위를 비춰 시각적으로 느낄 수 있는 현상으로 양적의미보다 시간적 개념으로 표현된다.

③ 일사 차단을 위한 차양은 실외에 설치하는 것이 실내에 설치하는 것보다 효과적이다.

④ 일사량은 단위면적당 입사하는 태양광에너지를 말한다. 일사량의 단위는 ($kWh/m^2 \cdot$ 기간으로 나타낸다. 실측치를 기초로 한 추정치에 따라 국내 각지의 일사량을 구할 수 있으며, 그 값은 대략 3.4~5.3$kWh/m^2 \cdot$ 일(연간 최적경사각 1일 m^2당 일사량)의 범위에 들어오게 된다.

16

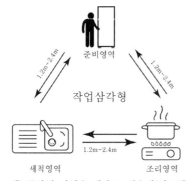

② 주방의 시설은 냉장고-개수대(싱크대)-조리대-가열대-배선대 순으로 배치한다.

③ 작업삼각형은 냉장고, 개수대, 조리대를 연결한 것이다.

④ 작업삼각형의 길이는 3.6 ~ 6.0m 범위가 적당하다

17 「지구단위계획수립지침」상 '지구단위계획의 성격'에 대한 설명으로 옳지 않은 것은?

① 관할 행정구역내의 일부지역을 대상으로 토지이용계획과 건축물계획이 서로 환류되도록 함으로써 평면적 토지이용계획과 입체적 시설계획이 서로 조화를 이루도록 하는데 중점을 둔다.

② 난개발 방지를 위하여 개별 개발수요를 집단화하고 기반시설을 충분히 설치함으로써 개발이 예상되는 지역을 체계적으로 개발·관리하기 위한 계획이다.

③ 지구단위계획구역 및 지구단위계획은 도시·군관리계획으로 결정한다.

④ 향후 20년에 걸쳐 나타날 시·군의 성장·발전 등의 여건변화와 향후 10년에 개발이 예상되는 일단의 토지 또는 지역과 그 주변지역의 미래모습을 상정하여 수립하는 계획이다.

18 「건축물의 설비기준 등에 관한 규칙」상 '피뢰설비'에 대한 설명으로 옳은 것은?

① 피뢰설비의 재료는 최소 단면적이 피복이 없는 동선(銅線)을 기준으로 수뢰부, 인하도선 및 접지극은 40제곱밀리미터 이상이거나 이와 동등 이상의 성능을 갖추어야 한다.

② 급수·급탕·난방·가스 등을 공급하기 위하여 건축물에 설치하는 금속배관 및 금속재 설비는 전위(電位) 차이가 발생하도록 전기적으로 접속해야 한다.

③ 낙뢰의 우려가 있는 건축물, 높이 20미터 이상의 건축물에는 기준에 적합한 피뢰설비를 설치해야 한다.

④ 돌침은 건축물의 맨 윗부분으로부터 20센티미터 이상 돌출시켜 설치해야 한다.

ANSWER 17.④ 18.③

17 지구단위계획은 향후 10년 내외에 걸쳐 나타날 시·군의 성장·발전 등의 여건변화와 향후 5년 내외에 개발이 예상되는 일단의 토지 또는 지역과 그 주변지역의 미래모습을 상정하여 수립하는 계획이다.

18 ① 피뢰설비의 재료는 최소 단면적이 피복이 없는 동선(銅線)을 기준으로 수뢰부, 인하도선 및 접지극은 50제곱 밀리미터 이상이거나 이와 동등 이상의 성능을 갖추어야 한다.

② 급수·급탕·난방·가스 등을 공급하기 위하여 건축물에 설치하는 금속배관 및 금속재 설비는 전위(電位)가 균등하게 이루어지도록 전기적으로 접속해야 한다.

④ 돌침은 건축물의 맨 윗부분으로부터 25센티미터 이상 돌출시켜 설치해야 한다.

19 일정한 실내온도상승률 이상에서 작동하는 기능을 포함하고 있는 '자동화재탐지설비'만을 모두 고르면?

ⓐ 정온식 감지기
ⓑ 차동식 감지기
ⓒ 보상식 감지기
ⓓ 광전식 감지기

---

① ㉠, ㉢
② ㉠, ㉣
③ ㉡, ㉢
④ ㉡, ㉣

20 배수 및 통기설비에 대한 설명으로 옳지 않은 것은?

① 자기 사이펀 작용은 수직관 가까이 기구가 설치되어 있을 때 수직관 위로부터 일시에 대량의 물이 낙하하면 순간적으로 관내 연결부에 진공이 생겨 봉수를 파괴한다.
② 루프통기방식은 2개 이상의 트랩을 하나의 통기관을 이용하여 통기하는 방식이며, 감당할 수 있는 기구 수는 8개 이내이다.
③ 트랩은 배수관 내의 유해가스나 악취의 역류를 방지하는 기구이다.
④ 통기관의 설치목적은 트랩의 봉수가 파괴되지 않도록 하며 배수의 흐름을 원활히 하는 것이다.

ANSWER 19.③ 20.①

19 감지기는 차동식, 정온식, 보상식으로 나누어지는데 차동식은 일정한 온도상승률 이. 상 되면 작동하는 감지기이며, 정온식은 일정한 온도가 되면 작동하는 감지기이다. 보상식은 차동식과 정온식의 성능을 겸한 감지기이다. 따라서 보기에 제시된 감지기들 중 일정한 실내온도상승률 이상에서 작동하는 감지기는 차동식감지기와 보상식감지기이다.

20 • 자기사이펀작용: 배수관 내 다량의 공기가 배수 중 혼입되어 사이펀관을 형성하여 만수상태로 흐르면 사이펀작용으로 트랩 내의 봉수가 배수관 쪽으로 흡입 배출되는 현상이다.
• 유인사이펀작용(흡입작용, 흡출작용): 수직관에 접근하여 있는 트랩일 경우, 수직관 상부에서 다량의 물을 배수할 때 감압에 의한 흡입작용으로 트랩의 봉수가 흡입, 흡출되는 현상이다.

1 박물관의 특수전시기법에 대한 설명으로 옳지 않은 것은?

① 영상 전시 – 현물을 직접 전시할 수 없는 경우나 오브제 전시만의 한계를 극복하기 위해 사용한다.

② 하모니카 전시 – 하모니카의 흡입구처럼 동일한 공간을 연속하여 배치한다.

③ 파노라마 전시 – 연속적인 주제를 전경으로 펼쳐지도록 연출한다.

④ 디오라마 전시 – 2차원적인 매체를 활용하여 입체감이나 현장감보다는 전시물의 군집배치에 초점을 맞춘다.

2 다음 제시된 건축의 과정을 순서대로 바르게 나열한 것은?

(개) 계획설계(기본계획)	(내) 실시설계
(대) 거주 후 평가	(래) 기본설계(중간설계)
(매) 시공 및 감리	(배) 기획

① (배) → (개) → (래) → (내) → (매) → (대)

② (배) → (개) → (대) → (대) → (내) → (매)

③ (배) → (래) → (개) → (내) → (매) → (대)

④ (배) → (래) → (개) → (대) → (내) → (매)

ANSWER 1.④ 2.①

1 디오라마 전시는 3차원적인 매체를 활용하여 입체감이나 현장감을 살린 전시기법이다.

2 건축의 과정 : 기획 → 계획설계(기본계획) → 기본설계(중간설계) → 실시설계 → 시공 및 감리 → 거주 후 평가

3 근린생활권 주거단지 단위 중의 하나로 대략 100ha의 면적에 초등학교를 중심으로 하여 어린이공원, 운동장, 우체국, 소방서 등이 설치되는 단위는?

① 인보구

② 근린분구

③ 근린주구

④ 근린지구

4 백화점의 수직 동선계획에 대한 설명으로 옳지 않은 것은?

① 에스컬레이터는 전체 연면적에 대한 점유율이 높고 설치비용이 많이 든다.

② 엘리베이터는 에스컬레이터에 비해 수송량 대비 점유면적이 작아 가장 효율적인 수송 수단이다.

③ 에스컬레이터는 엘리베이터에 비해 고객의 대기 시간이 짧으며 수송 능력이 좋다.

④ 엘리베이터는 가급적 집중배치하고, 고객용, 화물용, 사무용으로 구분한다.

ANSWER 3.③ 4.②

3 근린주구 : 근린생활권 주거단지 단위 중의 하나로 대략 100ha의 면적에 초등학교를 중심으로 하여 어린이공원, 운동장, 우체국, 소방서 등이 설치되는 단위

4 엘리베이터는 에스컬레이터에 비해 수송량 대비 점유면적이 크다.

5 「건축물의 설비기준 등에 관한 규칙」상 다음 창호 평면에 나타난 피벗(pivot) 종축창의 배연창 유효면적 산정기준은? (단, W는 창의 폭, H는 창의 유효 높이이다)

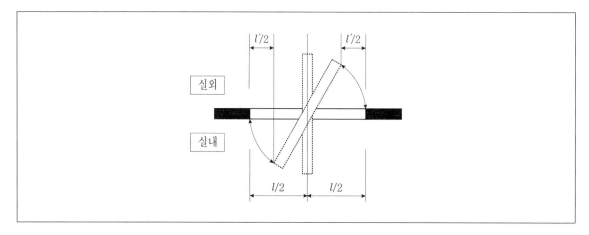

> l : 90° 회전시 창호와 직각방향으로 개방된 수평거리
>
> l' : 90° 미만 0° 초과시 창호와 직각방향으로 개방된 수평거리

① $W \times l'/2 \times 2$　　　　　　　　　② $W \times l/2 \times 2$

③ $H \times l'/2 \times 2$　　　　　　　　　④ $H \times l/2 \times 2$

ANSWER 5.③

5 엘리베이터는 에스컬레이터에 비해 수송량 대비 점유면적이 크다.

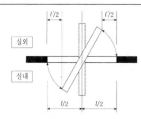

배연창의 유효면적 산정식: $H \times l'/2 \times 2$

H : 창의 유효높이

l' : 90° 미만 0° 초과시 창호와 직각방향으로 개방된 수평거리

6 유치원의 세부공간 계획에 대한 설명으로 옳지 않은 것은?

① 유희실은 안전성과 방음효과를 고려하여 바닥의 소재를 선정한다.

② 화장실은 교실 내부 또는 가장 가까운 곳에 배치하여 교사가 지도할 수 있도록 한다.

③ 유원장은 정적 놀이공간, 중간적 놀이공간, 동적 놀이공간으로 구분하여 공간을 구성한다.

④ 개인용 물품이나 교재 등을 보관하는 창고는 필수공간이 아니므로 선택적으로 계획한다.

7 극장 건축계획에 대한 설명으로 옳지 않은 것은?

① 아레나(arena)형은 객석과 무대가 하나의 공간에 있으므로 배우와 관객 간의 일체감을 높여 긴장감이 높은 공연에 적합하다.

② 프로시니엄(proscenium)형은 그림의 액자와 같이 관객의 눈을 무대에 쏠리게 하는 시각적 효과가 있어 강연, 연극공연 등에 적합하다.

③ 플라이 갤러리(fly gallery)는 그리드 아이언에 올라가는 계단과 연결되며, 무대 주위의 벽에 6~9m 높이로 설치되는 좁은 통로이다.

④ 사이클로라마(cyclorama)는 무대의 천장 밑에 철골을 촘촘히 깔아 바닥을 형성하여 무대배경이나 조명기구 또는 음향 반사판 등을 매달 수 있게 하는 장치이다.

8 「도시 및 주거환경정비법」상 이 법에서 정한 절차에 따라 도시기능을 회복하기 위하여 정비구역에서 정비기반시설을 정비하거나 주택 등 건축물을 개량 또는 건설하는 "정비사업" 해당하지 않는 것은?

① 재건축사업

② 재개발사업

③ 가로주택정비사업

④ 주거환경개선사업

....

ANSWER 6.④ 7.④ 8.③

6 개인용 물품이나 교재 등을 보관하는 창고는 필수공간이다.

7 무대의 천장 밑에 철골을 촘촘히 깔아 바닥을 형성하여 무대배경이나 조명기구 또는 음향 반사판 등을 매달 수 있게 하는 장치는 그리드아이언(Grid iron)이다.

8 가로주택정비사업은 종전의 가로를 유지하고 기반시설의 추가부담 없이 소규모로 주거환경을 개선하기 위한 사업이다.

9 상점의 건축계획에 대한 설명으로 옳지 않은 것은?

① 평면형식 중 환상배열형은 중앙에 소형 상품을, 벽면에 대형 상품을 진열하는 데 적합하다.

② 고객 동선은 가능한 한 길게, 종업원의 동선은 가능한 한 짧게 하는 것이 합리적이다.

③ 측면판매 방식은 충동적 구매와 선택이 용이하지만, 판매원을 위한 통로 공간으로 인해 진열면적이 감소한다.

④ 매장계획 시 고객을 감시하기 쉬우나, 고객이 감시받고 있다는 인상을 주지 않도록 한다.

10 교육시설의 건축계획에 대한 설명으로 옳지 않은 것은?

① 과학교실은 실험 실습을 위한 전기, 가스, 급배수 설비를 갖춘다.

② 미술실은 실내가 균일한 밝기의 조도를 유지할 수 있도록 배치한다.

③ 음악실은 적당한 잔향 시간을 유지하도록 한다.

④ 도서실은 학교의 모든 곳으로부터 접근이 편리한 위치에 있도록 배치하며 이용 활성화를 위해 폐가식으로 운영한다.

11 실내공기질 관리법령상 다중이용시설의 실내공기질에 대해서는 공기오염물질에 따라 유지기준과 권고기준으로 구분하고 있다. 다음 중 유지기준 항목인 공기오염물질만을 모두 고르면?

㉠ 미세먼지	㉡ 이산화탄소
㉢ 오존	㉣ 라돈
㉤ 석면	㉥ 일산화탄소

① ㉠, ㉡, ㉢

② ㉠, ㉡, ㉥

③ ㉢, ㉣, ㉤

④ ㉣, ㉤, ㉥

ANSWER 9.③ 10.④ 11.②

9 측면판매방식의 경우 판매원을 위한 공간면적이 대면판매방식에 비해서 감소되므로 진열 면적이 증가한다.

10 도서실은 학교의 모든 곳으로부터 접근이 편리한 위치에 있도록 배치하며 이용 활성화를 위해 개가식으로 운영한다.

11 • 실내공기질 유지기준 : 미세먼지, 이산화탄소, 일산화탄소, 포름알데히드, 총부유세균
• 실내공기질 권고기준 : 이산화질소, 라돈, 총휘발성유기화합물, 곰팡이

12 「건축법」상 건축물의 높이를 일조 등의 확보를 위하여 정북방향의 인접 대지경계선으로부터의 거리에 따라 대통령령으로 정하는 높이 이하로 하여야 하는 지역만을 모두 고르면?

ㄱ 제1종전용주거지역　　　　　ㄴ 제3종일반주거지역
ㄷ 준주거지역　　　　　　　　　ㄹ 준공업지역

---

① ㄱ

② ㄱ, ㄴ

③ ㄱ, ㄴ, ㄷ

④ ㄴ, ㄷ, ㄹ

13 사무소의 건축계획에 대한 설명으로 옳지 않은 것은?

① 코어의 종류에는 편심코어형, 중앙(중심)코어형, 독립코어형, 양단코어형 등이 있다.

② 코어는 내력 구조체의 기능을 수행하여 건물의 구조적 안정성을 증대시킨다.

③ 오피스 랜드스케이핑(office landscaping)은 개방식 배치의 한 형태로, 업무환경의 변화에 따라 공간을 조정할 수 있다.

④ 복도형 사무실(corridor office)은 한 장소에서 책상과 시설을 서열에 따라 배치하며, 업무에 대한 감독 및 커뮤니케이션이 쉽다.

ANSWER 12.② 13.④

12 주거지역은 반드시 건축물의 높이를 일조 등의 확보를 위하여 정북방향의 인접 대지경계선으로부터의 거리에 따라 대통령령으로 정하는 높이 이하로 하여야한다. 그러나 준주거지역이나 준공업지역 등은 그러하지 아니하다.

13 복도형 사무실은 주로 개실임대나 연구실, 음원실 등을 위한 사무실 형태로서 폐쇄적 구조로 인해 업무에 대한 감독과 커뮤니케이션이 어렵다.

14 그림은 한국전통건축의 기법을 표현한 것이다. (개)~(라)를 바르게 연결한 것은?

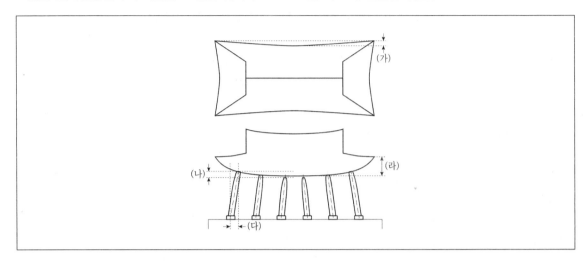

	(개)	(내)	(대)	(래)
①	안허리곡	귀솟음	안쏠림	앙곡
②	앙곡	안허리곡	안쏠림	귀솟음
③	안허리곡	귀솟음	앙곡	후림
④	후림	귀솟음	안쏠림	안허리곡

14 (개)는 안허리곡, (내)는 귀솟음, (대)는 안쏠림, (래)는 앙곡이다.

15 주거시설의 건축계획에 대한 설명으로 옳지 않은 것은?

① 평면계획 시 생활행위를 고려하여 일반적으로 취침공간과 식사공간을 분리하여 배치한다.

② 동선의 3요소인 빈도, 속도, 궤적을 고려하여 침실-테라스-창고와 같이 속도가 높은 구간에 가구를 배치한다.

③ 향에 따른 배치계획을 할 경우 북쪽은 종일 햇빛이 들지 않고 북풍을 받아 춥지만, 조도가 균일하여 아틀리에 등의 작업실을 두기에 유리하다.

④ 개인생활공간, 공동 생활공간, 가사노동공간으로 구분할 수 있는 3개 생활공간의 동선은 상호 분리하여 간섭이 없어야 한다.

16 「노인복지법」상 노인복지시설에 대한 설명으로 옳지 않은 것은?

① 노인의료복지시설에는 노인요양시설, 노인요양공동생활가정이 있다.

② 노인여가복지시설에는 노인복지관, 노인공동생활가정, 노인교실이 있다.

③ 노인주거복지시설 중 양로시설은 노인을 입소시켜 급식과 그 밖에 일상생활에 필요한 편의를 제공함을 목적으로 한다.

④ 재가노인복지시설 중 단기보호서비스를 제공하는 시설은 부득이한 사유로 가족의 보호를 받을 수 없어 일시적으로 보호가 필요한 심신이 허약한 노인과 장애노인을 단기간 입소시켜 보호하는 시설이다.

ANSWER 15.② 16.②

15 가구는 안정성과 고정성을 확보할 수 있도록 속도가 낮은 구간에 배치해야 한다.

※ [동선의 3요소]
- 속도 : 얼마나 빠를 수 있냐의 정도
- 빈도 : 얼마나 많이 통행하느냐의 정도 (공간적 두께)
- 하중 : 동선을 따라 이동하는 대상의 무게감 (짐을 운반하거나 할 시)

16 "노인여가복지시설"은 65세 또는 60세 이상의 노인들이 여가를 즐기고 친목도모·취미생활 등을 할 수 있는 시설을 말하며 노인복지관, 경로당, 노인교실이 이에 해당된다. (노인공동생활가정은 노인여가복지시설로 볼 수 없다.)
- 노인복지관 : 노인의 교양·취미생활 및 사회참여활동 등에 대한 각종 정보와 서비스를 제공하고, 건강증진 및 질병예방과 소득보장·재가복지, 그 밖에 노인의 복지증진에 필요한 서비스를 제공함을 목적으로 하는 시설
- 경로당 : 지역노인들이 자율적으로 친목도모·취미활동·공동작업장 운영 및 각종 정보교환과 기타 여가활동을 할 수 있도록 하는 장소를 제공함을 목적으로 하는 시설
- 노인교실 : 노인들에 대하여 사회활동 참여욕구를 충족시키기 위해 건전한 취미생활·노인건강유지·소득보장, 그 밖에 일상생활과 관련한 학습프로그램을 제공함을 목적으로 하는 시설

17 다음에서 설명하는 덕트(duct)의 배치방식은?

> • 가장 간단한 방식으로 설비비가 저렴하다.
> • 덕트 스페이스가 작다.

① 개별 덕트 방식
② 간선 덕트 방식
③ 환상 덕트 방식
④ 원형 덕트 방식

18 건축법령상 건축물의 승강기에 대한 설명으로 옳지 않은 것은?

① 비상용승강기의 승강로는 당해 건축물의 다른 부분과 내화구조로 구획하고 각 층으로부터 피난층까지
이르는 승강로를 단일구조로 연결하여 설치한다.
② 층수가 30층 이상인 건축물에는 승용승강기 중 1대 이상을 피난용승강기로 설치한다.
③ 비상용승강기의 승강장에는 채광이 되는 창문이 있거나 예비전원에 의한 조명설비를 한다.
④ 비상용승강기의 승강장에는 배연설비를 설치해야 하되, 외부를 향하여 열 수 있는 창문을 설치해서는
안 된다.

ANSWER 17.② 18.④

17 간선 덕트 방식은 1개의 주덕트에 각 취출구가 직접 고정된다. 시공이 용이하며, 설비비가 싸고, 덕트 스페이스도 비교적 적
어, 공조 · 환기용에 가장 많이 사용된다.

18 비상용승강기의 승강장에는 배연설비를 설치해야 하되, 외부를 향하여 열 수 있는 창문을 설치해야 한다.

19 병원의 형태에 따른 건축계획에 대한 설명으로 옳지 않은 것은?

① 수직 고층의 병원은 도시지역에 충분한 대지를 확보하기 어려울 경우에 적합하다.

② 분관형은 평면 분산식으로, 저층 건물이 일반적이고 채광 및 통풍 조건이 좋다.

③ 기단형은 넓은 저층동 상부에 고층동 건물을 계획한 것으로, 저층동의 공간 배치가 자유롭지 못하다.

④ 다익형은 분관형과 기단형의 절충형태로, 각 부분 간의 긴밀한 연계성을 유지하면서도 좀 더 자유로운 계획이 가능한 형태이다.

20 20세기 국제주의 양식 건축의 대표적인 건축가와 그의 작품을 연결한 것으로 옳지 않은 것은?

① 피터 쿡(Peter Cook) − 로비 하우스(Robie House)

② 르코르뷔지에(Le Corbusier) − 빌라 사보아(Villa Savoye)

③ 발터 그로피우스(Walter Gropius) − 바우하우스(Bauhaus)

④ 미스 반데어로에(Mies Van Der Rohe) − 바르셀로나 파빌리온(Barcelona Pavilion)

ANSWER 19.③ 20.①

19 기단형 시스템은 중앙진료부가 저층에 수평배열을, 그 위층에는 병동부가 수직배열을 한 시스템이다. 이는 각 부문의 독립성이 보장되며 hospital street라는 길을 두어 환자들이 길을 찾기에 좀 더 용이하게 된다. 이런 장점 때문에 많은 병원들이 L자형 기단형 시스템을 선호하는 추세이다.

20 로비 하우스(Robie House)는 프랭크로이드 라이트의 작품이다.

1 전시관의 자연채광 방식에 대한 설명으로 옳은 것은?

① 정측광창(top side light) 형식은 관람자의 위치(중앙부)는 어둡고 전시 벽면의 조도는 밝다.

② 측광창(side light) 형식은 직접 측면창에서 광선을 사입하는 방식으로 대규모 전시실에 적합하다.

③ 고측광창(clearstory) 형식은 천장 상부에서 경사 방향으로 광선을 벽에 사입하는 방식이다.

④ 정광창(top light) 형식은 천장의 중앙에 천창을 계획하며 전시실 채광방식 중 가장 불리한 방식이다.

ANSWER 1.①

1 • 정광창 형식(top light) : 전시실 천장의 중앙에 천창을 계획하는 방법으로, 전시실의 중앙부를 가장 밝게 하여 전시 벽면에 조도를 균등하게 한다. 그러나 반사장애가 일어나기 쉽다.

• 측광창 형식(side light) : 전시실의 직접 측면창에서 광선을 사입하는 방법으로 광선이 강하게 투과할 때는 간접사입으로 조도분포가 좋아질 수 있게 하여야 한다. 소규모 전시실에 적합하며 채광방식 중 가장 나쁘다.

• 고측광창 형식(clerestory) : 천장에 가까운 측면에서 채광하는 방법으로 측광식과 정광식을 절충한 방법이다. 가장 이상적인 자연 채광법으로 회화면은 밝고 관람자 부분은 어둡다.

• 정측광창 형식(top side light monitor) : 관람자가 서 있는 위치의 상부에 천장을 불투명하게 하여 측벽에 가깝게 채광창을 설치하는 방법이며, 천장의 높이가 높기 때문에 광선이 약해지는 것이 결점이다. 양측채광을 하며, 반사율이 높은 재료로 마감하고 개구부 부근의 벽면을 경사지게 한다.

정광창방식	측광창방식	정측광창방식	고측광창방식	특수채광방식

2 공장건축의 레이아웃(layout) 형식에 대한 설명으로 옳은 것은?

① 공정중심의 레이아웃은 선박과 같이 제품이 크고 수량이 적은 경우에 적합하다.

② 제품중심의 레이아웃은 대량생산에 유리하고 생산성이 높다.

③ 연속작업식 레이아웃은 다품종 소량생산, 주문 생산에 적합하다.

④ 고정식 레이아웃은 기능이 동일 또는 유사한 공정과 기계를 집합 배치한다.

3 단지의 동선계획에 대한 설명으로 옳은 것은?

① 보행자동선은 대지 주변부의 자동차전용 도로와 연결하고 오르내림을 없게 한다.

② 보행자동선은 놀이터나 공원 등과 인접시켜 시설의 활용도를 높이고 가로의 활력을 도모하는 것이 좋다.

③ 쿨데삭(cul-de-sac)을 활용하면 입체적인 보차분리가 가능하며, 교통의 흐름을 원활하게 할 수 있다.

④ 오버브리지(overbridge), 언더 패스(under path), 지상인공지반 등은 평면적인 보차분리 방식이다.

ANSWER 2.② 3.②

2 ① 제품의 중심의 레이아웃(연속 작업식)

　　㉠ 생산에 필요한 모든 공정, 기계 기구를 제품의 흐름에 따라 배치하는 방식이다.

　　㉡ 대량생산 가능, 생산성이 높음, 공정시간의 시간적, 수량적 밸런스가 좋고 상품의 연속성이 가능하게 흐를 경우 성립한다.

　② 공정중심의 레이아웃(기계설비 중심)

　　㉠ 동일종류의 공정 즉 기계로 그 기능을 동일한 것, 혹은 유사한 것을 하나의 그룹으로 집합시키는 방식으로 일명 기능식 레이아웃이다.

　　㉡ 다종 소량생산으로 예상생산이 불가능한 경우, 표준화가 행해지기 어려운 경우에 채용한다.

　③ 고정식 레이아웃

　　㉠ 주가 되는 재료나 조립부품이 고정된 장소에, 사람이나 기계는 그 장소에 이동해 가서 작업이 행해지는 방식이다.

　　㉡ 제품이 크고 수가 극히 적을 경우(선박, 건축)

3 ① 보행자동선은 대지 주변부의 자동차전용 도로와 분리되어야 한다.

　③ 쿨데삭(cul-de-sac)은 평면적인 보차분리가 가능하다. (입체적 보차분리개념이 아님)

　④ 오버브리지(overbridge), 언더 패스(under path), 지상인공지반 등은 입체적인 보차분리 방식이다.

4 연립주택에 대한 설명으로 적합한 것만을 모두 고르면?

> ㉠ 중정형 하우스(patio house)는 자연지형인 경사지를 따라 축조할 때 유리한 주거형식이다.
> ㉡ 타운 하우스(town house)는 단독주택의 장점을 최대한 활용하고 토지의 효율성을 높인 주거형식이다.
> ㉢ 로 하우스(row house)는 단독주택보다 높은 주거밀도를 유지할 수 있는 주거형식이다.

① ㉠   ② ㉠, ㉡
③ ㉠, ㉢   ④ ㉡, ㉢

5 빛의 단위와 개념에 대한 설명으로 옳지 않은 것은?

① 광속의 단위는 루멘(lm)이며, 복사속 중에서 우리 눈으로 확인할 수 있는 빛의 양이다.
② 광도의 단위는 니트(nt)이며, 단위면적에서 발산하는 광속이다.
③ 조도의 단위는 럭스(lx)이며, 어떤 면에 투사되는 광속의 밀도이다.
④ 휘도의 단위는 cd/m^2이며, 특정 방향에서 바라보았을 때의 빛의 밝기이다.

....

ANSWER 4.④ 5.②

4 ㉠ 자연지형인 경사지를 따라 축조할 때 유리한 주거형식은 테라스하우스이다.
ㄴ 타운 하우스(town house)는 단독주택의 장점을 최대한 활용하고 토지의 효율성을 높인 주거형식이다.
ㄷ 로 하우스(row house)는 단독주택보다 높은 주거밀도를 유지할 수 있는 주거형식이다.

5 • 광속 : 단위시간당 흐르는 광의 에너지량 (단위는 루멘(lm)을 사용한다.)
• 광도 : 빛을 발하는 점에서 어느 방향으로 향한 단위 입체각당 발산광속 (단위는 칸델라(cd)를 사용한다.)
• 조도 : 어떤 면에서의 입사광속밀도 (단위는 럭스(lx)를 사용한다.)
• 휘도 : 광원은 겉보기상으로 밝기에 대한 느낌이 달라지는데 이러한 표면의 밝기를 의미한다. (단위는 cd/m^2 또는 nit를 사용한다.)
• 광속발산도 : 단위면적당 발산광속 (단위는 rlx를 사용한다.)

6 근대건축 사조 중의 하나인 데 스틸(De Stijl)에 대한 설명으로 옳지 않은 것은?

① 네덜란드를 중심으로 발전하였다.

② 국립 교육기관을 설립하여 근대건축 확산에 이바지하였다.

③ 게리트 토머스 리트벨트(Gerrit Thomas Rietveld)의 슈뢰더 주택(Schröder House)이 대표적인 작품이다.

④ 피에트 몬드리안(Piet Mondrian)의 신조형주의 이론은 데 스틸(De Stijl)의 미학적 기본원리를 마련하는데 기여하였다.

ANSWER 6.②

6 데 스틸(De Stijl)은 1917년에 결성되어 화가, 조각가, 가구 디자이너, 그리고 건축가들을 중심으로 추상과 직선을 강조하는 새로운 양식으로 전개되었다. 신 조형주의 이론을 조형적, 미학적 기본원리로 하여 회화, 조각, 건축 등 조형예술 전반에 걸쳐 전개하였으며 입체파의 영향을 받아 20세기 초 기하학적 추상 예술의 성립에 결정적 역할을 하였고, 근대건축이 기능주의적인 디자인을 확립하는데 커다란 역할을 하였다. 이 조직이 국립교육기관을 설립한 사실은 확인되지 않는다.

7 고층 사무소에 엘리베이터 6대를 대면배치하고자 한다. A사무소는 고층행, 저층행 구분 없이 한 그룹으로 운영하고 B사무소는 한쪽은 고층행, 한쪽은 저층행의 두 그룹으로 운영할 경우, 각 사무소의 엘리베이터 대면거리를 가장 바르게 연결한 것은? (다음 그림은 엘리베이터 평면도임)

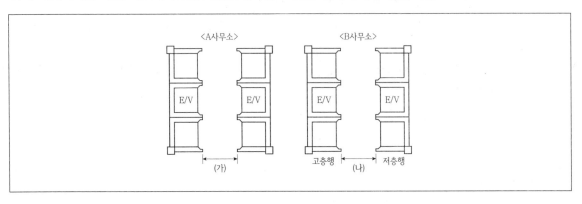

	(가)	(나)
①	3.5~4.5m	3.5~4.5m
②	3.5~4.5m	6~8m
③	4.5~5.5m	3.5~4.5m
④	6~8m	4.5~5.5m

ANSWER 7.②

7 엘리베이터 유형별 배치대수

직선형 그림	직선형 : 1뱅크(Bank)는 4대 이하로 하고 5대 이상은 보행거리가 길어서 좋지 않다.
엘코브형 그림 3.5~4.5m	엘코브형 : 1뱅크는 4~6대로 하고 대면거리는 3.5~4.5m 정도로 한다.
대면형 그림 3.5~4.5m	대면형 : 1뱅크는 4~8대의 대면배치로 하고 대면거리는 3.5~4.5m로 하며 대기 홀을 통과 교통으로 사용하지 않는다. 저층용과 고층용을 직선으로 병렬배치하여 그룹으로 배치하는 것이 좋다.
대면혼용형 그림 저 고 층 층 용 용 6m 이상	대면혼용형 : 저층용과 고층용을 대면배치하는 경우 거리를 충분히 확보한다.

8 「주택건설기준 등에 관한 규정」상 공동주택의 층간소음 방지를 위한 세대 내의 층간바닥 기준에 적합한 것만을 모두 고르면? (단, 공업화주택이 아님)

> ㉠ 벽식구조의 침실 바닥 콘크리트 슬래브 두께를 230밀리미터로 하였다.
> ㉡ 라멘구조의 침실 바닥 콘크리트 슬래브 두께를 160밀리미터로 하였다.
> ㉢ 벽식구조의 침실 바닥 경량충격음을 50데시벨로 하였다.
> ㉣ 벽식구조의 침실 바닥 중량충격음을 45데시벨로 하였다.

① ㉠, ㉢

② ㉡, ㉣

③ ㉠, ㉡, ㉢

④ ㉠, ㉡, ㉣

9 공기선도(psychrometric chart)와 관련된 설명으로 옳지 않은 것은?

① 노점온도는 공기 중의 수증기가 응축되어 이슬이 형성되는 온도이다.

② 공기선도에는 건구온도, 습구온도, 상대습도, 절대습도, 비체적, 엔탈피 등을 표시할 수 있다.

③ 상대습도가 100%일 때 노점온도는 건구온도보다 낮다.

④ 건구온도와 습구온도를 알면, 공기선도를 활용하여 노점온도를 알 수 있다.

....

ANSWER 8.④ 9.③

8 공동주택의 세대 내의 층간바닥(화장실의 바닥은 제외한다. 이하 이 조에서 같다)은 다음 각 호의 기준을 모두 충족하여야 한다.
1. 콘크리트 슬래브 두께는 210밀리미터[라멘구조(보와 기둥을 통해서 내력이 전달되는 구조를 말한다. 이하 이 조에서 같다)의 공동주택은 150밀리미터] 이상으로 할 것. 다만, 법 제51조제1항에 따라 인정받은 공업화주택의 층간바닥은 예외로 한다.
2. 각 층간 바닥충격음이 경량충격음(비교적 가볍고 딱딱한 충격에 의한 바닥충격음을 말한다)은 58데시벨 이하, 중량충격음 (무겁고 부드러운 충격에 의한 바닥충격음을 말한다)은 50데시벨 이하의 구조가 되도록 할 것. 다만, 다음 각 목의 어느 하나에 해당하는 층간바닥은 예외로 한다.
   가. 라멘구조의 공동주택(법 제51조제1항에 따라 인정받은 공업화주택은 제외한다)의 층간바닥
   나. 가목의 공동주택 외의 공동주택 중 발코니, 현관 등 국토교통부령으로 정하는 부분의 층간바닥

9 상대습도가 100%일 때 노점온도는 건구온도와 같다.

10 건축법령상 건축물의 배연설비 계획에 대한 설명으로 옳은 것은? (단, 건축물의 피난층은 제외함)

① 지상 5층 규모의 요양병원 거실에는 배연설비를 설치하지 않아도 된다.

② 배연설비를 설치해야 하는 건축물은 배연창을 설치하되, 소방안전을 위하여 기계식 배연설비 설치를 금지한다.

③ 건축물이 방화구획으로 구획된 경우에는 그 구획마다 1개소 이상의 배연창을 설치한다.

④ 반자높이가 바닥으로부터 3미터 이상인 경우, 배연창의 하변이 바닥으로부터 1.8미터 이상의 위치에 놓이도록 배연창을 설치한다.

11 「건축법 시행령」상 용도별 건축물의 종류에 대한 설명으로 옳은 것은?

① 아파트, 연립주택, 다세대주택은 공동주택이다.

② 치과의원, 한의원, 산후조리원 등 주민의 진료·치료 등을 위한 시설은 제2종 근린생활시설이다.

③ 다가구주택은 1개 동의 주택으로 쓰이는 바닥면적의 합계가 660제곱미터 이하이고, 주택으로 쓰는 층수(지하층은 제외한다)가 4개 층 이하인 주택이다.

④ 일반음식점, 사진관, 독서실 등은 제1종 근린생활시설이다.

ANSWER 10.③ 11.①

10 ① 층수와 상관없이 요양병원 거실에는 배연설비를 설치하지 않아도 된다.
② 배연설비를 설치해야 하는 건축물은 배연창을 설치해야 하며 소방안전을 위하여 기계식 배연설비 설치도 가능하다.
④ 반자높이가 바닥으로부터 3미터 이상인 경우, 배연창의 하변이 바닥으로부터 2.1미터 이상의 위치에 놓이도록 배연창을 설치한다.

11 ② 치과의원, 한의원, 산후조리원 등 주민의 진료·치료 등을 위한 시설은 제1종 근린생활시설이다.
③ 다가구주택은 1개 동의 주택으로 쓰이는 바닥면적의 합계가 660제곱미터 이하이고, 주택으로 쓰는 층수(지하층은 제외한다)가 3개 층 이하인 주택이다.
④ 일반음식점, 사진관, 독서실 등은 제2종 근린생활시설이다.

12 초기 르네상스 시대의 건축가인 레온 바티스타 알베르티(Leon Battista Alberti)에 대한 설명으로 옳지 않은 것은?

① 만토바(Mantova)의 성 안드레아(St. Andrea) 성당에서는 고대 신전과 개선문의 복합 양식을 빌려오는 방식을 채택하였다.

② 리미니(Rimini)의 성 프란체스코(St. Francesco) 성당은 고대의 옛 건물을 개조한 것으로 건물 측면을 굵은 각주로 구획하였다.

③ 미(美)란 각 부분들과 전체 사이의 부조화와 불일치에서 얻어지는 것이라고 주장하였다.

④ 건물들에 고전적 요소를 적용하며 과거의 건축형태를 창조적인 출발점으로 삼았다.

13 「주차장법 시행규칙」상 노외주차장의 주차형식에 따른 차로의 너비 기준으로 옳지 않은 것은? (단, 이륜자동차전용 노외주차장이 아니며, 출입구가 1개인 경우임)

① 45도 대향주차 : 5.0미터 이상

② 60도 대향주차 : 5.5미터 이상

③ 평행주차 : 4.0미터 이상

④ 직각주차 : 6.0미터 이상

ANSWER 12.③ 13.③

12 알베르티는 미(美)란 각 부분들과 전체 사이의 조화와 일치에서 얻어지는 것이라고 주장하였다.

13 차로의 구조기준
– 주차부분의 장, 단변 중 1변 이상이 차로에 접해야 한다.
– 차로의 폭은 주차형식에 따라 다음 표에 의한 기준이상으로 해야 한다.

주차형식	차로의 폭	
	출입구가 2개 이상인 경우	출입구가 1개인 경우
평행주차	3.3m	5.0m
45°대향주차	3.5m	5.0m
교차주차		
60°대향주차	4.5m	5.5m
직각주차	6.0m	6.0m

14 한국 건축의 처마 부분 (가)~(라) 부재의 명칭을 바르게 연결한 것은?

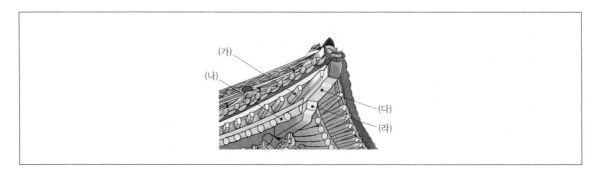

	(가)	(나)	(다)	(라)
①	부연	서까래	사래	추녀
②	서까래	추녀	부연	사래
③	사래	서까래	부연	추녀
④	서까래	사래	추녀	부연

15 「건축법」상 용어 정의에 대한 설명으로 옳지 않은 것은?

① '건축'이란 건축물을 신축 · 증축 · 개축 · 재축하거나 건축물을 이전하는 것을 말한다.

② '지하층'이란 건축물의 바닥이 지표면 아래에 있는 층으로서 바닥에서 지표면까지 평균높이가 해당 층 높이의 2분의 1 이상인 것을 말한다.

③ '거실'이란 건축물 안에서 거주, 집무, 작업, 집회, 오락, 그 밖에 이와 유사한 목적을 위하여 사용되는 방을 말한다.

④ '공사시공자'란 자기의 책임(보조자의 도움을 받는 경우를 포함한다)으로 건축물, 건축설비 또는 공작물이 설계도서의 내용대로 시공되는지를 확인하고, 품질관리 · 공사관리 · 안전관리 등에 대하여 지도 · 감독하는 자를 말한다.

14 (가)는 부연, (나)는 서까래, (다)는 사래, (라)는 추녀이다.

15 • 감리자 : 자기의 책임(보조자의 도움을 받는 경우를 포함한다)으로 건축물, 건축설비 또는 공작물이 설계도서의 내용대로 시공되는지를 확인하고, 품질관리 · 공사관리 · 안전관리 등에 대하여 지도 · 감독하는 자를 말한다.

• 공사시공자 : 건축주와 공사도급계약에 따라 설계도에 의거하여 건설공사를 직접 수행하는 자이다. 건축주가 직접 시공하는 소규모 직영공사의 경우를 제외하면 건설업 면허를 가진 건설회사가 시공자가 된다.

16 프랭크 로이드 라이트(Frank Lloyd Wright)의 작품으로 옳지 않은 것은?

① 유니티 교회(Unity Temple)

② 판즈워스 주택(Farnsworth House)

③ 존슨 왁스 사옥(Johnson Wax Headquarters)

④ 로비 하우스(Robie House)

17 건물의 난방용 열원기기인 보일러의 종류에 대한 설명으로 옳지 않은 것은?

① 관류보일러는 수관보일러와 다르게 수관이 없지만, 드럼이 있기 때문에 보유 수량이 많은 장점이 있다.

② 수관보일러는 드럼과 드럼 간에 여러 개의 수관을 연결하고 관내에 흐르는 물을 가열하여 온수 및 증기를 발생시킨다.

③ 노통연관보일러는 노통 내의 파이프 속으로 연소 가스를 통과시켜 파이프 밖에 있는 물을 가열 또는 증발시킨다.

④ 주철제보일러는 주철제로 된 여러 장의 섹션(section)을 조합하여 구성하는 보일러로 난방 부하의 크기에 따라 조립하여 사용한다.

ANSWER 16.② 17.①

16 판즈워스 주택(Farnsworth House)은 미스반데어로에의 작품이다.

17 • 관류형 보일러란, 관으로 이루어진 시스템으로 구성된 보일러를 말하며 소용량 및 저압 보일러로써 빌딩 및 사무실에 적합하다.
   • 관류 보일러는 큰 드럼을 본체로 하는 노통연관식 보일러나 증기드럼을 본체로 하는 수관식 보일러처럼 보일러 물을 보일러 내부에서 순환시키는 방식이 아니라 일방통행으로 수관에 물을 흐르게 하는 형식의 보일러이다.
   • 드럼이 있는 수관보일러가 보일러수를 순환하면서 증기를 발생시키는데 대해서 드럼이 없는 단관 또는 관모임에 부착시킨다. 관내에서 보일러수가 순환하는 일 없이 급수펌프에 의해서 압송된 급수가 수관내를 1회만 통과하면서 전열면에서 증기를 발생하는 것으로서 발전용 보일러와 같은 대용량, 고압의 것에서 소용량, 저압의 것까지 널리 이용되고 있다.

18 「건축물의 피난·방화구조 등의 기준에 관한 규칙」상 연면적 200제곱미터를 초과하는 건축물에 설치하는 복도의 유효너비를 바르게 연결한 것은? (단, 용도변경의 경우는 제외함)

구분	양 옆에 거실이 있는 복도	기타의 복도
유치원·초등학교 중학교·고등학교	(가) 미터 이상	1.8미터 이상
공동주택·오피스텔	1.8미터 이상	(나) 미터 이상

    <u>(가)</u>   <u>(나)</u>

① 2.1   1.0

② 2.1   1.2

③ 2.4   1.0

④ 2.4   1.2

19 단열방식에 대한 설명으로 옳은 것은?

① 난방을 하는 경우, 내단열은 외단열보다 실온이 늦게 상승하고 변동이 작다.

② 내단열은 외단열보다 내부결로 예방에 유리하다.

③ 외단열은 단시간 사용하는 난방보다 장시간 사용하는 난방에 효과적이다.

④ 내단열은 열교 부분의 단열 보호 처리가 용이하다.

ANSWER 18.④ 19.③

18

구분	양 옆에 거실이 있는 복도	기타의 복도
유치원·초등학교 중학교·고등학교	2.4미터 이상	1.8미터 이상
공동주택·오피스텔	1.8미터 이상	1.2미터 이상

19 ① 난방을 하는 경우, 내단열은 외단열보다 실온이 빨리 상승하고 변동이 크다.
② 내단열은 외단열보다 내부결로 예방에 불리하다.
③ 외단열은 단시간 사용하는 난방보다 장시간 사용하는 난방에 효과적이다.
④ 내단열은 열교 부분의 단열 보호처리가 어렵다.

20 공기조화방식에 대한 설명으로 적합한 것만을 모두 고르면?

> ㉠ 전공기방식은 덕트의 크기가 크기 때문에 덕트 스페이스가 많이 요구된다.
> ㉡ 수-공기방식은 사무소, 병원, 호텔 등 규모가 큰 건축물의 외부 존(zone)에 많이 사용된다.
> ㉢ 냉매방식은 중앙공조방식으로 개별방식과 달리 중앙에서 제어가 이루어지므로 개별제어가 불편하여 비경제적이다.

① ㉢
② ㉠, ㉡
③ ㉠, ㉢
④ ㉡, ㉢

ANSWER 20.②

20 냉매방식은 패키지타입과 에어컨타입이 있으며 온도조절기를 내장하고 있어 개별제어가 용이하고 부분별 운전이 가능하다.

1 미술관 건축계획에 대한 설명으로 옳지 않은 것은?

① 관람객 동선의 흐름에 막힘이 없어야 한다.

② 측광창 형식은 소규모 전시실에 적합하다.

③ 중앙홀 형식은 장래의 확장 측면에서 유리하다.

④ 특수전시기법으로는 디오라마 전시, 파노라마 전시, 아일랜드 전시, 하모니카 전시, 영상 전시 등이 있다.

2 도서관 출납시스템 중 폐가식에 대한 설명으로 옳지 않은 것은?

① 서고와 열람실을 분리하여 설치한다.

② 대출 절차가 간결하여 직원의 업무량이 적다.

③ 대규모 도서관에 적합하다.

④ 도서의 유지 관리가 양호하다.

....

ANSWER 1.③ 2.②

1 중앙홀 형식은 장래의 확장 측면에서 불리한 형식이다.
   ※ 중앙홀형식
      ㉠ 중심부에 하나의 큰 홀을 두고 그 주위에 각 전시실을 배치하여 자유로이 출입하는 형식
      ㉡ 관람자의 선택이 자유로움
      ㉢ 적정한 휴식 공간을 배치할 수 있음
      ㉣ 큰 대지에 적합하다.
      ㉤ 장래 증축의 어려움이 있다.

2 폐가식은 대출절차가 복잡하고 관원의 업무량이 많다.
   ※ 폐가식(closed access) … 열람자는 책의 목록에 의해 책을 선택하여 관원에게 대출 기록을 제출한 후 대출받는 형식이다.
      서고와 열람실이 분리되어 있다.
      ㉠ 도서의 유지관리가 양호하다.
      ㉡ 감시할 필요가 없다.
      ㉢ 희망한 내용이 아닐 수 있다.
      ㉣ 대출 절차가 복잡하고 관원의 작업량이 많다.

3 호텔건축 분류상 시티호텔(city hotel)이 아닌 것은?

① 커머셜 호텔(commercial hotel)

② 터미널 호텔(terminal hotel)

③ 아파트먼트 호텔(apartment hotel)

④ 리조트 호텔(resort hotel)

4 은행의 건축계획에 대한 설명으로 옳지 않은 것은?

① 객장은 은행의 중핵 공간이다.

② 은행지점의 시설규모(연면적)는 고객수 1인당 $5 \sim 10 \, m^2$ 또는 객장 면적의 $1.5 \sim 3$배 정도로 한다.

③ 고객 출입구는 안여닫이로 한다.

④ 직원과 고객의 출입구는 따로 설치한다.

ANSWER 3.④ 4.②

3 리조트호텔은 시티호텔에 속하지 않는다.

① **리조트 호텔** … 주로 관광객이나 휴양객을 위해 운영되는 호텔로서 해변호텔, 온천호텔, 스키 호텔, 산장 호텔, 클럽하우스, 모텔, 유스호스텔 등이 있다. 커머셜호텔과 달리 일반적으로 경관을 교통보다 우선 고려해야 하므로 커머셜 호텔보다 넓은 공공공간을 갖는다.

② **시티 호텔** … 도시의 시가지에 위치하여 여행객의 단기체류나 각종 연회 등의 장소로 이용되는 호텔이다.

  ㉠ 시티호텔의 대지선정 조건

   • 교통이 편리해야 하며 자동차의 접근이 용이하고 주차설비를 설치하는데 무리가 없을 것

   • 인근 호텔과의 경쟁과 제휴 등에 있어서 유리한 곳일 것

  ㉡ 시티호텔의 종류

   • 커머셜 호텔 : 주로 비즈니스를 주체로 하는 여행자용 단기체류 호텔이며, 객실이 침실위주로 되어 있어 숙박면적비가 가장 크다. 외래 방문객에게 개방(집회, 연회 등)되어 이들을 유인하기 위해서 교통이 편리한 도시중심지에 위치하며, 각종 편의시설이 갖추어져 있다. 도심지에 위치하므로 부지가 제한되어 있어 건축계획 시 복도의 면적을 되도록 작게 하고 고층화한다.

   • 레지덴셜 호텔 : 여행자나 관광객 등이 단기체류하는 여행자용 호텔이다. 커머셜호텔보다 규모가 작고 설비는 고급이며 도심을 피하여 안정된 곳에 위치한다.

   • 아파트먼트 호텔 : 장기간 체제하는 데 적합한 호텔로서 각 객실에는 주방설비를 갖추고 있다.

   • 터미널 호텔 : 터미널 인근에 위치한 호텔로서 주요 교통요지에 위치한다.

4 은행지점의 시설규모(연면적)는 행원수 1인당 $16 \sim 26 \, m^2$ 또는 객장 면적의 $1.5 \sim 3$배 정도로 한다.

5 채광창의 경사에 따라 채광이 조절되며, 상부 창의 개폐에 의해 환기량이 조절되는 공장의 지붕 형태는?

① 솟을지붕

② 뾰족지붕

③ 톱날지붕

④ 샤렌지붕

6 건축가와 그 설계 작품이 옳게 짝지어지지 않은 것은?

① 피터 베렌스(Peter Behrens) — A.E.G 터빈공장(A.E.G Turbine Factory)

② 에리히 멘델존(Erich Mendelsohn) — 아인슈타인 타워(Einstein Tower)

③ 게리트 리트벨트(Gerrit Rietveld) — 슈뢰더 주택(Schröder House)

④ 월터 그로피우스(Walter Gropius) — 로비 하우스(Robie House)

5 공장건축 지붕형식
- 톱날지붕 : 북향의 채광창으로 하루 종일 변함없는 조도를 유지할 수 있다.
- 뾰족지붕 : 직사광선을 어느 정도 허용하는 결점이 있다.
- 솟을지붕 : 채광, 환기에 가장 이상적이다.
- 샤렌지붕 : 지붕 슬래브가 곡면으로 되어 있어 외력에 저항하도록 만들어진 지붕이므로 일반평지붕보다 기둥이 적게 소요된다.

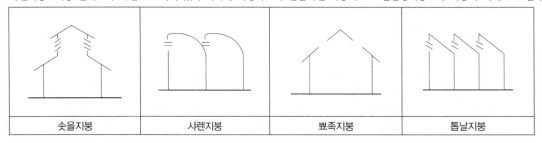

| 솟을지붕 | 샤렌지붕 | 뾰족지붕 | 톱날지붕 |

6 로비하우스는 프랭크 로이드라이트의 작품이다.

7 그림과 같이 서까래가 노출되어 보이는 천장의 명칭은?

① 연등천장

② 우물천장

③ 귀접이천장

④ 보개천장

8 통기관의 설치 목적에 대한 설명으로 옳지 않은 것은?

① 트랩의 봉수를 보호한다.

② 모세관 현상을 촉진한다.

③ 배수의 흐름을 원활하게 한다.

④ 배수관 내에 환기가 이루어지도록 한다.

ANSWER 7.① 8.②

7 • **연등천장** : 천장을 만들지 않아 서까래가 그대로 노출되어 보이는 천장이다. (현존하는 고려시대 건물인 봉정사 극락전, 수덕
    사 대웅전, 부석사 조사당 등은 모두 맞배지붕이며 연등천장인데, 팔작지붕인 부석사 무량수전도 연등천장이다.)
  • **우물천장** : 우물 정자 모양의 천장이므로 붙여진 이름이다. (섬세한 가공이 필요하고 품이 많이 드는 일이기 때문에 부유층이
    아니면 설치할 수 없었다.)

8 통기관의 역할
    트랩의 봉수를 보호하고 배수의 흐름을 원활하게 하며 관내의 기압을 일정하게 하며 배수관 내의 악취를 실외로 배출하여 청
    결을 유지한다. (모세관현상은 트랩의 봉수를 파괴시키는 원인이 되므로 방지해야 하는 현상이다.)

9 공기조화방식과 그 시스템 명칭이 옳게 짝지어지지 않은 것은?

① 이중덕트방식 – 전공기방식(all air system)

② 패키지유닛방식 – 냉매방식(refrigerant system)

③ 유인유닛방식 – 공기-수방식(air-water system)

④ 멀티존유닛방식 – 전수방식(all water system)

10 주거의 동선계획에 대한 설명으로 옳은 것은?

① 동선의 3요소는 그리드, 속도, 하중이다.

② 개인, 사회, 가사노동권 동선은 효율성을 높이기 위해 서로 간섭이 이루어져야 한다.

③ 동선에는 공간이 필요하다.

④ 사용 빈도가 낮은 동선은 짧게 계획하여야 한다.

ANSWER 9.④ 10.③

9 멀티존유닛방식은 전공기방식에 속한다.

공기조화방식		
전공기방식	단일덕트정풍량방식	
	단일덕트변풍량방식	
	2중 덕트방식	
	멀티존 유닛방식	
	각층 유닛방식	
	유인유닛 전공기방식	
수공기방식	팬코일유닛방식	
	덕트병용방식	
	유인유닛방식	
	복사패널 덕트병용방식	
전수방식	팬코일 유닛방식	
냉매방식	패키지방식	

10 ① 동선의 3요소는 속도, 빈도, 하중이다.

② 개인, 사회, 가사노동권 동선은 서로 분리되어야 한다.

④ 사용빈도가 높은 동선은 짧게 계획되어야 한다.

11 학교 건축계획에 대한 설명으로 옳지 않은 것은?

① 일반교실 + 특별교실형은 각 학급에 하나씩 일반교실이 할당되고, 그 외에 특별교실을 갖는다.

② 관리부분은 학교의 중심부를 피해 계획하고, 학생의 동선을 차단한다.

③ 플래툰형은 전 학급을 2분단으로 하고, 한쪽이 일반교실을 사용할 때 다른 분단은 특별교실을 사용한다.

④ 특별교실군은 교과내용에 대한 융통성·보편성을 갖도록 배치하고, 학생 이동 시 소음을 방지하도록 검토한다.

12 「건축법 시행령」상 다중이용 건축물에 해당하지 않는 것은?

① 동물원 및 식물원 용도로 쓰이는 바닥면적의 합계가 5천 제곱미터 이상인 건축물

② 판매시설 용도로 쓰이는 바닥면적의 합계가 1만 제곱미터 이상인 건축물

③ 여객용 운수시설 용도로 쓰이는 바닥면적의 합계가 5천 제곱미터 이상인 건축물

④ 종합병원 용도로 쓰이는 바닥면적의 합계가 1만 제곱미터 이상인 건축물

ANSWER 11.② 12.①

11 관리부분은 학교의 중심쪽에 배치하는 것이 관리상 효율적이며 학생의 동선을 차단해서는 안된다.

12 다중이용건축물
① 다음의 용도로 쓰이는 바닥면적의 합계가 5,000m² 이상인 건축물
　　㉠ 문화 및 집회시설(전시장 및 동식물원 제외)
　　㉡ 판매시설, 운수시설, 종교시설, 종합병원
　　㉢ 관광숙박시설
② **16층 이상인 건축물**: 다중이용 건축물은 불특정다수가 이용하는 건물이므로 일반 건축물보다 적용되는 기준이 엄격하므로 불특정한 다수가 사용하는 건축물의 구조, 피난 및 소방사항의 검토, 건축물의 안전과 기능을 고려해야 한다.

13 사무소 편심코어에 대한 설명으로 옳지 않은 것은?

① 바닥면적이 증가하면 코어와 별개로 추가적인 피난시설, 설비 샤프트 등이 필요하다.

② 바닥면적이 큰 대규모 사무소 건축에 유리하다.

③ 고층 규모에는 구조(structure) 계획상 불리하다.

④ 코어의 위치가 한편(쪽)에 치우쳐 위치하는 유형이다.

14 병실계획에 대한 설명으로 옳지 않은 것은?

① 천장은 반사율이 큰 마감재료를 피한다.

② 창면적은 바닥면적의 1/3 ~ 1/4 정도로 계획한다.

③ 출입문은 밖여닫이로 한다.

④ 환자의 머리 후면에 개별 조명시설을 설치한다.

15 인간의 열쾌적에 영향을 미치는 물리적인 요소로 옳지 않은 것은?

① 기온

② 습도

③ 기류

④ 착의량

ANSWER 13.② 14.③ 15.④

13 편심코어형
- 바닥면적이 작은 경우에 적합하다.
- 바닥면적이 커지면 코어외에 피난설비, 설비 샤프트 등이 필요하다.
- 고층일 경우 구조상 불리하다.

14 병실의 출입문은 안여닫이로 한다.

15 물리적요소의 범위를 어떻게 보느냐에 따라 논란이 있을 수 있는 문제이다. 착의량 역시 물리적요소로 볼 수 있는 여지가 있다고 본다.
※ 열쾌적지표
PMV(Predicted Mean Vote)란 인간 생활공간의 온열환경 6요소 (공기 온도, 상대습도, 기류, 복사온도, 착의량, 대사량)의 복합효과를 평가하기 위해 1970년 덴마크 교수 P.O.Fanger가 피험자를 사용한 실험과 인체 열 평형식을 결합하여, 온열감각을 정량화된 수치로 나타낸 것이다.

16 백화점 기능에 따른 공간 구성에 대한 설명으로 옳지 않은 것은?

① 고객권은 고객용 출입구, 통로, 계단, 휴게실, 식당 등의 서비스 부분으로 구성된다.

② 상품권은 상품의 전시, 진열, 선전이 행해지는 공간이다.

③ 판매권은 고객의 구매욕을 높이고 종업원의 능률적인 작업환경이 조성되도록 한다.

④ 업무(종업원)권은 고객권과는 별개의 계통으로 독립시키며, 매장 내에 접하게 한다.

17 근린주구 이론에 대한 설명으로 옳지 않은 것은?

① 루이스(H. M. Lewis)는 도시와 농촌의 장점을 결합한 「전원 도시(Garden City) 계획」을 발표하고, 런던 교외 신도시 지역인 레치워스와 웰윈 지역 등에서 실현되었다.

② 라이트와 스타인(H. Wright & C. S. Stein)은 「래드번(Radburn) 계획」에서 자동차와 보행자를 분리한 슈퍼블록과 쿨데삭(cul-de-sac)을 제안하였다.

③ 페더(G. Feder)는 「새로운 도시(Die Neue Stadt)」에서 단계적인 생활권을 바탕으로 도시를 조직적으로 구성하고자 하였다.

④ 페리(C. A. Perry)는 「뉴욕 및 그 주변지역계획」에서 일조문제와 인동간격의 이론적 고찰을 통하여 근린주구의 중심시설을 교회와 커뮤니티센터로 하였다.

ANSWER 16.② 17.①

16 상품권은 상품의 매입, 보관, 배달이 행해지는 공간으로서 판매권과 접하며 고객권과는 분리한다.

17 전원도시계획은 에비네저 하워드에 의해 발표되었다.

※ 전원도시이론

㉠ 1898년에 영국의 에버니저 하워드 경이 제창한 도시 계획 방안으로서 "전원 속에 건설된 도시"라는 뜻이다. 영국 산업혁명의 결과로 도시들이 걷잡을 수 없이 팽창했으며 슬럼이 생겨나고 생활환경이 매우 조악해졌다. 사회일각에서 이를 우려하여 도시관리 및 계획에 대해 새롭게 생각하기 시작했다. 이에 에버네저 하워드는 그의 여러 저서를 통해 새로운 도시개념을 피력하였고 이를 전원도시(가든시티)라고 칭하였다.

㉡ 그는 전원(농경지)로 둘러싸이고 산업체가 있으며 철도 등 교통시설이 설치되고 독립적인 행정기관과 교육시설, 문화시설을 두어 대도시에 의존하지 않아도 생존이 가능한 곳을 만들고자 하였다.

㉢ 이러한 전원도시는 자급자족 기능을 갖춘 계획도시로써, 주변에는 그린 벨트로 둘러싸여 있고 주거, 산업, 농업 기능이 균형을 갖추도록 하였다.

㉣ 영국 레치워스, 웰린 등에 가든시티가 건설되었으나 본래 의도대로 완전 자급자족을 하는데는 성공하지 못하고 런던에 의존해야만 하는 한계를 드러내었다.

18 건물 내의 급수방식에 대한 설명으로 옳지 않은 것은?

① 수도직결방식은 수도의 압력 변화에 따라 급수압이 변하고, 단수 시에는 급수가 안된다.

② 고가탱크(수조)방식은 단수 시에도 일정 시간 급수할 수 있으며, 각 급수전의 수압이 항상 일정하다.

③ 압력탱크(수조)방식은 수압변동이 작고, 시설비 및 유지관리비가 적게 드는 장점이 있다.

④ 탱크가 없는 부스터방식은 급수펌프로 직접 저수조의 물을 건물 내의 필요 개소에 공급하는 방식이다.

19 개별식 급탕방식에 대한 설명으로 옳은 것만을 모두 고르면?

┌───┐
│ ㉠ 배관이 길어 열손실이 크다.   │
│ ㉡ 필요시 더운물을 손쉽게 얻을 수 있다.   │
│ ㉢ 직접 가열식과 간접 가열식으로 구분한다.   │
│ ㉣ 급탕 개수가 적을 경우 시설비가 저렴하다.   │
└───┘

① ㉠, ㉢

② ㉠, ㉣

③ ㉡, ㉢

④ ㉡, ㉣

ANSWER 18.③ 19.④

18 압력탱크방식 : 수조의 물을 펌프로 압력탱크에 보내고 이곳에서 공기를 압축,가압하며 그 압력으로 건물내에 급수하는 방식으로 탱크의 설치위치에 제한을 받지 않고 국부적으로 고압을 필요로 하는 곳에 적합하며 옥상에 탱크를 설치하지 않아 건축물의 구조를 강화할 필요가 없다. 그러나 급수압이 일정하지 않으며 펌프의 양정이 커서 시설비가 많이 들며 정전이나 단수시 급수가 중단된다.

19 ① 개별식 급탕방식의 특징
　　㉠ 배관 및 기기로부터 열손실이 적다.
　　㉡ 급탕개소가 적기 때문에 가열비, 배관 길이 등 설비규모가 작다.
　　㉢ 급탕개소마다 가열기의 설치 스페이스가 필요하다.
　　㉣ 용도에 따라 필요한 개소에서 필요한 온도의 양을 비교적 간단히 얻을 수 있다.
　　㉤ 완공 후에도 급탕개소의 증설이 비교적 쉽다.
② 중앙식 급탕방식의 특징
　　㉠ 대규모이므로 열효율이 좋다.
　　㉡ 설치비 및 시설비가 고가이다.
　　㉢ 배관도중 열손실이 크다.

20 「건축법」상 용어 정의에 대한 설명으로 옳지 않은 것은?

① "실내건축"이란 건축물의 실내를 안전하고 쾌적하며 효율적으로 사용하기 위하여 내부 공간을 칸막이로 구획하거나 벽지, 천장재, 바닥재, 유리 등 대통령령으로 정하는 재료 또는 장식물을 설치하는 것을 말한다.

② "설계도서"란 건축물의 건축등에 관한 공사용 도면, 구조 계산서, 시방서(示方書), 그 밖에 국토교통부령으로 정하는 공사에 필요한 서류를 말한다.

③ "리모델링"이란 건축물의 노후화를 억제하거나 기능 향상 등을 위하여 대수선하거나 건축물의 일부를 이전 또는 재축하는 행위를 말한다.

④ "건축물의 용도"란 건축물의 종류를 유사한 구조, 이용 목적 및 형태별로 묶어 분류한 것을 말한다.

ANSWER 20.③

20 건축물의 일부를 이전하는 것은 리모델링에 해당되지 않는다.

※ 리모델링 … 건축물의 노후화 억제 또는 기능 향상 등을 위한 다음 각 목의 어느 하나에 해당하는 행위

> ① 대수선
> ② 사용검사일, 또는 사용승인일로부터 15년이 경과된 공동주택을 각 세대의 주거전용면적 의 10분의 3이내에서 증축하는 행위 (이 경우 공동주택의 기능향상 등을 위하여 공용부분 에 대하여도 별도로 증축할 수 있다.)
> ③ ②에 따른 각 세대의 증축 가능 면적을 합산한 면적의 범위 에서 기존 세대수의 100분의 15 이내에서 세대수를 증가하는 증축 행위

02

건축구조

1 철근콘크리트구조의 극한강도설계법에서 강도감소계수를 사용하는 이유로 가장 옳지 않은 것은?

① 부정확한 부재강도 계산식에 대한 여유 확보

② 구조물에서 구조부재가 차지하는 부재의 중요도 반영

③ 구조물에 작용하는 하중의 불확실성에 대한 여유 확보

④ 주어진 하중조건에 대한 부재의 연성능력과 신뢰도 확보

2 건물에 작용하는 하중에 관한 설명으로 가장 옳지 않은 것은?

① 풍하중에서 설계속도압은 공기밀도와 설계풍속의 제곱에 비례한다.

② 기본지상적설하중은 재현기간 100년에 대한 수직 최심적설깊이를 기준으로 한다.

③ 구조물의 반응수정계수가 클수록 구조물에 작용하는 지진하중은 증가한다.

④ 지붕층을 제외한 일반층의 기본등분포활하중은 부재의 영향면적이 $36m^2$ 이상일 경우 저감할 수 있다.

3 기초 및 지반에 관한 설명으로 가장 옳지 않은 것은?

① 점토질 지반은 강한 점착력으로 흙의 이동이 없고 기초주변의 지반반력이 중심부에서의 지반반력보다 크다.

② 샌드드레인 공법은 모래질 지반에 사용하는 지반개량 공법으로, 모래의 압밀침하현상을 이용하여 물을 제거하는 공법이다.

③ 슬러리월 공법은 가설 흙막이벽뿐만 아니라 영구적인 구조 벽체로 사용할 수 있다.

④ 평판재하시험은 지름 300mm의 재하판에 지반의 극한지지력 또는 예상장기설계하중의 3배를 최대 재하하중으로 지내력을 측정한다.

ANSWER 1.③ 2.③ 3.②

1 구조물에 작용하는 하중의 불확실성에 대한 여유 확보를 위해 사용하는 계수는 하중계수이다.

2 구조물의 반응수정계수가 클수록 구조물에 작용하는 지진하중은 감소하게 된다.

3 샌드드레인 공법은 점토질 지반에 사용하는 지반재량공법이다.

4 〈보기〉와 같이 동일한 재료로 만들어진 변단면 구조물이 100N의 인장력을 받아 1mm 늘어났을 때, 이 구조물을 이루는 재료의 탄성계수는? (단, 괄호 안의 값은 단면적이다.)

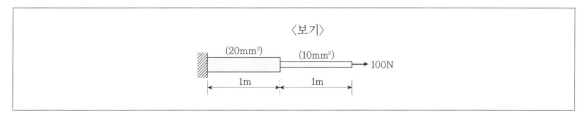

〈보기〉

(20mm²)   (10mm²)

1m   1m   → 100N

① $5{,}000 \text{N/mm}^2$

② $10{,}000 \text{N/mm}^2$

③ $15{,}000 \text{N/mm}^2$

④ $20{,}000 \text{N/mm}^2$

5 철근콘크리트 구조물의 철근배근에 관한 설명으로 가장 옳은 것은?

① 기둥에서 철근의 피복 두께는 40mm 이상으로 하며, 주근비는 1% 이상 6% 이하로 한다.

② 보에서 주근의 순간격은 25mm 이상이고 주근 공칭지름의 1.5배 이상이며 굵은골재 최대치수의 4/3배 이상으로 하여야 한다.

③ 기둥에서 나선철근의 중심간격은 25mm 이상 75mm 이하로 한다.

④ 보에서 깊이 h가 900mm를 초과하는 경우, 보의 양측면에 인장연단으로부터 h/2 위치까지 표피철근을 길이 방향으로 배근한다.

ANSWER 4.③ 5.④

4
$$\delta = \sum \frac{P \cdot L_i}{A_i \cdot E_i} = \frac{100}{20 \cdot E} + \frac{100}{10 \cdot E} = \frac{300}{20 \cdot E} = \frac{15}{E}[\text{m}] = 0.001[\text{mm}]$$

$$\therefore \ E = 15{,}000[\text{N/mm}^2]$$

5
① 기둥에서 철근의 피복 두께는 40mm 이상으로 하며, 주근(주철근)비는 1% 이상 8% 이하로 한다.

② 보에서 주근의 순간격은 25mm이상이고 주근 공칭지름 이상이며 굵은골재 최대치수의 4/3배 이상으로 하여야 한다. (굵은 골재는 개별철근, 다발철근, 긴장재 또는 덕트 사이의 최소 순간격의 4/3 이하여야 한다.)

③ 기둥에서 나선철근의 순간격은 25mm 이상 75mm 이하로 한다.

6 프리스트레스트 콘크리트구조의 프리텐션공법에서 긴장재의 응력손실 원인이 아닌 것은?

① 긴장재와 덕트(시스) 사이의 마찰

② 콘크리트의 크리프

③ 긴장재 응력의 이완(relaxation)

④ 콘크리트의 탄성수축

7 「건축구조기준(국가건설기준코드)」에 따른 철골부재의 이음부 설계 세칙에 대한 설명으로 가장 옳지 않은 것은?

① 응력을 전달하는 필릿용접 이음부의 길이는 필릿 사이즈의 10배 이상이며, 또한 30mm 이상이다.

② 겹침길이는 얇은 쪽 판 두께의 5배 이상이며, 또한 25mm 이상 겹치게 한다.

③ 응력을 전달하는 겹침이음은 2열 이상의 필릿용접을 원칙으로 한다.

④ 고장력볼트의 구멍 중심 간 거리는 공칭직경의 1.5배 이상으로 한다.

8 건축구조물의 기초를 선정할 때, 상부 건물의 구조와 지반상태를 고려하여 적절히 선정하여야 한다. 기초선정과 관련된 설명으로 가장 옳지 않은 것은?

① 연속기초(wall footing)는 상부하중이 편심되게 작용하는 경우에 적합하다.

② 온통기초(mat footing)는 지반의 지내력이 약한 곳에서 적합하다.

③ 복합기초(combined footing)는 외부기둥이 대지 경계선에 가까이 있을 때나 기둥이 서로 가까이 있을 때 적합하다.

④ 독립기초(isolated footing)는 지반이 비교적 견고하거나 상부하중이 작을 때 적합하다.

---

9 철근콘크리트구조에서 전단마찰설계에 대한 설명으로 가장 옳지 않은 것은?

① 전단마찰철근이 전단력 전달면에 수직한 경우 공칭전단강도 $V_n = A_{vf}f_y\mu$로 산정한다.

② 보통중량콘크리트의 경우 일부러 거칠게 하지 않은 굳은 콘크리트와 새로 친 콘크리트 사이의 마찰계수는 0.6으로 한다.

③ 전단마찰철근은 굳은 콘크리트와 새로 친 콘크리트 양쪽에 설계기준항복강도를 발휘할 수 있도록 정착시켜야 한다.

④ 전단마찰철근의 설계기준항복강도는 600MPa 이하로 한다.

10 철골구조에서 설계강도를 계산할 때 저항계수의 값이 다른 것은?

① 볼트 구멍의 설계지압강도

② 압축재의 설계압축강도

③ 인장재의 인장파단 시 설계인장강도

④ 인장재의 블록전단강도

ANSWER 9.④ 10.②

9 전단마찰철근의 설계기준항복강도는 500MPa 이하로 한다.

10 압축재의 설계압축강도 저항계수값은 0.90이다.
볼트구멍의 설계지압강도, 인장재의 인장파단 시 설계인장강도, 인장재의 블록전단강도 저항계수값은 0.75이다.

11 〈보기〉와 같이 양단 단순지지 보에서 최대 휨모멘트가 발생하는 지점이 지점 A로부터 x만큼 떨어진 곳에 있을 때 x의 값은?

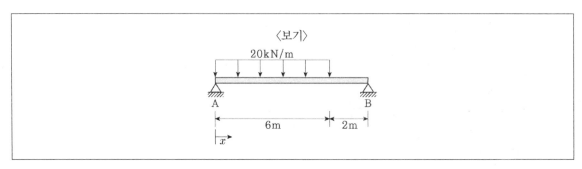

① 1.54m

② 2.65m

③ 3.75m

④ 4.65m

12 지진에 저항하는 구조물을 설계할 때, 지반과 구조물을 분리함으로써 지진동이 지반으로부터 구조물에 최소한으로 전달되도록 하여 수평진동을 감소시키는 건축구조기술에 해당하는 것은?

① 면진구조

② 내진구조

③ 복합구조

④ 제진구조

ANSWER 11.③ 12.①

11 등분포하중을 집중하중으로 치환하면 120kN의 힘이 A지점으로부터 3m인 지점에 작용하게 된다.

이 때 A점에는 75kN의 상향반력, B점에서는 45kN의 상향반력이 발생하게 된다.

전단력이 0이 되는 점에서 최대휨모멘트가 발생하므로, $R_A - 20 \cdot x = 75 - 20 \cdot x = 0$에 따라 $x = 3.75$[m]

12 면진구조에 대한 설명이다.

※ 내진구조 : 구조물이 지진력에 대항하여 싸워 이겨내도록 구조물 자체를 튼튼하게 설계하는 기술

※ 제진구조 : 별도의 장치를 이용하여 지진력에 상응하는 힘을 구조물 내에서 발생시키거나 지진력을 흡수하여 구조물이 부담해야 할 지진력을 감소시키는 기술

13 강구조 접합에서 용접과 볼트의 병용에 대한 설명으로 가장 옳지 않은 것은?

① 신축 구조물의 경우 인장을 받는 접합에서는 용접이 전체 하중을 부담한다.

② 신축 구조물에서 전단접합 시 표준구멍 또는 하중 방향에 수직인 단슬롯구멍이 사용된 경우, 볼트와 하중 방향에 평행한 필릿용접이 하중을 각각 분담할 수 있다.

③ 마찰볼트접합으로 기 시공된 구조물을 개축할 경우 고장력 볼트는 기 시공된 하중을 받는 것으로 가정하고 병용되는 용접은 추가된 소요강도를 받는 것으로 용접설계를 병용할 수 있다.

④ 높이가 38m 이상인 다층구조물의 기둥이음부에서는 볼트가 설계하중의 25%까지만 부담할 수 있다.

14 철근콘크리트구조에서 철근의 정착 및 이음에 관한 설명으로 가장 옳지 않은 것은?

① 보에서 상부철근의 정착길이가 하부철근의 정착길이보다 길다.

② 압축을 받는 철근의 정착길이가 부족할 경우 철근 단부에 표준갈고리를 설치하여 정착길이를 줄일 수 있다.

③ 겹침이음의 경우 철근의 순간격은 겹침이음길이의 1/5 이하이며, 또한 150mm 이하이어야 한다.

④ 연속부재의 받침부에서 부모멘트에 배치된 인장철근 중 1/3 이상은 변곡점을 지나 부재의 유효깊이, 주근 공칭지름의 12배 또는 순경간의 1/16 중 큰 값 이상의 묻힘길이를 확보하여야 한다.

ANSWER 13.④ 14.②

13 높이가 38m 이상인 다층구조물의 기둥이음부에서는 용접 또는 마찰접합, 또는 전인장조임을 사용해야만 한다.

※ **볼트와 용접접합의 제한**

다음의 접합에 대해서는 용접접합, 마찰접합 또는 전인장조임을 적용해야 한다.
- 높이가 38m 이상되는 다층구조물의 기둥이음부
- 높이가 38m 이상되는 구조물에서, 모든 보와 기둥의 접합부 그리고 기둥에 횡지지를 제공하는 기타의 모든 보의 접합부
- 용량 50kN 이상의 크레인구조물 중 지붕트러스이음, 기둥과 트러스접합, 기둥이음, 기둥횡지지가새, 크레인지지부
- 기계류 지지부 접합부 또는 충격이나 하중의 반전을 일으키는 활하중을 지지하는 접합부

14 압축을 받는 철근은 표준갈고리를 설치하여도 압축에 대한 효과가 없는 것으로 간주한다.

15 〈보기〉와 같은 원형 독립기초에 축력 N=50kN, 휨모멘트 M=20kN·m가 작용할 때, 기초바닥과 지반 사이에 접지압으로 압축반력만 생기게 하기 위한 최소 지름(D)은?

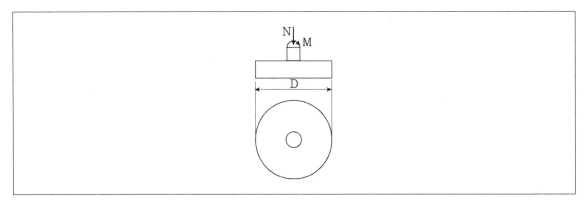

① 1.2m

② 2.4m

③ 3.2m

④ 4.0m

15 압축응력 $\sigma_c = \dfrac{P}{A} - \dfrac{M}{Z} = 0$을 만족하는 직경을 구해야 한다.

원형단면인 경우 $Z = \dfrac{\pi D^3}{32}$ 이므로,

$\sigma_c = \dfrac{P}{A} - \dfrac{M}{Z} = \dfrac{4 \cdot 50}{\pi D^2} - \dfrac{32 \cdot 20}{\pi D^3} = 0$

$\therefore D = 3.2[\text{m}]$

16 철근콘크리트 구조 설계에서 보의 휨모멘트 계산을 위한 압축응력 등가블록깊이 계산 시 사용되는 설계 변수가 아닌 것은?

① 보의 폭

② 콘크리트 탄성계수

③ 인장철근의 설계기준항복강도

④ 인장철근 단면적

16 콘크리트의 탄성계수는 철근콘크리트 구조 설계에서 보의 휨모멘트 계산을 위한 압축응력 등가블록깊이 계산 시 사용되는 설계변수가 아니다.

※ 등가응력블록

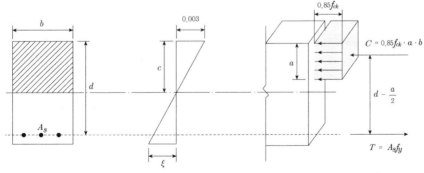

중립축거리(c)와 압축응력 등가블럭깊이(a)의 관계는 $a = \beta_1 C$가 성립하며 등가압축영역계수 β_1은 다음의 표를 따른다.

f_{ck}	등가압축영역계수 β_1
$f_{ck} \leq 28MPa$	$\beta_1 = 0.85$
$f_{ck} \geq 28MPa$	$\beta_1 = 0.85 - 0.007(f_{ck} - 28) \geq 0.65$

17 KS D3529에 따른 두께 16mm SMA275CP 강재에 대한 설명으로 가장 옳지 않은 것은? (※ 기출 변형)

① 용접구조용 강재이다.

② 항복강도는 275MPa이다.

③ 일반구조용 강재에 비해 대기 중에서 부식에 대한 저항성이 우수하다.

④ 샤르피 흡수에너지가 가장 낮은 등급이다.

18 「콘크리트구조기준(2012)」에서는 응력교란영역에 해당하는 구조부재에 스트럿-타이 모델(strut-tie model)을 적용 하도록 권장하고 있다. 스트럿-타이 모델을 구성하는 요소에 해당하지 않는 것은?

① 절점(node)

② 하중경로(load path)

③ 타이(tie)

④ 스트럿(strut)

....

ANSWER 17.④ 18.②

17 C는 샤르피 흡수에너지 등급 중 가장 높은 등급을 의미한다.

※ SMA275CP의 해석 : 용접구조용 내후성 열간 압연강재, 강재의 항복강도는 275Mpa이며 샤르피 에너지 흡수등급은 C(우수한 충격치 요구)를 의미한다.

ⓐ 샤르피 흡수에너지 등급
- A : 별도 조건 없음 / B : 일정 수준의 충격치 요구 / C : 우수한 충격치 요구

ⓑ 내후성 등급
- W : 녹안정화 처리 / P : 일반도장 처리 후 사용

ⓒ 열처리의 종류
- N : Normalizing(소준) / QT : Quenching Tempering / TMC : Thermo Mechanical Control(열가공제어)

ⓓ 내라멜라테어 등급
- ZA : 별도보증 없음 / ZB : Z방향 15% 이상 / ZC : Z방향 25% 이상

18 하중경로(load path)는 스트럿-타이 모델의 구성요소에 해당되지 않는다.

19 〈보기〉와 같은 단면을 갖는 캔틸레버 보에 작용할 수 있는 최대 등분포하중(W)은? (단, 내민길이 $l=4m$, 허용전단 응력 f_s=2MPa이고 휨모멘트에 대해서는 충분히 안전한 것으로 가정한다.)

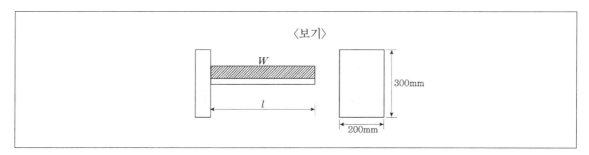

① 20.00kN/m

② 22.50kN/m

③ 25.00kN/m

④ 27.50kN/m

19 캔틸레버 고정지점 부분에서 최대휨모멘트와 최대전단력이 발생하게 된다. 이 때 발생하는 최대전단력은 $W \cdot l = 4W$

평균전단응력 $\tau_{avg} = \dfrac{S_{\max}}{A} = \dfrac{4 \cdot W}{200 \cdot 300}$ 이며 최대전단응력은 이 값의 1.5배이고, 이는 허용전단응력보다 작아야 한다.

$$\tau_{\max} \cdot \frac{3}{2} T_{avg} = \frac{3}{2} \cdot \frac{S_{\max}}{A} = \frac{3}{2} \cdot \frac{4 \cdot W}{200 \cdot 300} \leq 2[\text{N}/\text{mm}^2]$$

따라서 $W \leq 20,000[\text{N}/\text{m}] = 20.00[\text{kN}/\text{m}]$

20 〈보기〉와 같이 스팬이 8,000mm이며 간격이 3,000mm인 합성보의 슬래브 유효폭은?

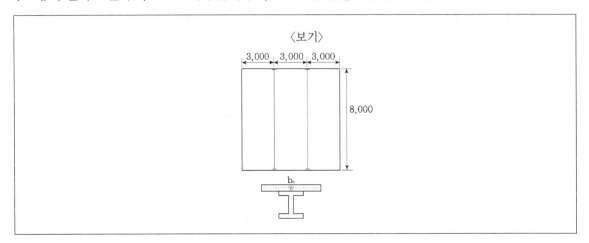

① 1,000mm

② 2,000mm

③ 3,000mm

④ 4,000mm

ANSWER 20.②

20 합성보 콘크리트 슬래브의 유효폭은 보 중심을 기준으로 좌우 각 방향에 대한 유효폭의 합으로 구하며 <u>보 중심에 대해서 좌우 중 한쪽 방향에 대한 유효폭</u>은 다음 중에서 최솟값으로 구한다.
- 보 스팬(지지점의 중심간)의 1/8 : 1,000[mm]
- 보 중심선에서 인접보 중심선까지의 거리의 1/2 : 1,500[mm]
- 보 중심선에서 슬래브 가장자리까지의 거리 : 3,000[mm]

한쪽 면에 대한 유효폭이 아니라 좌우 양방향에 대한 유효폭을 묻고 있으므로, 위의 값에 2배를 해야 슬래브의 유효폭이 구해진다. 따라서 위의 값 중 가장 작은 값인 1,000[mm]에 2배를 한 2,000[mm]가 유효폭이 된다.

1 토질 및 기초에 대한 설명으로 옳지 않은 것은?

① 물에 포화된 느슨한 모래가 진동, 충격 등에 의하여 간극수압이 급격히 상승하기 때문에 전단저항을 잃어버리는 현상을 액상화 현상이라 한다.

② 온통기초는 상부구조의 광범위한 면적 내의 응력을 단일 기초판으로 연결하여 지반 또는 지정에 전달하도록 하는 기초이다.

③ 사질토 지반의 기초하부 토압분포는 기초 중앙부 토압이 기초 주변부보다 작은 형태이다.

④ 연약한 점성토 지반에서 땅파기 외측의 흙의 중량으로 인하여 땅파기 된 저면이 부풀어 오르는 현상을 히빙(Heaving)이라 한다.

2 목재에 대한 설명으로 옳지 않은 것은?

① 목재 단면의 수심에 가까운 중앙부를 심재, 수피에 가까운 부분을 변재라 한다.

② 목재의 단면에서 볼트 등의 철물을 위한 구멍이나 홈의 면적을 포함한 단면적을 순단면적이라 한다.

③ 기계등급구조재는 기계적으로 목재의 강도 및 강성을 측정하여 등급을 구분한 목재이다.

④ 육안등급구조재는 육안으로 목재의 표면결점을 검사하여 등급을 구분한 목재이다.

ANSWER 1.③ 2.②

1 강성기초의 경우, 사질토 지반의 기초하부 토압분포는 기초 중앙부 토압이 기초 주변부보다 큰 형태이다. (점토 지반은 이와는 반대이다.)

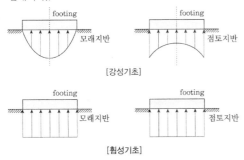

2 순단면적은 목재의 단면에서 볼트 등의 철물을 위한 구멍이나 홈의 면적을 제외한 나머지 단면적이다.

3 프리스트레스하지 않는 부재의 현장치기콘크리트의 최소피복두께에 대한 설명으로 옳지 않은 것은?

① 수중에서 타설하는 콘크리트 : 80mm

② 옥외의 공기나 흙에 직접 접하지 않는 콘크리트 절판부재 : 20mm

③ 흙에 접하여 콘크리트를 친 후 영구히 흙에 묻혀 있는 콘크리트 : 80mm

④ 옥외의 공기나 흙에 직접 접하지 않는 콘크리트로 D35 이하의 철근을 사용한 슬래브 : 20mm

4 강구조의 용접접합에 대한 설명으로 옳지 않은 것은?

① 플러그 및 슬롯용접의 유효전단면적은 접합면 내에서 구멍 또는 슬롯의 공칭단면적으로 한다.

② 그루브용접의 유효길이는 접합되는 부분의 폭으로 한다.

③ 그루브용접의 유효면적은 용접의 유효길이에 유효목두께를 곱한 것으로 한다.

④ 필릿용접의 유효길이는 필릿용접의 총길이에서 4배의 필릿사이즈를 공제한 값으로 한다.

5 현장 말뚝재하실험에 대한 설명으로 옳지 않은 것은?

① 말뚝재하실험은 지지력 확인, 변위량 추정, 시공방법과 장비의 적합성 확인 등을 위해 수행한다.

② 말뚝재하실험에는 압축재하, 인발재하, 횡방향재하실험이 있다.

③ 말뚝재하실험을 실시하는 방법으로 정재하실험방법은 고려할 수 있으나, 동재하실험방법을 사용해서는 안 된다.

④ 압축정재하실험의 수량은 지반조건에 큰 변화가 없는 경우 구조물별로 1회 실시한다.

ANSWER 3.① 4.④ 5.③

3 수중에서 타설하는 콘크리트의 최소피복두께는 100mm이다.

4 필릿용접의 유효길이는 필릿용접의 총길이에서 2배의 필릿사이즈를 공제한 값으로 한다.

5 말뚝재하시험에서는 동재하실험방법의 사용도 가능하다.

6 다음 미소 응력 요소의 평면 응력 상태(σ_x = 4 MPa, σ_y = 0 MPa, τ = 2 MPa)에서 최대 주응력의 크기는?

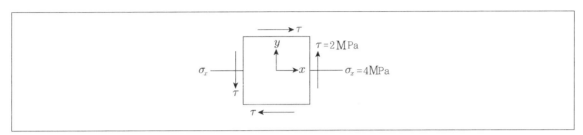

① $4+2\sqrt{2}$ MPa

② $2+2\sqrt{2}$ MPa

③ $4+\sqrt{2}$ MPa

④ $2+\sqrt{2}$ MPa

7 다음 단순보에 등변분포하중이 작용할 때, 각 지점의 수직반력의 크기는? (단, 부재의 자중은 무시한다)

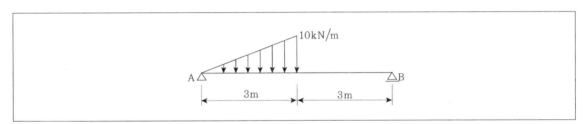

	A지점	B지점
①	20 kN	10 kN
②	15 kN	10 kN
③	10 kN	5 kN
④	12 kN	3 kN

ANSWER 6.② 7.③

6

$$\sigma_{\max} = \frac{\sigma_x + \sigma_y}{2} + \sqrt{\left(\frac{\sigma_x - \sigma_y}{2}\right)^2 + \tau_{xy}^2} = \frac{4+0}{2} + \sqrt{\left(\frac{4-0}{2}\right)^2 + 2^2} = 2+2\sqrt{2}$$

7 A점에 대한 모멘트의 합이 0임을 이용하여 구한다.

등변분포하중은 집중하중으로 치환하면 손쉽게 반력을 구할 수 있다.

집중하중으로 치환하면 15kN이 작용하게 되며, 이는 A점으로부터 2m 떨어진 곳에 작용하게 된다.

$\sum M_A = 0 \rightarrow 15 \cdot 2 - R_B \cdot 6 = 0$이므로 $R_B = 5kN$

$\sum V = 0 \rightarrow R_A + R_B = 15$이므로 $R_A = 10kN$

8 목재의 기준 허용휨응력 F_b로부터 설계 허용휨응력 F_b'을 결정하기 위해서 적용되는 보정계수에 해당하지 않는 것은?

① 좌굴강성계수 C_T

② 습윤계수 C_M

③ 온도계수 C_t

④ 형상계수 C_f

9 $F10T$ 고장력볼트의 나사부가 전단면에 포함되지 않을 경우, 지압접합의 공칭전단강도(F_{nv})는?

① 300 MPa

② 400 MPa

③ 500 MPa

④ 600 MPa

10 콘크리트구조의 내진설계 시 고려사항에 대한 설명으로 옳지 않은 것은?

① 지진력에 의한 휨모멘트 및 축력을 받는 특수모멘트 골조에 사용하는 철근은 실제 항복강도에 대한 실제 극한인장강도의 비가 1.25 이상이어야 한다.

② 프리캐스트 및 프리스트레스트 콘크리트 구조물은 일체식 구조물에서 요구되는 안전성 및 사용성에 관한 조건을 갖추고 있지 않더라도 내진구조로 다룰 수 있다.

③ 지진력에 의한 휨모멘트 및 축력을 받는 특수모멘트 골조에 사용하는 보강철근은 설계기준항복강도 f_y가 전단철근인 경우 500MPa까지 허용된다.

④ 구조물의 진동을 감소시키기 위하여 관련 구조전문가에 의해 설계되고 그 성능이 실험에 의해 검증된 진동감쇠장치를 사용할 수 있다.

ANSWER 8.① 9.③ 10.②

8 목재의 기준 허용휨응력을 결정하기 위해서 적용되는 보정계수는 하중기간계수, 습윤계수, 온도계수, 보안정계수, 치수계수, 부피계수, 평면사용계수, 반복부재사용계수, 곡률계수, 형상계수이다. (좌굴강성계수는 탄성계수를 구할 때 적용한다.)

9

강도	강종	고장력볼트		일반볼트	
		F8T	F10T	F13T[1]	4.6[2]
공칭인장강도, F_{nt}		600	750	975	300
지압접합의 공칭전단 강도, F_{nv}	나사부가 전단면에 포함될 경우	320	400	520	160
	나사부가 전단면에 포함되지 않을 경우	400	500	650	

1) 고장력볼트 중 F13T는 KS B 1010에 의하여 수소지연파괴민감도에 대하여 합격된 시험성적표가 첨부된 제품에 한하여 사용하여야 한다.

2) KS B 1002에 따른 강도 구분에 따른 강종의 강도이다.

10 프리캐스트 및 프리스트레스트 콘크리트 구조물은 일체식 구조물에서 요구되는 안전성 및 사용성에 관한 조건을 갖추고 있는 경우에 한하여 내진구조로 다룰 수 있다.

11 그림과 같이 트러스구조의 상단에 10kN의 수평하중이 작용할 때, 옳지 않은 것은? (단, 부재의 자중은 무시한다)

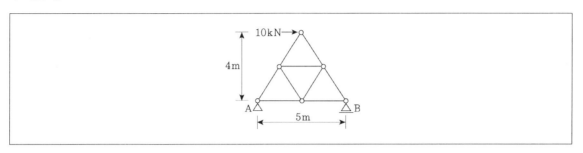

① 트러스의 모든 절점은 활절점이다. ② A 지점의 수직반력은 하향으로 8kN이다.

③ B 지점의 수평반력은 0이다. ④ 1차 부정정구조물이다.

12 조적구조의 벽체를 보강하기 위한 테두리보의 역할에 대한 설명으로 옳지 않은 것은?

① 기초판 위에 설치하여 조적벽체의 부동침하를 방지한다.

② 조적벽체에 작용하는 하중에 의한 수직 균열을 방지한다.

③ 조적벽체 상부의 하중을 균등하게 분산시킨다.

④ 조적벽체를 일체화하여 벽체의 강성을 증대시킨다.

13 조적구조에 대한 설명으로 옳지 않은 것은?

① 조적구조에서 기초의 부동침하는 조적 벽체 균열의 발생 원인이 될 수 있다.

② 보강조적이란 보강근이 조적체와 결합하여 외력에 저항하는 조적시공 형태이다.

③ 조적구조에 사용되는 그라우트의 압축강도는 조적개체의 압축강도의 1.3배 이상으로 한다.

④ 통줄눈으로 시공한 벽체는 막힌줄눈으로 시공한 벽체보다 수직하중에 대한 균열 저항성이 크다.

ANSWER 11.④ 12.① 13.④

11 그림의 트러스는 정정구조물이다.

12 테두리보 : 기둥과 기둥을 연결하는 보를 만들어 기둥사이, 보 하부에 벽돌이나 블록으로 벽체를 만드는 구조를 갖는데, 이 때 블록이나 벽돌 위에 만든 보이다.

13 통줄눈으로 시공한 벽체는 막힌줄눈으로 시공한 벽체보다 수직하중에 대한 균열 저항성이 약하다.

14 철근과 콘크리트의 재료특성과 휨 및 압축을 받는 철근콘크리트 부재의 설계가정에 대한 설명으로 옳지 않은 것은?

① 철근은 설계기준항복강도가 높아지면 탄성계수도 증가한다.

② 콘크리트 압축응력 분포와 콘크리트변형률 사이의 관계는 직사각형, 사다리꼴, 포물선형 또는 강도의 예측에서 광범위한 실험의 결과와 실질적으로 일치하는 어떤 형상으로도 가정할 수 있다.

③ 등가직사각형 응력블록계수 β_1의 범위는 $0.65 \leq \beta_1 \leq 0.85$ 이다.

④ 철근의 변형률이 f_y에 대응하는 변형률보다 큰 경우 철근의 응력은 변형률에 관계없이 f_y로 하여야 한다.

15 막구조 및 케이블 구조의 허용응력 설계법에 따른 하중조합으로 옳지 않은 것은?

① 고정하중 + 활하중 + 초기장력

② 고정하중 + 활하중 + 강우하중 + 초기장력

③ 고정하중 + 활하중 + 풍하중 + 초기장력

④ 고정하중 + 활하중 + 적설하중 + 초기장력

16 휨모멘트와 축력을 받는 특수모멘트골조의 부재에 대한 설명으로 옳지 않은 것은?

① 면의 도심을 지나는 직선상에서 잰 최소단면치수는 300mm 이상이어야 한다.

② 횡방향철근의 연결철근이나 겹침후프철근은 부재의 단면 내에서 중심간격이 350mm 이내가 되도록 배치하여야 한다.

③ 축방향철근의 철근비는 0.01 이상, 0.08 이하이어야 한다.

④ 최소단면치수의 직각방향 치수에 대한 길이비는 0.4 이상이어야 한다.

ANSWER 14.① 15.② 16.③

14 철근의 탄성계수는 설계기준항복강도와는 독립적인 관계로서 재료의 고유값이다.

15 막구조 및 케이블 구조 허용응력설계법의 하중조합에서 강우하중은 고려하지 않는다.

16 휨모멘트와 축력을 받는 특수모멘트골조의 부재 축방향철근의 철근비는 0.01 이상 0.06 이하이어야 한다.

17 강구조의 국부좌굴에 대한 단면의 분류에서 구속판요소에 해당하지 않는 것은?

① 압연 H형강 휨재의 플랜지

② 압축을 받는 원형강관

③ 휨을 받는 원형강관

④ 휨을 받는 ㄷ형강의 웨브

18 강구조에서 조립인장재에 대한 설명으로 옳지 않은 것은?

① 판재와 형강 또는 2개의 판재로 구성되어 연속적으로 접촉되어 있는 조립인장재의 재축방향 긴결간격은 대기 중 부식에 노출된 도장되지 않은 내후성강재의 경우 얇은 판두께의 24배 또는 280mm 이하로 해야 한다.

② 판재와 형강 또는 2개의 판재로 구성되어 연속적으로 접촉되어 있는 조립인장재의 재축방향 긴결간격은 도장된 부재 또는 부식의 우려가 없어 도장되지 않은 부재의 경우 얇은 판두께의 24배 또는 300mm 이하로 해야 한다.

③ 띠판은 조립인장재의 비충복면에 사용할 수 있으며, 띠판에서의 단속용접 또는 파스너의 재축방향 간격은 150mm 이하로 한다.

④ 끼움판을 사용한 2개 이상의 형강으로 구성된 조립인장재는 개재의 세장비가 가급적 300을 넘지 않도록 한다.

17 구속판요소는 하중의 방향과 평행하게 양면이 직각방향의 판요소에 의해 연속된 압축을 받는 평판요소이다. 압연 H형강 휨재의 플랜지는 비구속판요소에 해당한다.

18 판재와 형강 또는 2개의 판재로 구성되어 연속적으로 접촉되어 있는 조립인장재의 재축방향 긴결간격은 대기 중 부식에 노출된 도장되지 않은 내후성강재의 경우 얇은 판두께의 24배 또는 300mm 이하로 해야 한다.

19 내진설계 시 반응수정계수(R)가 가장 작은 구조형식은?

① 모멘트 – 저항골조 시스템에서의 철근콘크리트 보통모멘트 골조

② 내력벽시스템에서의 철근콘크리트 보통전단벽

③ 건물골조시스템에서의 철근콘크리트 보통전단벽

④ 철근콘크리트 보통 전단벽 – 골조 상호작용 시스템

20 다음 그림은 휨모멘트만을 받는 철근콘크리트 보의 극한상태에서 변형률 분포를 나타낸 것이다. 휨모멘트에 대한 설계강도를 산정할 때 적용되는 강도감소계수는? (단, $f_y = 400MPa$, $f_{ck} = 24MPa$이다)

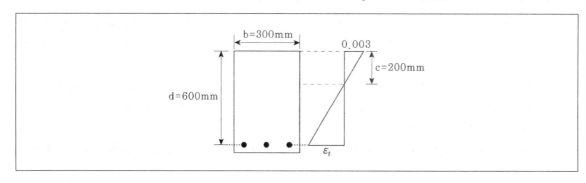

① 0.95 ② 0.85

③ 0.75 ④ 0.65

19 ① 모멘트 – 저항골조 시스템에서의 철근콘크리트 보통모멘트 골조 : R=3.0

② 내력벽시스템에서의 철근콘크리트 보통전단벽 : R=4.0

③ 건물골조시스템에서의 철근콘크리트 보통전단벽 : R=5.0

④ 철근콘크리트 보통 전단벽 – 골조 상호작용 시스템 : R=4.5

20 인장지배단면으로서 $0.003 : 200 = \varepsilon_t : 400$이므로 $\varepsilon_t = 0.006$이 된다.

인장지배변형률 한계인 0.005를 초과하였으므로 인장지배단면이므로 인장지배단면의 강도감소계수인 0.85를 적용해야 한다.

1 일반 조적식구조의 설계법으로 옳지 않은 것은?

① 허용응력설계   ② 소성응력설계

③ 강도설계   ④ 경험적설계

2 건축물에 작용하는 하중에 대한 설명으로 옳지 않은 것은?

① 구조물의 사용과 점유에 의해 발생하는 하중은 활하중으로 분류된다.

② 적설하중은 지붕의 경사도가 크고 바람의 영향을 많이 받을수록 감소된다.

③ 외부온도변화는 건축물에 하중으로 작용하지 않는다.

④ 건축물의 중량이 클수록 지진하중이 커진다.

3 건축물의 기초계획에 있어 고려할 사항으로 옳지 않은 것은?

① 구조성능, 시공성, 경제성 등을 검토하여 합리적으로 기초형식을 선정하여야 한다.

② 기초는 상부구조의 규모, 형상, 구조, 강성 등을 함께 고려해야 한다.

③ 기초형식 선정 시 부지 주변에 미치는 영향은 물론 장래 인접대지에 건설되는 구조물과 그 시공에 의한 영향까지 함께 고려하는 것이 바람직하다.

④ 액상화는 경암지반이 비배수상태에서 급속한 재하를 받게 되면 과잉간극수압의 발생과 동시에 유효응력이 감소하며, 이로 인해 전단저항이 크게 감소하여 액체처럼 유동하는 현상으로 그 발생 가능성을 검토하여야 한다.

ANSWER 1.② 2.③ 3.④

1 조적식구조의 설계법에는 허용응력설계법, 강도설계법, 경험적설계법이 있다.

2 온도에 의한 재료의 변형이 발생하므로 반드시 하중으로서 외부온도변화를 고려해야 한다.

3 액상화는 사질지반에서 발생하는 현상이다.

※ **액상화** : 포화된 느슨한 모래가 진동이나 지진 등의 충격을 받으면 입자들이 재배열되어 약간 수축하며 큰 과잉 간극수압을 유발하게 되고 그 결과로 유효응력과 전단강도가 크게 감소되어 모래가 유체처럼 거동하게 되는 현상이다.

4 강재의 접합부 형태가 아닌 것은?

① 완전강접합 ② 부분강접합
③ 보강접합 ④ 단순접합

5 콘크리트구조 벽체설계에서 실용설계법에 대한 설명으로 옳지 않은 것은?

① 벽체의 축강도 산정 시 강도감소계수 ϕ는 0.65이다.
② 벽체의 두께는 수직 또는 수평받침점 간 거리 중에서 작은 값의 1/25 이상이어야 하고, 또한 100mm 이상이어야 한다.
③ 지하실 외벽 및 기초벽체의 두께는 150mm 이상으로 하여야 한다.
④ 상·하단이 횡구속된 벽체로서 상·하 양단 모두 회전이 구속되지 않은 경우 유효길이계수 k는 1.0이다.

6 콘크리트구조에서 표준갈고리에 대한 설명으로 옳지 않은 것은?

① 주철근의 표준갈고리는 180° 표준갈고리와 90° 표준갈고리로 분류된다.
② 주철근의 90° 표준갈고리는 구부린 끝에서 공칭지름의 12배 이상 더 연장되어야 한다.
③ 스터럽과 띠철근의 표준갈고리는 90° 표준갈고리와 135° 표준갈고리로 분류된다.
④ D19 철근을 사용한 스터럽의 90° 표준갈고리는 구부린 끝에서 공칭지름의 6배 이상 더 연장되어야 한다.

....

ANSWER 4.③ 5.③ 6.④

4 강재의 접합부 형태는 접합부의 성능과 회전에 대한 구속정도에 따라 전단접합(단순접합), 반강접합(부분강접합), 강접합(완전강접합)으로 분류한다.

5 지하실 외벽 및 기초벽체의 두께는 200mm 이상으로 하여야 한다.

6 D19 철근을 사용한 스터럽의 90° 표준갈고리는 구부린 끝에서 공칭지름의 12배 이상 더 연장되어야 한다.

7 벽돌공사에 대한 설명으로 옳지 않은 것은?

① 담당원의 승인 없이 사용할 수 있는 줄눈 모르타르 잔골재의 절건비중은 2.4g/cm^3 이상이어야 한다.

② 벽돌공사의 충전 콘크리트에 사용하는 굵은골재는 양호한 입도분포를 가진 것으로 하고, 그 최대치수는 충전하는 벽돌공동부 최소 직경의 1/3 이하로 한다.

③ 보강벽돌쌓기에서 철근의 피복 두께는 20mm 이상으로 한다. 다만, 칸막이벽에서 콩자갈 콘크리트 또는 모르타르를 충전하는 경우에 있어서 10mm 이상으로 한다.

④ 보강벽돌쌓기에서 벽돌 공동부의 모르타르 및 콘크리트 1회의 타설높이는 1.5m 이하로 한다.

8 다음 구조물의 지점 A에서 발생하는 수직방향 반력의 크기는? (단, 부재의 자중은 무시한다)

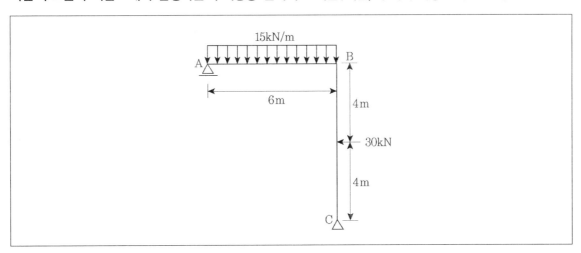

① 65 kN (↑)

② 70 kN (↑)

③ 75 kN (↑)

④ 80 kN (↑)

ANSWER 7.② 8.①

7 벽돌공사의 충전 콘크리트에 사용하는 굵은골재는 양호한 입도분포를 가진 것으로 하고, 그 최대치수는 충전하는 벽돌공동부 최소 직경의 1/4 이하로 한다.

8 A지점은 이동지점으로서 수평반력은 0이 된다.
C점을 기준으로 하여 모멘트가 평형을 이루어야 하므로,
A점의 수직방향 반력을 R_A라고 하고 AB부재에 걸쳐 작용하는 등분포하중을 계산의 편의상 집중하중으로 치환시켜서 모멘트 평형조건을 구하면,
$$\sum M_C = 0 : R_A \cdot 6 - 90 \cdot 3 - 30 \cdot 4 = 6R_A - 390 = 0$$
$$\therefore R_A = 65[kN](\uparrow)$$

9 구조내력상 주요한 부분에 사용하는 막구조의 재료(막재)에 대한 설명으로 옳지 않은 것은?

① 두께는 0.5mm 이상이어야 한다.

② 인장강도는 폭 1cm당 300N 이상이어야 한다.

③ 인장크리프에 따른 신장률은 30% 이하이어야 한다.

④ 파단신율은 35% 이하이어야 한다.

10 건축 구조물의 시간이력해석을 수행하는 경우에 대한 설명으로 옳지 않은 것은?

① 탄성시간이력해석에 의한 층전단력, 층전도모멘트, 부재력 등 설계값은 시간이력해석에 의한 결과에 중요도계수와 반응수정계수를 곱하여 구한다.

② 비탄성시간이력해석 시 부재의 비탄성 능력 및 특성은 중요도 계수를 고려하여 실험이나 충분한 해석결과에 부합하도록 모델링해야 한다.

③ 지반효과를 고려하기 위하여 기반암 상부에 위치한 지반을 모델링하여야 하며, 되도록 넓은 면적의 지반을 모델링하여 구조물로부터 멀리 떨어진 지반의 운동이 구조물과 인접지반의 상호작용에 의하여 영향을 받지 않도록 한다.

④ 3개의 지반운동을 이용하여 해석할 경우에는 최대응답을 사용하여 설계해야 하며, 7개 이상의 지반운동을 이용하여 해석할 경우에는 평균응답을 사용하여 설계할 수 있다.

ANSWER 9.③ 10.①

9 인장크리프에 따른 신장률은 15%(합성섬유 직포로 구성된 막재료에 있어서는 25%) 이하이어야 한다.

※ 막재의 강도 및 내구성
- 두께 : 0.5mm 이상
- 인장강도 : 300N/cm 이상
- 파단신장률 : 35% 이하
- 인열강도 : 100N 이상 또한 인장강도에 1cm를 곱해서 얻은 수치의 15% 이상이어야 함 (인열강도 : 재료가 접힘 또는 굽힘을 받은 후 견딜 수 있는 최대인장응력)
- 인장크리프 신장률 : 15%(합성섬유 직포로 구성된 막재료에 있어서는 25%) 이하

10 탄성시간이력해석을 수행하는 경우 층전단력, 층전도모멘트, 부재력 등 설계값은 해석값에 중요도계수를 곱하고 반응수정계수로 나누어 구한다.

11 콘크리트구조 기둥에 사용되는 띠철근의 주요한 역할에 대한 설명으로 옳지 않은 것은?

① 축방향 주철근을 정해진 위치에 고정시킨다.

② 기둥의 휨내력을 증가시킨다.

③ 축방향력을 받는 주철근의 좌굴을 억제시킨다.

④ 압축콘크리트의 파괴 시 기둥의 벌어짐을 구속하여 연성을 증가시킨다.

12 인장력만을 이용하는 구조 형식은?

① 케이블(Cable) 구조

② 돔(Dome) 구조

③ 볼트(Vault) 구조

④ 아치(Arch) 구조

13 콘크리트구조의 설계강도 산정 시 적용하는 강도감소계수로 옳지 않은 것은?

① 인장지배 단면 : 0.85

② 압축지배 단면(나선철근으로 보강된 철근콘크리트 부재) : 0.70

③ 포스트텐션 정착구역 : 0.85

④ 전단력과 비틀림모멘트 : 0.70

....

ANSWER 11.② 12.① 13.④

11 기둥의 가장 주된 목적은 연직하중을 저항하기 위함이지만 횡하중에 의한 전단력과 휨모멘트에 대한 저항성능도 갖추어야만 하는데 이는 기둥의 주철근이 부담을 하도록 설계를 한다. 기둥의 띠철근은 축방향주철근을 횡지지하거나 결속시키기 위해 사용된다.

12 케이블구조는 인장력만을 이용하는 전형적인 구조이다.

13 전단력과 비틀림모멘트의 강도감소계수는 0.75가 된다.

14 다음 용접기호에 대한 설명으로 옳지 않은 것은?

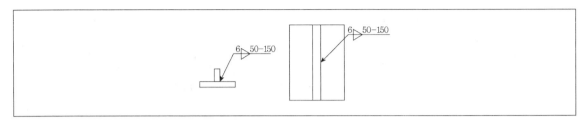

① 그루브(Groove) 용접을 부재 양면에 시행한다.

② 용접사이즈는 6mm이다.

③ 용접길이는 50mm이다.

④ 용접간격은 150mm이다.

ANSWER 14.①

14 그루브(Groove)용접은 한쪽, 또는 양쪽 부재의 끝을 용접이 양호하게 되도 단면을 비스듬히 절단하여 용접을 하는 방법이다. 부재의 끝을 절단을 해 이 바로 그루브(홈, 개선)이다. 이는 효율적으로 용접을 하기 위해 용접하 재사이에 만들어진 가공부이다.

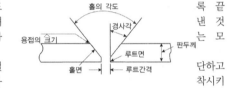

· 개선(groove) : 접합하려는 두개의 부재의 각각 한쪽을 개선각을 내어 절 서로 맞대어서(맞대기 이음) 용접봉 또는 와이어를 녹여 양 개선면을 용 는 방법
· 루트간격(root opening) : 이음부 밑에 충분한 용입을 주기 위한 루트면 사이의 간격
· 루트면(root face) : 개선홈의 밑바닥이 곧게 일어선 면
· 홈면(groove face) : 이음부를 가공할 때, 경사나 모따기 등으로 절단한 이음면
· 경사각(bevel angle) : 개선면(홈면)과 수직의 각도
· 홈의 각도(groove angle) : 접합시킬 두 모재 단면 사이에 형성된 각

　※ 용접의 크기(size of weld)

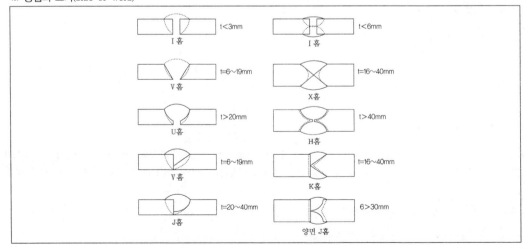

15 콘크리트구조 해석에 대한 설명으로 옳지 않은 것은? (단, ε_t : 공칭축강도에서 최외단 인장철근의 순인장변형률이며, 유효프리스트레스 힘, 크리프, 건조수축 및 온도에 의한 변형률은 제외함)

① 근사해법에 의해 휨모멘트를 계산한 경우를 제외하고, 어떠한 가정의 하중을 적용하여 탄성이론에 의하여 산정한 연속 휨부재 받침부의 부모멘트는 20% 이내에서 $1,000\,\varepsilon_t$ %만큼 증가 또는 감소시킬 수 있다.

② 2경간 이상인 경우, 인접 2경간의 차이가 짧은 경간의 20% 이하인 경우, 등분포하중이 작용하는 경우, 활하중이 고정하중의 3배를 초과하지 않는 경우 및 부재의 단면크기가 일정한 경우를 모두 만족하는 연속보는 근사해법을 적용할 수 있다.

③ 연속 휨부재의 모멘트 재분배 시, 경간 내의 단면에 대한 휨모멘트의 계산은 수정 전 부모멘트를 사용하여야 하며, 휨모멘트 재분배 이후에도 정적 평형은 유지되어야 한다.

④ 휨모멘트의 재분배는 휨모멘트를 감소시킬 단면에서 최외단 인장철근의 순인장변형률 ε_t 가 0.0075 이상인 경우에만 가능하다.

16 압축력과 휨을 받는 1축 및 2축 대칭단면부재에 적용되는 휨과 압축력의 상관관계식에 대한 설명으로 옳지 않은 것은?

① 소요압축강도와 설계압축강도의 상대적인 비율은 상관관계식의 변수 중 하나이다.

② 보의 공칭휨강도는 항복, 횡비틀림좌굴, 플랜지국부좌굴, 웨브국부좌굴 등 4가지 한계상태강도 가운데 최솟값으로 산정한다.

③ 강축 및 약축에 대하여 동시에 휨을 받을 때 약축에 대한 휨만 고려한다.

④ 소요휨강도는 2차효과가 포함된 모멘트이다.

ANSWER 15.③ 16.③

15 연속 휨부재의 모멘트 재분배 시, 경간 내의 단면에 대한 휨모멘트의 계산은 수정된 부모멘트를 사용하여야 하며, 휨모멘트 재분배 이후에도 정적 평형은 유지되어야 한다.

16 강축 및 약축에 대하여 동시에 휨을 받을 때에는 강축과 약축에 대한 휨을 모두 고려해야 한다.

17 강구조의 합성부재에 대한 설명으로 옳지 않은 것은?

① 합성단면의 공칭강도는 소성응력분포법 또는 변형률적합법에 따라 결정한다.

② 압축력을 받는 충전형 합성부재의 단면은 조밀, 비조밀, 세장으로 분류한다.

③ 매입형 합성부재는 국부좌굴의 영향을 고려해야 하나, 충전형 합성부재는 국부좌굴을 고려할 필요가 없다.

④ 합성기둥의 강도를 계산하는 데 사용되는 구조용 강재 및 철근의 설계기준항복강도는 650MPa를 초과할 수 없다.

18 목구조의 구조계획 및 각부구조에 대한 설명으로 옳지 않은 것은?

① 구조해석 시 응력과 변형의 산정은 탄성해석에 의한다. 다만, 경우에 따라 접합부 등에서는 국부적인 탄소성 변형을 고려할 수 있다.

② 기초는 상부구조가 수직 및 수평하중에 대하여 침하, 부상, 전도, 수평이동이 생기지 않고 지반에 안전하게 지지하도록 설계한다.

③ 골조 또는 벽체 등의 수평저항요소에 수평력을 적절히 전달하기 위하여 바닥평면이 일체화된 격막구조가 되도록 한다.

④ 목구조 설계에서는 고정하중, 바닥활하중, 지붕활하중, 적설하중, 풍하중, 지진하중을 적용한 세 가지 하중조합을 고려하여 사용하중조합을 결정한다.

ANSWER 17.③ 18.④

17 충전형 합성부재는 국부좌굴을 고려해야 하나 매입형 합성부재는 국부좌굴을 고려할 필요가 없다.

18 목구조 설계에서는 고정하중, 바닥활하중, 지붕활하중, 적설하중, 풍하중, 지진하중을 적용한 다음의 네 가지 하중조합을 고려하여 사용하중조합을 결정한다. (D : 고정하중, L : 활하중, L_r : 지붕활하중, S : 적설하중, E : 지진하중)

㉠ D

㉡ $D + L$

㉢ $D + L + (L_r \text{ or } S)$

㉣ $D + L + (W \text{ or } 0.7E) + (L_r \text{ or } S)$

19 목구조에서 맞춤과 이음 접합부에 대한 설명으로 옳지 않은 것은?

① 인장을 받는 부재에 덧댐판을 대고 길이이음을 하는 경우에 덧댐판의 면적은 요구되는 접합면적의 1.3배 이상이어야 한다.

② 맞춤 부위의 보강을 위하여 접합제를 사용할 수 있다.

③ 구조물의 변형으로 인하여 접합부에 2차응력이 발생할 가능성이 있는 경우 이를 설계에서 고려한다.

④ 접합부에서 만나는 모든 부재를 통하여 전달되는 하중의 작용선은 접합부의 중심 또는 도심을 통과하여야 하며 그렇지 않을 경우 편심의 영향을 설계에 고려한다.

20 강구조의 설계기본원칙에 대한 설명으로 옳지 않은 것은?

① 구조해석에서 연속보의 모멘트재분배는 소성해석에 의한다.

② 한계상태설계는 구조물이 모든 하중조합에 대하여 강도 및 사용성한계상태를 초과하지 않는다는 원리에 근거한다.

③ 강구조는 탄성해석, 비탄성해석 또는 소성해석에 의한 설계가 허용된다.

④ 강도한계상태에서 구조물의 설계강도가 소요강도와 동일한 경우는 구조물이 강도한계상태에 도달한 것이다.

1 철골기둥의 좌굴하중에 영향을 주지 않는 것은?

① 항복강도

② 단면2차모멘트

③ 기둥의 단부지지조건

④ 탄성계수

2 서울시에서 장경간의 문서수장고 용도의 철근콘크리트 구조물을 계획하고 있다. 수장고 바닥을 지지하는 보의 장기 처짐량을 저감하기 위한 방안으로 가장 효율적인 것은?

① 고강도 철근을 사용한다.

② 고강도 콘크리트를 사용한다.

③ 복근보로 설계한다.

④ 표피철근을 배근한다.

3 「건축구조기준(국가건설기준코드)」에 따른 건축구조물에 적용하는 기본등분포활하중의 용도별 최솟값에 대한 설명으로 가장 옳지 않은 것은? (※ 기출 변형)

① 총 중량 30kN 이하의 차량에 대한 옥내 주차장과 옥외 주차장의 기본등분포활하중은 서로 다르다.

② 공동주택의 공용실과 주거용 건축물의 거실의 기본등분포활하중은 서로 다르다.

③ 사무실 건물에서, 1층 외의 모든 층 복도와 일반 사무실의 기본등분포활하중은 서로 다르다.

④ 집회 및 유흥장에서, 집회장(이동 좌석)과 연회장의 기본등분포활하중은 서로 다르다.

ANSWER 1.① 2.③ 3.④

1
기둥부재의 좌굴하중은 $P_{cr} = \dfrac{\pi^2 EI}{l_k}$ 이며 l_k는 기둥의 단부지지조건에 따라 정해지는 값이므로, 항복강도는 좌굴하중과 직접적으로 관련이 있다고 보기는 어렵다.

2 주어진 보기 중 수장고 바닥을 지지하는 보의 장기 처짐량을 저감하기 위한 방안으로 가장 효율적인 것은 복근보로 설계하는 것이다. (크리프는 압축철근이 많을수록 감소하게 된다.)

3 집회 및 유흥장에서, 집회장(이동 좌석)과 연회장의 기본 등분포활하중은 5.0[kN/m²]로서 서로 동일하다.

4 철근콘크리트 깊은보에 대한 설명으로 가장 옳지 않은 것은?

① 비선형 변형률 분포를 고려하여 설계한다.

② 스트럿-타이모델에 따라 설계한다.

③ 순경간이 부재 깊이의 2배 이하인 부재를 깊은 보로 정의한다.

④ 깊은보의 최소 휨인장철근량은 휨부재의 최소철근량과 동일하다.

5 〈보기〉와 같은 보에서 D점에 최대 휨모멘트가 유발되기 위하여 가하여야 하는 C점의 집중하중(P)의 크기는?

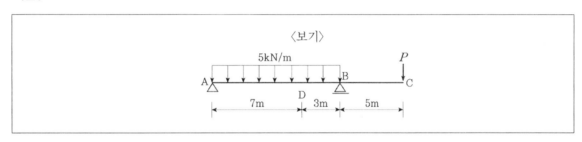

① 20kN($\uparrow$)

② 20kN($\downarrow$)

③ 45kN($\uparrow$)

④ 45kN($\downarrow$)

ANSWER 4.③ 5.①

4 순경간이 부재 깊이의 4배 이하인 부재를 깊은 보로 정의한다.

5 A지점의 반력은 상향으로 가정하고 P는 그림처럼 하향으로 가정하면 다음의 식이 성립해야 한다.

$$\sum M_B = 0 : R_A \cdot 10 - 5 \cdot 10 \cdot 5 + 5 \cdot P = 0$$

여기서 A점의 반력은 $R_A = \dfrac{250 - 5P}{10}(\uparrow)$

D점에서 휨모멘트가 최대가 되려면, 전단력이 0이 되어야 하므로, $V_D = R_A - 5 \cdot 7 = 0$이어야 한다.

따라서 $R_A = 35[kN](\uparrow)$이어야 하며,

$R_A = \dfrac{250 - 5P}{10}[kN] = 35[kN]$이므로, 하중 P는 $-20[kN]$이 되며 이는 본래 가정한 하향의 반대인 상향력을 의미한다. 따라서 P는 20kN($\uparrow$)이어야 한다.

6 강구조 용접부의 비파괴 검사법에 해당하지 않는 것은?

① 방사선 투과 검사

② 자기분말 탐상법

③ 정전 탐상법

④ 침투 탐상법

7 포화사질토가 비배수상태에서 급속한 재하를 받아 과잉간극수압의 발생과 동시에 유효응력이 감소하는 현상은?

① 분사현상

② 액상화

③ 사운딩

④ 슬라임

8 「건축구조기준(국가건설기준코드)」에서 풍동실험에 따라 특별풍하중을 산정하여야 하는 조건이 아닌 것은? (※ 기출 변형)

① 평면이 원형인 건축물로 형상비 H/d(H : 건축물의 기준높이, d : 높이 2H/3에서의 외경)가 7 미만인 경우

② 장경간의 현수, 사장, 공기막 지붕 등 경량이며 강성이 낮은 지붕골조

③ 국지적인 지형 및 지물의 영향으로 골바람 효과가 발생하는 곳에 위치한 건축물

④ 인접효과가 우려되는 건축물

....

ANSWER 6.③ 7.② 8.①

6 정전 탐상법은 비파괴 검사법의 일종이지만 강구조 용접부의 비파괴 검사법으로 적용되는 방법이 아니다. 비전기 전도성 재료 표면의 공극성 결함의 검출에 사용한다. 탄산칼슘 등의 미세 분말을 마찰에 의해 하전시키고 압착 공기에 의해 시험재 위에 불어 붙이면, 이 하전 분말은 결함 부분에만 붙기 때문에 결함이 보기 쉽게 하도록 하는 방법이다.

7 액상화 현상에 관한 설명이다.

8 **특별풍하중** : 바람의 직접적인 작용 또는 간접적인 작용을 받는 대상건축물 및 공작물에서 발생하는 현상이 매우 불규칙하고 복잡하여 풍하중을 평가하는 방법이 확립되어 있지 않기 때문에 풍동실험을 통하여 풍하중을 평가해야만 하는 경우의 하중이다.
※ 평면이 원형인 건축물로 형상비 H/d(H:건축물의 기준 높이, d : 높이 2H/3에서의 외경)가 7 이상인 경우 특별풍하중으로 본다.

9 「건축구조기준(국가건설기준코드)」에 따른 콘크리트 공시체의 제작에 대한 설명으로 가장 옳지 않은 것은? (※ 기출 변형)

① 압축강도용 공시체는 $\phi 100 \times 200mm$를 기준으로 한다.

② 습윤양생 시 온도는 21~25℃ 정도로 유지한다.

③ 임의의 1개 운반차로부터 채취한 시료에서 3개의 공시체를 제작하여 시험한 시험값의 평균값을 이용한다.

④ 공시체는 28일 동안 습윤양생한다.

10 보가 있는 2방향 슬래브를 직접설계법으로 계산할 때 계수모멘트가 1,000kN·m로 산정되었다. 이때 내부스팬의 부계수 모멘트와 정계수모멘트는?

부계수모멘트	정계수모멘트
① 250kN·m	750kN·m
② 350kN·m	650kN·m
③ 650kN·m	350kN·m
④ 750kN·m	250kN·m

11 「건축구조기준(국가건설기준코드)」에서 국부좌굴에 대한 구조용 강재 중 조밀단면과 비조밀단면의 분류 기준으로 사용되는 것은? (※ 기출 변형)

① 전단강도

② 판폭두께비

③ 단면적

④ 단면2차모멘트

ANSWER 9.① 10.③ 11.②

9 콘크리트의 공시체를 제작할 때 압축강도용 공시체는 $\phi 150 \times 300mm$를 기준으로 하며, $\phi 100 \times 200mm$의 공시체를 사용할 경우 강도보정계수 0.97을 사용하며, 이외의 경우에도 적절한 강도보정계수를 고려하여야 한다.

10 보가 있는 2방향 슬래브를 직접설계법으로 계산할 때 내부스팬의 부계수모멘트와 정계수모멘트의 비는 0.65 : 0.35를 이루므로 부계수모멘트는 650[kNm], 정계수모멘트는 350[kNm]이다.

11 「건축구조기준(국가건설기준코드)」에서 국부좌굴에 대한 구조용 강재 중 조밀단면과 비조밀단면의 분류 기준으로 사용되는 것은 판폭두께비이다.

12 「건축구조기준(국가건설기준코드)」에 따른 조적식구조에 사용되는 모르타르와 그라우트의 요구조건에 대한 설명으로 가장 옳지 않은 것은? (※ 기출 변형)

① 그라우트의 압축강도는 조적개체 강도의 1.3배 이상으로 한다.

② 시멘트 성분을 지닌 재료 또는 첨가제들은 내화점토를 포함할 수 없다.

③ 줄눈용 모르타르의 시멘트, 석회, 모래, 자갈의 용적비는 1 : 1 : 3 : 3이다.

④ 동결방지용액이나 염화물 등의 성분은 모르타르에 사용할 수 없다.

13 「건축구조기준(국가건설기준코드)」의 기존 철근콘크리트 구조물의 안전성 및 내하력 평가 방법에 대한 설명으로 가장 옳지 않은 것은? (※ 기출 변형)

① 구조부재의 치수는 중앙부와 단부를 측정하여 그 평균값을 부재치수로 하여야 한다.

② 기존 구조물의 안전성 평가에서는 구조치수, 재료 및 하중에 대한 조사 및 시험에 따라 측정한 값을 근거로 평가기준 값을 결정하여 사용한다.

③ 단면크기 및 재료특성이 조사 및 시험에 근거한 평가기준 값을 적용하였다면 강도감소계수를 증가시킬 수 있다.

④ 하중의 크기를 현장조사에 의하여 정밀하게 확인하는 경우 부재의 소요강도 산정을 위하여 적용되는 고정하중 및 활하중의 하중계수를 5%만큼 저감할 수 있다.

ANSWER 12.③ 13.①

12 줄눈용 모르타르의 경우 시멘트, 석회, 모래의 용적비는 1:1:3으로 규정되어 있으나 자갈은 규정된 사항이 없다.

종류		배합비			
		시멘트	석회	모래	자갈
모르타르	줄눈용	1	1	3	—
	사춤용	1	—	3	—
	치장용	1	—	1	—
그라우트	사춤용	1	—	2	3

13 구조부재의 치수는 위험단면에서 확인을 해야 한다.

14 〈보기〉의 지점 A에서 발생하는 반력의 크기는?

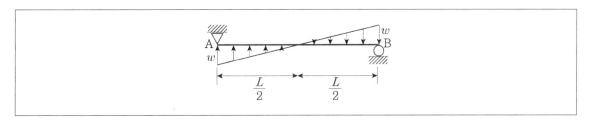

① $\dfrac{wL}{3}$

② $\dfrac{wL}{4}$

③ $\dfrac{wL}{5}$

④ $\dfrac{wL}{6}$

15 단면이 가로×세로가 10mm×10mm인 사각형이고 길이가 1,000mm인 부재에 100N의 하중이 작용하여 길이가 1mm 늘어났다면 이 부재의 탄성계수는?

① 1MPa

② 10MPa

③ 100MPa

④ 1,000MPa

14 일반적인 단순보에서 A지점의 방향만을 바꾼 것으로 보고 직관적으로 풀 수 있는 문제이다.
등변분포하중을 집중하중으로 치환하고, 우력모멘트의 크기를 구한 후 이를 부재길이로 나누면 지점의 반력이 된다.

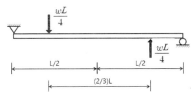

• 우선 우력모멘트의 크기는 $M = \dfrac{wL}{4} \cdot \dfrac{2}{3}L = \dfrac{wL^2}{6}$

• 이를 부재의 길이로 나누면 $R_A = \dfrac{M}{L} = \dfrac{\dfrac{wL^2}{6}}{L} = \dfrac{wL}{6}$

15 $\delta = \dfrac{PL}{AE} = \dfrac{100[\text{N}] \cdot 1000[\text{mm}]}{10^2[\text{mm}^2] \cdot \text{E}} = 1[\text{mm}]$이므로 이를 만족하는 탄성계수 E는 $1,000[\text{N/mm}^2]$이므로 1,000MPa이 된다.

16 공칭강도에 대한 설명으로 가장 옳은 것은?

① 하중계수를 곱한 하중

② 규정된 재료강도 및 부재치수를 사용하여 계산된 부재의 하중에 대한 저항능력

③ 하중 및 외력에 의하여 구조부재의 단면에 생기는 축방향력

④ 구조설계 시 적용하는 하중

17 프리스트레스트(Prestressed) 콘크리트 부재에서 프리스트레스(Prestress)의 손실원인에 해당하지 않는 것은?

① 콘크리트의 수축

② 정착장치의 활동

③ 긴장재 응력의 릴랙세이션

④ 포스트텐셔닝 긴장재와 콘크리트 부재의 비부착

18 단면 필릿용접의 총 용접 길이가 1,000mm, 필릿사이즈가 20mm인 경우 필릿용접의 유효단면적은?

① $9,600\text{mm}^2$

② $13,440\text{mm}^2$

③ $19,200\text{mm}^2$

④ $26,880\text{mm}^2$

ANSWER 16.② 17.④ 18.②

16 공칭강도는 규정된 재료강도 및 부재치수를 사용하여 계산된 부재의 하중에 대한 저항능력이다.

17 포스트텐셔닝 긴장재와 콘크리트 부재의 비부착은 프리스트레스의 손실원인으로 보기는 어렵다.

18 용접의 유효길이 : $1,000 - 2s = 1,000 - 2 \cdot 20 = 960[\text{m m}]$
용접의 목두께 : $0.7 \cdot s = 0.7 \cdot 20 = 14[\text{m m}]$
용접의 유효면적은 유효길이와 목두께의 곱이므로 $13,440[\text{m m}^2]$가 된다.
(s : 다리길이, 필릿사이즈)

19 「건축구조기준(국가건설기준코드)」에 따라 20층 이하이고, 높이 70m 미만인 정형구조물의 등가정적해석법에 의한 설계지진력을 산정할 때, 밑면전단력의 계산에 영향을 주지 않는 것은? (※ 기출 변형)

① 지반종류

② 유효건물 중량

③ 내진등급

④ 내진설계범주

20 「건축구조기준(국가건설기준코드)」에서 정하는 구조용 무근콘크리트를 사용할 수 없는 부재에 해당하는 것은? (※ 기출 변형)

① 기둥 부재

② 지반 또는 다른 구조용 부재에 의하여 연속적으로 수직 지지되는 부재

③ 모든 하중 조건에서 아치작용에 의하여 압축력이 유발되는 부재

④ 벽체와 주각

ANSWER 19.④ 20.①

19 내진설계범주는 건물의 내진등급 및 설계응답스펙트럼가속도값에 의해 결정되는 내진설계상의 구분이다. (이는 등가정적해석법에 의한 설계지진력 산정 시 고려하지 않는다.)

20 구조용 무근콘크리트는 다음의 경우에만 사용할 수 있으며, 기둥에는 무근콘크리트를 사용할 수 없다.
• 지반 또는 다른 구조용 부재에 의해 연속적으로 수직 지지되는 부재
• 모든 하중조건에서 아치작용에 의해 압축력이 유발되는 부재
• 벽체와 주각

1 「건축물강구조설계기준(KDS 41 31 00)」에 따라 보 플랜지를 완전용입용접으로 접합하고 보의 웨브는 용접으로 접합한 접합부를 적용한 경우, 철골중간모멘트골조 지진하중저항시스템에 대한 요구사항으로 가장 옳지 않은 것은?

① 내진설계를 위한 철골중간모멘트골조의 반응수정계수는 4.5이다.

② 보-기둥 접합부는 최소 0.02rad의 층간변위각을 발휘할 수 있어야 한다.

③ 보의 춤이 900mm를 초과하지 않으면 실험결과 없이 중간모멘트골조의 접합부로서 인정할 수 있다.

④ 중간모멘트골조의 보소성힌지영역은 보호영역으로 고려되어야 한다.

2 다음과 같은 단면을 가진 단순보에 등분포하중(w)이 작용하여 처짐이 발생하였다. 단면 높이 h를 2h로 2배 증가하였을 경우, 보에 작용하는 최대 모멘트와 처짐의 변화에 대한 설명으로 가장 옳은 것은?

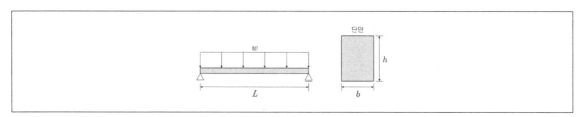

① 최대 모멘트와 처짐이 둘 다 8배가 된다.

② 최대 모멘트는 동일하고, 처짐은 8배가 된다.

③ 최대 모멘트는 8배, 처짐은 1/8배가 된다.

④ 최대 모멘트는 동일하고, 처짐은 1/8배가 된다.

ANSWER 1.③ 2.④

1 보플랜지를 완전용입용접으로 접합하고 보의 웨브는 용접 또는 고장력볼트로서 접합한 접합부로서 보의 춤이 750mm를 초과하지 않으면 중간모멘트골조의 접합부로서 인정할 수 있다.

2 단면의 높이가 2배가 되면 단면2차모멘트가 8배가 되므로 처짐은 1/8배로 줄어들게 된다.

3 콘크리트구조의 철근상세에 대한 설명으로 가장 옳지 않은 것은?

① 주철근의 180도 표준갈고리는 구부린 반원 끝에서 철근지름의 4배 이상, 또한 60mm 이상 더 연장되어 야 한다.

② 주철근의 90도 표준갈고리는 구부린 끝에서 철근지름의 6배 이상 더 연장되어야 한다.

③ 스터럽과 띠철근의 90도 표준갈고리의 경우, D16 이하의 철근은 구부린 끝에서 철근지름의 6배 이상 더 연장되어야 한다.

④ 스터럽과 띠철근의 135도 표준갈고리의 경우, D25 이하의 철근은 구부린 끝에서 철근지름의 6배 이상 더 연장되어야 한다.

4 다음과 같이 1단고정, 타단핀고정이고 절점 횡이동이 없는 중심압축재가 있다. 부재단면은 압연H형강이고, 부재길이는 10m, 부재 중간에 약축 방향으로만 횡지지(핀고정)되어 있다. 이 부재의 휨좌굴강도를 결정하는 세장비로 가장 옳은 것은? (단, 부재단면의 국부좌굴은 발생하지 않으며, 세장비는 유효좌굴길이(이론값)를 단면2차반경으로 나눈 값으로 정의하고, 강축에 대한 단면2차반경 r_x=100mm, 약축에 대한 단면2차반경 r_y=50mm이다.)

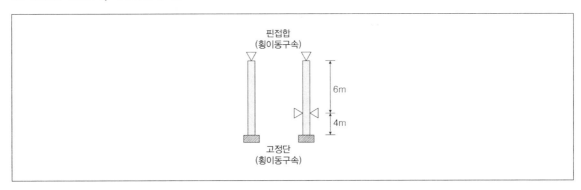

① 70

② 100

③ 120

④ 56

....

ANSWER 3.② 4.③

3 주철근의 90도 표준갈고리는 구부린 끝에서 철근지름의 12배 이상 더 연장되어야 한다.

4 강축을 x축, 약축을 y축이라고 가정할 때, 이 압축재의 좌굴은 횡지지된 점부터 끝단까지의 거리가 먼 부재의 좌굴에 지배를 받게 된다. 6m가 4m보다 더 기므로 6m 부분에서 좌굴이 먼저 발생하게 되며 이 부재는 양단힌지와 같은 거동을 하므로 유효 좌굴길이계수는 1.0이 된다.

따라서 세장비는 $\lambda = \dfrac{KL}{r_y} = \dfrac{1.0 \cdot 6}{0.05} = 120$

5 「건축물강구조설계기준(KDS 41 31 00)」에서 충전형 합성기둥에 대한 설명으로 가장 옳지 않은 것은?

① 강관의 단면적은 합성기둥 총단면적의 1% 이상으로 한다.

② 압축력을 받는 각형강관 충전형합성부재의 강재요소의 최대폭두께비가 $2.26\sqrt{E/F_y}$ 이하이면 조밀로 분류한다.

③ 실험 또는 해석으로 검증되지 않을 경우, 합성기둥에 사용되는 구조용 강재의 설계기준항복강도는 700MPa를 초과할 수 없다.

④ 실험 또는 해석으로 검증되지 않을 경우, 합성기둥에 사용되는 콘크리트의 설계기준압축강도는 70MPa를 초과할 수 없다(경량콘크리트 제외).

6 시험실에서 양생한 공시체의 강도평가에 대한 다음 설명에서 ㉠~㉢에 들어갈 값을 순서대로 바르게 나열한 것은?

> 콘크리트 각 등급의 강도는 다음의 두 요건이 충족되면 만족할 만한 것으로 간주할 수 있다.
> (가) ㉠번의 연속강도 시험의 결과 그 평균값이 ㉡ 이상일 때
> (나) 개개의 강도시험값이 f_{ck}가 35MPa 이하인 경우에는 $(f_{ck}-3.5)$MPa 이상, 또한 f_{ck}가 35MPa 초과인 경우에는 ㉢ 이상인 경우

	㉠	㉡	㉢
①	2	f_{ck}	$0.85f_{ck}$
②	2	$0.9f_{ck}$	$0.9f_{ck}$
③	3	$0.9f_{ck}$	$0.85f_{ck}$
④	3	f_{ck}	$0.9f_{ck}$

ANSWER 5.③ 6.④

5 실험 또는 해석으로 검증되지 않을 경우, 합성기둥에 사용되는 구조용 강재의 설계기준항복강도는 450MPa를 초과할 수 없다.

6 콘크리트 각 등급의 강도는 다음의 두 요건이 충족되면 만족할 만한 것으로 간주할 수 있다.
(가) 3번의 연속강도 시험의 결과 그 평균값이 f_{ck} 이상일 때
(나) 개개의 강도시험값이 f_{ck}가 35MPa 이하인 경우에는 $(f_{ck}-3.5)$MPa 이상, 또한 f_{ck}가 35MPa 초과인 경우에는 $0.9f_{ck}$ 이상인 경우

7 기본등분포 활하중의 저감에 대한 설명으로 가장 옳지 않은 것은?

① 지붕활하중을 제외한 등분포활하중은 부재의 영향 면적이 36m² 이상인 경우 저감할 수 있다.

② 기둥 및 기초의 영향면적은 부하면적의 4배이다.

③ 부하면적 중 캔틸레버 부분은 영향면적에 단순 합산한다.

④ 1개 층을 지지하는 부재의 저감계수는 0.6보다 작을 수 없다.

8 다음과 같은 단면의 X-X 축에 대한 단면2차 모멘트의 값으로 옳은 것은?

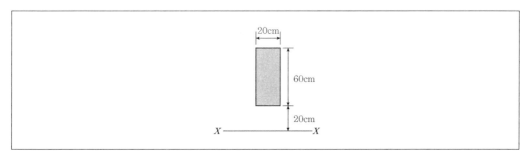

① 360,000cm⁴

② 2,640,000cm⁴

③ 3,000,000cm⁴

④ 3,360,000cm⁴

9 다음과 같은 단순트러스 구조물 C점에 수평력 10kN이 작용하고 있다. 부재 BC에 걸리는 힘의 크기 F_{BC} 값은? (단, 인장력은 (+), 압축력은 (−)이다.)

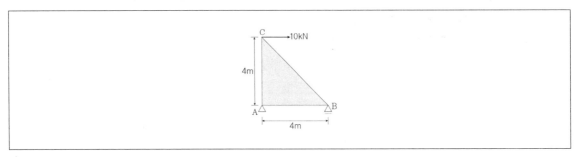

① $10\sqrt{2}$ (인장력)

② $10\sqrt{2}$ (압축력)

③ $\dfrac{10}{\sqrt{2}}$ (인장력)

④ $\dfrac{10}{\sqrt{2}}$ (압축력)

10 다음과 같이 등분포 하중 w를 지지하는 스팬 L인 단순보가 있다. 이 보의 단면의 폭은 b, 춤은 h라고 할 때, 최대 휨모멘트로 인해 이 단면에 발생하는 최대 인장응력도의 크기는?

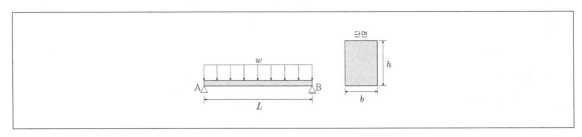

① $\dfrac{wL^2}{2bh^2}$

② $\dfrac{wL^2}{bh^2}$

③ $\dfrac{3wL^2}{4bh^2}$

④ $\dfrac{11wL^2}{12bh^2}$

- -

ANSWER 9.② 10.③

9 힘의 평형에 관한 단순한 문제이다.

BC에는 직관적으로 압축력이 걸리며 이 때 힘의 크기는 $10 \cdot \dfrac{1}{\cos 45^o} = \dfrac{10}{\dfrac{\sqrt{2}}{2}} = 10\sqrt{2}$

10 최대휨모멘트는 부재의 중앙에서 발생하며, 최대휨응력은 부재의 중앙단면 하연에서 발생하게 되며 이때의 휨인장응력의 크기는 $\dfrac{3wL^2}{4bh^2}$가 된다.

11 다음 구조물의 부정정 차수는?

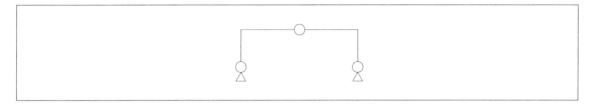

① 0차

② 1차

③ 2차

④ 3차

12 콘크리트 재료에 대한 설명으로 가장 옳은 것은?

① 강도설계법에서 파괴 시 극한 변형률을 0.005로 본다.

② 콘크리트의 탄성계수는 콘크리트의 압축강도에 따라 그 값을 달리한다.

③ 할선탄성계수(secant modulus)는 응력-변형률 곡선에서 초기 선형 상태의 기울기를 뜻한다.

④ 압축강도 실험 시 하중을 가하는 재하속도는 강도 값에 영향을 미치지 않는다.

11 $N_e = r - 3 = (2+2) - 3 = 1$

$N_i = -1 \times 1 = -1$

$N = N_e + N_i = 1 - 1 = 0$

12 ① 강도설계법에서 파괴 시 극한 변형률을 0.003로 본다.

③ 응력-변형률 곡선에서 초기 선형 상태의 기울기는 초기접선계수이다.

④ 압축강도 실험 시 하중을 가하는 재하속도는 강도 값에 영향을 미친다.

※ 탄성계수의 종류

　㉠ 초기접선탄성계수 : 0점에서 맨 처음 응력-변형률 곡선에 그은 접선이 이루는 각의 기울기

　㉡ 접선탄성계수 : 임의의 점 A에서 응력-변형률곡선에 그은 접선이 이루는 각의 기울기

　㉢ 할선탄성계수 : 압축응력이 압축강도의 30~50%정도이며 이 점을 A라고 할 경우 OA의 기울기 (콘크리트의 실제적인 탄성계수를 의미한다.)

13 다음과 같은 단면을 갖는 직사각형 보의 인장철근비는? (단, D22 철근 3개의 단면적 합은 600mm²이다.)

```
                    ┌─────────┐
                    │         │  ┤
                    │         │
                    │         │  500mm
                D22 │         │
                 ●●●│         │  ┬
                    └─────────┘
                    ├─ 300mm ─┤
```

① 0.004

② 0.006

③ 0.008

④ 0.01

13

인장철근비 $\rho = \dfrac{A_s}{b \cdot d} = \dfrac{600}{500 \cdot 300} = 0.004$

14 강도설계법의 하중조합으로 가장 옳은 것은? (단, D : 고정하중, L : 활하중, S : 적설하중, W : 풍하중, E : 지진하중이다.)

① 1.2D

② 1.4D + 1.6L

③ 1.2D + 1.6S + 0.5W

④ 0.9D + 1.0E

ANSWER 14.④

14 ① 1.4D

② 1.2D + 1.6L

③ 1.2D + 1.6S + 0.65W

※ 강도설계법의 하중조합

$$U = 1.4(D+F)$$

$$U = 1.2(D+F+T) + 1.6(L + a_H \cdot H_v + H_h) + 0.5(L_r \text{ or } S \text{ or } R)$$

$$U = 1.2D + 1.6(L_r \text{ or } S \text{ or } R) + (1.0L \text{ or } 0.65W)$$

$$U = 1.2D + 1.3W + 1.0L + 0.5(L_r \text{ or } S \text{ or } R)$$

$$U = 1.2(D + H_v) + 1.0E + 1.0L + 0.2S + (1.0H_h \text{ or } 0.5H_h)$$

$$U = 1.2(D+F+T) + 1.6(L + a_H \cdot H_v) + 0.8H_h + 0.5(L_r \text{ or } S \text{ or } R)$$

$$U = 0.9(D + H_v) + 1.3W + (1.6H_h \text{ or } 0.8H_h)$$

$$U = 0.9(D + H_v) + 1.0E + (1.0H_h \text{ or } 0.5H_h)$$

(단, D는 고정하중, L은 활하중, W는 풍하중, E는 지진하중, S는 적설하중, H_v는 흙의 자중에 의한 연직방향 하중, H_h는 흙의 횡압력에 의한 수평방향 하중, α는 토피 두께에 따른 보정계수를 나타내며 F는 유체의 밀도를 알 수 있고, 저장 유체의 높이를 조절할 수 있는 유체의 중량 및 압력에 의한 하중 또는 이에 의해서 생기는 단면력이다.)

• 차고, 공공장소, $L \geq 5.0kN/m^2$인 모든 장소 이외에는 활하중(L)을 0.5L로 감소시킬 수 있다.

• 지진하중 E에 대하여 사용수준 지력을 사용하는 경우 지진하중은 1.4E를 적용한다.

• 흙, 지하수 또는 기타 재료의 횡압력에 의한 수평방향하중(H_h)와 연직방향하중(H_v)로 인한 하중효과가 풍하중(W) 또는 지진하중(E)로 인한 하중효과를 상쇄시키는 경우 수평방향하중(H_h)와 연직방향하중(H_v)에 대한 계수는 0으로 한다.

• 측면토압이 다른 하중에 의한 구조물의 거동을 감소시키는 저항효과를 준다면 이를 수평방향하중에 포함시키지 않아야 하지만 설계강도를 계산할 경우에는 수평방향하중의 효과를 고려해야 한다.

15 지진력저항시스템을 성능설계법으로 설계하고자 할 때, 내진등급별 최소성능목표를 만족해야 한다. 내진 등급I의 최소성능목표에 대한 설명으로 가장 옳은 것은?

① 건축구조기준의 설계스펙트럼가속도에 대해 기능 수행의 성능수준을 만족해야 한다.
② 건축구조기준의 설계스펙트럼가속도의 1.2배에 대해 인명안전의 성능수준을 만족해야 한다.
③ 건축구조기준의 설계스펙트럼가속도의 1.2배에 대해 붕괴방지의 성능수준을 만족해야 한다.
④ 건축구조기준의 설계스펙트럼가속도의 1.5배에 대해 인명안전의 성능수준을 만족해야 한다.

ANSWER 15.②

15 지진력저항시스템을 성능설계법으로 설계하고자 할 때, 내진등급별 최소성능목표는 다음과 같다.

내진 등급	성능목표	
	성능수준	지진위험도
특	기능수행(또는 즉시거주)	설계스펙트럼가속도의 1.0배
	인명안전 및 붕괴방지	설계스펙트럼가속도의 1.5배
I	인명안전	설계스펙트럼가속도의 1.2배
	붕괴방지	설계스펙트럼가속도의 1.5배
II	인명안전	설계스펙트럼가속도의 1.0배
	붕괴방지	설계스펙트럼가속도의 1.5배

위의 표에 따르면 내진등급I의 경우 건축구조기준의 설계스펙트럼가속도의 1.2배에 대해 인명안전의 성능수준을 만족해야 한다.

16 콘크리트 인장강도에 대한 설명으로 가장 옳지 않은 것은?

① 휨재의 균열발생, 전단, 부착 등 콘크리트의 인장응력 발생 조건별로 적합한 인장강도 시험방법으로 평가해야 한다.

② f_{ck}을 이용하여 콘크리트파괴계수 f_r을 산정할 때, 동일한 f_{ck}를 갖는 경량콘크리트와 일반중량콘크리트의 f_r은 동일하다.

③ 시험 없이 계산으로 산정된 콘크리트파괴계수 f_r과 쪼갬인장강도 f_{sp}는 $\sqrt{f_{ck}}$에 비례한다.

④ 쪼갬인장강도 시험 결과는 현장 콘크리트의 적합성 판단 기준으로 사용할 수 없다.

17 철근콘크리트구조에서 인장을 받는 SD500 D22 표준 갈고리를 갖는 이형철근의 기본 정착길이 l_{hb}는 철근 지름 d_b의 몇 배인가? (단, 일반중량콘크리트로 설계기준압축강도 f_{ck}=25MPa이고, 도막은 없다.)

① 19배
② 24배
③ 25배
④ 40배

---

16 콘크리트파괴계수(쪼갬인장강도) $f_r = 0.63\lambda\sqrt{f_{ck}}[MPa]$에서 λ는 중량계수로서 일반콘크리트의 경우 1.0, 경량콘크리트의 경우 0.75가 되므로 경량콘크리트와 일반중량콘크리트의 쪼갬인장강도는 차이가 있다.

17 $l_{hb} = \dfrac{0.24\beta d_b f_y}{\lambda\sqrt{f_{ck}}} = \dfrac{0.24\cdot1.0\cdot d_b\cdot500}{1.0\cdot\sqrt{25}} = 24d_b$

2019. 2. 23 제1회 서울특별시 시행 ‖ **47**

18 다음의 매입형 합성부재 안에 사용하는 스터드앵커에 관한 표에서 A~E 중 가장 작은 값과 가장 큰 값을 순서대로 바르게 나열한 것은? (단, 표는 각 하중조건에 대한 스터드앵커의 최소 h/d값을 나타낸 것이다.)

하중조건	보통콘크리트	경량콘크리트
전단	$h/d \geq (A)$	$h/d \geq (B)$
인장	$h/d \geq (C)$	$h/d \geq (D)$
전단과 인장의 조합력	$h/d \geq (E)$	※

h/d = 스터드앵커의 몸체직경(d)에 대한 전체길이(h) 비
* 경량콘크리트에 묻힌 앵커에 대한 조합력의 작용효과는 관련 콘크리트 기준을 따른다.

① A, D
② B, E
③ C, A
④ D, B

18

하중조건	보통콘크리트	경량콘크리트
전단	$h/d \geq 5$	$h/d \geq 7$
인장	$h/d \geq 8$	$h/d \geq 10$
전단과 인장의 조합력	$h/d \geq 8$	※

h/d는 스터드앵커의 몸체직경(d)에 대한 전체길이(h) 비이며 경량콘크리트에 묻힌 앵커에 대한 조합력의 작용효과는 관련 콘크리트 기준을 따른다.

19 말뚝기초에 대한 설명으로 가장 옳은 것은?

① 말뚝기초의 허용지지력은 말뚝의 지지력에 따른 것으로만 한다.

② 말뚝기초의 설계에 있어서는 하중의 편심에 대하여 검토하지 않아도 된다.

③ 동일 구조물에서 지지말뚝과 마찰말뚝을 혼용할 수 있다.

④ 타입말뚝, 매입말뚝 및 현장타설콘크리트말뚝의 혼용을 적극 권장하여 경제성을 확보할 수 있다.

20 강구조 볼트 접합에 대한 설명으로 가장 옳지 않은 것은?

① 고장력볼트의 미끄럼 한계상태에 대한 마찰접합의 설계강도 산정에서 볼트 구멍의 종류에 따라 강도 감소계수가 다르다.

② 고장력볼트의 마찰접합볼트에 끼움재를 사용할 경우에는 미끄럼에 관련되는 모든 접촉면에서 미끄럼에 저항할 수 있도록 해야 한다.

③ 지압한계상태에 대한 볼트구멍의 지압강도 산정에서 구멍의 종류에 따라 강도감소계수가 다르다.

④ 지압접합에서 전단 또는 인장에 의한 소요응력 f가 설계응력의 20% 이하이면 조합응력의 효과를 무시할 수 있다.

ANSWER 19.① 20.③

19 ② 말뚝기초의 설계에 있어서는 하중의 편심에 대하여 검토해야 한다.
③ 동일 구조물에서 지지말뚝과 마찰말뚝을 혼용하지 않도록 한다.
④ 타입말뚝, 매입말뚝 및 현장타설콘크리트말뚝을 혼용하지 않도록 한다.

20 지압한계상태에 대한 볼트구멍의 지압강도 산정 시 구멍의 종류에 관계없이 볼트구멍에서 설계강도의 강도감소계수는 0.75로 동일하다.

1 건축물 구조설계법에 대한 설명으로 옳지 않은 것은?

① 허용응력설계법은 탄성이론에 의한 구조해석으로 산정한 부재단면의 응력이 허용응력을 초과하도록 구조부재를 설계하는 방법이다.

② 강도설계법은 구조부재를 구성하는 재료의 비탄성거동을 고려하여 산정한 부재단면의 공칭강도에 강도감소계수를 곱한 설계강도가 계수하중에 의한 소요강도 이상이 되도록 구조부재를 설계하는 방법이다.

③ 성능설계법은 건축설계기준에서 규정한 목표성능을 만족하면서 건축구조물을 건축주가 선택한 성능지표에 만족하도록 설계하는 방법이다.

④ 한계상태설계법은 한계상태를 명확히 정의하여 하중 및 내력의 평가에 준해서 한계상태에 도달하지 않는 것을 확률통계적 계수를 이용하여 설정하는 설계법이다.

2 콘크리트구조 현장재하실험에 대한 설명으로 옳지 않은 것은?

① 재하할 보나 슬래브 수와 하중배치는 강도가 의심스러운 구조부재의 위험단면에서 최대응력과 처짐이 발생하도록 결정하여야 한다.

② 재하할 실험하중은 해당 구조 부분에 작용하고 있는 고정하중을 포함하여 설계하중의 75% 이상이어야 한다.

③ 실험하중은 4회 이상 균등하게 나누어 증가시켜야 한다.

④ 측정된 최대처짐과 잔류처짐이 허용기준을 만족하지 않을 때 재하실험을 반복할 수 있다.

ANSWER 1.① 2.②

1 허용응력설계법은 탄성이론에 의한 구조해석으로 산정한 부재단면의 응력이 허용응력을 초과하지 않도록 구조부재를 설계하는 방법이다.

2 재하할 실험하중은 해당 구조 부분에 작용하고 있는 고정하중을 포함하여 설계하중의 85%, 즉 0.85(1.2D+1.6L) 이상이어야 한다. 활하중 L의 결정은 해당 구조물의 관련기준에 규정된 대로 활하중감소율 등을 적용시켜 허용범위 내에서 감소시킬 수 있다.

3 건축구조물에서 각 날짜에 타설한 각 등급의 콘크리트 강도시험용 시료를 채취하는 기준으로 옳지 않은 것은?

① 하루에 1회 이상

② 150m^{3}당 1회 이상

③ 슬래브나 벽체의 표면적 500m^{2}마다 1회 이상

④ 배합이 변경될 때마다 1회 이상

4 조적조 기준압축강도 확인에 대한 설명으로 옳지 않은 것은?

① 시공 전에는 규정에 따라 5개의 프리즘을 제작하여 시험한다.

② 구조설계에 규정된 허용응력의 1/2을 적용한 경우, 시공 중 시험을 반드시 시행해야 한다.

③ 구조설계에 규정된 허용응력을 모두 적용한 경우, 벽면적 500m^{2}당 3개의 프리즘을 규정에 따라 제작하여 시험한다.

④ 기시공된 조적조의 프리즘시험은 벽면적 500m^{2}마다 품질을 확인하지 않은 부분에서 재령 28일이 지난 3개의 프리즘을 채취한다.

ANSWER 3.② 4.②

3 각 날짜에 친 각 등급의 콘크리트 강도시험용 시료를 다음과 같이 채취하여야 한다.
- 하루에 1회 이상
- 120m^{3}당 1회 이상
- 슬래브나 벽체의 표면적 500m^{2}마다 1회 이상
- 배합이 변경될 때마다 1회 이상

4 ② 구조설계에 규정된 허용응력의 1/2를 적용한 경우 시공 중 별도의 시험은 필요하지 않다.

5 목구조 바닥에 대한 설명으로 옳지 않은 것은?

① 바닥구조는 수직하중에 대하여 충분한 강도와 강성을 가져야 한다.

② 바닥구조는 바닥구조에 전달되는 수평하중을 안전하게 골조와 벽체에 전달할 수 있는 강도와 강성을 지녀야 한다.

③ 구조용바닥판재로 구성된 플랜지재는 수평하중에 의해 발생하는 면내전단력에 대해 충분한 강도와 강성을 지녀야 한다.

④ 바닥격막구조의 구조형식에는 수평격막구조, 수평트러스 등이 있다.

ANSWER 5.③

5 목구조 바닥
- 구조용바닥판재로 구성된 웹재는 수평하중에 따라 발생되는 면내전단력에 대해 충분한 강도와 강성을 지녀야 하며, 면재의 좌굴이 생기지 않도록 한다.
- 수평격막구조의 외주에 배치된 보와 장선 등의 플랜지재와는 수평하중에 따라 발생하는 축방향력에 대해 충분한 강도, 강성을 갖도록 한다.
- 바닥구조를 구성하는 보와 바닥판재 등은 충분한 휨강도 및 전단강도를 갖도록 한다. 또한 과도한 처짐이나 진동 등의 문제점을 일으키지 않도록 하여 사용목적에 합당하도록 한다.
- 보 또는 장선의 따냄은 되도록 피하고, 특히 부재의 중앙 하단부의 따냄을 피한다. 불가피하게 따냄을 설치할 경우는 충분한 유효단면을 확보한다.
- 보와 바닥판재와 이를 지지하는 부재의 접합부는 각부에 존재하는 응력을 안전하게 전달하는 구조로 한다.
- 강재보를 사용할 경우에는 품질과 강도가 보증된 제품을 사용한다.
- 바닥격막구조의 구조형식에는 수평격막구조, 수평트러스 등이 있고, 건축의 규모와 구조형식에 따라 선택한다.
- 수평트러스를 구성하는 각 부재단면은 수평하중에 따라 발생하는 응력에 대하여 안전하도록 한다. 또한 트러스 각부의 접합부는 충분한 강도와 강성을 지닌 구조로 한다.
- 바닥격막구조와 골조, 벽체 등의 다른 구조부분과의 접합부는 응력을 전달할 수 있는 충분한 강도와 강성을 지닌 구조로 한다.

6 보통모멘트골조에서 압축을 받는 철근콘크리트 기둥의 띠철근에 대한 설명으로 옳지 않은 것은? (단, 전단이나 비틀림 보강철근 등이 요구되는 경우, 실험 또는 구조해석 검토에 의한 예외사항 등과 같은 추가 규정은 고려하지 않는다)

① 모든 모서리 축방향철근은 135° 이하로 구부린 띠철근의 모서리에 의해 횡지지되어야 한다.

② 띠철근의 수직간격은 축방향 철근지름의 16배 이하, 띠철근이나 철선지름의 48배 이하, 또한 기둥단면의 최소 치수 이하로 하여야 한다.

③ D35 이상의 축방향 철근은 D10 이상의 띠철근으로 둘러싸야 하며, 이 경우 띠철근 대신 용접철망을 사용할 수 없다.

④ 기초판 또는 슬래브의 윗면에 연결되는 기둥의 첫 번째 띠철근 간격은 다른 띠철근 간격의 1/2 이하로 하여야 한다.

ANSWER 6.③

6 보통모멘트골조로서 압축을 받는 철근콘크리트기둥 띠철근

• D32 이하의 축방향 철근은 D10 이상의 띠철근으로, D35 이상의 축방향 철근과 다발철근은 D13 이상의 띠철근으로 둘러싸야 하며, 이 경우 띠철근 대신 등가단면적의 이형철선 또는 용접철망을 사용할 수 있다.

• 띠철근의 수직간격은 축방향 철근지름의 16배 이하, 띠철근이나 철선지름의 48배 이하, 또한 기둥단면의 최소 치수 이하로 하여야 한다.

• 모든 모서리 축방향 철근과 하나 건너 위치하고 있는 축방향 철근들은 135° 이하로 구부린 띠철근의 모서리에 의해 횡지지되어야 한다. 다만, 띠철근을 따라 횡지지된 인접한 축방향 철근의 순간격이 150mm 이상 떨어진 경우에는 추가 띠철근을 배치하여 축방향 철근을 횡지지하여야 한다. 또한, 축방향 철근이 원형으로 배치된 경우에는 원형띠철근을 사용할 수 있다. 이 때 원형 띠철근을 150mm 이상 겹쳐서 표준 갈고리로 기둥주근을 감싸야 한다.

• 기초판 또는 슬래브의 윗면에 연결되는 압축부재의 첫 번째 띠철근 간격은 다른 띠철근 간격의 1/2 이하로 하여야 하고, 슬래브나 지판 기둥전단머리에 배치된 최하단 수평철근 아래에 배치되는 첫 번째 띠철근도 다른 띠철근 간격의 1/2 이하로 하여야 한다.

• 보 또는 브래킷이 기둥의 4면에 연결되어 있는 경우에 가장 낮은 보 또는 브래킷의 최하단 수평철근 아래에서 75mm 이내에서 띠철근 배치를 끝낼 수 있다. 단, 이때, 보의 폭은 해당 기둥면 폭의 1/2 이상이어야 한다.

• 앵커볼트가 기둥 상단이나 주각 상단에 위치한 경우에 앵커볼트는 기둥이나 주각의 적어도 4개 이상의 수직철근을 감싸고 있는 횡방향 철근에 의해 둘러싸여야 한다. 횡방향 철근은 기둥 상단이나 주각 상단에서 125mm 이내에 배치하고 적어도 2개 이상의 D13 철근이나 3개 이상의 D10 철근으로 구성되어야 한다.

7 건축물 강구조 설계기준에서 SS275 강종의 압연H형강 H−400×200×8×13의 강도 및 재료정수로 옳은 것은?

① 인장강도(F_u)는 410MPa이다.

② 항복강도(F_y)는 265MPa이다.

③ 탄성계수(E)는 205,000MPa이다.

④ 전단탄성계수(G)는 79,000MPa이다.

8 강구조 고장력볼트 접합의 일반사항에 대한 설명으로 옳은 것은?

① 고장력볼트 구멍중심 간 거리는 공칭직경의 2.0배 이상으로 한다.

② 고장력볼트 전인장조임은 임팩트렌치로 수 회 또는 일반렌치로 최대한 조이는 조임법이다.

③ 고장력볼트는 용접과 조합하여 하중을 부담시킬 수 없고, 고장력볼트와 용접을 병용할 경우 고장력볼트에 전체하중을 부담시킨다.

④ 고장력볼트 마찰접합에서 하중이 접합부의 단부를 향할 때는 적절한 설계지압강도를 갖도록 검토하여야 한다.

ANSWER 7.① 8.④

7 ② 웨브와 플랜지의 두께가 모두 16mm 이하이므로 항복강도는 275MPa 이상이어야 한다.(SS표시는 당초에는 인장강도를 의미하였으나 구조기준 개정에 의해 항복강도를 의미하는 것으로 변경되었다.)

③ 강과 주강의 탄성계수는 개정 전에는 205,000MPa이었으나 개정 후 210,000MPa로 변경되었다.

④ 전단탄성계수(G)는 개정 전에는 79,000MPa이었으나 개정 후 81,000MPa로 변경되었다.

8 ① 고장력볼트 구멍중심 간 거리는 공칭직경의 2.5배 이상으로 한다.

② 임팩트렌치로 수 회 또는 일반렌치로 최대한 조이는 방법은 밀착조임법이다.

③ 볼트접합은 용접과 조합해서 하중을 부담시킬 수 없다. 이러한 경우 용접이 전체하중을 부담하는 것으로 한다. 다만 전단접합에는 용접과 볼트의 병용이 허용된다. 표준구멍과 하중방향에 직각인 단슬롯의 경우 볼트접합과 하중방향에 평행한 필릿용접이 하중을 각각 분담할 수 있다. 이때 볼트의 설계강도는 지압볼트접합 설계강도의 50%를 넘지 않도록 한다. 마찰볼트접합으로 이미 시공된 구조물을 개축할 경우 고장력볼트는 이미 시공된 하중을 받는 것으로 가정하고 병용되는 용접은 추가된 소요강도를 받는 것으로 용접설계를 병용할 수 있다.

9 길이가 L이고 변형이 구속되지 않은 트러스 부재가 온도변화 △T에 의해 일어나는 축방향 변형률(ε)은? (단, 트러스 부재의 재료는 열팽창계수 α인 등방성 균질재료로 온도변화에 따라 선형으로 변형한다)

① $\varepsilon = \alpha(\triangle T)$

② $\varepsilon = \alpha(\triangle T)\sqrt{L}$

③ $\varepsilon = \alpha(\triangle T)L$

④ $\varepsilon = \alpha(\triangle T)L^2$

10 그림과 같이 AB구간과 BC구간의 단면이 상이한 캔틸레버 보에서 B점에 집중하중 P가 작용할 때, 자유단인 C점의 처짐은? (단, AB구간과 BC구간의 휨강성은 각각 2EI와 EI이며 자중을 포함한 기타 하중의 영향은 무시한다)

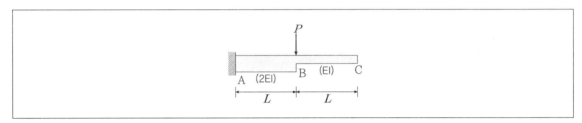

① $\dfrac{PL^3}{3EI}$

② $\dfrac{2PL^3}{3EI}$

③ $\dfrac{5PL^3}{6EI}$

④ $\dfrac{5PL^3}{12EI}$

....

ANSWER 9.① 10.④

9 온도변화에 의한 축방향 변형률 : $\varepsilon = \alpha(\triangle T)$
(온도변형률 자체는 길이와는 무관한 부재 고유의 성질이다.)

10
일반적인 캔틸레버의 경우 자유단에 집중하중 P가 작용할 경우의 처짐은 $\dfrac{PL^3}{3EI}$가 된다.

문제에서 주어진 조건에 의하면 B점의 처짐은 $\dfrac{PL^3}{3(2EI)}$이 되며, B점의 처짐각은 $\dfrac{PL^2}{2EI}$이다.

따라서 B점에 대한 C점의 상대처짐은 $\dfrac{PL^2}{2(2EI)} \cdot L = \dfrac{PL^3}{4EI}$, C점의 처짐값은 $\dfrac{PL^3}{6EI} + \dfrac{PL^3}{4EI} = \dfrac{5PL^3}{12EI}$이 된다.

11 항복점 이상의 응력을 받는 금속재료가 소성변형을 일으켜 파괴되지 않고 변형을 계속하는 성질은?

① 연성

② 취성

③ 탄성

④ 강성

12 등가정적해석법에 의한 내진설계에서 밑면전단력 산정에 대한 설명으로 옳지 않은 것은?

① 반응수정계수가 클수록 밑면전단력은 감소한다.

② 건축물 중요도계수가 클수록 밑면전단력은 감소한다.

③ 건축물 고유주기가 클수록 밑면전단력은 감소한다.

④ 유효건물중량이 작을수록 밑면전단력은 감소한다.

ANSWER 11.① 12.②

11 ㉠ **연성** : 항복점 이상의 응력을 받는 금속재료가 소성변형을 일으켜 파괴되지 않고 변형을 계속하는 성질
ㄴ **취성** : 재료가 외력을 받았을 때 작은 변형에도 파괴가 되는 성질
ㄷ **탄성** : 외력을 받으면 재료가 변형이 생기고, 외력을 제거하면 원래 상태로 되돌아가는 성질
ㄹ **소성** : 외력을 받으면 재료가 변형이 생겼다가 외력을 제거해도 원래 상태로 되돌아가지 않고 변형된 상태로 남는 성질
ㅁ **강성** : 재료가 외력을 받으면 변형도 생기지 않고 파괴도 되지 않는 성질
ㅂ **인성** : 재료가 외력(에너지)을 견딜 수 있는 능력

12 건축물의 중요도계수가 클수록 밑면전단력은 증가한다.

13 설계지진 시 큰 횡변위가 발생되도록 상부구조와 하부구조 사이에 설치하는 수평적으로 유연하고 수직적으로 강한 구조요소는?

① 능동질량감쇠기

② 동조질량감쇠기

③ 점탄성감쇠기

④ 면진장치

14 보통모멘트골조에서 철근콘크리트 보의 전단철근 설계에 대한 설명으로 옳지 않은 것은? (단, 스트럿─타이모델에 따라 설계하지 않은 일반적인 보 부재로, 전단철근에 의한 전단강도는 콘크리트에 의한 전단강도의 2배 이하이며, d는 보의 유효깊이이다)

① 용접이형철망을 사용한 전단철근의 설계기준항복강도는 600MPa를 초과할 수 없다.

② 부재축에 직각으로 배치된 전단철근의 간격은 철근콘크리트 부재인 경우 d/2 이하 또한 600mm 이하로 하여야 한다.

③ 종방향 철근을 구부려 전단철근으로 사용할 때는 그 경사길이의 중앙 3/4만이 전단철근으로서 유효하다.

④ 경사스터럽과 굽힘철근은 부재의 중간 높이에서 반력점 방향으로 주인장철근까지 연장된 30°선과 한 번 이상 교차되도록 배치하여야 한다.

ANSWER 13.④ 14.④

13 ㉠ 면진장치 : 설계지진 시 큰 횡변위가 발생되도록 상부구조와 하부구조 사이에 설치하는 수평적으로 유연하고 수직적으로 강한 구조이다.

㉡ 능동질량감쇠기 : '건물의 제진을 위해 에너지를 사용하는 시스템으로서 외력 또는 건물의 응답을 감지하는 센서부분'과 '주어진 제어 알고리즘에 근거하여 센서를 통하여 전달받은 정보를 이용하여 제어력을 계산하는 부분' 및 '건물에 제어력을 가하는 부분'의 3가지로 구성된다.

㉢ 동조질량감쇠기 : 건물 상부에 건물 고유주기와 같은 고유주기를 가지는 추와 스프링과 감쇠장치로 이루어지는 진동계를 설치한 것으로 건물이 진동하면 이것을 억제하려고 하는 힘이 건물에 작용하도록 하는 제진장치이다. (장치의 주기를 건물의 주기와 같게 하므로 "동조"라는 단어가 붙는다.)

㉣ 점탄성감쇠기 : 점성체 혹은 점성체의 점성감쇠에 의해 에너지를 흡수하는 시스템으로서 비교적 작은 진폭에서도 감쇠효과가 우수하며 건물의 고차진동의 저감효과도 우수하나 온도와 진폭에 민감하므로 이에 대한 고려가 요구된다.

14 경사스터럽과 굽힘철근은 부재의 중간 높이에서 반력점 방향으로 주인장철근까지 연장된 45°선과 한 번 이상 교차되도록 배치하여야 한다.

15 현장타설콘크리트말뚝 구조세칙으로 옳지 않은 것은?

① 현장타설콘크리트말뚝의 선단부는 지지층에 확실히 도달시켜야 한다.

② 현장타설콘크리트말뚝은 특별한 경우를 제외하고 주근은 4개 이상 또한 설계단면적의 0.25% 이상으로 하고 띠철근 또는 나선철근으로 보강하여야 한다.

③ 저부의 단면을 확대한 현장타설콘크리트말뚝의 측면경사가 수직면과 이루는 각이 30°를 초과할 경우, 전단력에 대해 검토하여 사용하도록 한다.

④ 현장타설콘크리트말뚝을 배치할 때 그 중심간격은 말뚝머리 지름의 2.0배 이상 또한 말뚝머리 지름에 1,000mm를 더한 값 이상으로 한다.

16 강구조 H형단면 부재에서 플랜지에 수직이며 웨브에 대하여 대칭인 집중하중을 받는 경우, 플랜지와 웨브에 대하여 검토하는 항목이 아닌 것은? (단, 한쪽의 플랜지에 집중하중을 받는 경우이다)

① 웨브크리플링강도

② 웨브횡좌굴강도

③ 블록전단강도

④ 플랜지국부휨강도

ANSWER 15.③ 16.③

15 저부의 단면을 확대한 현장타설콘크리트말뚝의 측면경사가 수직면과 이루는 각은 30° 이하로 하고 전단력에 대해 검토하여야 한다.

※ 참고

• 말뚝기초에 관한 구조세칙에 의하면 현장타설콘크리트말뚝은 특별한 경우를 제외하고 주근은 최소 4개 이상이어야 하며 철근량은 설계단면적의 0.25% 이상으로 하고 띠철근 또는 나선철근으로 보강하여야 한다. (이 경우 철근의 피복두께는 60mm 이상으로 한다.)

• 그러나 말뚝기초의 시공 시 현장타설콘크리트 말뚝에 사용되는 주근은 겹침이음을 하는 경우가 많으며 이런 경우 설계단면적의 0.40% 이상의 철근량이 확보되어야 하며 원형을 유지하기 위해서 주근을 6개 이상 사용해야 한다.

16 한쪽의 플랜지에 집중하중을 받는 경우에는 플랜지국부휨, 웨브국부항복, 웨브크리플링 및 웨브횡좌굴에 대하여 설계한다.

17 기초구조 및 지반에 대한 설명으로 옳은 것은?

① 2개의 기둥으로부터의 응력을 하나의 기초판을 통해 지반 또는 지정에 전달하도록 하는 기초는 연속기초이다.

② 구조물을 지지할 수 있는 지반의 최대저항력은 지반의 허용 지지력이다.

③ 직접기초에 따른 기초판 또는 말뚝기초에서 선단과 지반 간에 작용하는 압력은 지내력이다.

④ 지지층에 근입된 말뚝의 주위 지반이 침하하는 경우 말뚝 주면에 하향으로 작용하는 마찰력은 부마찰력이다.

···

ANSWER 17.④

17 ① 2개의 기둥으로부터의 응력을 하나의 기초판을 통해 지반 또는 지정에 전달하도록 하는 기초는 복합기초이다. 줄기초, 연속기초는 벽 또는 일련의 기둥으로부터의 응력을 띠모양으로 하여 지반 또는 지정에 전달토록 하는 기초이다.

② 구조물을 지지할 수 있는 지반의 최대저항력은 지반의 극한지지력이다. 허용지지력은 구조물의 중요성, 설계지반정수의 정확도, 흙의 특성을 고려하여 지반의 극한 지지력을 적정의 안전율로 나눈 값이다.

③ 직접기초에 따른 기초판 또는 말뚝기초에서 선단과 지반 간에 작용하는 압력은 접지압이다.
- 허용지내력 : 지반의 허용지지력 내에서 침하 또는 부등침하가 허용한도 내로 될 수 있게 하는 하중
- 말뚝의 허용지내력 : 말뚝의 허용지지력 내에서 침하 또는 부등침하가 허용한도 내로 될 수 있게 하는 하중
- 말뚝의 허용지지력 : 말뚝의 극한지지력을 안전율로 나눈 값

18 그림과 같은 철근콘크리트 보에서 인장을 받는 6가닥의 D25 주철근이 모두 한곳에서 정착된다고 가정할 때, 주철근의 직선 정착길이 산정을 위한 c값(철근간격 또는 피복두께에 관련된 치수)은? (단, D25 주철근은 최대 등간격으로 배치되어 있고, D10 스터럽의 굽힘부 내면반지름과 마디는 고려하지 않으며, D10, D25 철근 직경은 각각 10mm, 25mm로 계산한다)

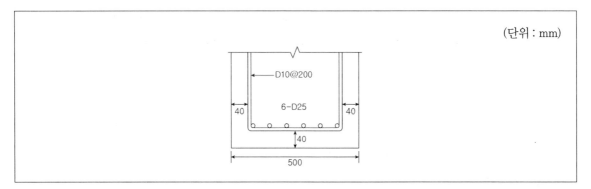

① 25.0mm

② 37.5mm

③ 50.0mm

④ 62.5mm

18 철근 또는 철선의 중심으로부터 콘크리트 표면까지의 최단거리는 40[mm]
정착되는 철근 또는 철선의 중심 간 거리의 1/2은 [(500 − 2×40 − 2×10 − 25)/5]의 1/2이므로 37.5[mm]
위의 값 중 작은 값을 택해야 하므로 37.5[mm]가 된다.
이 c값은 정착길이 산정식 중 정밀식에 사용되는 값이다.
주철근의 직선 정착길이 산정을 위한 c값 : 철근간격 또는 피복두께에 관련된 치수로서 철근 또는 철선의 중심으로부터 콘크리트 표면까지의 최단거리 또는 정착되는 철근 또는 철선의 중심 간 거리의 1/2 중 작은 값

19 콘크리트구조에서 용접철망에 대한 설명으로 옳은 것은?

① 냉간신선 공정을 통하여 가공되므로 연신율이 감소되어 큰 연성이 필요한 부위에 사용할 경우 주의가 필요하다.

② 인장을 받는 용접이형철망은 정착길이 내에 교차철선이 없을 경우 철망계수를 1.5로 한다.

③ 겹침이음길이 사이에 교차철선이 없는 인장을 받는 용접이형 철망의 겹침이음은 이형철선 겹침이음길이의 1.3배로 한다.

④ 뚜렷한 항복점이 없는 경우 인장변형률 0.002일 때의 응력을 항복강도로 사용한다.

....

19 ② 정착길이 내에 교차철선이 없거나 위험단면에서 50mm 이내에 1개의 교차철선이 있는 용접이형철망의 철망계수는 1.0으로 한다.

③ 겹침이음길이 사이에 교차철선이 없는 인장을 받는 용접이형 철망의 겹침이음은 이형철선의 겹침이음 규정에 따라야 한다.

④ 철근, 철선 및 용접철망의 설계기준항복강도가 400MPa를 초과하여 뚜렷한 항복점이 없는 경우 설계기준항복강도는 변형률 0.0035에 상응하는 응력값으로 사용하여야 한다.

20 그림과 같이 양단고정보에 등분포하중(w)과 집중하중(P)이 작용할 때, 고정단 휨모멘트(M_A, M_B)와 중앙부 휨모멘트(M_C)의 절댓값 비는? (단, 부재의 휨강성은 티로 동일하며, 자중을 포함한 기타 하중의 영향은 무시한다)

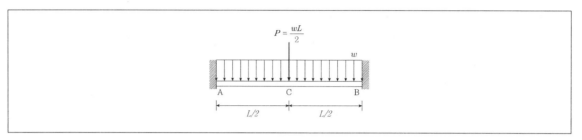

① $|M_A| : |M_C| : |M_B| = 1.2 : 1.0 : 1.2$

② $|M_A| : |M_C| : |M_B| = 1.4 : 1.0 : 1.4$

③ $|M_A| : |M_C| : |M_B| = 1.6 : 1.0 : 1.6$

④ $|M_A| : |M_C| : |M_B| = 2.0 : 1.0 : 2.0$

ANSWER 20.②

20 중첩의 원리를 적용하면 바로 풀 수 있는 문제이다.
등분포하중에 의해 발생되는 각 점의 휨모멘트는

$$M_{Aw} = M_{Cw} = -\frac{wL^2}{12}, \quad M_{Bw} = +\frac{wL^2}{24} \text{이다.}$$

중앙에 작용하는 집중하중에 의해 발생되는 각 점의 휨모멘트는

$$M_{Ap} = M_{Cp} = -\frac{PL}{8}, \quad M_{Bp} = +\frac{PL}{8} \text{이다.}$$

$$|M_A| = |M_C| = \left| -\frac{wL^2}{12} - \frac{PL}{8} \right| \quad, \quad |M_{Bp}| = \left| +\frac{wL^2}{24} + \frac{PL}{8} \right|$$

$P = \frac{wL}{2}$ 이므로 이를 대입하면

$$|M_A| = |M_C| = \left| -\frac{wL^2}{12} - \frac{PL}{8} \right| = \left| -\frac{wL^2}{12} - \frac{wL^2}{16} \right| = \frac{7wL^2}{48}$$

$$|M_B| = \left| +\frac{wL^2}{24} + \frac{PL}{8} \right| = \left| +\frac{wL^2}{24} + \frac{wL^2}{16} \right| = \frac{5wL^2}{48}$$

따라서 $|M_A| : |M_C| : |M_B| = 1.4 : 1.0 : 1.4$ 가 된다.

1 지붕활하중을 제외한 등분포활하중의 저감에 대한 설명으로 옳지 않은 것은?

① 부재의 영향면적이 25m² 이상인 경우 기본등분포활하중에 활하중저감계수를 곱하여 저감할 수 있다.

② 1개 층을 지지하는 부재의 저감계수는 0.5 이상으로 한다.

③ 2개 층 이상을 지지하는 부재의 저감계수는 0.4 이상으로 한다.

④ 활하중 5kN/m² 이하의 공중집회 용도에 대해서는 활하중을 저감할 수 없다.

2 적설하중에 대한 설명으로 옳지 않은 것은?

① 기본지상적설하중은 재현기간 50년에 대한 수직 최심적설깊이를 기준으로 한다.

② 최소 지상적설하중은 0.5kN/m²로 한다.

③ 평지붕적설하중은 기본지상적설하중에 기본지붕적설하중 계수, 노출계수, 온도계수 및 중요도계수를 곱하여 산정한다.

④ 경사지붕적설하중은 평지붕적설하중에 지붕경사도계수를 곱하여 산정한다.

ANSWER 1.① 2.①

1 부재의 영향면적이 36m² 이상인 경우 기본등분포활하중에 활하중저감계수를 곱하여 저감할 수 있다.

2 기본지상적설하중은 재현기간 100년에 대한 수직 최심적설깊이를 기준으로 한다.

3 콘크리트구조의 사용성 설계기준에 대한 설명으로 옳지 않은 것은?

① 사용성 검토는 균열, 처짐, 피로의 영향 등을 고려하여 이루어져야 한다.

② 특별히 수밀성이 요구되는 구조는 적절한 방법으로 균열에 대한 검토를 하여야 하며, 이 경우 소요수밀성을 갖도록 하기 위한 허용균열폭을 설정하여 검토할 수 있다.

③ 미관이 중요한 구조는 미관상의 허용균열폭을 설정하여 균열을 검토할 수 있다.

④ 균열제어를 위한 철근은 필요로 하는 부재 단면의 주변에 분산시켜 배치하여야 하고, 이 경우 철근의 지름과 간격을 가능한 한 크게 하여야 한다.

4 철근콘크리트 공사에서 각 날짜에 친 각 등급의 콘크리트 강도시험용 시료 채취기준으로 옳지 않은 것은?

① 하루에 1회 이상

② 250m^{3}당 1회 이상

③ 슬래브나 벽체의 표면적 500m^{2}마다 1회 이상

④ 배합이 변경될 때마다 1회 이상

ANSWER 3.④ 4.②

3 균열제어를 위한 철근은 필요로 하는 부재 단면의 주변에 분산시켜 배치하여야 하고, 이 경우 철근의 지름과 간격을 가능한 한 작게 하여야 한다.

4 ② 120m^{3}당 1회 이상이어야 한다.

5 그림과 같이 내민보에 등변분포하중이 작용하는 경우 B점에서 발생하는 휨모멘트는? (단, 보의 자중은 무시한다)

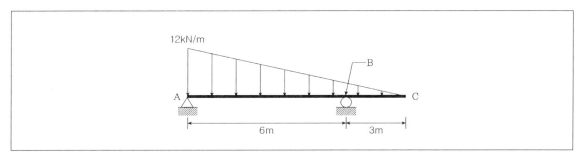

① $-3\text{kN} \cdot \text{m}$

② $-6\text{kN} \cdot \text{m}$

③ $-9\text{kN} \cdot \text{m}$

④ $-12\text{kN} \cdot \text{m}$

6 강구조의 인장재에 대한 설명으로 옳은 것은?

① 순단면적은 전단지연의 영향을 고려하여 산정한 것이다.

② 유효순단면의 파단한계상태에 대한 인장저항계수는 0.80이다.

③ 인장재의 설계인장강도는 총단면의 항복한계상태와 유효순단면의 파단한계상태에 대해 산정된 값 중 큰 값으로 한다.

④ 부재의 총단면적은 부재축의 직각방향으로 측정된 각 요소단면의 합이다.

ANSWER 5.② 6.④

5 BC구간을 캔틸레버로 볼 수 있으며, BC구간상의 등변분포하중의 합력은 6[kN]이 되며 이 합력의 작용위치는 B점으로부터 1m 떨어진 곳이고 부의 휨모멘트가 발생하므로 −6[kN·m]이 B점에서 발생하게 된다.

6 ① 순단면적은 인장에 의한 파괴를 고려하여 산정한 것이다.
② 유효순단면의 파단한계상태에 대한 인장저항계수는 0.75이다.
③ 인장재의 설계인장강도는 총단면의 항복한계상태와 유효순단면의 파단한계상태에 대해 산정된 값 중 작은 값으로 한다.

7 그림과 같은 응력요소의 평면응력 상태에서 최대 전단응력의 크기는? (단, 양의 최대 전단응력이며, 면내 응력만 고려한다)

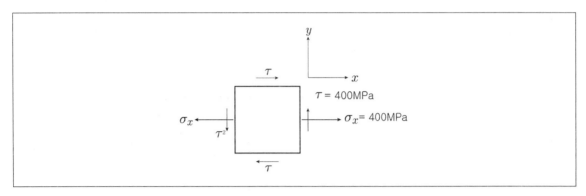

① $\sqrt{5} \times 10^2 MPa$

② $\sqrt{10} \times 10^2 MPa$

③ $\sqrt{15} \times 10^2 MPa$

④ $\sqrt{20} \times 10^2 MPa$

8 콘크리트 내진설계기준에서 중간모멘트골조의 보에 대한 요구사항으로 옳지 않은 것은?

① 접합면에서 정 휨강도는 부 휨강도의 1/3 이상이 되어야 한다.

② 부재의 어느 위치에서나 정 또는 부 휨강도는 양측 접합부의 접합면의 최대 휨강도의 1/6 이상이 되어야 한다.

③ 보부재의 양단에서 지지부재의 내측 면부터 경간 중앙으로 향하여 보 깊이의 2배 길이 구간에는 후프철근을 배치하여야 한다.

④ 스터럽의 간격은 부재 전 길이에 걸쳐서 d/2 이하이어야 한다. (단, d는 단면의 유효깊이이다.)

ANSWER 7.④ 8.②

7
$$\tau_{\theta,\max} = \sqrt{\left(\frac{\sigma_x - \sigma_y}{2}\right)^2 + \tau^2} = \sqrt{\left(\frac{400}{2}\right)^2 + 400^2} = \sqrt{200,000} = 100\sqrt{20}\,[\text{MPa}]$$

8 부재의 어느 위치에서나 정 또는 부 휨강도는 양측 접합부의 접합면의 최대 휨강도의 1/5 이상이 되어야 한다.

9 로드에 연결한 저항체를 지반 중에 삽입하여 관입, 회전 및 인발 등에 대한 저항으로부터 지반의 성상을 조사하는 방법은?

① 동재하시험
② 평판재하시험
③ 지반의 개량
④ 사운딩

10 기존 콘크리트구조물의 안전성 평가기준에 대한 설명으로 옳지 않은 것은?

① 조사 및 시험에서 구조 부재의 치수는 위험단면에서 확인하여야 한다.
② 철근, 용접철망 또는 긴장재의 위치 및 크기는 계측에 의해 위험단면에서 결정하여야 한다. 도면의 내용이 표본조사에 의해 확인된 경우에는 도면에 근거하여 철근의 위치를 결정할 수 있다.
③ 건물에서 부재의 안전성을 재하시험 결과에 근거하여 직접 평가할 경우에는 보, 슬래브 등과 같은 휨부재의 안전성 검토에만 적용할 수 있다.
④ 구조물의 평가를 위한 하중의 크기를 정밀 현장 조사에 의하여 확인하는 경우에는, 구조물의 소요강도를 구하기 위한 하중조합에서 고정하중과 활하중의 하중계수는 25%만큼 감소시킬 수 있다.

11 강관이나 파이프가 입체적으로 구성된 트러스로 중간에 기둥이 없는 대공간 연출이 가능한 구조는?

① 절판구조
② 케이블구조
③ 막구조
④ 스페이스 프레임구조

ANSWER 9.④ 10.④ 11.④

9 사운딩 : 로드에 연결한 저항체를 지반 중에 삽입하여 관입, 회전 및 인발 등에 대한 저항으로부터 지반의 성상을 조사하는 방법

10 구조물의 평가를 위한 하중의 크기를 정밀 현장 조사에 의하여 확인하는 경우에는, 구조물의 소요강도를 구하기 위한 하중조합에서 고정하중과 활하중의 하중계수는 5%만큼 감소시킬 수 있다.

11 스페이스 프레임구조는 강관이나 파이프가 입체적으로 구성된 트러스로 중간에 기둥이 없는 대공간 연출이 가능한 구조이다.

12 구조용강재의 명칭에 대한 설명으로 옳지 않은 것은?

① SN : 건축구조용 압연 강재

② SHN : 건축구조용 열간 압연 형강

③ HSA : 건축구조용 탄소강관

④ SMA : 용접구조용 내후성 열간 압연 강재

13 아치구조에서 아치의 추력을 보강하는 방법으로 옳지 않은 것은?

① 버트레스 설치   ② 스테이 설치

③ 연속 아치 연결   ④ 타이 바(tie bar)로 구속

14 조적식 구조의 용어에 대한 설명으로 옳지 않은 것은?

① 대린벽은 비내력벽 두께방향의 단위조적개체로 구성된 벽체이다.

② 속빈단위조적개체는 중심공간, 미세공간 또는 깊은 홈을 가진 공간에 평행한 평면의 순단면적이 같은 평면에서 측정한 전단면적의 75%보다 적은 조적단위이다.

③ 유효보강면적은 보강면적에 유효면적방향과 보강면과의 사이각의 코사인값을 곱한 값이다.

④ 환산단면적은 기준 물질과의 탄성비의 비례에 근거한 등가면적이다.

ANSWER 12.③ 13.② 14.①

12 HSA : 'KS D 5994 건축구조용 고성능 열간 압연강재'이며 영문명은 HSA(High-performance rolled Steel for Architecture)이다.

기호	강재의 종류	기호	강재의 종류
SS	일반구조용 압연강재	SPS	일반구조용 탄소강관
SM	용접구조용 압연강재	SPSR	일반구조용 각형강관
SMA	용접구조용 내후성 열간압연강재	STKN	건축구조용 원형강관
SN	건축구조용 압연강재	SPA	내후성강
FR	건축구조용 내화강재	SHN	건축구조용 H형강
HSA	건축구조용 고성능 열간 압연강재		

13 스테이 설치를 아치의 추력을 보강하는 방법으로 보기에는 무리가 있다.

14 대린벽은 서로 직각으로 교차되는 벽을 말한다.

15 경골목구조 바닥 및 기초에 대한 설명으로 옳지 않은 것은?

① 바닥의 총하중에 의한 최대처짐 허용한계는 경간(L)의 1/240로 한다.

② 바닥장선 상호 간의 간격은 650mm 이하로 한다.

③ 줄기초 기초벽의 두께는 최하층벽 두께의 1.5배 이상으로서 150mm 이상이어야 한다.

④ 바닥덮개에는 두께 15mm 이상의 구조용 합판을 사용한다.

16 그림과 같이 균질한 재료로 이루어진 강봉에 중심 축하중 P가 작용하는 경우 강봉이 늘어난 길이는?
(단, 강봉은 선형탄성적으로 거동하는 단일 부재이며, 강봉의 탄성계수는 E이다)

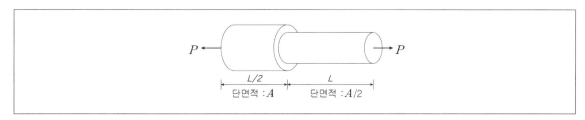

① $\dfrac{PL}{2AE}$

② $\dfrac{3PL}{2AE}$

③ $\dfrac{5PL}{2AE}$

④ $\dfrac{7PL}{2AE}$

ANSWER 15.④ 16.③

15 바닥덮개에는 두께 18mm 이상의 구조용합판, OSB, 파티클보드 또는 이와 동등 이상의 구조용판재를 사용한다.

16

길이가 L/2인 부분의 신장량 : $\delta_{L/2} = \dfrac{P \cdot \dfrac{L}{2}}{EA} = \dfrac{PL}{2EA}$

길이가 L인 부분의 신장량 : $\delta_L = \dfrac{PL}{E(0.5A)} = \dfrac{2PL}{EA}$

따라서 강봉 전체가 늘어난 길이는 $\dfrac{5PL}{2EA}$ 가 된다.

17 강축휨을 받는 2축대칭 H형강 콤팩트부재의 설계에 대한 설명으로 옳은 것은?

① 설계 휨강도 산정 시 휨저항계수는 0.85이다.

② 소성휨모멘트는 강재의 인장강도에 소성단면계수를 곱하여 산정할 수 있다.

③ 보의 비지지길이가 소성한계 비지지길이보다 큰 경우에는 횡좌굴강도를 고려하여야 한다.

④ 자유단이 지지되지 않은 캔틸레버와 내민 부분의 횡좌굴모멘트 수정계수 C_b는 2이다.

18 유효좌굴길이가 4m이고 직경이 100mm인 원형단면 압축재의 세장비는?

① 100

② 160

③ 250

④ 400

17 ① 설계 휨강도 산정 시 휨저항계수는 0.90이다.

② 소성휨모멘트는 항복강도와 소성단면계수를 곱하여 산정한다. ($M_n = M_p = F_y Z_x$ 에서 F_y : 강재의 항복강도, MPa, Z_x : x축에 대한 소성단면계수)

④ 자유단이 지지되지 않은 캔틸레버와 내민 부분의 횡좌굴모멘트 수정계수 C_b는 1이다.

18 $\lambda = \dfrac{L}{r} = \dfrac{4[\text{m}]}{0.25d} = \dfrac{4[\text{m}]}{0.25 \cdot 0.1[\text{m}]} = 160$

19 그림과 같은 철근콘크리트 보 단면에서 극한상태에서의 중립축 위치 c(압축연단으로부터 중립축까지의 거리)에 가장 가까운 값은? (단, 콘크리트의 설계기준압축강도는 20MPa, 철근의 설계기준 항복강도는 400MPa로 가정하며, A_s는 인장철근량이다)

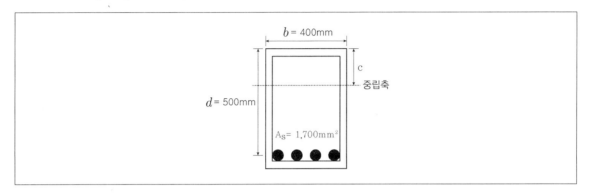

① 109.7mm

② 113.4mm

③ 117.6mm

④ 120.3mm

20 기초지반의 지지력 및 침하에 대한 설명으로 옳지 않은 것은?

① 즉시침하량은 지반을 탄성체로 보고 탄성이론에 기초한 지반의 탄성계수와 간극비를 적절히 설정하여 산정할 수 있다.

② 과대한 침하를 피할 수 없을 때에는 적당한 개소에 신축조인트를 두거나 상부구조의 강성을 크게 하여 유해한 부등침하가 생기지 않도록 하여야 한다.

③ 기초는 접지압이 지반의 허용지지력을 초과하지 않아야 한다.

④ 허용침하량은 지반조건, 기초형식, 상부구조 특성, 주위상황들을 고려하여 유해한 부등침하가 생기지 않도록 정하여야 한다.

ANSWER 19.③ 20.①

19 콘크리트의 설계기준강도가 28[MPa]보다 작으므로 등가압축영역계수 β_1=0.85가 된다.

콘크리트가 받는 압축력과 철근이 받는 인장력의 크기가 같아야 하므로

C=0.85 $f_{ck}ab = T = A_sf_y$가 성립되어야 한다.

$a=\beta_1 c$이므로 중립축의 길이(c)에 등가압축영역계수를 곱한 값이 등가응력블록의 깊이가 된다.

C=0.85·20[MPa]·(0.85c)·400 = T=1,700[mm²]·400[MPa]

이를 만족하는 중립축의 길이(c)는 117.64[mm]가 된다.

20 즉시침하량은 지반을 탄성체로 보고 탄성이론에 기초한 지반의 탄성계수와 포아송비를 적절히 설정하여 탄성이론에 따른 계산식으로 산정할 수 있다.

1 콘크리트 쉘과 절판구조물의 설계 방법으로 가장 옳지 않은 것은? (단, f_{ck} 는 콘크리트의 설계기준압축강도이다.)

① 얇은 쉘의 내력을 결정할 때, 탄성거동으로 가정할 수 있다.

② 쉘 재료인 콘크리트 포아송비의 효과는 무시할 수 있다.

③ 수치해석 방법을 사용하기 전, 설계의 안전성 확보를 확인하여야 한다.

④ 막균열이 예상되는 영역에서 균열과 같은 방향에 대한 콘크리트의 공칭압축강도는 $0.5f_{ck}$ 이어야 한다.

2 그림과 같이 높이 h인 옹벽 저면에서의 주동토압 P_A 및 옹벽 전체에 작용하는 주동토압의 합력 H_A의 값은? (단, γ는 흙의 단위중량, K_A는 흙의 주동토압계수이다.)

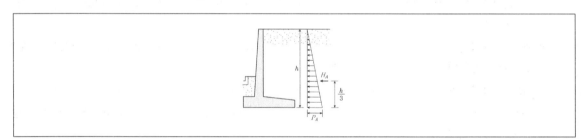

① $P_A = K_A \gamma h^2$, $H_A = \dfrac{1}{3} K_A \gamma h^3$

② $P_A = K_A \gamma h$, $H_A = \dfrac{1}{3} K_A \gamma h^2$

③ $P_A = K_A \gamma h^2$, $H_A = \dfrac{1}{2} K_A \gamma h^3$

④ $P_A = K_A \gamma h$, $H_A = \dfrac{1}{2} K_A \gamma h^2$

ANSWER 1.④ 2.④

1 막균열이 예상되는 영역에서 균열과 같은 방향에 대한 콘크리트의 공칭압축강도는 $0.4f_{ck}$ 이어야 한다.

2 옹벽 저면에서의 주동토압 $P_A = K_A \gamma h$

옹벽 전체에 작용하는 주동토압의 합력 $H_A = \dfrac{1}{2} K_A \gamma h^2$

3 건축물 기초구조에서 현장타설콘크리트말뚝에 대한 설명으로 가장 옳지 않은 것은?

① 현장타설콘크리트말뚝의 단면적은 전 길이에 걸쳐 각 부분의 설계단면적 이하여서는 안 된다.

② 현장타설콘크리트말뚝의 선단부는 지지층에 확실히 도달시켜야 한다.

③ 현장타설콘크리트말뚝은 특별한 경우를 제외하고 주근은 4개 이상 또는 설계단면적의 0.15% 이상으로 하고 띠철근 또는 나선철근으로 보강하여야 한다.

④ 현장타설콘크리트말뚝을 배치할 때 그 중심 간격은 말뚝머리 지름의 2.0배 이상 또는 말뚝머리 지름에 1,000mm를 더한 값 이상으로 한다.

4 3층 규모의 경골목조건축물의 내력벽 설계에 대한 설명으로 가장 옳지 않은 것은?

① 내력벽 사이의 거리를 10m로 설계한다.

② 내력벽의 모서리 및 교차부에 각각 2개의 스터드를 사용하도록 설계한다.

③ 3층은 전체 벽면적에 대한 내력벽면적의 비율을 25%로 설계한다.

④ 지하층 벽을 조적조로 설계한다.

ANSWER 3.③ 4.②

3 현장타설콘크리트말뚝은 특별한 경우를 제외하고 주근은 4개 이상 또는 설계단면적의 0.25% 이상으로 하고 띠철근 또는 나선 철근으로 보강하여야 한다.

4 내력벽의 모서리 및 교차부에 각각 3개 이상의 스터드를 사용하도록 설계한다.

5 그림과 같은 캔틸레버보 (가)에서 집중하중에 의해 자유단에 처짐이 발생하였다. 캔틸레버보 (나)에서 보 (가)와 동일한 처짐을 발생시키기 위한 등분포하중(w)은? (단, 캔틸레버보 (가)와 (나)의 재료와 단면은 동일하다.)

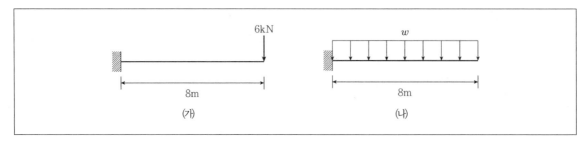

① 2kN/m

② 4kN/m

③ 8kN/m

④ 16kN/m

ANSWER 5.①

5

(가)의 처짐 : $\delta = \dfrac{PL^3}{3EI} = \dfrac{6kN \cdot 8^3[m^3]}{3EI} = 1,024[\mathrm{kNm^3}/EI]$

(나)의 처짐 : $\delta = \dfrac{wL^4}{8EI}$

(가)의 처짐과 (나)의 처짐이 같아야 하므로,

$\dfrac{PL^3}{3EI} = \dfrac{wL^4}{8EI}$ 에 따라 $\delta = \dfrac{wL^4}{8EI} = \dfrac{w \cdot 8^4}{8EI} = 1,024$를 만족하는 w의 값은 2[kN/m] 된다.

하중조건	처짐각	처짐
A———B L (with P at B)	$\theta_B = \dfrac{PL^2}{2EI}$	$\delta_B = \dfrac{PL^3}{3EI}$
A———B L (with w distributed)	$\theta_B = \dfrac{wL^3}{6EI}$	$\delta_B = \dfrac{wL^4}{8EI}$

6 활하중의 저감에 대한 설명으로 가장 옳지 않은 것은?

① 지붕활하중을 제외한 등분포활하중은 부재의 영향 면적이 36m² 이상인 경우 기본등분포활하중에 활하중저감계수(C)를 곱하여 저감할 수 있다.

② 활하중 12kN/m² 이하의 공중집회 용도에 대해서는 활하중을 저감할 수 없다.

③ 영향면적은 기둥 및 기초에서는 부하면적의 4배, 보 또는 벽체에서는 부하면적의 2배, 슬래브에서는 부하 면적을 적용한다.

④ 1방향 슬래브의 영향면적은 슬래브 경간에 슬래브 폭을 곱하여 산정한다. 이때 슬래브 폭은 슬래브 경간의 1.5배 이하로 한다.

7 내진설계범주 및 중요도에 따른 건축물의 내진설계에 대한 설명으로 가장 옳지 않은 것은?

① 산정된 설계스펙트럼가속도 값에 의하여 내진설계 범주를 결정한다.

② 종합병원의 중요도계수(I_E)는 1.5를 사용한다.

③ 소규모 창고의 허용층간변위($\triangle_a$)는 해당 층고의 2.0%이다.

④ 내진설계범주 'C'에 해당하는 25층의 정형 구조물은 등가정적해석법을 사용하여야 한다.

------

6 활하중 5kN/m² 이하의 공중집회 용도에 대해서는 활하중을 저감할 수 없다.

7 내진설계범주 'C'에 해당하는 25층의 정형 구조물은 동적해석법을 적용해야 한다. (등가정적해석법을 적용할 수 없다.)

정형구조물은 높이 70m 이상 또는 21층 이상인 경우, 비정형구조물은 높이 20m 이상 또는 6층 이상인 경우 동적해석법을 적용해야 한다. 동적해석법을 수행하는 경우에는 응답스펙트럼해석법, 선형시간이력해석법, 비선형시간이력해석법 중 1가지 방법을 선택할 수 있다. 동적해석의 경우에는 시간이력해석이 보다 정확한 방법이나 실제로 기록된 지진이력관련 자료가 충분하지 않고 상당한 시간이 소요되므로 모드해석을 사용하는 응답스펙트럼법이 주로 사용된다.

※ 내진설계 해석법의 종류

　㉠ 등가정적해석법 : 기본진동모드 반응특성에 바탕을 두고 구조물의 동적 특성을 무시한 해석법

　㉡ 동적해석법(모드해석법) : 고차 진동모드의 영향을 적절히 고려할 수 있는 해석법

　㉢ 탄성시간이력해석법 : 지진의 시간이력에 대한 구조물의 탄성응답을 실시간으로 구하는 해석법

　㉣ 비탄성정적해석법(Pushover해석법) : 정적지진하중분포에 대한 구조물의 비선형해석법

　㉤ 비탄성시간이력해석법 : 실제의 지진시간이력을 사용한 해석법

　참고) 비탄성정적해석을 사용하는 경우 건축구조기준에서 정하는 반응수정계수를 적용할 수 없으며 구조물의 비탄성변형능력 및 에너지소산능력에 근거하여 지진하중의 크기를 결정해야 한다.

8 현장재하실험 중 콘크리트구조의 재하실험에 대한 설명으로 가장 옳지 않은 것은?

① 하나의 하중배열로 구조물의 적합성을 나타내는 데 필요한 효과(처짐, 비틀림, 응력 등)들의 최댓값을 나타내지 못한다면 2종류 이상의 실험하중의 배열을 사용하여야 한다.

② 재하할 실험하중은 해당 구조부분에 작용하고 있는 고정하중을 포함하여 설계하중의 85%, 즉 0.85(1.2D+1.6L) 이상이어야 한다.

③ 처짐, 회전각, 변형률, 미끄러짐, 균열폭 등 측정값의 기준이 되는 영점 확인은 실험하중의 재하 직전 2시간 이내에 최초 읽기를 시행하여야 한다.

④ 전체 실험하중은 최종 단계의 모든 측정값을 얻은 직후에 제거하며 최종 잔류측정값은 실험하중이 제거된 후 24시간이 경과하였을 때 읽어야 한다.

9 그림과 같이 경간 사이에 두 개의 힌지가 있으며, 8kN의 집중하중을 받는 양단 고정보가 있다. 이 보의 A, D지점에 발생하는 휨모멘트는?

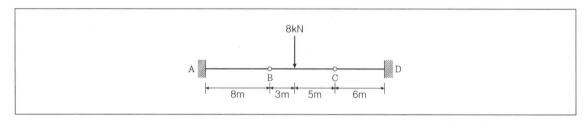

	A	D
①	24kN · m	30kN · m
②	30kN · m	24kN · m
③	18kN · m	40kN · m
④	40kN · m	18kN · m

10 그림과 같이 직사각형 변단면을 갖는 보에서, A지점의 단면에 발생하는 최대 휨응력은? (단, 보의 폭은 20mm로 일정하다.)

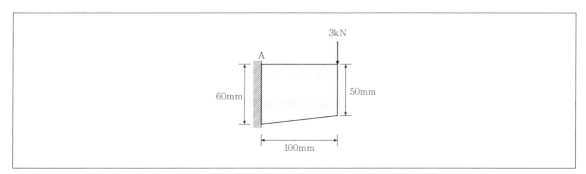

① 25N/mm^2

② 36N/mm^2

③ 48N/mm^2

④ 50N/mm^2

10 $M_A = P \cdot L = 3[\text{kN}] \cdot 100[\text{mm}]$

$$\sigma_{\max} = \frac{M}{Z} = \frac{300[\text{kN} \cdot \text{mm}]}{\dfrac{bh^2}{6}}$$

$$= \frac{300[\text{kN} \cdot \text{mm}]}{\dfrac{20 \cdot 60^2}{6}[\text{mm}^3]} = 25[N/mm^2]$$

11 **지진력에 저항하는 철근콘크리트 구조물의 재료에 대한 설명으로 가장 옳지 않은 것은?**

① 콘크리트의 설계기준압축강도는 21MPa 이상이어야 한다.

② 지진력에 의한 휨모멘트 및 축력을 받는 특수모멘트 골조에 사용하는 주철근의 설계기준항복강도는 600MPa까지 허용된다.

③ 강재를 제작한 공장에서 계측한 실제 항복강도가 공칭항복강도를 120MPa 이상 초과해야 한다.

④ 실제 항복강도에 대한 실제 극한인장강도의 비가 1.25 이상이어야 한다.

12 **콘크리트구조에서 사용하는 강재에 대한 설명으로 가장 옳지 않은 것은? (단, d_b는 철근, 철선 또는 프리스트레싱 강연선의 공칭지름이다.)**

① 확대머리 전단스터드에서 확대머리의 지름은 전단 스터드 지름의 $\sqrt{10}$ 배 이상이어야 한다.

② 철근, 철선 및 용접철망의 설계기준항복강도(f_y)가 400MPa를 초과하여 뚜렷한 항복점이 없는 경우 f_y 값을 변형률 0.002에 상응하는 응력값으로 사용하여야 한다.

③ 확대머리철근에서 철근 마디와 리브의 손상은 확대 머리의 지압면부터 $2d_b$를 초과할 수 없다.

④ 철근은 아연도금 또는 에폭시수지 피복이 가능하다.

ANSWER 11.③ 12.②

11 강재를 제작한 공장에서 계측한 실제 항복강도가 공칭항복강도를 120MPa 이상 초과해서는 안 된다.

12 철근, 철선 및 용접철망의 설계기준항복강도(f_y)가 400MPa를 초과하여 뚜렷한 항복점이 없는 경우 f_y값을 변형률 0.0035에 상응하는 응력값으로 사용하여야 한다.

13 그림은 3경간 구조물의 단면을 나타낸 것이다. 1방향 슬래브 ㈎~㈑ 중 처짐 계산이 필요한 것을 모두 고른 것은? (단, 리브가 없는 슬래브이며, 두께는 150mm이고, 콘크리트의 설계기준압축강도는 21MPa 이며, 철근의 설계기준항복강도는 400MPa이다.)

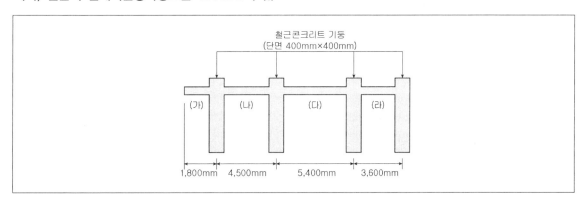

① ㈎

② ㈎, ㈏

③ ㈎, ㈐

④ ㈏, ㈑

13 ㈎는 캔틸레버, ㈏는 양단연속, ㈐는 양단연속, ㈑는 일단연속이다. 따라서 각 부재별 처짐계산이 필요하지 않은 경우는 부재의 두께가 다음에 제시된 값보다 큰 경우이다. (슬래브의 두께 계산 시에는 순경간(안목치수)를 기준으로 한다.)

㈎부재 : 순경간이 1,600이므로 1,600/10 = 160[mm]

㈏부재 : 순경간이 4,100이므로 4,100/28 = 146.4[mm]

㈐부재 : 순경간이 5,000이므로 5,000/28 = 178.6[mm]

㈑부재 : 순경간이 3,200이므로 3,200/24 = 133.3[mm]

위의 계산결과에 의하면 ㈎, ㈐부재가 150[mm]를 초과하므로 처짐계산이 필요하다.

※ 처짐의 제한

부재의 처짐과 최소두께 ··· 처짐을 계산하지 않는 경우의 보 또는 1방향 슬래브의 최소두께는 다음과 같다. (L_n은 경간의 길이)

부 재	최소 두께 또는 높이			
	단순지지	일단연속	양단연속	캔틸레버
1방향 슬래브	$L_n/20$	$L_n/24$	$L_n/28$	$L_n/10$
보 및 리브가 있는 슬래브	$L_n/16$	$L_n/18.5$	$L_n/21$	$L_n/8$

• 위의 표의 값은 보통콘크리트($m_c = 2,300kg/m^3$)와 설계기준항복강도 400MPa 철근을 사용한 부재에 대한 값이며 다른 조건에 대해서는 그 값을 다음과 같이 수정해야 한다.

• 1,500~2,000kg/m^3 범위의 단위질량을 갖는 구조용 경량콘크리트에 대해서는 계산된 h_{min}값에 $(1.65 - 0.00031 \cdot m_c)$를 곱해야 하나 1.09보다 작지 않아야 한다.

• f_y가 400MPa 이외인 경우에는 계산된 h_{min}값에 $(0.43 + \dfrac{f_y}{700})$를 곱해야 한다.

14 특수철근콘크리트 구조벽체를 연결하는 연결보의 설계에 대한 설명으로 가장 옳지 않은 것은?

① 세장비(l_n/h)가 3인 연결보는 경간 중앙에 대칭인 대각선 다발철근으로 보강할 수 있다.

② 대각선 다발철근은 최소한 4개의 철근으로 이루어져야 한다.

③ 대각선 철근을 감싸주는 횡철근 간격은 철근 지름의 8배를 초과할 수 없다.

④ 대각선 다발철근이 연결보의 공칭휨강도에 기여하는 것으로 볼 수 있다.

15 〈보기〉는 건축물의 각 구조 부재별 피복두께를 나타낸 것이다. ㉠~㉢ 중 올바르게 제시된 값들을 모두 고른 것은? (단, 프리스트레스하지 않는 부재의 현장치기 콘크리트이며, 콘크리트의 설계기준압축강도(f_{ck})는 40MPa이다.)

<table>
<tr><td colspan="2" align="center">〈보기〉</td></tr>
<tr><td colspan="2">• D16 철근이 배근된 외벽 : ㉠ <u>40mm</u></td></tr>
<tr><td colspan="2">• D22 철근이 배근된 내부 슬래브 : ㉡ <u>20mm</u></td></tr>
<tr><td colspan="2">• D25 철근이 배근된 내부 기둥 : ㉢ <u>30mm</u></td></tr>
</table>

① ㉠, ㉡

② ㉠, ㉢

③ ㉡, ㉢

④ ㉠, ㉡, ㉢

14 대각선 철근을 감싸주는 횡철근 간격은 철근 지름의 6배를 초과할 수 없다.

15 프리스트레스하지 않는 부재의 현장치기 콘크리트의 최소 피복두께는 다음의 표를 따른다.

종류			피복두께
수중에서 타설하는 콘크리트			100mm
흙에 접하여 콘크리트를 친 후 영구히 흙에 묻혀 있는 콘크리트			80mm
흙에 접하거나 옥외의 공기에 직접 노출되는 콘크리트		D29 이상의 철근	60mm
		D25 이하의 철근	50mm
		D16 이하의 철근	40mm
옥외의 공기나 흙에 직접 접하지 않는 콘크리트	슬래브,벽체, 장선	D35 초과 철근	40mm
		D35 이하 철근	20mm
	보, 기둥		40mm
	쉘, 절판부재		20mm

(단, 보와 기둥의 경우 $f_{ck} \geq 40MPa$일 때 피복두께를 10mm까지 저감시킬 수 있다.)

16 보통중량콘크리트 파괴계수를 고려할 때, 단면 폭 b 및 단면 높이 h인 직사각형 콘크리트 단면의 휨균열모멘트 M_{cr}의 값은? (단, f_{ck}는 콘크리트의 설계기준압축강도이며, 처짐은 단면 높이 방향으로 발생하는 것으로 가정한다.)

① $M_{cr} = 0.105bh^2\sqrt{f_{ck}}$

② $M_{cr} = 0.205bh^3\sqrt{f_{ck}}$

③ $M_{cr} = 0.305bh^2\sqrt{f_{ck}}$

④ $M_{cr} = 0.405bh^3\sqrt{f_{ck}}$

17 강구조의 인장재 설계에 대한 설명으로 가장 옳지 않은 것은?

① 총단면의 항복한계상태를 계산할 때의 인장저항계수(ϕ_t)는 0.9이다.

② 인장재의 설계인장강도는 총단면의 항복한계상태와 유효순단면의 파단한계상태에 대해 산정된 값 중 큰 값으로 한다.

③ 유효순단면의 파단한계상태를 계산할 때의 인장저항계수(ϕ_t)는 0.75이다.

④ 유효순단면적을 계산할 때 단일ㄱ형강, 쌍ㄱ형강, T형강 부재의 접합부는 전단지연계수가 0.6 이상이어야 한다. 다만, 편심효과를 고려하여 설계하는 경우 0.6보다 작은 값을 사용할 수 있다.

ANSWER 16.① 17.②

16 보통중량콘크리트 파괴계수를 고려할 때, 단면 폭 b 및 단면 높이 h인 직사각형 콘크리트 단면의 휨균열모멘트 M_{cr}의 값은 $0.105bh^2\sqrt{f_{ck}}$이다.

17 인장재의 설계인장강도는 총단면의 항복한계상태와 유효순단면의 파단한계상태에 대해 산정된 값 중 작은 값으로 한다.

18 강구조 접합부 설계에 대한 설명으로 가장 옳지 않은 것은?

① 접합부의 설계강도를 35kN으로 한다.

② 높이 50m인 다층구조물의 기둥이음부에 마찰접합을 사용한다.

③ 응력 전달 부위의 겹침이음 시 2열로 필릿용접한다.

④ 고장력볼트(M22)의 구멍중심 간 거리를 60mm로 한다.

19 강구조 매입형 합성부재의 구조제한에 대한 설명으로 가장 옳지 않은 것은?

① 강재코어의 단면적은 합성기둥 총단면적의 1% 이상으로 한다.

② 횡방향철근의 중심 간 간격은 직경 D10의 철근을 사용할 경우에는 300mm 이하, 직경 D13 이상의 철근을 사용할 경우에는 400mm 이하로 한다.

③ 횡방향 철근의 최대 간격은 강재코어의 설계기준 공칭항복강도가 450MPa 이하인 경우에는 부재단면에서 최소크기의 0.25배를 초과할 수 없다.

④ 연속된 길이방향철근의 최소철근비(ρ_{sr})는 0.004로 한다.

ANSWER 18.① 19.③

18 접합부의 설계강도는 45kN 이상이어야 한다. (다만 연결재, 새그로드 또는 띠장은 제외한다.)

※ **볼트와 용접접합의 제한** … 다음의 접합에 대해서는 용접접합, 마찰접합 또는 전인장조임을 적용해야 한다.

  ㉠ 높이가 38m 이상되는 다층구조물의 기둥이음부

  ㉡ 높이가 38m 이상되는 구조물에서, 모든 보와 기둥의 접합부 그리고 기둥에 횡지지를 제공하는 기타의 모든 보의 접합부

  ㉢ 용량 50kN 이상의 크레인구조물 중 지붕트러스이음, 기둥과 트러스접합, 기둥이음, 기둥횡지지가새, 크레인지지부

  ㉣ 기계류 지지부 접합부 또는 충격이나 하중의 반전을 일으키는 활하중을 지지하는 접합부

19 횡방향 철근의 최대 간격은 강재코어의 설계기준공칭항복강도가 450MPa 이하인 경우에는 부재단면에서 최소크기의 0.50배를 초과할 수 없으며 강재코어의 설계기준공칭항복강도가 450MPa를 초과하는 경우 부재단면에서 최소크기의 0.25배를 초과할 수 없다.

20 그림과 같은 정정트러스에 집중하중이 작용할 때 A부재와 B부재에 발생하는 부재력은? (단, 모든 부재의 단면적은 동일하며, 좌측 상단부 지점은 회전단이고, 좌측 하단부 지점은 이동단이다.)

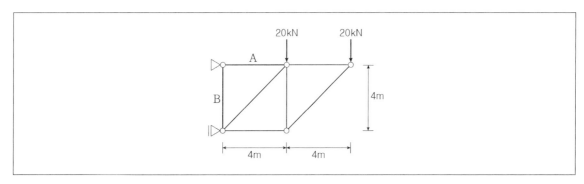

	A부재	B부재
①	20.0kN	40.0kN
②	40.0kN	20.0kN
③	40.0kN	60.0kN
④	60.0kN	40.0kN

ANSWER 20.④

20

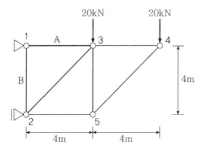

절점3, 절점4에 작용하는 힘의 합력은 3, 4의 중앙에 작용을 한다.

지점1이 핀지점, 지점2가 롤러지점이므로 지점 1에 연직반력이 발생하게 되며 연직력의 합이 0이 되어야 하므로 A에 작용하는 부재는 60kN이 된다.

지점2에 대한 모멘트 평형을 이루고 있으므로 B점에 발생하는 부재력은 40kN이 된다.

1 철근콘크리트 구조에서 철근의 피복두께에 대한 설명으로 옳지 않은 것은? (단, 특수환경에 노출되지 않은 콘크리트로 한다)

① 옥외의 공기나 흙에 직접 접하지 않는 프리캐스트콘크리트 기둥의 띠철근에 대한 최소피복두께는 10 mm이다.

② 피복두께는 철근을 화재로부터 보호하고, 공기와의 접촉으로 부식되는 것을 방지하는 역할을 한다.

③ 프리스트레스하지 않는 수중타설 현장치기콘크리트 부재의 최소피복두께는 100mm이다.

④ 피복두께는 콘크리트 표면과 그에 가장 가까이 배치된 철근 중심까지의 거리이다.

2 다음 중 기초구조의 흙막이벽 안전을 저해하는 현상과 가장 연관성이 없는 것은?

① 히빙(heaving)

② 보일링(boiling)

③ 파이핑(piping)

④ 버펫팅(buffeting)

ANSWER 1.④ 2.④

1

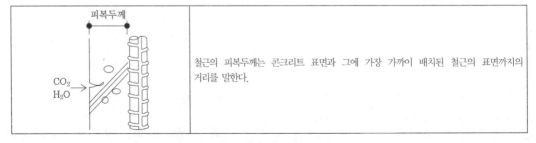

철근의 피복두께는 콘크리트 표면과 그에 가장 가까이 배치된 철근의 표면까지의 거리를 말한다.

2 버펫팅(buffeting)이란 시시각각 변하는 바람의 난류성분이 물체에 닿아 물체를 풍방향으로 불규칙하게 진동시키는 현상으로서 풍하중과 관련이 있는 개념이다.

3 벽돌 구조에서 창문 등의 개구부 상부를 지지하며 상부에서 오는 하중을 좌우벽으로 전달하는 부재로 옳은 것은?

① 창대   ② 코벨

③ 인방보   ④ 테두리보

4 건축물의 내진구조 계획에서 고려해야 할 사항으로 옳지 않은 것은?

① 한 층의 유효질량이 인접층의 유효질량과 차이가 클수록 내진에 유리하다.

② 가능하면 대칭적 구조형태를 갖는 것이 내진에 유리하다.

③ 보－기둥 연결부에서 가능한 한 강기둥－약보가 되도록 설계한다.

④ 구조물의 무게는 줄이고, 구조재료는 연성이 좋은 것을 선택한다.

5 다음 중 강재의 성질에 관련한 설명으로 옳은 것은?

① 림드강은 킬드강에 비해 재료의 균질성이 우수하다.

② 용접구조용 압연강재 SM275C는 SM275A보다 충격흡수에너지 측면에서 품질이 우수하다.

③ 일반구조용 압연강재 SS275의 인장강도는 275MPa이다.

④ 강재의 탄소량이 증가하면 강도는 감소하나 연성 및 용접성이 증가한다.

ANSWER 3.③ 4.① 5.②

3 ① 창대 : 창호의 밑틀을 받는 수평재이다.

② 코벨 : 브라켓의 일종으로, 건축에서 위로부터의 압력을 지탱하기 위해 돌, 나무, 쇠 등으로 만든 구조적 장식물을 말한다.

③ 인방보 : 조적벽체의 출입구, 창문 등 개구부 상부에 설치하여 상부의 하중을 지지하며 상부에서 오는 하중을 좌우벽으로 전달하는 부재

④ 테두리보 : 조적조의 철근콘크리트 슬래브와 조적벽체를 일체화시켜 조적벽체 상부에 작용하는 수평력에 의한 균열을 방지하고 하중을 벽체에 고르게 분포시켜 조적벽체 전체의 강성을 증가시키는 철근콘크리트부재이다.

4 한 층의 유효질량이 인접층의 유효질량과 차이가 클수록 큰 전단력이 발생하게 되어 내진에 취약해진다.

5 ① 림드강은 킬드강에 비해 재료의 균질성이 좋지 않다.

• 킬드강(Killed steel) : 탈산제(Si, Al, Mn)를 충분히 사용하여 기포발생을 방지한 강재

• 림드강(rimmed steel) : 탈산이 충분하지 못하여 생긴 기포에 의해 강재의 질이 떨어지는 강

③ 일반구조용 압연강재 SS275의 항복강도는 275MPa이다.

④ 강재의 탄소량이 증가하면 강도는 증가하나 연성 및 용접성이 저하된다.

6 강구조 구조설계에 대한 설명으로 옳지 않은 것은?

① 휨재 설계에서 보에 작용하는 모멘트의 분포형태를 반영하기 위해 횡좌굴모멘트수정계수(C_b)를 적용한다.

② 접합부 설계에서 블록전단파단의 경우 한계상태에 대한 설계강도는 전단저항과 압축저항의 합으로 산정한다.

③ 압축재 설계에서 탄성좌굴영역과 비탄성좌굴영역으로 구분하여 휨좌굴에 대한 압축강도를 산정한다.

④ 용접부 설계강도는 모재강도와 용접재강도 중 작은 값으로 한다.

7 건축물 내진설계의 설명으로 옳지 않은 것은?

① 층지진하중은 밑면전단력을 건축물의 각 층별로 분포시킨 하중이다.

② 이중골조방식은 지진력의 25% 이상을 부담하는 보통모멘트골조가 가새골조와 조합되어 있는 구조방식이다.

③ 밑면전단력은 구조물의 밑면에 작용하는 설계용 총 전단력이다.

④ 등가정적해석법에서 지진응답계수 산정 시 단주기와 주기 1초에서의 설계스펙트럼가속도가 사용된다.

8 합성기둥에 대한 설명으로 옳지 않은 것은?

① 매입형 합성기둥에서 강재코어의 단면적은 합성기둥 총단면적의 1% 이상으로 한다.

② 매입형 합성기둥에서 강재코어를 매입한 콘크리트는 연속된 길이방향철근과 띠철근 또는 나선철근으로 보강되어야 한다.

③ 충전형 합성기둥의 설계전단강도는 강재단면만의 설계전단강도로 산정할 수 있다.

④ 매입형 합성기둥의 설계전단강도는 강재단면의 설계전단강도와 콘크리트의 설계전단강도의 합으로 산정할 수 있다.

ANSWER 6.② 7.② 8.④

6 접합부 설계에서 블록전단파단의 경우 한계상태에 대한 설계강도는 전단저항과 인장저항의 합으로 산정한다.
블록전단파단(block shear rupture)이란 인장재의 접합부에서 인장력이 작용하는 축 상으로는 전단 파괴가, 인장력 축과 수직인 선이 가장 안쪽 구멍을 지나는 선상으로는 인장 파괴가 일어나 접합부의 일부분이 찢어지는 형태의 파단을 말한다.

7 이중골조방식은 지진력의 25% 이상을 부담하는 연성모멘트골조가 전단벽이나 가새골조와 조합되어 있는 구조방식이다.

8 충전형 및 매입형 합성부재의 설계전단강도는 강재단면만의 설계전단강도를 고려한다.

9 철근콘크리트 기초판을 설계할 때 주의해야 할 사항으로 옳지 않은 것은?

① 말뚝기초의 기초판 설계에서 말뚝의 반력은 각 말뚝의 중심에 집중된다고 가정하여 휨모멘트와 전단력을 계산할 수 있다.

② 독립기초의 기초판 밑면적 크기는 허용지내력에 반비례한다.

③ 독립기초의 기초판 전단설계 시 1방향 전단과 2방향 전단을 검토한다.

④ 기초판 밑면적, 말뚝의 개수와 배열 산정에는 1.0을 초과하는 하중계수를 곱한 계수하중이 적용된다.

10 그림과 같이 등분포하중(w)을 받는 철근콘크리트 캔틸레버 보의 설계에서 고려해야 할 사항으로 옳지 않은 것은? (단, EI는 일정하다)

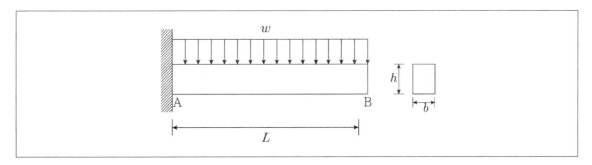

① 등분포하중에 의한 보의 휨 균열은 고정단(A) 위치의 보 상부보다는 하부에서 주로 발생한다.

② 등분포하중에 의한 보의 전단응력은 자유단(B)보다는 고정단(A) 위치에서 더 크게 발생한다.

③ 보의 처짐을 감소시키기 위해서는 단면의 폭(b)보다는 단면의 깊이(h)를 크게 하는 것이 바람직하다.

④ 휨에 저항하기 위한 주인장철근은 보 하부보다는 상부에 배근되어야 한다.

ANSWER 9.④ 10.①

9 • 기초판 밑면적, 말뚝의 개수와 배열 산정에는 하중계수를 곱하지 않은 사용하중을 적용하여야 한다.
　• 기초판의 밑면적, 말뚝의 개수와 배열은 기초판에 의해 지반 또는 말뚝에 전달되는 힘과 휨모멘트, 그리고 토질역학의 원리에 의하여 계산된 지반 또는 말뚝의 허용지지력을 사용하여 산정하여야 한다. 이때 힘과 휨모멘트는 하중계수를 곱하지 않은 사용하중을 적용하여야 한다.
　• 말뚝기초의 기초판 설계에서 말뚝의 반력은 각 말뚝의 중심에 집중된다고 가정하여 휨모멘트와 전단력을 계산할 수 있다.
　• 기초판에서 휨모멘트, 전단력 그리고 철근정착에 대한 위험단면의 위치를 정할 경우, 원형 또는 정다각형인 콘크리트 기둥이나 주각은 같은 면적의 정사각형 부재로 취급할 수 있다.
　• 기초판 윗면부터 하부철근까지 깊이는 직접기초의 경우는 150㎜ 이상, 말뚝기초의 경우는 30㎜ 이상으로 하여야 한다.

10 보의 상부에 인장응력이 가해지게 되므로 등분포하중에 의한 보의 휨 균열은 고정단(A) 위치의 보 하부보다는 인장응력이 크게 작용하는 상부에서 주로 발생한다.

11 그림과 같이 캔틸레버 보의 자유단에 집중하중(P)과 집중모멘트(M = P · L)가 작용할 때 보 자유단에서의 처짐비 $\Delta_A : \Delta_B$ 는? (단, EI는 동일하며, 자중의 영향은 고려하지 않는다)

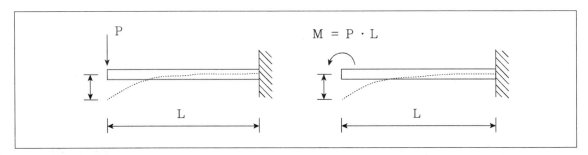

① 1 : 0.5

② 1 : 1

③ 1 : 1.5

④ 1 : 2

ANSWER 11.③

11

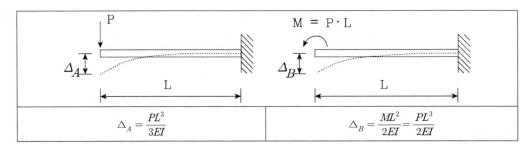

$\Delta_A = \dfrac{PL^3}{3EI}$	$\Delta_B = \dfrac{ML^2}{2EI} = \dfrac{PL^3}{2EI}$

하중조건	처짐각	처짐
A⊢──────── L ────────B ↓P	$\theta_B = \dfrac{PL^2}{2EI}$	$\delta_B = \dfrac{PL^3}{3EI}$
A⊢──────── L ────────B ↰M	$\theta_B = \dfrac{ML}{EI}$	$\delta_B = \dfrac{ML^2}{2EI}$

12 건축구조기준에 의해 구조물을 강도설계법으로 설계할 경우 소요강도 산정을 위한 하중조합으로 옳지 않은 것은? (여기서 D는 고정하중, L은 활하중, F는 유체압 및 용기내용물하중, E는 지진하중, S는 적설하중, W는 풍하중이다. 단, L에 대한 하중계수 저감은 고려하지 않는다)

① 1.4(D + F)

② 1.2 D + 1.0 E + 1.0 L + 0.2 S

③ 0.9 D + 1.2 W

④ 0.9 D + 1.0 E

13 단면계수의 특성에 대한 설명으로 옳지 않은 것은?

① 단면계수가 큰 단면이 휨에 대한 저항이 크다.

② 단위는 cm^4, mm^4 등이며, 부호는 항상 정(+)이다.

③ 동일 단면적일 경우 원형 단면의 강봉에 비하여 중공이 있는 원형강관의 단면계수가 더 크다.

④ 휨 부재 단면의 최대 휨응력 산정에 사용한다.

ANSWER 12.③ 13.②

12 0.9 D + 1.3 W이다.

※ 하중조합에 의한 콘크리트구조기준 소요강도(U)

$U = 1.4(D + F)$

$U = 1.2(D + F + T) + 1.6(L + a_H \cdot H_v + H_h) + 0.5(L_r \text{ or } S \text{ or } R)$

$U = 1.2D + 1.6(L_r \text{ or } S \text{ or } R) + (1.0L \text{ or } 0.65W)$

$U = 1.2D + 1.3W + 1.0L + 0.5(L_r \text{ or } S \text{ or } R)$

$U = 1.2(D + H_v) + 1.0E + 1.0L + 0.2S + (1.0H_h \text{ or } 0.5H_h)$

$U = 1.2(D + F + T) + 1.6(L + a_H \cdot H_v) + 0.8H_h + 0.5(L_r \text{ or } S \text{ or } R)$

$U = 0.9(D + H_v) + 1.3W + (1.6H_h \text{ or } 0.8H_h)$

$U = 0.9(D + H_v) + 1.0E + (1.0H_h \text{ or } 0.5H_h)$

(단, D는 고정하중, L은 활하중, W는 풍하중, E는 지진하중, S는 적설하중, H_v는 흙의 자중에 의한 연직방향 하중, H_h는 흙의 횡압력에 의한 수평방향 하중, a 는 토피 두께에 따른 보정계수를 나타내며 F는 유체의 밀도를 알 수 있고, 저장 유체의 높이를 조절할 수 있는 유체의 중량 및 압력에 의한 하중 또는 이에 의해서 생기는 단면력이다.)

13 단면계수는 도심축에 대한 단면2차 모멘트를 도심에서 단면의 상단 또는 하단까지의 거리로 나눈 값으로서 단위는 m^3, mm^3 이다.

14 막구조에 대한 설명으로 옳은 것은?

① 막구조의 막재는 인장과 휨에 대한 저항성이 우수하다.

② 습식 구조에 비해 시공 기간이 길지만 내구성이 뛰어나다.

③ 공기막 구조는 내외부의 압력 차에 따라 막면에 강성을 주어 형태를 안정시켜 구성되는 구조물이다.

④ 스페이스 프레임 등으로 구조물의 형태를 만든 뒤 지붕 마감으로 막재를 이용하는 것을 현수막 구조라 한다.

15 철근콘크리트 구조에서 공칭직경이 d_b인 D16 철근의 표준갈고리 가공에 대한 설명으로 옳지 않은 것은?

① 주철근에 대한 180° 표준갈고리는 구부린 반원 끝에서 $4d_b$ 이상 더 연장하여야 한다.

② 주철근에 대한 90° 표준갈고리의 구부림 내면 반지름은 $2d_b$ 이상으로 하여야 한다.

③ 스터럽과 띠철근에 대한 90° 표준갈고리는 구부린 끝에서 $6d_b$ 이상 더 연장하여야 한다.

④ 스터럽에 대한 90° 표준갈고리의 구부림 내면 반지름은 $2d_b$ 이상으로 하여야 한다.

14 ① 막구조의 막재는 휨에 대한 저항성이 매우 약하다.

② 습식 구조에 비해 시공 기간이 짧으나 내구성이 약하다.

④ 현수막구조는 하중을 막면에 부담하고 막면을 지주, 아치, 케이블 등이 지지하는 방식으로서 막재를 주체로 하여 기본형태를 현수구조로 한 구조이다. 스페이스 프레임 등으로 구조물의 형태를 만든 뒤 지붕 마감으로 막재를 이용하는 것은 골조막 구조라 한다. 골조막 구조는 하중을 골조가 부담하고 막은 2차 구조재 혹은 마감재로서 사용한다.

15 D16인 주철근에 대한 90° 표준갈고리의 구부림 내면 반지름은 $3d_b$ 이상으로 하여야 한다.

철근을 구부릴 때, 구부리는 부분에 손상을 주지 않기 위해 구부림의 최소 내면 반지름을 정해두고 있다.

180도 표준갈고리와 90도 표준갈고리는 구부리는 내면 반지름을 아래의 표에 있는 값 이상으로 해야 한다.

스터럽이나 띠철근에서 구부리는 내면 반지름은 D16이하일 때 철근직경의 2배 이상이고 D19이상일 때는 아래의 표를 따라야 한다.

표준갈고리 외의 모든 철근의 구부림 내면 반지름은 아래에 있는 표의 값 이상이어야 한다.

철근의 크기	최소내면반지름
D10~D25	철근직경의 3배
D29~D35	철근직경의 4배
D38	철근직경의 5배

16 목구조 절충식 지붕틀의 지붕귀에서 동자기둥이나 대공을 세울 수 있도록 지붕보에서 도리 방향으로 짧게 댄 부재는?

① 서까래
② 우미량
③ 중도리
④ 추녀

17 기초저면의 형상이 장방형인 기초구조 설계 시 탄성이론에 따른 즉시침하량 산정에 필요한 요소로 옳지 않은 것은?

① 기초의 재료강도
② 기초의 장변길이
③ 지반의 탄성계수
④ 지반의 포아송비

18 강구조 건축물의 사용성 설계 시 고려해야 하는 항목과 연관성이 가장 적은 것은?

① 바람에 의한 수평진동
② 접합부 미끄럼
③ 팽창과 수축
④ 내화성능

ANSWER 16.② 17.① 18.④

16 우미량은 목구조 절충식 지붕틀의 지붕귀에서 동자기둥이나 대공을 세울 수 있도록 지붕보에서 도리 방향으로 짧게 댄 부재로, 수덕사 대웅전에서 그 예를 찾아볼 수 있다.

17 탄성이론에 의한 즉시침하량 추정에 사용되는 계수 : 지반의 탄성계수, 지반의 포아송비, 기초의 폭과 장변길이, 등분포하중, 영향계수, 변형계수 (재료의 강도는 관련이 없다.)

즉시침하량 산정식은 $S_t = qB \dfrac{1-\mu^2}{E} I_w$

q : 기초의 하중강도(t/m^2)
B : 기초의 폭(m)
μ : 지반의 포아송비
E : 흙의 탄성계수(변형계수)
I_w : 침하에 의한 영향값(영향계수)

18 내화성능은 강구조건축물의 구조적 사용성과는 거리가 먼 사항이다.

19 폭 400mm와 전체 깊이 700mm를 가지는 직사각형 철근콘크리트 보에서 인장철근이 2단으로 배근될 때, 최대 유효깊이에 가장 가까운 값은? (단, 피복두께는 40mm, 스터럽 직경은 10mm, 인장철근 직경은 25mm로 1단과 2단에 배근되는 인장철근량은 동일하며, 모두 항복하는 것으로 한다)

① 650.0mm

② 637.5mm

③ 612.5mm

④ 587.5mm

20 그림과 같이 등분포하중(ω)을 받는 정정보에서 최대 정휨모멘트가 발생하는 위치 x는?

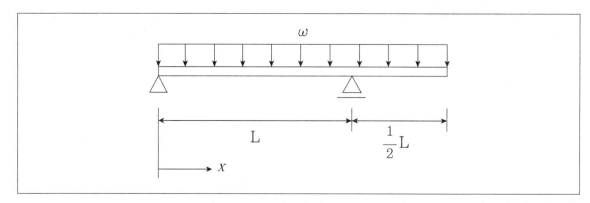

① $\dfrac{1}{4}$L

② $\dfrac{1}{3}$L

③ $\dfrac{3}{8}$L

④ $\dfrac{1}{2}$L

ANSWER 19.③ 20.③

19 유효깊이는 콘크리트 압축연단부터 모든 인장철근군의 도심까지의 거리를 말한다. 피복두께 40mm에 스터럽의 직경 10mm이며 철근의 반경이 12.5mm이므로 압축연단으로부터 가장 끝의 인장철근의 중심까지의 거리는 700−(40+10+12.5)=637.5mm가 된다. 그러나 인장철근이 2단으로 배근되어 있으며 직경이 25mm이므로 여기에 25mm를 뺀 값인 612.5mm가 답이 된다.

20 휨모멘트가 최대인 점에서는 전단력이 0이 되는 특성을 통하여 최대휨모멘트가 발생하는 점을 찾을 수 있다.

우선 각 지점의 반력을 구하기 위해 등분포하중을 1개의 집중하중으로 변환시키면 이동지점의 반력을 구할 수 있다.

$\sum M_A = 1.5wL \cdot \dfrac{1.5L}{2} - R_B \cdot L = 0$이어야 하므로 $R_B = \dfrac{9}{8}wL$이 되며 힘의 평형원리에 따라 연직력의 합이 0이 되어야 하므로 $\sum V = 1.5wL - \dfrac{9}{8}wL - R_A = 0$을 만족하는 R_A 값은 $\dfrac{3}{8}wL$이 된다.

전단력이 0이 되는 지점은 $V_x = \dfrac{3}{8}wL - wx = 0$를 만족하는 곳이므로 $x = \dfrac{3}{8}L$이 된다.

1 건축구조물의 구조설계 원칙으로 규정되어 있지 않은 것은?

① 친환경성

② 경제성

③ 사용성

④ 내구성

2 기초구조 설계 시 고려해야 할 사항으로 옳지 않은 것은?

① 기초의 침하가 허용침하량 이내이고, 가능하면 균등해야 한다.

② 장래 인접대지에 건설되는 구조물과 그 시공에 따른 영향까지도 함께 고려하는 것이 바람직하다.

③ 동일 구조물의 기초에서는 가능한 한 이종형식기초의 병용을 피해야 한다.

④ 기초형식은 지반조사 전에 확정되어야 한다.

ANSWER 1.② 2.④

1 건축구조물의 구조설계 원칙
- 안전성 : 건축구조물은 유효적절한 구조계획을 통하여 건축구조물 전체가 각종 하중에 대해 구조적으로 안전하도록 한다.
- 사용성 : 건축구조물은 사용에 지장이 되는 변형이나 진동이 생기지 아니하도록 충분한 강성과 인성의 확보를 고려한다.
- 내구성 : 구조부재로서 특히 부식이나 마모훼손의 우려가 있는 것에 대해서는 모재나 마감재에 이를 방지할 수 있는 재료를 사용하는 등 필요한 조치를 취한다.
- 친환경성 : 건축구조물은 저탄소 및 자원순환 구조부재를 사용하고 피로저항성능, 내화성, 복원가능성 등 친환경성의 확보를 고려한다.

2 기초형식은 지반조사 이후에 여러 가지를 검토하여 확정되어야 한다.

3 철근콘크리트 기둥의 배근 방법에 대한 설명으로 옳지 않은 것은?

① 주철근의 위치를 확보하고 전단력에 저항하도록 띠철근을 배치한다.

② 사각형띠철근 기둥은 4개 이상, 나선철근 기둥은 6개 이상의 주철근을 배근한다.

③ 전체 단면적에 대한 주철근 단면적의 비율은 0.4% 이상 8% 이하로 한다.

④ 하중에 의해 요구되는 단면보다 큰 단면으로 설계된 기둥의 경우, 감소된 유효단면적을 사용하여 최소 철근량을 결정할 수 있다.

4 목구조의 설계허용응력 산정 시 적용하는 하중기간계수(C_D) 값이 큰 설계하중부터 순서대로 바르게 나열한 것은?

① 지진하중 > 적설하중 > 활하중 > 고정하중

② 지진하중 > 활하중 > 고정하중 > 적설하중

③ 활하중 > 지진하중 > 적설하중 > 고정하중

④ 활하중 > 고정하중 > 지진하중 > 적설하중

ANSWER 3.③ 4.①

3 전체 단면적에 대한 주철근 단면적의 비율은 1% 이상 8% 이하로 한다.

4 목구조의 설계허용응력 산정 시 적용하는 하중기간계수(C_D)는 지진하중 > 적설하중 > 활하중 > 고정하중 순이다.

설계하중	하중기간계수	하중기간
고정하중	0.9	영구
활하중	1.0	10년
적설하중	1.15	2개월
시공하중	1.25	7일
풍하중, 지진하중	1.6	10분
충격하중	2.0	충격

1) 하중기간계수는 변형한계에 근거한 탄성계수 및 섬유직각방향기준 허용압축응력에는 적용하지 아니한다. 가설구조물에서의 하중기간계수는 3개월 이내인 경우 1.20을 적용할 수 있다.

2) 충격하중의 경우, 수용성 방부제 또는 내화제로 가압처리된 구조부재에 대하여는 하중기간계수를 1.6 이하로 적용한다. 또한 접합부에는 충격에 대한 하중기간계수를 적용하지 아니한다.

5 그림은 휨모멘트와 축력을 동시에 받는 철근콘크리트 기둥의 공칭강도 상호작용곡선이다. 이에 대한 설명으로 옳지 않은 것은?

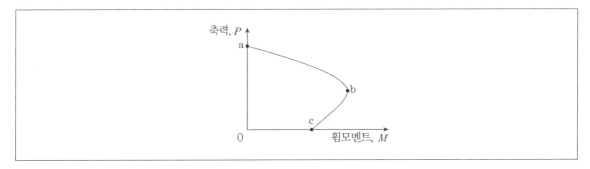

① 휨성능은 압축력의 크기에 따라서 달라진다.
② 구간 a−b에서 최외단 인장철근의 순인장변형률은 설계기준항복강도에 대응하는 변형률 이하이다.
③ 구간 b−c에서 압축연단 콘크리트는 극한변형률에 도달하지 않는다.
④ 점 b는 균형변형률 상태에 있다.

6 건축물의 지진력저항시스템에 대한 설명으로 옳지 않은 것은?

① 이중골조방식은 지진력의 25% 이상을 부담하는 연성모멘트골조가 전단벽이나 가새골조와 조합되어 있는 구조방식이다.
② 연성모멘트골조방식은 횡력에 대한 저항능력을 증가시키기 위하여 부재와 접합부의 연성을 증가시킨 모멘트골조방식이다.
③ 내력벽방식은 수직하중과 횡력을 모두 전단벽이 부담하는 구조방식이다.
④ 모멘트골조방식은 보와 기둥이 각각 횡력과 수직하중에 독립적으로 저항하는 구조방식이다.

ANSWER 5.③ 6.④

5 구간 b−c는 인장지배구역으로서 압축연단콘크리트는 극한변형률 0.003을 초과하는 경우가 발생할 수 있다.

6 모멘트골조방식은 수직하중과 횡력을 보와 기둥으로 구성된 라멘골조가 일체가 되어 저항하는 구조방식이다.

7

그림 (가)와 (나)의 캔틸레버 보 자유단 처짐이 각각 $\delta_{(가)} = \dfrac{wL^4}{8EI}$ 과 $\delta_{(나)} = \dfrac{PL^3}{3EI}$ 일 때, 그림 (다) 보의 B 지점 수직반력의 크기[kN]는? (단, 그림의 모든 보의 길이 $L = 1\,\mathrm{m}$이고, 전 길이에 걸쳐 탄성계수는 E, 단면2차모멘트는 I이며, 보의 자중은 무시한다)

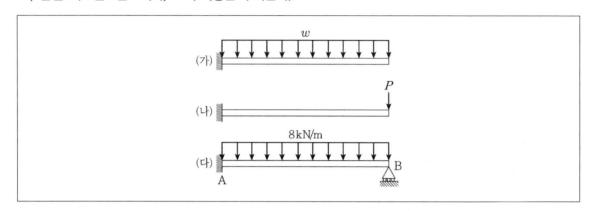

① 1

② 3

③ 4

④ 5

ANSWER 7.②

7

$R_B = \dfrac{3}{8}wL = \dfrac{3}{8} \cdot 8 \cdot 1 = 3$

문제에서 주어진 조건은 변위일치법을 통해서 지점의 반력을 구하는 것이지만 (다)와 같은 상태의 각 지점의 반력을 구하는 공식은 필히 암기해 놓아야 한다.

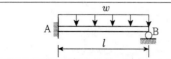	$M_B = -\dfrac{wl^2}{8}$, $R_{By} = \dfrac{3wl}{8}$

8 기둥 (가)와 (나)의 탄성좌굴하중을 각각 $P_{(가)}$와 $P_{(나)}$라 할 때, 두 탄성좌굴하중의 비($\frac{P_{(가)}}{P_{(나)}}$)는? (단, 기둥의 길이는 모두 같고, 휨강성은 각각의 기둥 옆에 표시한 값이며, 자중의 효과는 무시한다)

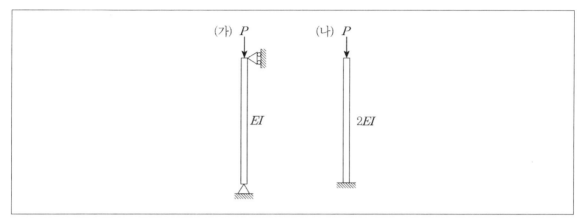

① 0.5

② 1

③ 2

④ 4

....

ANSWER 8.③

8 좌굴유효길이계수(k)의 값이 (가)는 양단이 핀으로 지지되어 있으므로 1.0이며 (나)는 캔틸레버이므로 2.0이 된다. 따라서

$$P_{cr(가)} = \frac{\pi^2 EI}{(kl)^2} = \frac{\pi^2 EI}{(1.0 \cdot l)^2} = \frac{\pi^2 EI}{l^2}$$

$$P_{cr(나)} = \frac{\pi^2 (2EI)}{(kl)^2} = \frac{\pi^2 (2EI)}{(2.0 \cdot l)^2} = \frac{\pi^2 EI}{2l^2}$$

따라서 $(\frac{P_{cr(가)}}{P_{cr(나)}}) = 2$가 된다.

※ 좌굴하중의 기본식(오일러의 장주공식)

$$P_{cr} = \frac{\pi^2 EI}{(kl)^2} = \frac{n\pi^2 EI}{l^2}$$

EI : 기둥의 휨강성

l : 기둥의 길이

k : 기둥의 유효길이 계수

kl : (l_k로도 표시함) 기둥의 유효길이(장주의 처짐곡선에서 변곡점과 변곡점 사이의 거리)

n : 좌굴계수(강도계수, 구속계수)

9 길이가 2m이고 단면이 50mm × 50mm인 단순보에 10kN/m의 등분포하중이 부재 전 길이에 작용할 때, 탄성상태에서 보 단면에 발생하는 최대 휨응력의 크기[MPa]는? (단, 등분포하중은 보의 자중을 포함한다)

① 240

② 270

③ 300

④ 320

10 그림과 같은 필릿용접부의 공칭강도[kN]는? (단, 용접재의 인장강도 Fw는 400 MPa이며, 모재의 파단은 없다)

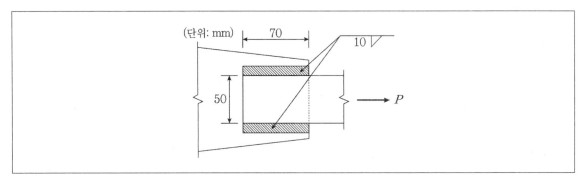

① 168

② 210

③ 240

④ 280

11 조적식구조에 대한 설명으로 옳지 않은 것은?

① 전단면적에서 채워지지 않은 빈 공간을 뺀 면적을 순단면적이라 한다.

② 한 내력벽에 직각으로 교차하는 벽을 대린벽이라 한다.

③ 가로줄눈에서 모르타르와 접한 조적단위의 표면적을 가로줄눈면적이라 한다.

④ 기준 물질과의 탄성비의 비례에 근거한 등가면적을 전단면적이라 한다.

ANSWER 9.① 10.① 11.④

9
$$\sigma_{max} = \frac{M}{Z} = \frac{\dfrac{wL^2}{8}}{\dfrac{bh^2}{6}} = \frac{\dfrac{10[\text{kN/m}] \cdot (2\text{m})^2}{8}}{\dfrac{50 \cdot 50^2}{6}[\text{mm}^3]} \equiv 240[\text{MPa}]$$

10 $0.6F_w \cdot A_w = 0.6 \cdot 400 \cdot [2 \cdot 0.7 \cdot 10(70 - 2 \cdot 10)] = 168[\text{kN}]$
$(A_w = 2 \times 0.7s(L - 2s)$이며 $s = 0.7 \times$ 다리길이)

11 기준 물질과의 탄성비의 비례에 근거한 등가면적을 환산단면적이라 한다.

12 프리스트레스하지 않는 부재의 현장치기콘크리트에서, 흙에 접하여 콘크리트를 친 후 영구히 흙에 묻혀 있는 콘크리트의 최소 피복 두께[mm]는?

① 100   ② 80

③ 60   ④ 40

13 스터럽으로 보강된 철근콘크리트 보를 설계기준항복강도 400MPa인 인장철근을 사용하여 설계하고자 한다. 공칭강도 상태에서 최외단 인장철근의 순인장변형률이 휨부재의 최소허용변형률과 같을 때, 휨모멘트에 대한 강도감소계수에 가장 가까운 값은?

① 0.73   ② 0.75

③ 0.78   ④ 0.85

ANSWER 12.②   13.③

12 프리스트레스하지 않는 부재의 현장치기콘크리트에서, 흙에 접하여 콘크리트를 친 후 영구히 흙에 묻혀 있는 콘크리트의 최소 피복 두께[mm]는 80[mm]이다.

종류			피복두께
수중에서 타설하는 콘크리트			100mm
흙에 접하여 콘크리트를 친 후 영구히 흙에 묻혀있는 콘크리트			80mm
흙에 접하거나 옥외의 공기에 직접 노출되는 콘크리트	D29이상의 철근		60mm
	D25이하의 철근		50mm
	D16이하의 철근		40mm
옥외의 공기나 흙에 직접 접하지 않는 콘크리트	슬래브, 벽체, 장선	D35초과철근	40mm
		D35이하철근	20mm
	보, 기둥		40mm
	쉘, 절판부재		20mm

13 $\phi = 0.65 + (\varepsilon_t - 0.002)\dfrac{200}{3} = 0.65 + (0.004 - 0.002)\dfrac{200}{3} = 0.783$

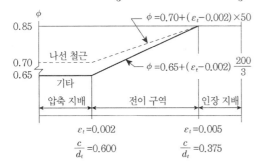

14 기초구조에 대한 설명으로 옳지 않은 것은?

① 독립기초는 기둥으로부터 축력을 독립으로 지반 또는 지정에 전달하도록 하는 기초이다.

② 부마찰력은 지지층에 근입된 말뚝의 주위 지반이 침하하는 경우 말뚝 주면에 하향으로 작용하는 마찰력이다.

③ 온통기초는 상부구조의 광범위한 면적 내의 응력을 단일 기초판으로 연결하여 지반 또는 지정에 전달하도록 하는 기초이다.

④ 지반의 허용지지력은 구조물을 지지할 수 있는 지반의 최대저항력이다.

15 건축물의 중요도 분류에 대한 설명으로 옳지 않은 것은?

① 15층 아파트는 연면적에 관계없이 중요도(1)에 해당한다.

② 아동관련시설은 연면적에 관계없이 중요도(1)에 해당한다.

③ 응급시설이 있는 병원은 연면적에 관계없이 중요도(1)에 해당한다.

④ 가설구조물은 연면적에 관계없이 중요도(3)에 해당한다.

16 다음은 지진하중 산정 시 성능기반설계법의 최소강도규정이다. 괄호 안에 들어갈 내용은?

구조체의 설계에 사용되는 밑면전단력의 크기는 등가정적해석법에 의한 밑면전단력의 (　　) 이상이어야 한다.

① 70%　　　　　　　　　　　　② 75%

③ 80%　　　　　　　　　　　　④ 85%

ANSWER 14.④　15.③　16.②

14 구조물을 지지할 수 있는 지반의 최대저항력은 지반의 극한지지력이라 한다.

15 종합병원, 또는 수술시설이나 응급시설이 있는 병원은 중요도(특)에 해당된다.

16 지진하중 산정 시 성능기반설계법에 따르면 구조체의 설계에 사용되는 밑면전단력의 크기는 등가정적해석법에 의한 밑면전단력의 75% 이상이어야 한다.

17 그림과 같은 2축대칭 H형강 단면의 x 축에 대한 단면2차모멘트[mm⁴]는?

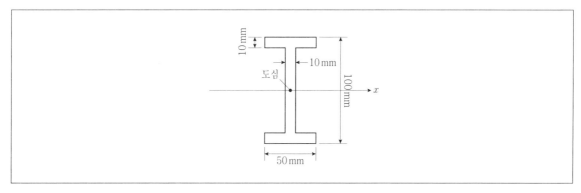

① 3.75×10^8

② 5.75×10^6

③ 3.75×10^6

④ 2.46×10^6

18 다음과 같은 전단력과 휨모멘트만을 받는 철근콘크리트 보에서 콘크리트에 의한 공칭전단강도[kN]는? (단, 계수전단력과 계수휨모멘트는 고려하지 않는다)

- 보통중량콘크리트
- 콘크리트의 설계기준압축강도 : 25MPa
- 보의 복부 폭 : 300mm
- 인장철근의 중심에서 압축콘크리트 연단까지의 거리 : 500mm

① 100

② 125

③ 150

④ 175

ANSWER 17.④ 18.②

17 $\dfrac{B \cdot H^3}{12} - 2\left(\dfrac{b \cdot h^3}{12}\right) = \dfrac{50 \cdot 100^3}{12} - 2\left(\dfrac{20 \cdot 80^3}{12}\right) = 2.46 \times 10^6$

18 $V_c = \dfrac{1}{6}\sqrt{f_{ck}}\, b_w d = \dfrac{1}{6}\sqrt{25} \cdot 300[mm] \cdot 500[mm] = 125[kN]$

19 그림과 같은 강구조 휨재의 횡비틀림좌굴거동에 대한 설명으로 옳은 것은?

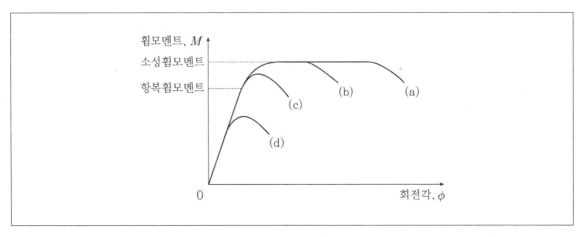

① 곡선 (a)는 보의 횡지지가 충분하고 단면도 콤팩트하여 보의 전소성모멘트를 발휘함은 물론 뛰어난 소성회전능력을 보이는 경우이다.

② 곡선 (b)는 (a)의 경우보다 보의 횡지지 길이가 작은 경우로서 보가 항복휨모멘트보다는 크지만 소성휨모멘트보다는 작은 휨강도를 보이는 경우이다.

③ 곡선 (c)는 탄성횡좌굴이 발생하여 항복휨모멘트보다 작은 휨강도를 보이는 경우이다.

④ 곡선 (d)는 보의 비탄성횡좌굴에 의해 한계상태에 도달하는 경우이다.

19

휨모멘트, M

소성휨모멘트

항복휨모멘트

비탄성

비탄성

소성

탄성

0   회전각, ϕ

② 곡선 (b)는 (a)의 경우보다 보의 횡지지 길이가 큰 경우로서 보가 항복휨모멘트보다는 크지만 소성휨모멘트보다는 작은 휨강도를 보이는 경우이다.

③ 곡선 (c)는 비탄성횡좌굴이 발생하여 항복휨모멘트보다 큰 휨강도를 보이는 경우이다.

④ 곡선 (d)는 보의 탄성횡좌굴에 의해 한계상태에 도달하는 경우이다.

20 길이 1m, 지름 60mm(단면적 2,827mm²)인 봉에 200kN의 순인장력이 작용하여 탄성상태에서 길이방향으로 0.5mm 늘어나고, 지름방향으로 0.015mm 줄어들었다. 이때, 봉 재료의 푸아송비 ν 와 탄성계수 E 에 가장 가까운 값은?

	ν	$E[MPa]$
①	0.03	1.4×10^2
②	0.5	1.4×10^2
③	0.03	1.4×10^5
④	0.5	1.4×10^5

ANSWER 20.④

20 푸아송비

$$v = \frac{\text{가로 변형률}}{\text{세로 변형률}} = \frac{\text{축에 직각방향 변형률}}{\text{축방향 변형률}} = \frac{\frac{\triangle l}{l}}{\frac{\triangle d}{d}} = \frac{\frac{0.015}{60}}{\frac{0.5}{1000}} = 0.5$$

$$E = \frac{\sigma}{\varepsilon} = \frac{\frac{P}{A}}{\frac{\triangle L}{L}} = \frac{\frac{2 \cdot 10^5}{2827}}{\frac{0.5}{1000}} \fallingdotseq 141492 \fallingdotseq 1.4 \times 10^5$$

푸아송비와 푸아송수
① 푸아송비(v)는 축방향 변형률에 대한 축의 직각방향 변형률의 비이다.
$$v = \frac{\text{가로 변형률}}{\text{세로 변형률}} = \frac{\text{축에 직각방향 변형률}}{\text{축방향 변형률}}$$
② 푸아송수는 푸아송비의 역수이다. (코르크의 푸아송수는 0이다.)
$$v = -\frac{\epsilon_d}{\epsilon_l} = -\frac{l \cdot \triangle d}{d \cdot \triangle l} = \frac{1}{m} \quad (v: \text{푸아송비}, \ m: \text{푸아송수})$$
③ 푸아송비의 식은 단일방향으로만 축하중이 작용하는 부재에 적용된다.
④ 푸아송비는 항상 양의 값만을 가지며 정상적인 재료에서 푸아송비는 0과 0.5 사이의 값을 가진다.
⑤ 푸아송비가 0인 이상적 재료는 축하중이 작용할 경우 어떤 측면의 수축이 없이 한쪽 방향으로만 늘어난다.
⑥ 푸아송비가 1/2 이상인 재료는 완전비압축성 재료이다.

1 건축구조기준에서 설계하중에 대한 설명으로 옳지 않은 것은?

① 집중활하중에서 작용점은 각 구조부재에 가장 큰 하중효과를 일으키는 위치에 작용하도록 하여야 한다.

② 고정하중은 건축구조물 자체의 무게와 구조물의 생애주기 중 지속적으로 작용하는 수평하중을 말한다.

③ 풍하중은 각각의 설계풍압에 유효수압면적을 곱하여 산정한다.

④ 지진하중은 지진에 의한 지반운동으로 구조물에 작용하는 하중을 말한다.

2 강구조 용접접합부에서 용접 후 검사 시에 발생될 수 있는 결함의 유형으로 옳지 않은 것은?

① 비드   ② 블로 홀

③ 언더컷   ④ 오버랩

ANSWER 1.② 2.①

1 고정하중은 구조체와 이에 부착된 비내력 부분 및 각종 설비 등의 중량에 의하여 구조물의 존치기간 중 지속적으로 작용하는 연직하중을 말한다.

2 비드는 용접결함이 아니라 용접 시 용접진행에 따라 용착금속이 모재 위에 열상을 이루어 이어진 용접선을 말한다.

※ 용접결함

- 블로홀 : 용융금속이 응고할 때 방출되어야 할 가스가 남아서 생긴 빈자리
- 슬래그섞임(감싸들기) : 슬래그의 일부분이 용착금속 내에 혼입된 것
- 크레이터 : 용즙 끝단에 항아리 모양으로 오목하게 파인 것
- 피시아이 : 용접작업 시 용착금속 단면에 생기는 작은 은색의 점
- 피트 : 작은 구멍이 용접부 표면에 생긴 것
- 크랙 : 용접 후 급냉되는 경우 생기는 균열
- 언더컷 : 모재가 녹아 용착금속이 채워지지 않고 홈으로 남는 부분
- 오버랩 : 용착금속과 모재가 융합되지 않고 단순히 겹쳐지는 것
- 오버형 : 상향 용접시 용착금속이 아래로 흘러내리는 현상
- 용입불량 : 용입 깊이가 불량하거나 모재와의 융합이 불량한 것

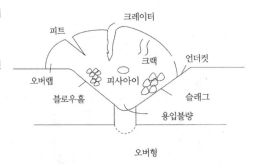

오버형

3 철근콘크리트 기둥의 축방향 주철근이 겹침이음되어 있지 않을 경우, 주철근의 최대 철근비는?

① 1%

② 4%

③ 6%

④ 8%

....

ANSWER 3.④

3 철근콘크리트 기둥의 축방향 주철근이 겹침이음되어 있지 않을 경우, 주철근의 최대 철근비는 8%이다.

※ 철근의 구조제한

㉠ 주철근의 구조제한

구분	띠철근 기둥	나선철근 기둥
단면치수	최소단변 $b \geq 200mm$ $A \geq 60000mm^2$	심부지름 $D \geq 200mm$ $f_{ck} \geq 21MPa$
개수	직사각형 단면: 4개 이상 원형 단면: 4개 이상	6개 이상
간격	40mm이상, 철근 직경의 1.5배 이상 중 큰 값	
철근비	최소철근비 1%, 최대철근비 8% (단, 주철근이 겹침이음되는 경우 철근비는 4% 이하)	

㉡ 띠(나선)철근의 구조제한

구분	띠철근 기둥	나선철근 기둥
지름	주철근 ≤ D32일 때 : D10 이상 주철근 ≥ D35일 때 : D13 이상	10mm 이상
간격	주철근의 16배 이하 띠철근 지름의 48배 이하 기둥 단면의 최소치수 이하 (위의 값 중 최소값)	25mm~75mm
철근비	—	$0.45(\frac{A_g}{A_{ch}}-1)\frac{f_{ck}}{f_{yt}}$ 이상

4 보통중량콘크리트를 사용하고 설계기준항복강도가 400MPa인 철근을 사용할 경우, 처짐을 계산하지 않아도 되는 1방향슬래브(슬래브 길이L)의 최소두께를 지지조건에 따라 나타낸 것으로 옳지 않은 것은? (단, 해당부재는 큰 처짐에 의해 손상되기 쉬운 칸막이벽이나 기타 구조물을 지지 또는 부착하지 않은 부재이다)

① 단순지지 : L/18
② 1단 연속 : L/24
③ 양단 연속 : L/28
④ 캔틸레버 : L/10

5 우리나라 건축물 내진설계기준의 일반사항에 대한 설명으로 옳지 않은 것은?

① 내진성능수준 – 설계지진에 대해 시설물에 요구되는 성능수준, 기능수행수준, 즉시복구수준, 장기복구/인명보호수준과 붕괴방지수준으로 구분

② 변위의존형 감쇠장치 – 하중응답이 주로 장치 양 단부 사이의 상대속도에 의해 결정되는 감쇠장치로서, 추가로 상대변위의 함수에 종속될 수도 있음

③ 성능기반 내진설계 – 엄격한 규정 및 절차에 따라 설계하는 사양기반설계에서 벗어나서 목표로 하는 내진성능수준을 달성할 수 있는 다양한 설계기법의 적용을 허용하는 설계

④ 응답스펙트럼 – 지반운동에 대한 단자유도 시스템의 최대응답을 고유주기 또는 고유진동수의 함수로 표현한 스펙트럼

ANSWER 4.① 5.②

4 단순 지지된 1방향슬래브(슬래브 길이L)의 두께가 L/20이상이면 처짐을 계산하지 않아도 된다.

※ 부재의 처짐과 최소두께 : 처짐을 계산하지 않는 경우의 보 또는 1방향 슬래브의 최소두께는 다음과 같다. (L은 경간의 길이)

부재	최소 두께 또는 높이			
	단순지지	일단연속	양단연속	캔틸레버
1방향 슬래브	L/20	L/24	L/28	L/10
보	L/16	L/18.5	L/21	L/8

• 위의 표의 값은 보통콘크리트($m_c = 2,300kg/m^3$)와 설계기준항복강도 400MPa철근을 사용한 부재에 대한 값이며 다른 조건에 대해서는 그 값을 다음과 같이 수정해야 한다.

• 1500~2000kg/m³범위의 단위질량을 갖는 구조용 경량콘크리트에 대해서는 계산된 h_{min}값에 $(1.65-0.00031 \cdot m_c)$를 곱해야 하나 1.09보다 작지 않아야 한다.

• f_y가 400MPa 이외인 경우에는 계산된 h_{min}값에 $(0.43+\dfrac{f_y}{700})$를 곱해야 한다.

5 변위의존형 감쇠장치 … 하중응답이 주로 장치 양 단부 사이의 상대변위에 의해 결정되는 감쇠장치로서, 근본적으로 장치 양단부의 상대속도와 진동수에는 독립적이다.

6 철근콘크리트 기초판 설계에 대한 설명으로 옳지 않은 것은?

① 조적조 벽체를 지지하는 기초판의 최대 계수휨모멘트를 계산할 때 위험단면은 벽체 중심과 단부 사이의 1/4 지점으로 한다.

② 휨모멘트에 대한 설계 시 1방향 기초판 또는 2방향 정사각형 기초판에서 철근은 기초판 전체 폭에 걸쳐 균등하게 배치하여야 한다.

③ 말뚝기초의 기초판 설계에서 말뚝의 반력은 각 말뚝의 중심에 집중된다고 가정하여 휨모멘트와 전단력을 계산할 수 있다.

④ 기초판 윗면부터 하부철근까지 깊이는 직접기초의 경우는 150mm 이상, 말뚝기초의 경우는 300mm 이상으로 하여야 한다.

7 조적식구조의 재료 및 강도설계법에 대한 설명으로 옳지 않은 것은?

① 시멘트성분을 지닌 재료 또는 첨가제들은 에폭시수지와 그 부가물이나 페놀, 석면섬유 또는 내화점토를 포함할 수 없다.

② 모멘트저항벽체골조의 설계전단강도는 공칭강도에 강도감소계수 0.8을 곱하여 산정한다.

③ 그라우트의 압축강도는 조적개체 강도의 1.3배 이상으로 한다.

④ 보강근의 최소 휨직경은 직경 10mm에서 25mm까지는 보강근의 6배이고, 직경 29mm부터 35mm까지는 8배로 한다.

ANSWER 6.① 7.④

6 조적조 벽체를 지지하는 기초판의 최대 계수휨모멘트를 계산할 때 위험단면은 벽체 중심과 벽체면 사이 거리의 1/2지점으로 한다.

7 보강근의 최소 휨직경은 직경 1mm에서 25mm까지는 보강근의 8배이고, 직경 29mm부터 35mm까지는 6배로 한다.

8 프리스트레스트 콘크리트 부재의 설계에 대한 설명으로 옳지 않은 것은?

① 프리스트레스트 콘크리트 휨부재는 미리 압축을 가한 인장구역에서 계수하중에 의한 인장연단응력의 크기에 따라 비균열등급, 부분균열등급, 완전균열등급으로 구분된다.

② 프리스트레스를 도입할 때의 응력계산 시 균열단면에서 콘크리트는 인장력에 저항할 수 없는 것으로 가정한다.

③ 비균열등급과 부분균열등급 휨부재의 사용하중에 의한 응력은 비균열단면을 사용하여 계산한다.

④ 완전균열단면 휨부재의 사용하중에 의한 응력은 균열환산단면을 사용하여 계산한다.

9 과도한 처짐에 의해 손상되기 쉬운 비구조요소를 지지 또는 부착하지 않은 1방향 바닥구조(내부환경)의 최대 허용처짐 조건으로 옳은 것은?

① 활하중에 의한 순간처짐이 부재길이의 1/180 이하

② 활하중에 의한 순간처짐이 부재길이의 1/360 이하

③ 전체 처짐 중에서 비구조 요소가 부착된 후에 발생하는 처짐부분이 부재길이의 1/480 이하

④ 전체 처짐 중에서 비구조 요소가 부착된 후에 발생하는 처짐부분이 부재길이의 1/240 이하

....

ANSWER 8.① 9.②

8 PSC휨부재의 균열등급 … PSC 휨부재는 균열발생여부에 따라 그 거동이 달라지며 균열의 정도에 따라 세가지 등급으로 구분하고 구분된 등급에 따라 응력 및 사용성을 검토하도록 규정하고 있다.

• 비균열 등급 : $f_t < 0.63\sqrt{f_{ck}}$ 이므로 균열이 발생하지 않는다.

• 부분균열등급 : $0.63\sqrt{f_{ck}} < f_t < 1.0\sqrt{f_{ck}}$ 이므로 사용하중이 작용 시 응력은 총단면으로 계산하되 처짐은 유효단면을 사용하여 계산한다.

• 완전균열등급 : 사용하중 작용 시 단면응력은 균열환산단면을 사용하여 계산하며 처짐은 유효단면을 사용하여 계산한다.

9 문제에 내부환경인지 외부환경인지가 주어지지 않아 오류로 의심되는 문제이다.

※ **최대허용처짐** : 장기처짐 효과를 고려한 전체 처짐의 한계는 다음 값 이하가 되도록 해야 한다.

부재의 종류	고려해야 할 처짐	처짐한계
과도한 처짐에 의해 손상되기 쉬운 비구조 요소를 지지 또는 부착하지 않은 평지붕구조(외부환경)	활하중 L에 의한 순간처짐	L / 180
과도한 처짐에 의해 손상되기 쉬운 비구조 요소를 지지 또는 부착하지 않은 바닥구조(내부환경)	활하중 L에 의한 순간처짐	L / 360
과도한 처짐에 의해 손상되기 쉬운 비구조 요소를 지지 또는 부착한 지붕 또는 바닥구조	전체 처짐 중에서 비구조 요소가 부착된 후에 발생하는 처짐부분(모든 지속하중에 의한 장기처짐과 추가적인 활하중에 의한 순간처짐의 합)	L / 480
과도한 처짐에 의해 손상될 우려가 없는 비구조 요소를 지지 또는 부착한 지붕 또는 바닥구조		L / 240

10 비구조요소의 내진설계에 대한 설명으로 옳지 않은 것은?

① 파라펫, 건물외부의 치장 벽돌 및 외부치장마감석재는 내진설계가 수행되어야 한다.

② 비구조요소의 내진설계는 구조체의 내진설계와 분리하여 수행할 수 없다.

③ 건축비구조요소는 캔틸레버 형식의 구조요소에서 발생하는 지점회전에 의한 수직방향 변위를 고려하여 설계되어야 한다.

④ 설계하중에 의한 비구조요소의 횡방향 혹은 면외방향의 휨이나 변형이 비구조요소의 변형한계를 초과하지 않아야 한다.

11 목구조에 사용되는 구조용 합판의 품질기준으로 옳지 않은 것은?

① 접착성으로 내수 인장 전단 접착력이 0.7MPa 이상인 것

② 함수율이 13% 이하인 것

③ 못접합부의 최대 전단내력의 40%에 해당하는 값이 700N 이상인 것

④ 못접합부의 최대 못뽑기 강도가 60N 이상인 것

ANSWER 10.② 11.④

10 비구조요소의 내진설계는 구조체의 내진설계와 분리하여 수행할 수 있다.

11 못접합부의 최대 못뽑기 강도가 90N 이상인 것이어야 한다.

12 용접H형강(H − 500 × 200 × 10 × 16) 보 웨브의 판폭두께비는?

① 42.0

② 46.8

③ 54.8

④ 56.0

....

ANSWER 12.②

12 H형 단면의 경우 판폭두께비

• 플랜지의 판폭두께비 $\lambda = \dfrac{b}{t_f}$

• 웨브의 판폭두께비 $\lambda = \dfrac{h}{t_w}$

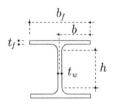 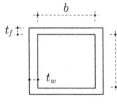 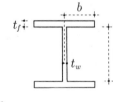

(a) 압연형강   (ⓑ) 조립형강

$$\lambda = \frac{h}{t_w} = \frac{H - 2 \cdot t_f}{10} = \frac{500 - 2 \cdot 16}{10} = 46.8$$

H형강 규격표시 $H - H \times B \times t_1 \times t_2$	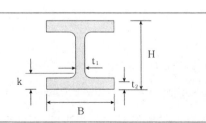

13 말뚝재료의 허용응력에 대한 설명으로 옳지 않은 것은?

① 기성콘크리트말뚝의 허용압축응력은 콘크리트설계기준강도의 최대 1/4까지를 말뚝재료의 허용압축응력으로 한다.

② 기성콘크리트말뚝에 사용하는 콘크리트의 설계기준강도는 30MPa 이상으로 하고, 허용지지력은 말뚝의 최소단면에 대하여 구하는 것으로 한다.

③ 현장타설콘크리트말뚝의 최대 허용압축하중은 각 구성요소의 재료에 해당하는 허용압축응력을 각 구성요소의 유효단면적에 곱한 각 요소의 허용압축하중을 합한 값으로 한다.

④ 강재말뚝의 허용압축력은 일반의 경우 부식부분을 제외한 단면에 대해 재료의 항복응력과 국부좌굴응력을 고려하여 결정한다.

14 강구조 내화설계에 대한 용어의 설명으로 옳지 않은 것은?

① 내화강 – 크롬, 몰리브덴 등의 원소를 첨가한 것으로서 600°C의 고온에서도 항복점이 상온의 2/3 이상 성능이 유지되는 강재

② 설계화재 – 건축물에 실제로 발생하는 내화설계의 대상이 되는 화재의 크기

③ 구조적합시간 – 합리적이고 공학적인 해석방법에 의하여 화재발생으로부터 건축물의 주요 구조부가 단속 및 연속적인 붕괴에 도달하는 시간

④ 사양적 내화설계 – 건축물에 실제로 발생되는 화재를 대상으로 합리적이고 공학적인 해석방법을 사용하여 화재크기, 부재의 온도상승, 고온환경에서 부재의 내력 및 변형 등을 예측하여 건축물의 내화성능을 평가하는 내화설계방법

ANSWER 13.② 14.④

13 기성콘크리트말뚝에 사용하는 콘크리트의 설계기준강도는 35MPa 이상으로 하고, 허용지지력은 말뚝의 최소단면에 대하여 구하는 것으로 한다.

14 사양적 내화설계 … 건축법규에 명시된 사양적 규정에 의거하여 건축물의 용도, 구조, 층수, 규모에 따라 요구내화시간 및 부재의 선정이 이루어지는 내화설계방법

15 그림과 같은 두 단순지지보에서 중앙부 처짐량이 동일할 때, P_2/P_1의 값은? (단, 보의 자중은 무시하고, 재질과 단면의 성질은 동일하며, 하중 P_1과 P_2는 보의 중앙에 작용한다)

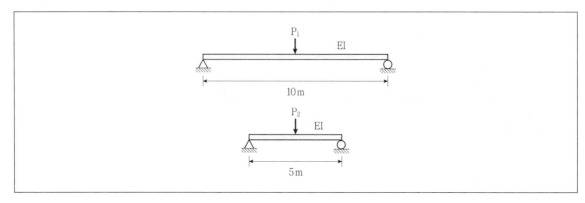

① 2   ② 4

③ 6   ④ 8

16 그림과 같이 단순지지보에 삼각형 분포하중이 작용 시, 지점 A로부터 최대 휨모멘트가 발생하는 점과의 거리는? (단, 보의 자중은 무시한다)

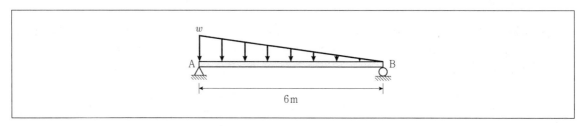

① $2\sqrt{3}\,\mathrm{m}$ ② $3\sqrt{2}\,\mathrm{m}$

③ $6-2\sqrt{3}\,\mathrm{m}$ ④ $6-3\sqrt{2}\,\mathrm{m}$

ANSWER 15.④ 16.③

15 단순보 중앙에 집중하중이 작용할 때 중앙부의 처짐량은 $\delta = \dfrac{PL^3}{48EI}$이므로 동일하중이 작용한다고 가정할 때 길이가 2배가 되면 처짐은 8배가 된다. 따라서 P_1은 P_2의 8배가 되어야만 처짐이 같아진다.

16 등변분포하중의 경우 최대휨모멘트 발생위치 및 크기는 공식을 암기하여 풀어야 한다.

B점으로부터 $\dfrac{L}{\sqrt{3}}$ 만큼 떨어진 곳에서 최대휨모멘트가 발생하고, 크기는 $M_{max} = \dfrac{wL^2}{9\sqrt{3}} = \dfrac{w \cdot 6^2 \cdot \sqrt{3}}{9 \cdot 3} = \dfrac{4\sqrt{3}\,w}{3}$

따라서 A점으로부터 $6-2\sqrt{3}$ 지점에서 최대휨모멘트가 발생하게 된다.

17 강구조 모멘트골조의 내진설계기준에 대한 설명으로 옳은 것은?

① 특수모멘트골조의 접합부는 최소 0.03rad의 층간변위각을 발휘할 수 있어야 한다.

② 특수모멘트골조의 경우, 기둥외주면에서 접합부의 계측휨강도는 0.04rad의 층간변위에서 적어도 보 공칭소성모멘트의 70% 이상을 유지해야 한다.

③ 중간모멘트골조의 접합부는 최소 0.02rad의 층간변위각을 발휘할 수 있어야 한다.

④ 보통모멘트골조의 반응수정계수는 3이다.

18 그림과 같은 캔틸레버형 구조물의 부재 AB에서 지점 A로부터 휨모멘트가 0이 되는 점과의 거리는? (단, 부재의 자중은 무시한다)

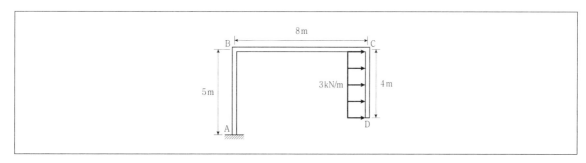

① 1m

② 2m

③ 3m

④ 5m

17 모멘트골조 … 부재와 접합부가 휨모멘트, 전단력, 축력에 저항하는 골조. 다음과 같이 분류함

- **보통모멘트골조** : 설계지진력이 작용할 때, 부재와 접합부가 최소한의 비탄성변형을 수용할 수 있는 골조로서 보−기둥접합부는 용접이나 고력볼트를 사용해야 한다.
- **중간모멘트골조(IMRCF)** : 보−기둥 접합부가 최소 0.02rad의 층간변위각을 발휘할 수 있어야 하며 이 때 휨강도가 소성모멘트의 80% 이상 유지되어야 한다.
- **특수모멘트골조(SMRCF)** : 보−기둥 접합부가 최소 0.04rad의 층간변위각을 발휘할 수 있어야 하며 이 때 휨강도가 소성모멘트의 80% 이상 유지되어야 한다.

18 C점에서의 휨모멘트는 $M_C = 3 \cdot 4 \cdot \dfrac{4}{2} = 24 [\text{kNm}]$

A점에서의 반력은 $H_A = -3 \cdot 4 = -12 [\text{kN}]$

A점의 휨모멘트는 $M_A = 3 \cdot 4 \cdot (1+2) = 36 [\text{kNm}]$

A점으로부터 x만큼 떨어진 곳의 휨모멘트는 $M_x = 36 - 12 \cdot x$ 이므로 이를 만족하는 x는 3m가 된다.

19 그림과 같은 길이가 L인 압축재가 부재의 중앙에서 횡방향지지되어 있을 경우, 이 부재의 면내방향 탄성좌굴하중(P_{cr})은? (단, 부재의 자중은 무시하고, 면외방향좌굴은 발생하지 않는다고 가정하며, 부재단면의 휨강성은 EI이다)

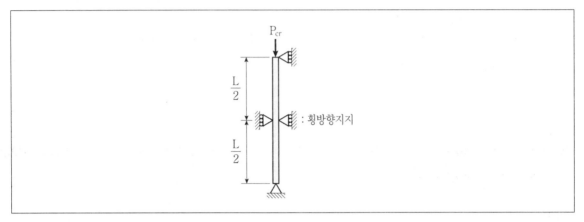

① $\dfrac{\pi^2 EI}{L^2}$

② $2\dfrac{\pi^2 EI}{L^2}$

③ $4\dfrac{\pi^2 EI}{L^2}$

④ $8\dfrac{\pi^2 EI}{L^2}$

ANSWER 19.③

19 그림에서 주어진 부재는 양단힌지이며 길이는 0.5L인 부재로 간주할 수 있으므로 부재의 면내방향 탄성좌굴하중(P_{cr})은

$$P_{cr} = \frac{\pi^2 EI}{(K \cdot 부재길이)^2} = \frac{\pi^2 EI}{(1.0 \cdot 0.5L)^2} = 4\frac{\pi^2 EI}{L^2}$$ (양단힌지이므로 좌굴길이계수 K는 1.0이다.)

20 콘크리트 구조의 설계원칙과 기준에 대한 설명으로 옳지 않은 것은?

① 용접 이형철망을 제외한 전단철근의 설계기준항복강도는 500MPa을 초과할 수 없다.

② 철근콘크리트 부재축에 직각으로 배치된 전단철근의 간격은 600mm를 초과할 수 없다.

③ 콘크리트 구조물의 탄산화 내구성 평가에서 탄산화에 대한 허용 성능저하 한도는 탄산화 침투깊이가 철근의 깊이까지 도달한 상태를 탄산화에 대한 허용 성능저하 한계상태로 정한다.

④ 크리프 계산에 사용되는 콘크리트의 초기접선탄성계수는 할선탄성계수의 0.9배로 한다.

ANSWER 20.④

20 크리프 계산에 사용되는 콘크리트의 할선탄성계수는 초기접선탄성계수의 0.85배이다.

※ 응력 – 변형도 곡선에서 콘크리트의 탄성계수에 대한 정의
- 초기접선탄성계수(Initial Modulus) : 원점에서 그은 접선의 기울기, 초기 선형상태의 기울기
- 접선탄성계수(Tangent Modulus) : 임의의 점에서 그은 접선의 기울기(위치에 따라 기울기가 달라짐)
- 할선탄성계수(Secant Modulus) : 원점 0.5fck 또는 0.25fck에 대한 점을 연결한 기울기이다.
- 국내에서는 할선탄성계수를 콘크리트의 탄성계수 Ec로 한다.

1 얇은 평면 슬래브를 굽혀 긴 경간을 지지할 수 있도록 만든 구조는?

① 현수 구조   ② 트러스 구조

③ 튜브 구조   ④ 절판 구조

2 다음은 조적조 아치를 설명한 것이다. ㈎에 들어갈 용어는?

> 아치는 개구부 상부에 작용하는 하중을 아치의 축선을 따라 좌우로 나누어 전달되게 한 것으로, 아치를 이루는 부재 내에는 주로   ㈎   이/가 작용하도록 한다.

① 휨모멘트

② 전단력

③ 압축력

④ 인장력

ANSWER 1.④ 2.③

1 ④ **절판구조** : 얇은 평면 슬래브를 굽혀 긴 경간을 지지할 수 있도록 만든 구조이다.
　 ① **현수구조** : 모든 하중을 인장력으로 전환하여 힘과 좌굴로 인한 불안정성과 허용 응력을 감소시켜 케이블로 지지하는 구조 양식이다.
　 ② **트러스구조** : 여러 개의 직선 부재들을 한 개 또는 그 이상의 삼각형 형태로 배열하여 각 부재를 절점에서 연결해 구성한 뼈대 구조이다.
　 ③ **튜브구조** : 간격이 좁게 배열된 기둥과 보가 마치 튜브와 같이 건물의. 외부를 둘러싸서 횡하중에 저항하는 시스템이다.

2 아치는 개구부 상부에 작용하는 하중을 아치의 축선을 따라 좌우로 나누어 전달되게 한 것으로, 아치를 이루는 부재 내에는 주로 압축력이 작용하도록 한다.

3 다음에서 설명하는 목구조 부재는?

> 상부의 하중을 받아 기초에 전달하며 기둥 하부를 고정하여 일체화하고, 수평방향의 외력으로 인해 건물의 하부가 벌어지지 않도록 하는 수평재이다.

① 토대
② 깔도리
③ 버팀대
④ 귀잡이

4 특수환경에 노출되지 않고 프리스트레스하지 않는 부재에 대한 현장치기콘크리트의 최소 피복두께로 옳지 않은 것은?

① D19 이상의 철근을 사용한 옥외의 공기에 직접 노출되는 콘크리트의 경우 : 50mm
② D35 이하의 철근을 사용한 옥외의 공기나 흙에 직접 접하지 않는 콘크리트 벽체의 경우 : 20mm
③ 흙에 접하여 콘크리트를 친 후 영구히 흙에 묻혀 있는 콘크리트의 경우 : 60mm
④ 콘크리트 설계기준압축강도가 30MPa인 옥외의 공기나 흙에 직접 접하지 않는 콘크리트 기둥의 경우 : 40mm

---

ANSWER 3.① 4.③

3 ① 토대 : 상부의 하중을 받아 기초에 전달하며 기둥 하부를 고정하여 일체화하고, 수평방향의 외력으로 인해 건물의 하부가 벌어지지 않도록 하는 수평재이다.
② 깔도리 : 벽 또는 기둥 위에 건너 대어 지붕보를 받치는 도리이다.
③ 버팀대 : 가새를 댈 수 없을 때 기둥과 보의 모서리에 짧게 수직으로 비스듬히 댄 부재이다.
④ 귀잡이 : 건물의 꺾인 모서리 부분에 고정하여 건물의 변형을 방지하는 수평가새역할을 하는 부재로서 버팀대가 수직으로 빗댄 것이라면 귀잡이는 수평으로 빗댄 것이다.

4 흙에 접하여 콘크리트를 친 후 영구히 흙에 묻혀 있는 콘크리트의 경우 : 80mm
특수환경에 노출되지 않고 프리스트레스하지 않는 부재에 대한 현장치기콘크리트의 최소 피복두께는 다음의 표와 같다.

종류			피복두께
수중에서 타설하는 콘크리트			100mm
흙에 접하여 콘크리트를 친 후 영구히 흙에 묻혀있는 콘크리트			80mm
흙에 접하거나 옥외의 공기에 직접 노출되는 콘크리트	D29이상의 철근		60mm
	D25이하의 철근		50mm
	D16이하의 철근		40mm
옥외의 공기나 흙에 직접 접하지 않는 콘크리트	슬래브, 벽체, 장선	D35초과철근	40mm
		D35이하철근	20mm
	보, 기둥		40mm
	쉘, 절판부재		20mm

5 그림과 같은 강구조 용접이음 표기에서 S는?

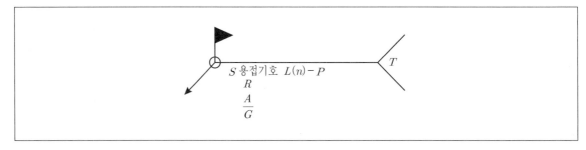

① 개선각

② 용접간격

③ 용접사이즈

④ 용접부처리방법

6 그림과 같이 삼각형의 등변분포하중을 받는 두 캔틸레버보의 고정단에서 발생되는 모멘트 반력 M_A와 M_B의 비($M_A : M_B$)는? (단, 보의 자중은 무시한다)

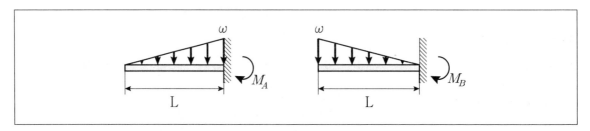

① 1 : 2

② 1 : 3

③ 2 : 1

④ 3 : 1

5 용접기호 표기에서 S는 용접사이즈를 의미한다.

※ 용접 기호

		모살용접		그로브(형, 개선(용접					전용접 (Plug & Solt)	현장 용접	전주 공장 용접	민 (Flush)	전주 현장 용접
오목 용접	비드 용접	연속	단속	I 형 (Square)	V형 X형	V형 K형 (Beval)	U형 X형	J형, 양면 J형					
⌣	⌒	◺	◹	‖	V	V	Y	Y	⏢	●	○	—	◎

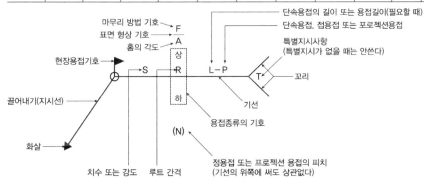

(a) 용접하는 쪽이 화살표가 있는 반대쪽(배면 측)일 때

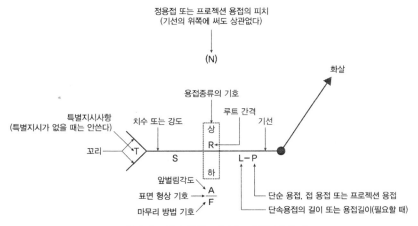

(b) 용접하는 쪽이 화살표가 있는 쪽(앞 측)일 때

6 $M_A = \dfrac{wL}{2} \cdot \dfrac{1}{3} = \dfrac{wL}{6}$, $M_B = \dfrac{wL}{2} \cdot \dfrac{2}{3} = \dfrac{wL}{3}$ 이므로 $M_A : M_B = 1:2$가 된다.

7 수직하중은 보, 슬래브, 기둥으로 구성된 골조가 저항하고 지진하중은 전단벽이나 가새골조 등이 저항하는 지진력저항시스템은?

① 역추형 시스템
② 내력벽시스템
③ 건물골조시스템
④ 모멘트저항골조시스템

8 그림과 같은 철근콘크리트 직사각형 기초판에서 2방향 전단에 대한 위험단면의 면적은? (단, c_1, c_2는 기둥의 치수, d는 기초판의 유효깊이, D는 기초판의 전체 춤이다)

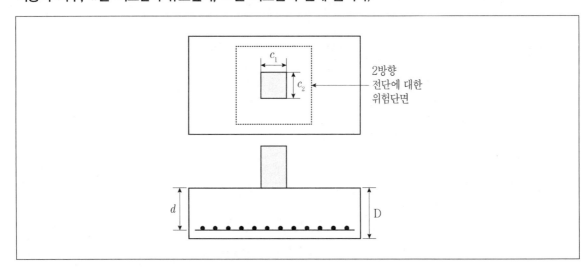

① $2 \times [(c_1 + 2d) + (c_2 + 2d)] \times d$
② $2 \times [(c_1 + d) + (c_2 + d)] \times d$
③ $2 \times [(c_1 + 2d) + (c_2 + 2d)] \times D$
④ $2 \times [(c_1 + d) + (c_2 + d)] \times D$

ANSWER 7.③ 8.②

7 ③ 건물골조시스템 : 수직하중은 보, 슬래브, 기둥으로 구성된 골조가 저항하고 지진하중은 전단벽이나 가새골조 등이 저항하는 지진력저항시스템
① 역추형시스템 : 구조물의 상부쪽의 형태가 크거나 무게가 무겁고 아래쪽이 작은 형태로 된 구조
② 내력벽시스템 : 구조체가 벽체와 슬래브로만 구성된 벽식 아파트와 같은 구조방식을 말하며, 여기서 슬래브와 벽체는 수직하중과 횡력에 저항한다.
④ 모멘트저항골조시스템 : 가새 없이 보-기둥의 연결부분의 강성으로 구조물의 횡강도를 이끌어내는 구조시스템

8 제시된 그림에서 위험단면의 면적은 $2 \times [(c_1 + d) + (c_2 + d)] \times d$이다.

9 막과 케이블 구조에 대한 설명으로 옳지 않은 것은?

① 구조내력상 주요한 부분에 사용하는 막재의 파단신율은 35% 이하이어야 한다.

② 케이블 재료의 단기허용인장력은 장기허용인장력에 1.5를 곱한 값으로 한다.

③ 인열강도는 재료가 접힘 또는 굽힘을 받은 후 견딜 수 있는 최대 인장응력이다.

④ 구조내력상 주요한 부분에 사용하는 막재의 인장강도는 폭 1cm당 300N 이상이어야 한다.

10 강구조 접합에 대한 설명으로 옳지 않은 것은?

① 일반볼트는 영구적인 구조물에는 사용하지 못하고 가체결용으로만 사용한다.

② 완전용입된 그루브용접의 유효목두께는 접합판 중 얇은 쪽 판두께로 한다.

③ 필릿용접의 유효길이는 필릿용접의 총길이에서 2배의 필릿사이즈를 공제한 값으로 하여야 한다.

④ 마찰접합되는 고장력볼트는 너트회전법, 토크관리법, 토크쉬어볼트 등을 사용하여 설계볼트장력 이하로 조여야 한다.

11 철근콘크리트구조의 성립요인에 대한 설명으로 옳지 않은 것은?

① 콘크리트와 철근은 역학적 성질이 매우 유사하다.

② 철근과 콘크리트의 열팽창계수가 거의 같다.

③ 콘크리트가 강알칼리성을 띠고 있어 콘크리트 속에 매립된 철근의 부식을 방지한다.

④ 철근과 콘크리트 사이의 부착강도가 크므로 두 재료가 일체화되어 외력에 대해 저항한다.

ANSWER 9.② 10.④ 11.①

9 케이블 재료의 단기허용인장력은 장기허용인장력에 1.33을 곱한 값으로 한다. 케이블 구조의 설계 형상은 고정하중에 대해 각 케이블이 목표로 하는 장력(초기장력)상태에서 평형이 되도록 설정한다.

10 마찰접합되는 고장력 볼트는 너트회전법, 직접인장측정법, 토크관리법 등을 사용하여 규정된 설계볼트장력 이상으로 조여야 한다.

11 콘크리트와 철근은 역학적 성질(탄성계수, 강도 등)이 다르다.

12 직경 D인 원형 단면을 갖는 철근콘크리트 기둥이 중심축하중을 받는 경우 최대 설계축강도($\phi P_{n(\max)}$)는? (단, 종방향 철근의 전체단면적은 A_{st}, 콘크리트의 설계기준 압축강도는 f_{ck}, 철근의 설계기준 항복강도는 f_y이고, 나선철근을 갖고 있는 프리스트레스를 가하지 않은 기둥이다)

① $\phi P_{n(\max)} = 0.8\phi \left[0.85 f_{ck}(\pi D^2/4 + A_{st}) + f_y A_{st} \right]$

② $\phi P_{n(\max)} = 0.85\phi \left[0.85 f_{ck}(\pi D^2/4 + A_{st}) + f_y A_{st} \right]$

③ $\phi P_{n(\max)} = 0.8\phi \left[0.85 f_{ck}(\pi D^2/4 - A_{st}) + f_y A_{st} \right]$

④ $\phi P_{n(\max)} = 0.85\phi \left[0.85 f_{ck}(\pi D^2/4 - A_{st}) + f_y A_{st} \right]$

13 다음에서 설명하는 흙막이 공법은?

> 중앙부를 먼저 굴삭하여 그 부분의 지하층 구조체를 먼저 시공하고, 이 구조체를 버팀대의 반력지지체로 이용하여 흙막이벽에 버팀대를 가설한다. 이후 주변부의 흙을 굴착하고 중앙부의 기초구조체를 연결하여 기초구조물을 완성시킨다.

① 오픈 컷(Open cut) 공법

② 아일랜드 컷(Island cut) 공법

③ 트렌치 컷(Trench cut) 공법

④ 어스 앵커(Earth anchor) 공법

ANSWER 12.④ 13.②

12 직경 D인 원형 단면을 갖는 철근콘크리트 기둥이 중심축하중을 받는 경우 최대 설계축강도($\phi P_{n(\max)}$) 산정식은 $\phi P_{n(\max)} = 0.85\phi \left[0.85 f_{ck}(\pi D^2/4 - A_{st}) + f_y A_{st} \right]$이다.

13 ② 아일랜드 컷(Island cut) 공법 : 중앙부를 먼저 굴삭하여 그 부분의 지하층 구조체를 먼저 시공하고, 이 구조체를 버팀대의 반력지지체로 이용하여 흙막이벽에 버팀대를 가설한다. 이후 주변부의 흙을 굴착하고 중앙부의 기초구조체를 연결하여 기초구조물을 완성시킨다.
　① 오픈 컷(Open cut) 공법 : 굴착부지의 여유가 있는 경우 흙막이벽체와 지보공 없이 안정한 사면을 유지하며 굴착하는 공법
　③ 트렌치 컷(Trench cut) 공법 : 아일랜드컷공법과 역순으로 공사한다. 주변부를 선굴착한 후 기초를 구축하여 중앙부를 굴착한 후 기초구조물을 완성하는 공법이다.
　④ 어스 앵커(Earth anchor) 공법 : 흙막이벽의 배면 흙속에 고강도 강재를 사용하여 보링 공내에 모르타르재와 함께 시공하는 공법이다.

14 기초형식 선정 시 고려사항에 대한 설명으로 옳지 않은 것은?

① 기초는 상부구조의 규모, 형상, 구조, 강성 등을 함께 고려하여 선정해야 한다.

② 기초형식 선정 시 부지 주변에 미치는 영향을 충분히 고려하여야 한다.

③ 기초는 대지의 상황 및 지반의 조건에 적합하며, 유해한 장해가 생기지 않아야 한다.

④ 동일 구조물의 기초에서는 가능한 한 이종형식기초를 병용하여 사용하는 것이 바람직하다.

15 강구조의 특징에 대한 설명으로 옳은 것은?

① 고열과 부식에 강하다.

② 단위면적당 강도가 크다.

③ 재료가 불균질하다.

④ 단면에 비해 부재길이가 길고 두께가 얇아 좌굴의 영향이 작다.

ANSWER 14.④ 15.②

14 동일 구조물의 기초에서는 가능한 동일한 기초형식을 적용하는 것이 바람직하다.

15 강구조는 재료가 균질하나 고열과 부식에 취약하며 단면에 비해 부재길이가 길고 두께가 얇아 좌굴에 취약하다.

※ 강구조의 특징

• 단위중량에 비해 고강도이므로 구조체의 경량화 및 고층구조, 장경간 구조에 적합하다.

• 강재는 인성이 커서 상당한 변위에도 견딜 수 있고 소성변형능력인 연성이 매우 우수한 재료이다.

• 세장한 부재가 가능 : 인장응력과 압축응력이 거의 같아서 세장한 구조부재가 가능하며 압축강도가 콘크리트의 약 10~20배로 커서 단면이 상대적으로 작아도 된다.

• 재료의 균질성, 시공의 편이성, 증축 및 개축의 보수가 용이하다.

• 해체가 용이하며 재사용이 가능하고 환경친화적이며 하이테크적인 건축재료이다.

• 열에 의한 강도저하가 크므로 질석 spray, 콘크리트 또는 내화 페인트와 같은 내화피복이 필요하다.

• 단면에 비해 부재가 세장하여 좌굴하기 쉽다.

• 응력반복에 의한 강도저하가 심하다.

• 처짐 및 진동을 신중하게 고려해야 한다.

• 정기적 도장에 의한 관리비가 증대될 수 있다.

16 매입형 합성단면이 아닌 합성보의 정모멘트 구간에서, 강재보와 슬래브면 사이의 총수평전단력 산정 시 고려해야 하는 한계상태가 아닌 것은?

① 콘크리트의 압괴   ② 강재앵커의 강도

③ 슬래브철근의 항복   ④ 강재단면의 인장항복

17 그림과 같은 중공 박스형 단면의 도심축 x 및 y에 대한 단면2차모멘트 I_x와 I_y의 비($I_x : I_y$)는?

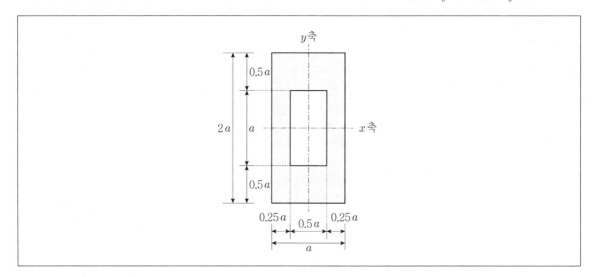

① 2 : 1   ② 3 : 1

③ 4 : 1   ④ 5 : 1

ANSWER 16.③ 17.③

16 매입형 합성단면이 아닌 합성보의 정모멘트 구간에서, 강재보와 슬래브면 사이의 총수평전단력 산정 시 고려해야 하는 한계상태는 콘크리트의 압괴, 강재단면의 인장항복, 강재전단연결재의 강도 등 3가지 한계상태로부터 구한 값 중에서 가장 작은 값을 총수평전단력으로 한다.

17
$$I_{x-x} = \frac{a \cdot (2a)^3}{12} - \frac{0.5a \cdot a^3}{12} = \frac{8a^4 - 0.5a^4}{12} = \frac{7.5a^4}{12}$$

$$I_{y-y} = \frac{2a \cdot a^3}{12} - \frac{a \cdot (0.5a)^3}{12} = \frac{2a^4 - 0.125a^4}{12} = \frac{1.875a^4}{12}$$

따라서 $I_x : I_y$=4:1이 된다.

18 그림과 같은 구조물의 판별로 옳은 것은?

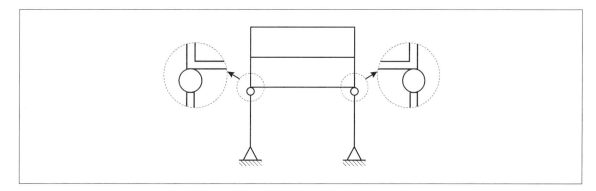

① 불안정
② 1차 부정정
③ 3차 부정정
④ 4차 부정정

19 철근콘크리트구조의 용어에 대한 설명으로 옳지 않은 것은?

① 인장철근비는 콘크리트의 전체 단면적에 대한 인장철근 단면적의 비이다.
② 설계강도는 단면 또는 부재의 공칭강도에 강도감소계수를 곱한 강도이다.
③ 계수하중은 사용하중에 설계법에서 요구하는 하중계수를 곱한 하중이다.
④ 균형변형률 상태는 인장철근이 설계기준항복강도 f_y에 대응하는 변형률에 도달하고, 동시에 압축 콘크리트가 가정된 극한변형률에 도달할 때의 단면상태를 말한다.

ANSWER 18.① 19.①

18 구조물 판별식을 적용할 필요없이 직관적으로 불안정 구조물임을 알 수 있다.

19 인장철근비는 인장 철근의 단면적의 합을 보의 유효 단면적 또는 기둥의 전단면적으로 나눈 값이다.

20 성능기반설계에 대한 설명으로 옳지 않은 것은?

① 2400년 재현주기 지진에 대한 내진특등급 건축물의 최소 성능목표는 인명보호 수준이어야 한다.

② 구조체 설계에 사용되는 밑면전단력의 크기는 등가정적해석법에 의한 밑면전단력의 75% 이상이어야 한다.

③ 성능기반설계법을 사용하여 설계할 때는 그 절차와 근거를 명확히 제시해야 하며, 전반적인 설계과정 및 결과는 설계자를 제외한 1인 이상의 내진공학 전문가로부터 타당성을 검증받아야 한다.

④ 성능기반설계법은 비선형해석법을 사용하여 구조물의 초과강도와 비탄성변형능력을 보다 정밀하게 구조모델링에 고려하여 구조물이 주어진 목표성능수준을 정확하게 달성하도록 설계하는 기법이다.

20 성능기반설계법을 사용하여 설계할 때는 그 절차와 근거를 명확히 제시해야 하며, 전반적인 설계과정 및 결과는 설계자를 제외한 2인 이상의 내진공학 전문가로부터 타당성을 검증받아야 한다.

※ **성능기반설계법** … 비선형해석법을 사용하여 구조물의 초과강도와 비탄성변형능력을 보다 정밀하게 구조모델링에 고려하여 구조물이 주어진 목표성능수준을 정확하게 달성하도록 설계하는 기법이다.

• 구조체 설계에 사용되는 밑면전단력의 크기는 등가정적해석법에 의한 밑면전단력의 75 % 이상이어야 한다.

• 성능기반설계법을 사용하여 설계할 때는 그 절차와 근거를 명확히 제시해야 하며, 전반적인 설계과정 및 결과는 설계자를 제외한 2인 이상의 내진공학 전문가로부터 타당성을 검증받아야 한다.

내진등급	성능목표	
	재현주기	성능수준
특	2400년	인명보호
	1000년	기능수행
Ⅰ	2400년	붕괴방지
	1400년	인명보호
	100년	기능수행
Ⅱ	2400년	붕괴방지
	1000년	인명보호
	50년	기능수행

1 〈보기〉와 같이 트러스의 네 절점에 하중이 작용할 때, A부재와 B부재에 발생하는 부재력의 종류를 옳게 짝지은 것은? (단, 자중의 효과는 무시한다.)

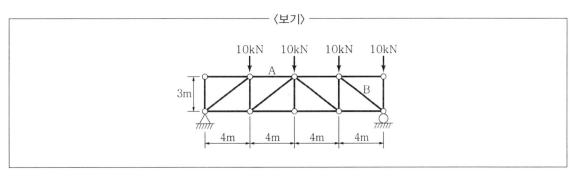

	A	B
①	압축력	압축력
②	압축력	인장력
③	인장력	압축력
④	인장력	인장력

ANSWER 1.①

1 양쪽 지점의 반력을 구하면 좌측지점은 15[kN], 우측지점은 25[kN]의 반력이 발생하게 된다. 트러스부재를 단면법을 이용하여 부재력을 계산하면 A는 −20[kN] B는 −9[kN]으로서 모두 압축력이 발생하게 된다.

2 철근콘크리트부재의 전단설계에서 계수전단력이 콘크리트에 의한 설계전단강도의 1/2을 초과하는 휨부재에는 최소전단철근을 배치해야 한다. 〈보기〉에서 이 규정의 예외인 경우로 옳은 것만을 모두 고른 것은?

┌─────────────────────── 〈보기〉 ───────────────────────┐
│ ㉠ 교대 벽체 및 날개벽   ㉡ 옹벽의 벽체   │
│ ㉢ 슬래브와 기초판   ㉣ 암거   │
└───┘

① ㉠, ㉡

② ㉢, ㉣

③ ㉠ ,㉡ ,㉢

④ ㉠ ,㉡ ,㉢ ,㉣

3 상부 콘크리트 내력벽구조와 하부 필로티 기둥으로 구성된 3층 이상의 수직비정형 골조의 내진설계에 있어 가장 옳지 않은 것은?

① 하부에 필로티 기둥, 상부구조에 내력벽구조가 사용되는 경우, 필로티 기둥과 내력벽이 연결되는 층바닥에서는 필로티 기둥과 내력벽을 연결하는 전이슬래브 또는 전이보를 설치하여야 한다.

② 필로티 기둥의 횡보강근에는 90도 갈고리정착을 사용하는 내진상세를 사용하여야 한다.

③ 필로티 기둥에서는 전 길이에 걸쳐서 후프와 크로스 타이로 구성되는 횡보강근의 수직 간격이 단면최소폭의 1/4 이하여야 한다.

④ 지진하중계산 시에 반응수정계수 등의 지진력저항 시스템의 내진설계계수는 내력벽구조에 해당하는 값을 사용한다.

ANSWER 2.④ 3.②

2 철근콘크리트부재의 전단설계에서 계수전단력이 콘크리트에 의한 설계전단강도의 1/2을 초과하는 휨부재에는 최소전단철근을 배치해야하나 다음의 경우는 예외로 한다.
- 슬래브와 기초판(또는 확대기초)
- 콘크리트 장선구조
- 전체깊이가 250mm이하인 보
- I형보와 T형보에서 그 깊이가 플랜지 두께의 2.5배와 복부폭 1/2 중 큰값 이하인 보
- 교대 벽체 및 날개벽, 옹벽의 벽체, 암거 등과 같이 휨이 주거동인 판 부재

3 필로티 기둥의 횡보강근에는 135도 갈고리정착을 사용하는 내진상세를 사용하여야 한다.

4 조적식 구조의 경험적 설계법에 대한 설명으로 가장 옳지 않은 것은?

① 조적벽이 횡력에 저항하는 경우에는 전체높이가 13m, 처마높이가 9m 이하이어야 경험적 설계법을 적용할 수 있다.

② 2층 이상의 건물에서 조적내력벽의 공칭두께는 200mm 이상이어야 한다.

③ 파라펫 벽의 두께는 200mm 이상이어야 하고, 하부벽체보다 얇아야 한다.

④ 현장타설 콘크리트 바닥판의 경우, 조적전단벽간 최대간격은 전단벽길이의 5배를 초과할 수 없다.

5 〈보기〉와 같은 내민보에 경사의 등분포하중이 작용할 때, A지점의 전단력[kN]과 휨모멘트[kN · m]의 크기(절댓값)는? (단, 자중의 효과는 무시한다.)

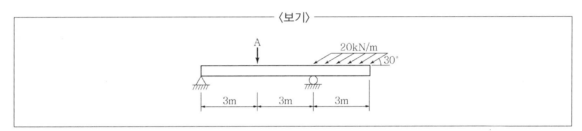

	전단력	휨모멘트			전단력	휨모멘트
①	7.5	22.5		②	7.5	45
③	$\dfrac{15\sqrt{3}}{2}$	$\dfrac{45\sqrt{3}}{2}$		④	$\dfrac{15\sqrt{3}}{2}$	$45\sqrt{3}$

ANSWER 4.③ 5.①

4 파라펫 벽의 두께는 150mm 이상이어야 하고, 하부벽체보다 얇지 않아야 한다.

5 문제에서 주어진 하중작용조건은 다음과 같이 집중하중으로 치환하여 각 지점의 반력을 구할 수 있다.

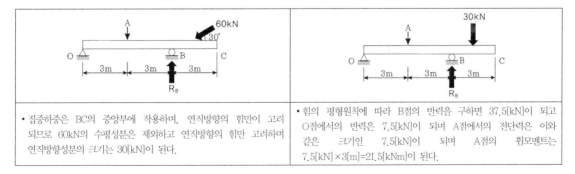

• 집중하중은 BC의 중앙부에 작용하며, 연직방향의 힘만이 고려되므로 60kN의 수평성분은 제외하고 연직방향의 힘만 고려하며 연직방향성분의 크기는 30[kN]이 된다.	• 힘의 평형원칙에 따라 B점의 반력을 구하면 37.5[kN]이 되고 O점에서의 반력은 7.5[kN]이 되며 A점에서의 전단력은 이와 같은 크기인 7.5[kN]이 되며 A점의 휨모멘트는 7.5[kN]×3[m]=21.5[kNm]이 된다.

6 철골구조에서 고장력볼트에 대한 설명으로 가장 옳지 않은 것은?

① 고장력볼트의 구멍중심간의 거리는 공칭직경의 2.5배 이상으로 한다.

② 고장력볼트의 구멍중심에서 볼트머리 또는 너트가 접하는 재의 연단까지의 최대거리는 판두께의 12배 이하 또한 150mm 이하로 한다.

③ 설계볼트장력은 볼트의 인장강도에 볼트의 유효단면적을 곱한 값이다.

④ 볼트의 유효단면적은 공칭단면적의 0.75배이다.

7 기초구조에서 사용되는 말뚝의 중심간격에 대한 설명으로 가장 옳지 않은 것은?

① 나무말뚝을 타설할 때 그 중심간격은 말뚝머리지름의 2.5배 이상 또한 600mm 이상으로 한다.

② 기성콘크리트말뚝을 타설할 때 그 중심간격은 말뚝 머리지름의 2.5배 이상 또한 750mm 이상으로 한다.

③ 강재말뚝을 타설할 때 그 중심간격은 말뚝머리의 지름 또는 폭의 2.0배 이상 (다만, 폐단강관 말뚝에 있어서 2.5배) 또한 750mm 이상으로 한다.

④ 현장타설콘크리트말뚝을 배치할 때 그 중심간격은 말뚝머리지름의 2.0배 이상 또한 750mm 이상으로 한다.

8 「건축구조기준」상 설계하중에서 규정된 등분포활하중에 대한 설명으로 가장 옳지 않은 것은?

① 진동, 충격 등이 있어 기본등분포활하중의 용도별 최솟값을 적용하기 적합하지 않은 경우의 활하중은 구조물의 실제상황에 따라 활하중의 크기를 증가하여 산정한다.

② 문서보관실 용도 사무실에서 가동성 경량칸막이벽이 설치될 가능성이 있는 경우에 칸막이벽 하중을 기본 등분포활하중에 추가하지 않을 수 있다.

③ 발코니의 기본등분포활하중의 최솟값은 출입 바닥 활하중의 1.5배이며, 최대 $5.0kN/m^2$이다.

④ 병원 건물에서 수술실의 기본등분포활하중의 최솟값은 1층 복도의 기본등분포활하중의 최솟값보다 크다.

ANSWER 6.③ 7.④ 8.④

6 설계볼트장력은 고장력볼트 인장강도의 0.7배에 고장력 볼트의 유효단면적(고장력 볼트의 공칭단면적의 0.75배)을 곱한 값이다.

7 현장타설콘크리트말뚝을 배치할 때 그 중심간격은 말뚝머리지름의 2.5배 이상 또한 말뚝머리직경에 1,000mm를 더한 값 이상으로 한다.

8 병원 건물에서 수술실의 기본등분포활하중의 최솟값(3.0)은 1층 외의 모든 층 복도의 기본등분포활하중의 최솟값(4.0)보다 작다.

9 철근콘크리트구조 중 횡구속 골조의 압축부재에서 장주효과를 무시할 수 있는 세장비의 최댓값으로 가장 옳은 것은? (단, 휨모멘트에 의하여 압축부재는 단일 곡률로 변형하며, 단부계수휨모멘트는 각각 200kNm, 300kNm이다.)

① 16

② 22

③ 26

④ 42

ANSWER 9.③

9

$\lambda = \dfrac{k \cdot l_u}{r} \leq 34 - 12 \cdot (\dfrac{M_1}{M_2}) \leq 40$ 이며 문제에서 주어진 조건을 대입하면 장주효과를 무시할 수 있는 세장비의 최대값은

$\lambda = \dfrac{k \cdot l_u}{r} \leq 34 - 12 \cdot (\dfrac{M_1}{M_2}) = 34 - 12 \cdot \dfrac{200}{300} = 26$ 이 된다.

세장비 $\lambda = \dfrac{k \cdot l_u}{r}$ 가 다음 값보다 작으면 장주로 인한 영향을 무시해서 단주로 해석할 수 있다.

비횡구속 골조 : $\lambda = \dfrac{k \cdot l_u}{r} \leq 22$

횡구속 골조 : $\lambda = \dfrac{k \cdot l_u}{r} \leq 34 - 12 \cdot (\dfrac{M_1}{M_2}) \leq 40$

• M_1 : 1차 탄성해석에 의해 구한 단모멘트 중 작은 값

• M_2 : 1차 탄성해석에 의해 구한 단모멘트 중 큰 값

• M_1 / M_2 : 단곡률(-), 복곡률(+)이며 -0.5 이상의 값이어야 한다.

※ 비횡구속 골조란 횡방향 상대변위가 방지되어 있지 않은 압축부재이다.

※ 장주효과 : 기둥의 횡방향변위와 축력으로 인한 2차휨모멘트가 무시할 수 없는 크기로 발생하여 선형탄성 구조해석에 의한 휨모멘트보다 더 큰 휨모멘트가 기둥에 작용하는 효과이다.

10 2축 대칭인 용접 H형강 H−800×600×20×24의 플랜지 및 웨브에 대한 판폭두께비는?

① 11.5, 37.6

② 11.5, 38.6

③ 12.5, 37.6

④ 12.5, 38.6

11 〈보기〉와 같은 단순보에서 CD 구간의 전단력의 크기(절댓값)는? (단, P는 집중하중이며, 자중의 효과는 무시한다.)

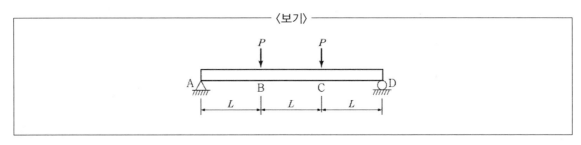

〈보기〉

① 0

② P

③ IP

④ 2.5P

ANSWER 10.③ 11.②

10   플랜지의 판폭두께비는 $\dfrac{B/2}{t_f} = \dfrac{(600/2)}{24} = 12.5$

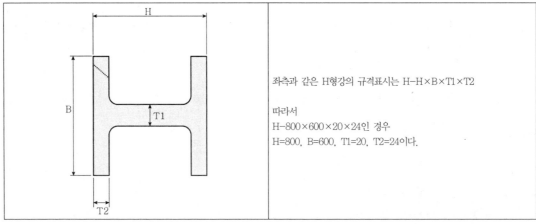

좌측과 같은 H형강의 규격표시는 H−H×B×T1×T2

따라서
H−800×600×20×24인 경우
H=800, B=600, T1=20, T2=24이다.

웨브의 판폭두께비는 $\dfrac{800 - 2 \cdot 24}{20} = \dfrac{752}{20} = 38.6$

11   보자마자 바로 답이 떠올라야 하는 문제이다. D점의 반력이 P이며 CD구간에 작용하는 외력이 없으므로 CD구간의 전단력은 D점의 반력과 크기가 같게 되므로 P가 된다.

12 건축물의 지진력저항시스템에 대한 설명으로 가장 옳은 것은?

① 내력벽시스템 중에서 무보강 조적 전단벽 시스템의 반응수정계수는 "5"이다.

② 내진설계범주가 D에 속하고 높이가 80m인 건축물을 내력벽시스템으로 설계하고자 할 때, 철근콘크리트 특수전단벽 시스템으로 내진설계해야 한다.

③ 내력벽시스템에 속하는 철근콘크리트 보통전단벽 시스템은 건물골조시스템에 속하는 철근콘크리트 보통전단벽시스템보다 반응수정 계수가 크다.

④ 역추형시스템에 속하지 않으면서 철근콘크리트구조 기준의 일반규정만을 만족하는 철근콘크리트구조시스템의 반응수정계수는 "5"이다.

13 철근콘크리트구조의 압축부재 설계에 대한 설명으로 가장 옳지 않은 것은?

① 비합성 압축부재의 축방향 주철근 단면적은 전체단면적 (외)의 0.이배 이상, 0.08배 이하로 하여야 한다. 축방향 주철근이 겹침이음되는 경우의 철근비는 0.04를 초과하지 않도록 하여야 한다.

② 하중에 의해 요구되는 단면보다 큰 단면으로 설계된 압축부재의 경우, 감소된 유효단면적을 사용하여 최소 철근량과 설계강도를 결정할 수 있다. 이때 감소된 유효단면적은 전체 단면적의 1/2 이상이어야 한다.

③ 콘크리트 벽체나 교각구조와 일체로 시공되는 나선 철근 또는 띠철근 압축부재 유효단면 한계는 나선철근이나 띠철근 외측에서 40mm보다 크지 않게 취하여야 한다.

④ 두 축방향의 횡하중, 인접 경간의 하중 불균형 등으로 인하여 압축부재에 2축 휨모멘트가 작용되는 경우에는 2축의 휨모멘트 중 큰 값을 받는 압축부재로 설계하여야 한다.

ANSWER 12.② 13.④

12 내진설계범주가 D에 속하고 높이가 60m인 건축물을 내력벽(RC전단벽)시스템으로 설계하고자 할 때, 철근콘크리트 특수전단벽 시스템으로 내진설계해야 한다.

13 두 축방향의 횡하중, 인접 경간의 하중 불균형 등으로 인하여 압축부재에 2축 휨모멘트가 작용되는 경우에는 2축의 휨모멘트를 받는 압축부재로 설계하여야 한다.

14 옹벽이나 건축물 지하외벽 등에 작용하는 수평토압에는 정지토압, 수동토압, 주동토압이 있다. 이때 정지토압, 수동토압, 주동토압 크기의 일반적인 대소관계로 가장 옳은 것은?

① 주동토압 < 정지토압 < 수동토압
② 정지토압 = 수동토압 = 주동토압
③ 수동토압 < 정지토압 < 주동토압
④ 정지토압 < 수동토압 < 주동토압

15 철근콘크리트구조의 설계에 대한 설명으로 가장 옳은 것은?

① 공칭강도에서 최외단 인장철근의 순인장변형률이 압축지배변형률 한계 이하인 단면을 인장지배단면이라고 한다.
② 콘크리트 압축연단부터 모든 인장철근군의 최외곽 표면까지의 거리를 유효깊이라고 한다.
③ 2방향 슬래브에서 기둥과 기둥을 잇는 슬래브의 중심선에서 양측으로 각각 슬래브 경간의 0.25배만큼의 폭을 갖는 설계대를 중간대라고 한다.
④ 축방향 철근과 횡방향 철근으로 보강된 벽이나 격막의 가장자리 부분을 경계부재라고 한다.

....

ANSWER 14.① 15.④

14 토압의 크기는 주동토압 < 정지토압 < 수동토압을 이룬다.

15 ① 공칭강도에서 최외단 인장철근의 순인장변형률이 압축지배변형률 한계 이하인 단면을 압축지배단면이라고 한다.
② 콘크리트 압축연단부터 모든 인장철근군의 중심평균까지의 거리를 유효깊이라고 한다.
③ 2방향 슬래브에서 기둥과 기둥을 잇는 슬래브의 중심선에서 양측으로 각각 슬래브 경간의 0.25배만큼의 폭을 갖는 설계대를 주열대라고 한다. 중간대는 주열대 사이를 말한다.

16 건축물 내진설계 방법 중에서 성능기반설계에 대한 설명으로 가장 옳지 않은 것은?

① 성능기반설계법은 비선형해석법을 사용하여 구조물의 초과강도와 비탄성변형능력을 보다 정밀하게 구조모델링에 고려한다.

② 최대고려지진에서의 붕괴방지를 위한 층간변위는 내진2등급을 기준으로 3%를 초과할 수 없으며, 다른 내진등급에 대해서는 중요도계수로 나눈 값을 적용한다.

③ 성능기반설계 시, 구조체의 설계에 사용되는 밑면 전단력의 크기는 등가정적해석법에 의한 밑면전단력의 70% 이상이어야 한다.

④ 내진특등급으로 분류되는 건축물은 최대고려지진에 대하여 "인명보호"의 성능수준을 달성해야 한다.

17 〈보기〉에 나타난 캔틸레버보의 자유단에서 처짐(δ)이 가장 큰 경우는? (단, P는 자유단에서의 집중하중 [kN], L은 보의 길이[m], E는 탄성계수[N/mm^2], I_z는 단면2차모멘트[mm^4]를 나타낸다.)

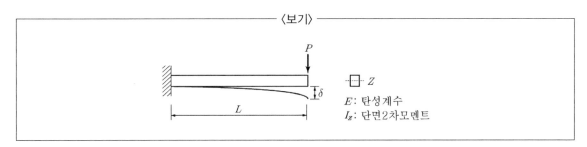

	P	L	E	I_z
①	1	4	2×10^5	4×10^5
②	2	3	2×10^5	3×10^5
③	3	2	2×10^5	2×10^5
④	4	1	2×10^5	1×10^5

ANSWER 16.③ 17.②

16 성능기반설계 시, 구조체의 설계에 사용되는 밑면 전단력의 크기는 등가정적해석법에 의한 밑면전단력의 75% 이상이어야 한다.

17 캔틸레버보의 자유단 처짐은 $\delta = \dfrac{PL^3}{3EI}$ 이며 문제에서 주어진 E와 I의 값이 모두 105이므로 쉽게 처짐비를 구할 수 있다.

18 연속합성보에서 부모멘트구간의 슬래브 내에 있는 길이 방향철근이 강재보와 합성으로 작용하는 경우, 부모멘트가 최대가 되는 위치와 모멘트가 0이 되는 위치 사이의 총수평전단력을 결정할 때 고려해야 하는 한계상태로 옳은 것만을 〈보기〉에서 모두 고른 것은?

───────────── 〈보기〉 ─────────────
| ㉠ 콘크리트 압괴 | ㉡ 강재단면의 인장항복 |
| ㉢ 슬래브철근의 항복 | ㉣ 전단연결재의 강도 |

① ㉠, ㉢   ② ㉡, ㉣

③ ㉢, ㉣   ④ ㉠, ㉢, ㉣

19 단면 1,000mm²를 갖는 길이 8m인 강봉에 100kN의 인장력이 작용할 경우, 인장응력[MPa]과 늘어난 길이[mm]는? (단, 강봉의 탄성계수는 200,000MPa이다.)

	인장응력	늘어난 길이
①	50	4
②	50	8
③	100	4
④	100	8

ANSWER 18.③ 19.③

18 • 부모멘트 구간에서의 하중전달 : 연속합성보에서 부모멘트구간의 슬래브 내에 있는 길이방향철근이 강재보와 합성으로 작용하는 경우, 부모멘트가 최대가 되는 위치와 모멘트가 0이 되는 위치 사이의 총수평전단력은 슬래브 철근의 항복과 시어커넥터의 강도 등의 2가지 한계상태로부터 구한 값 중에서 작은 값으로 한다.
　　 • 정모멘트 구간에서의 하중전달 : (매입형 합성단면을 제외하고는) 강재보와 슬래브면사이의 전체 수평전단력은 시어커넥터에 의해서만 전달된다고 가정한다. 휨모멘트를 받는 강재보와 콘크리트가 합성작용을 하기 위해서는 모멘트가 최대가 되는 위치와 모멘트가 0이 되는 위치 사이의 총수평전단력은 콘크리트의 압괴, 강재단면의 인장항복, 그리고 시어커넥터의 강도 등의 3가지 한계상태로부터 구한 값 중에서 가장 작은 값으로 한다.

19 $\sigma_t = \dfrac{100[kN]}{1,000[mm^2]} = 100[MPa]$

$\delta = \dfrac{PL}{AE} = \dfrac{100[kN] \cdot 8[m]}{1,000[mm^2] \cdot 2 \cdot 10^5[MPa]} = 4[mm]$

20 강구조 압축재에서 유효좌굴길이계수의 설계값이 가장 큰 단부조건은?

① 회전고정 및 이동고정 – 회전자유 및 이동자유

② 회전자유 및 이동고정 – 회전고정 및 이동자유

③ 회전고정 및 이동고정 – 회전고정 및 이동자유

④ 회전고정 및 이동고정 – 회전고정 및 이동고정

ANSWER 20.①

20

단부구속조건	양단고정	1단힌지 타단고정	양단힌지	1단회전구속 이동자유 타단고정	1단회전자유 이동자유 타단고정	1단회전구속 이동자유 타단힌지
좌굴형태						
이론적인 K값	0.50	0.70	1.0	1.0	2.0	2.0
이론적인 K값	0.65	0.80	1.0	1.2	2.1	2.4
절점조건의 범례	회전구속, 이동구속 : 고정단					
	회전자유, 이동구속 : 힌지					
	회전구속, 이동자유 : 큰 보강성과 작은 기둥강성인 라멘					
	회전자유, 이동자유 : 자유단					

1 다음에서 설명하는 벽돌 쌓기 방법은?

> • 한 켜에서 길이 쌓기와 마구리 쌓기를 번갈아 가며 쌓는다.
> • 끝부분에는 이오토막, 반절, 칠오토막 등 토막 벽돌이 많이 필요하다.

① 영식 쌓기   ② 불식 쌓기

③ 미식 쌓기   ④ 화란식 쌓기

2 용접되는 부재의 교차되는 면 사이에 일반적으로 삼각형의 단면이 만들어지는 용접은?

① 필릿용접   ② 맞댐용접

③ 슬롯용접   ④ 플러그용접

ANSWER 1.② 2.①

1 • 불식쌓기 : 입면상 매켜에 길이와 마구리가 번갈아 나오며 구조적으로 튼튼하지 못하다. 마구리에 이오토막을 사용하며 치장용쌓기로서 이오토막과 반토막 벽돌을 많이 사용한다.
　• 영식쌓기 : 한켜는 길이쌓기, 한켜는 마구리쌓기식으로 번갈아가며 쌓는다. 벽의 모서리나 마구리에 반절이나 이오토막을 사용하며 가장 튼튼하다.
　• 화란식쌓기 : 영식쌓기와 거의 같으나 모서리와 끝벽에 칠오토막을 사용하며 일하기 쉽고 비교적 견고하여 현장에서 가장 많이 사용된다.
　• 미식쌓기 : 5켜는 치장벽돌로 길이쌓기, 다음 한켜는 마구리쌓기로 본 벽돌에 물리고 뒷면은 영식쌓기를 한다. 외부의 붉은 벽돌이나 시멘트 벽돌은 이 방식으로 주로 쌓는다.

2 • 필릿용접 : 용접되는 부재의 교차되는 면 사이에 일반적으로 삼각형의 단면이 만들어지는 용접
　• 플러그용접 : 겹치기한 2매의 판재에 한쪽에만 구멍을 뚫고 그 구멍에 살붙이하여 용접하는 방법. 주요한 부재에는 사용하지 않음
　• 슬롯용접 : 모재를 겹쳐 놓고 한쪽 모재에만 홈을 파고 그 속에 용착 금속을 채워 용접하는 것

3 여러 개의 직선부재를 강절로 연결한 구조는?

① 라멘 구조

② 케이블 구조

③ 입체트러스 구조

④ 트러스 구조

4 그림과 같은 하중이 작용할 때, O점에 대한 모멘트 합의 크기[kN·m]는?

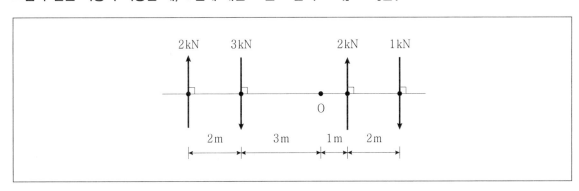

① 2

② 4

③ 6

④ 8

---

3 라멘구조는 여러 개의 직선부재를 강절로 연결한 구조이나 트러스구조는 강절이 아닌 힌지절점으로 연결된 구조이다.

4 시계방향을 +로 정하면 $2 \times (3+2) - 3 \times 3 - 2 \times 1 + 1 \times (1+2) = 2$

5 그림과 같은 정정보에 집중하중 14kN이 작용할 때, C점에서 휨모멘트의 크기[kN·m]는? (단, 보의 자중은 무시하며, 보의 전 길이에 걸쳐 재질 및 단면의 성질은 동일하다)

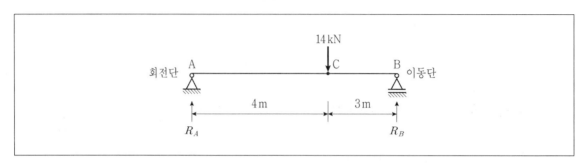

① 20   ② 22

③ 24   ④ 26

6 응력을 작용시킨 상태에서 탄성변형 및 건조수축 변형을 제외시킨 변형으로 시간이 경과함에 따라 변형이 증가되는 현상은?

① 레이턴스(Laitance)

② 크리프(Creep)

③ 블리딩(Bleeding)

④ 알칼리골재반응(Alkali aggregate reaction)

ANSWER 5.③   6.②

5 A지점의 반력은 6kN, B점의 반력은 8kN이 되며 C의 위치는 A점으로부터 4m가 떨어져 있고 이 곳의 휨모멘트는 A지점의 반력과 C점과 A점 사이 거리를 곱한 값이므로 24가 된다.

6 크리프(Creep) : 응력을 작용시킨 상태에서 탄성변형 및 건조수축 변형을 제외시킨 변형으로 시간이 경과함에 따라 변형이 증가되는 현상

레이턴스 : 콘크리트를 친 후 양생(물이 상승하는 현상)에 따라 내부의 미세한 물질이 부상하여 콘크리트가 경화한 후, 표면에 형성되는 흰빛의 얇은 막

7 다음 용도 중 기본등분포활하중이 가장 작은 곳은?

① 도서관 열람실   ② 학교 교실

③ 산책로 용도의 지붕   ④ 일반 사무실

ANSWER 7.④

7

① 도서관 열람실 : 3.0

② 학교 교실 : 3.0

③ 산책로 용도의 지붕 : 5.0

④ 일반 사무실 : 2.5

※ 기본 등분포 활하중(단위 : kN/m^2)

	용도	건축물의 부분	활하중
1	주택	가. 주거용 건축물의 거실, 공용실, 복도	2.0
		나. 공동주택의 발코니	3.0
2	병원	가. 병실과 해당 복도	2.0
		나. 수술실, 공용실과 해당 복도	3.0
3	숙박시설	가. 객실과 해당 복도	2.0
		나. 공용실과 해당 복도	5.0
4	사무실	가. 일반 사무실과 해당 복도	2.5
		나. 로비	4.0
		다. 특수용도사무실과 해당 복도	5.0
		라. 문서보관실	5.0
5	학교	가. 교실과 해당 복도	3.0
		나. 로비	4.0
		다. 일반 실험실	3.0
		라. 중량물 실험실	5.0
6	판매장	가. 상점, 백화점 (1층 부분)	5.0
		나. 상점, 백화점 (2층 이상 부분)	4.0
		다. 창고형 매장	6.0
7	집회 및 유흥장	가. 로비, 복도	5.0
		나. 무대	7.0
		다. 식당	5.0
		라. 주방 (영업용)	7.0
		마. 극장 및 집회장 (고정식)	4.0
		바. 집회장 (이동식)	5.0
		사. 연회장, 무도장	5.0
8	체육시설	가. 체육관 바닥, 옥외경기장	5.0
		나. 스탠드 (고정식)	4.0
		다. 스탠드 (이동식)	5.0
9	도서관	가. 열람실과 해당 복도	3.0
		나. 서고	7.5

8 목구조에서 맞춤과 이음 접합부 일반사항에 대한 설명으로 옳은 것은?

① 길이를 늘이기 위하여 길이방향으로 접합하는 것을 맞춤이라고 하고, 경사지거나 직각으로 만나는 부재 사이에서 양 부재를 가공하여 끼워 맞추는 접합을 이음이라고 한다.

② 맞춤 부위의 보강을 위하여 파스너는 사용할 수 있으나 접착제는 사용할 수 없다.

③ 맞춤 부위의 목재에는 결점이 있어도 사용이 가능하다.

④ 인장을 받는 부재에 덧댐판을 대고 길이이음을 하는 경우에 덧댐판의 면적은 요구되는 접합면적의 1.5배 이상이어야 한다.

ANSWER 8.④

10	주차장	옥내 주차구역	가. 승용차 전용	3.0
			나. 경량트럭 및 빈 버스 용도	6.0
			다. 총중량 18톤 이하의 중량차량[b] 용도	12.0
		옥내 경사차로	가. 승용차 전용	5.0
			나. 경량트럭 및 빈 버스 용도	8.0
			다. 총중량 18톤 이하의 중량차량[b] 용도	16.0
		옥외	가. 승용차, 경량트럭 및 빈 버스 용도	8.0
			나. 총중량 18톤 이하의 중량차량[b] 용도	16.0
11	창고		가. 경량품 저장창고	6.0
			나. 중량품 저장창고	12.0
12	공장		가. 경공업 공장	6.0
			나. 중공업 공장	12.0
13	지붕		가. 접근이 곤란한 지붕	1.0
			나. 적재물이 거의 없는 지붕	2.0
			다. 정원 및 집회 용도	5.0
			라. 헬리콥터 이착륙장	5.0
14	기계실		공조실, 전기실, 기계실 등	5.0
15	광장		옥외광장	12.0

8   ① 길이를 늘이기 위하여 길이방향으로 접합하는 것을 이음이라고 하고, 경사지거나 직각으로 만나는 부재 사이에서 양 부재를 가공하여 끼워 맞추는 접합을 맞춤이라고 한다.
　　② 맞춤 부위의 보강을 위하여 파스너는 사용할 수 있고 접착제도 사용할 수 있다.
　　③ 맞춤 부위의 목재에는 결점이 있으면 사용이 불가능하다.

9 건축물 기초구조에 대한 설명으로 옳은 것은?

① 기둥으로부터의 축력을 독립으로 지반 또는 지정에 전달하도록 하는 기초를 복합기초라고 한다.

② 2개 또는 그 이상의 기둥으로부터의 응력을 하나의 기초판을 통해 지반 또는 지정에 전달하도록 하는 기초를 독립기초라고 한다.

③ 상부구조의 광범위한 면적 내의 응력을 단일 기초판으로 연결하여 지반 또는 지정에 전달하도록 하는 기초를 줄기초라고 한다.

④ 벽 또는 일련의 기둥으로부터의 응력을 띠모양으로 하여 지반 또는 지정에 전달하도록 하는 기초를 연속기초라고 한다.

10 강구조에 대한 설명으로 옳지 않은 것은?

① 커버플레이트는 단면적, 단면계수, 단면2차모멘트를 증가시키기 위하여 부재의 플랜지에 용접이나 볼트로 연결된 플레이트이다.

② 가새는 골조에서 기둥과 기둥 간에 대각선상으로 설치한 사재로 수평력에 대한 저항부재이다.

③ 거셋플레이트는 조립기둥, 조립보, 조립스트럿의 두 개의 나란한 요소를 결집하기 위한 판재이다.

④ 스티프너는 하중을 분배하거나, 전단력을 전달하거나, 좌굴을 방지하기 위해 부재에 부착하는 ㄱ형강이나 판재 같은 구조요소이다.

ANSWER 9.④ 10.③

9 ① 기둥으로부터의 축력을 독립으로 지반 또는 지정에 전달하도록 하는 기초를 독립기초라고 한다.
② 2개 또는 그 이상의 기둥으로부터의 응력을 하나의 기초판을 통해 지반 또는 지정에 전달하도록 하는 기초를 복합기초라고 한다.
③ 상부구조의 광범위한 면적 내의 응력을 단일 기초판으로 연결하여 지반 또는 지정에 전달하도록 하는 기초를 온통(매트)기초라고 한다.

10 거셋플레이트 : 트러스의 부재, 스트럿 또는 가새재를 보 또는 기둥에 연결하는 판요소이다.
타이플레이트 : 조립기둥, 조립보, 조립스트럿의 두 개의 나란한 요소를 결집하기 위한 판재. 두 나란한 요소에 타이플레이트는 강접되어야 하고 두 요소 사이의 전단력을 전달하도록 설계되어야 한다.

11 그림과 같이 연약한 점성토 지반에서 땅파기 외측 흙의 중량으로 인하여 땅파기 된 저면이 부풀어 오르는 현상은?

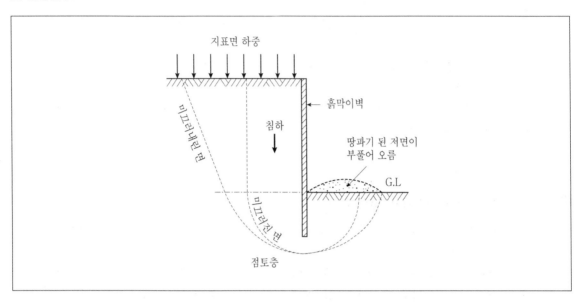

① 사운딩 현상

② 융기 현상(히빙)

③ 분사 현상(보일링)

④ 액상화 현상

12 철근콘크리트 압축부재에 사용되는 띠철근의 수직간격 규정에 대한 설명으로 옳은 것은?

① 축방향 철근지름의 16배 이하로 배근하여야 한다.

② 띠철근이나 철선지름의 48배 이상으로 배근하여야 한다.

③ 기둥단면의 최소 치수 이상으로 배근하여야 한다.

④ 500mm 이상으로 배근하여야 한다.

ANSWER 11.② 12.①

11 • 히빙 : 연약한 점성토 지반에서 땅파기 외측 흙의 중량으로 인하여 땅파기 된 저면이 부풀어 오르는 현상
  • 보일링 : 사질지반에서 발생하며 굴착저면과 굴착배면의 수위차로 인해 침투수압이 모래와 같이 솟아오르는 현상이다.
  • 액상화(liquefaction) : 포화된 사질토 등에서 지진동, 발파하중 등과 같은 동하중에 의하여, 지반 내에 과잉간극수압이 발생하고, 지반의 전단강도가 상실되어 액체처럼 거동하는 현상

12 띠철근의 수직간격은 종방향철근지름의 16배 이하, 띠철근이나 철선지름의 48배 이하, 또한 기둥단면의 최소치수 이하로 하여야 한다.

13 그림과 같은 T형 단면의 도심거리 y는?

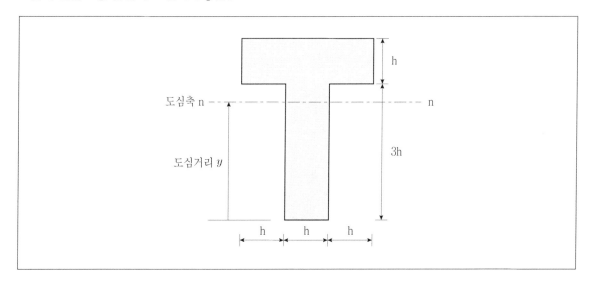

① $\dfrac{3}{2}h$

② $\dfrac{4}{2}h$

③ $\dfrac{5}{2}h$

④ $\dfrac{6}{2}h$

13

$$G_x = A \cdot y_o, \quad y_o = \frac{G_x}{A} = \frac{G_1 + G_2}{A_1 + A_2} = \frac{\dfrac{21}{2}h^3 + \dfrac{9}{2}h^3}{3h^2 + 3h^2} = \frac{15h^3}{6h^2} = \frac{5}{2}h$$

$$G_1 = 3h \cdot h \cdot \frac{7}{2}h = \frac{21}{2}h^3, \quad G_2 = h \cdot 3h \cdot \frac{3}{2}h = \frac{9}{2}h^3$$

14 그림과 같은 $x-x$ 도심축에 대해 동일한 크기의 휨모멘트(M)가 작용할 때, 단면 A와 단면 B에 각각 작용하는 최대 휨응력의 비 $\sigma_A : \sigma_B$ 는? (단, 부재의 자중은 무시하며, 재료는 선형 탄성으로 거동하는 것으로 가정한다)

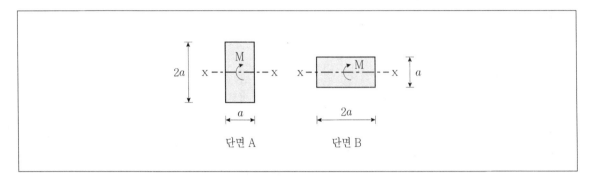

단면 A   단면 B

$$\sigma_A \qquad \sigma_B$$

① 1 : 2

② 1 : 4

③ 1 : 8

④ 1 : 16

15 구조용 강재의 재료정수로 옳지 않은 것은?

① 탄성계수 200,000MPa

② 전단탄성계수 81,000MPa

③ 푸아송비 0.3

④ 선팽창계수 0.000012/℃

ANSWER 14.① 15.①

14 휨응력 $\sigma = \dfrac{M}{I} y$이므로 단면2차모멘트에 반비례하고 중립축으로부터의 거리에 비례한다. (y는 중립축으로부터 연단까지의 거리)

단면 A의 단면2차모멘트는 단면 B의 단면2차모멘트보다 4배가 더 크지만 중립축으로부터의 거리가 2배이므로 휨응력의 비는 1:2가 된다.

15 강재의 재료정수

탄성계수	전단탄성계수	푸아송비	선팽창계수(1/℃)
210,000MPa	81,000MPa	0.3	0.000012

16 철근콘크리트구조에 대한 설명으로 옳지 않은 것은?

① 구조물(또는 구조 부재)이 붕괴 또는 이와 유사한 파괴 등의 안전성능 요구조건을 더 이상 만족시킬 수 없는 상태를 극한한계상태라고 한다.

② 하중조합에 따른 계수하중을 저항하는 데 필요한 부재나 단면의 강도를 소요강도라고 한다.

③ 보나 지판이 없이 기둥으로 하중을 전달하는 2방향으로 철근이 배치된 콘크리트 슬래브를 플랫 플레이트 슬래브라고 한다.

④ 공칭강도에서 최외단 인장철근의 순인장변형률이 인장지배변형률 한계 미만인 단면을 인장지배단면이라고 한다.

17 건축구조기준 총칙에서 공칭강도에 대한 설명으로 옳은 것은?

① 강도설계법 또는 한계상태설계법으로 설계할 때 사용하중에 하중계수를 곱한 값이다.

② 구조체나 구조부재의 하중에 대한 저항능력으로 적합한 구조역학원리나 현장실험 또는 축소모형의 실험결과로부터 유도된 공식과 규정된 재료강도 및 부재치수를 사용하여 계산된 값이다.

③ 구조물이나 구조부재의 변형에 대한 저항능력을 말하며, 발생한 변위 또는 회전에 대한 적용된 힘 또는 모멘트의 비율이다.

④ 고정하중 및 활하중과 같이 건축구조기준에서 규정하는 각종 하중으로서 하중계수를 곱하지 않은 값이다.

ANSWER 16.④ 17.②

16 공칭강도에서 최외단 인장철근의 순인장변형률이 인장지배변형률 한계 이상인 단면을 인장지배단면이라고 한다.

17 **공칭강도**: 구조체나 구조부재의 하중에 대한 저항능력으로 적합한 구조역학원리나 현장실험 또는 축소모형의 실험결과로부터 유도된 공식과 규정된 재료강도 및 부재치수를 사용하여 계산된 값
① 강도설계법 또는 한계상태설계법으로 설계할 때 사용하중에 하중계수를 곱한 값은 계수하중이다.
③ 구조물이나 구조부재의 변형에 대한 저항능력을 말하며, 발생한 변위 또는 회전에 대한 적용된 힘 또는 모멘트의 비율은 강성이다.
④ 고정하중 및 활하중과 같이 건축구조기준에서 규정하는 각종 하중으로서 하중계수를 곱하지 않은 값은 사용하중이다.

18 철근의 정착에 대한 설명으로 옳지 않은 것은?

① 정착길이는 위험단면에서 철근의 설계기준항복강도를 발휘하는 데 필요한 최소한의 묻힘길이를 말한다.

② 인장 이형철근의 정착길이는 항상 300mm 이상이어야 한다.

③ 압축 이형철근의 정착길이는 항상 200mm 이상이어야 한다.

④ 단부에 표준갈고리가 있는 인장 이형철근의 정착길이는 항상 $4d_b$ 이상, 또한 100mm 이상이어야 한다.

19 강구조 설계에서 적용되는 강도감소계수가 가장 작은 것은?

① 중심축 인장력을 받는 인장재 설계인장강도에서 총단면 항복한계상태의 ϕ_t

② 중심축 인장력을 받는 인장재 설계인장강도에서 유효순단면 파단한계상태의 ϕ_t

③ 중심축 압축력을 받는 압축재 설계압축강도의 ϕ_c

④ 휨부재 설계휨강도의 ϕ_b

....

ANSWER 18.④ 19.②

18 단부에 표준갈고리가 있는 인장 이형철근의 정착길이는 항상 $8d_b$ 이상, 또한 150mm 이상이어야 한다.

19 중심축 인장력을 받는 인장재 설계인장강도에서 총단면 항복한계상태의 ϕ_t 는 1.0
중심축 인장력을 받는 인장재 설계인장강도에서 유효순단면 파단한계상태의 ϕ_t 는 0.6
중심축 압축력을 받는 압축재 설계압축강도의 ϕ_c 는 0.9
휨부재 설계휨강도의 ϕ_b 는 0.85

20 막재를 구조내력상 주요한 부분에 사용할 경우, 기준에 적합하지 않은 것은?

① 막재의 인장강도가 폭 1cm당 320N인 경우

② 막재의 두께가 0.6mm인 경우

③ 막재의 인장크리프에 따른 신장률이 14%인 경우

④ 막재의 파단신율이 37%인 경우

ANSWER 20.④

20 막재의 파단신율(파단되기 전까지 늘어날 수 있는 양)은 35%이하여야 한다.

구조내력상 주요한 부분에 사용하는 막재는 다음의 기준을 충족해야 한다.

막재는 직포에 사용하는 섬유실의 종류와 코팅재(직포의 마찰방지 등을 위하여 직포에 도포)에 따라 분류된다.

두께는 0.5mm 이상이어야 한다.

1m² 당 중량은 아래의 표와 같다.

섬유밀도는 일정하여야한다.

인장강도는 폭 1cm당 300N 이상 이어야 한다.

파단신율은 35% 이하 이어야 한다.

인열강도는 100N 이상 또한 인장강도에 1cm를 곱해서 얻은 수치의 15% 이상 이어야 한다.

인장크리프에 따른 신장율은 15%(합성섬유 직포로 구성된 막재료에 있어서는 25%) 이하이어야 한다.

구조내력상 주요한 부분에서 특히 변질 또는 마찰손실의 위험이 있는 곳에 대해서는 변질 또는 마찰손상에 강한 막재를 사용하거나 변질 또는 마찰손상 방지를 위한 조치를 취한다.

막재에 대하여 빛의 반사율과 투과율을 고려한다.

구조물의 상황에 따라서 막재의 다양한 특성을 고려하여 재료를 채택한다.

인장강도	300N/cm 이상
파단 신장률	35% 이하
인열강도	100N 이상, 인장강도×1cm의 15% 이상
인장크리프 신장률	15% (합성섬유실에 따른 직포의 막재는 25% 이하)
변질 및 마모손상	변질마모손상에 강한 막재, 또는 변질 혹은 마모손상 방지를 위한 조치를 한 막재

1 프리스트레스트 콘크리트 부재에 대한 설명으로 옳지 않은 것은?

① 프리스트레스트 콘크리트 구조는 일반 철근콘크리트 구조에 비하여 전체 단면을 유효하게 이용할 수 있어서 단면의 크기를 경감할 수 있다.

② 콘크리트에 프리스트레싱을 하는 방법으로 프리텐션 방식과 포스트텐션 방식 등이 있다.

③ 포스트텐션 방식은 긴장재에 인장력을 가하여 긴장재가 늘어난 상태에서 콘크리트를 타설하는 방식이다.

④ 프리스트레싱에 의해 긴장재는 인장력을 받고 콘크리트는 압축력을 받게 된다.

2 건축물 내진설계기준에서 수직하중은 입체골조가 저항하고, 지진하중은 전단벽이나 가새골조가 저항하는 구조방식은?

① 내력벽방식

② 필로티구조

③ 건물골조방식

④ 연성모멘트골조방식

ANSWER 1.③ 2.③

1 긴장재에 인장력을 가하여 긴장재가 늘어난 상태에서 콘크리트를 타설하는 방식은 프리텐션 방식이다.

2 건물골조방식 : 건축물 내진설계기준에서 수직하중은 입체골조가 저항하고, 지진하중은 전단벽이나 가새골조가 저항하는 ※ 구조방식
 • 내력벽방식 : 수직하중과 횡력을 전단벽이 부담하는 구조방식
 • 필로티 : 건물을 지상에서 분리시킴으로써 만들어지는 공간, 또는 그 기둥 부분
 ※ 연속모멘트골조방식이라는 개념은 건축구조기준에 제시되지 않은 용어이다.

3   건축물 지반조사와 기초구조 설계에 대한 설명으로 옳지 않은 것은?

① 평판재하시험의 재하는 5단계 이상으로 나누어 시행하고 각 하중 단계에 있어서 침하가 정지되었다고 인정된 상태에서 하중을 증가시킨다.

② 평판재하시험의 재하판은 지름 300mm를 표준으로 한다.

③ 편심하중을 받는 독립 기초판의 접지압은 균등하게 분포되는 것으로 가정한다.

④ 연속기초의 접지압은 각 기둥의 지배면적 범위 안에서 균등하게 분포되는 것으로 가정할 수 있다.

4   콘크리트구조 내구성 설계기준에서 규정하고 있는 내구성 평가의 주된 성능저하 인자와 가장 관련성이 적은 것은?

① 크리프   ② 탄산화

③ 화학적 침식   ④ 염해

5   건축물 강구조 설계기준에서 규정하고 있는 볼트의 강도에 대한 설명으로 옳지 않은 것은?

① 고장력볼트 볼트등급 F8T의 최소인장강도는 800MPa이다.

② 고장력볼트 볼트등급 F10T의 최소항복강도는 900MPa이다.

③ 고장력볼트 볼트등급 F13T의 최소인장강도는 1,300MPa이다.

④ 일반볼트 볼트등급 4.6의 최소항복강도는 200MPa이다.

ANSWER 3.③ 4.① 5.④

3   편심하중을 받는 독립 기초판의 접지압은 불균등하게 발생한다.

4   콘크리트 구조물의 내구성 평가는 염해, 탄산화, 동결융해, 화학적 침식, 알칼리 골. 재반응 등을 주된 성능저하원인으로 고려한다.

5   일반육각볼트의 머리에는 4.6, 8.8, 10.9, 12.9와 같은 숫자가 표기되어 있다. 앞자리 숫자는 최소인장강도를 나타내며 이 숫자에 100을 곱하면 해당볼트의 최소인장강도가 된다. 즉, 4.6으로 표기되어 있으면 400MPa가 최소인장강도가 된다. 뒷자리 숫자는 탄성한계를 퍼센트로 나타낸 것으로서 숫자에 10%를 곱한 값이 인장강도 대비 탄성한계의 비이다. 4.6으로 표기되어 있으면 400×10.6=240MPa가 탄성한계(항복강도)가 된다.

6 내진 II등급 건축물의 지진력저항시스템에 대한 각 구조요소의 설계에서 층고에 따른 허용층간변위 Δ_a
는? (단, h_{sx}는 x층의 층고이다)

① $0.010h_{sx}$ ② $0.015h_{sx}$

③ $0.020h_{sx}$ ④ $0.025h_{sx}$

7 그림과 같은 삼각형 단면의 X축과 Y축에 대한 단면1차모멘트를 각각 Q_X와 Q_Y라고 한다면, Q_X와 Q_Y
의 합은?

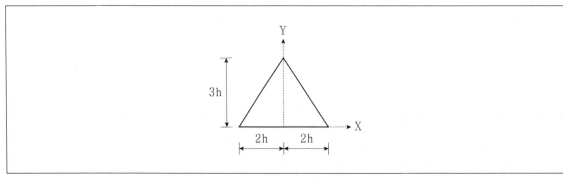

① $4h^3$ ② $6h3^3$

③ $8h^3$ ④ $12h^3$

ANSWER 6.③ 7.②

6 내진 특등급인 경우 허용층간변위는 $0.010\,h_{sx}$
내진 I등급인 경우 허용층간변위는 $0.015h_{sx}$
내진 II등급인 경우 허용층간변위는 $0.020\,h_{sx}$

7 $G_X = 6h^2 \cdot h = 6h^3$, $G_Y = 0$

8 그림과 같이 동일한 크기의 집중하중을 받는 두 단순보에서 보 ㈎가 보 ㈏에 비하여 값이 큰 것은? (단, 보의 자중은 무시하며, 보의 전 길이에 걸쳐 재질 및 단면의 성질은 동일하다)

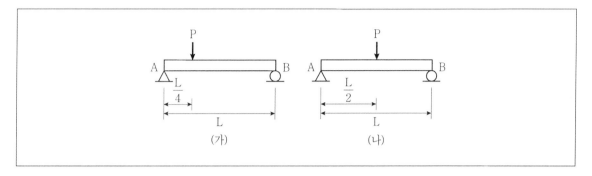

① 최대 전단력   ② 최대 휨모멘트
③ 최대 수직처짐   ④ 최대 처짐각

9 강도설계법에 의한 보강조적조의 내진설계에 대한 설명으로 옳지 않은 것은?

① 보 폭은 150mm보다 적어서는 안 된다.
② 기둥 폭은 300mm 이상이어야 한다.
③ 보 깊이는 적어도 200mm 이상이어야 한다.
④ 피어 유효폭은 200mm 이상이어야 하며, 500mm를 넘을 수 없다.

ANSWER 8.① 9.④

8 ㈎의 A점의 반력은 ㈏의 A점의 반력보다 크다. 집중하중이 작용하면 지점에서 최대전단력이 발생하므로 ㈎의 최대전단력은 ㈏의 최대전단력보다 크다.

9 • 피어의 유효폭은 150mm 이상이어야 하며, 400mm를 넘을 수는 없다
 • 피어의 횡지지 간격은 피어 폭의 30배를 넘을 수 없다.
 • 피어의 길이는 피어 폭의 3배 보다 작아서는 안 되며, 6배 보다 커서는 안 된다. 피어의 높이는 피어 공칭길이의 5배를 넘을 수 없다.

10 건축구조물 설계하중에서 풍하중에 대한 설명으로 옳지 않은 것은?

① 가스트영향계수는 바람의 난류로 인해 발생되는 구조물의 동적 거동 성분을 나타내는 것으로 평균변위에 대한 최대변위의 비를 통계적인 값으로 나타낸 계수이다.

② 기본풍속은 지표면조도 구분 C인 지역의 지표면으로부터 10m 높이에서 측정한 10분간 평균풍속에 대한 재현기간 100년 기대풍속이다.

③ 지표면의 영향을 받아 마찰력이 작용함으로써 지상의 높이에 따라 풍속이 변하는 영역을 기준경도풍 높이라 한다.

④ 바람이 불어와 맞닿는 측의 반대쪽으로 바람이 빠져나가는 측을 풍하측이라 한다.

11 기초구조 관련 용어에 대한 설명으로 옳지 않은 것은?

① 접지압 : 직접기초에 따른 기초판 또는 말뚝기초에서 선단과 지반 간에 작용하는 압력

② 사운딩 : 연약한 점성토 지반에서 땅파기 외측의 흙의 중량으로 인하여 땅파기된 저면이 부풀어 오르는 현상

③ 슬라임 : 지반을 천공할 때 공벽 또는 공저에 모인 흙의 찌꺼기

④ 케이슨 : 지반을 굴삭하면서 중공대형의 구조물을 지지층까지 침하시켜 만든 기초형식구조물의 지하부분을 지상에서 구축한 다음 이것을 지지층까지 침하시켰을 경우의 지하부분

ANSWER 10.③ 11.②

10 기준경도풍높이 : 풍속이 지표면의 조도에 의한 영향을 거의 받지 않는 지상으로부터의 높이

11 • 사운딩 : 지반 조사 시 로드(rod)의 끝에 설치한 저항체를 땅 속에 삽입하여 관입, 회전, 인발 등의 저항으로 토층의 성질에 대해 알아보는 일련의 방법
　　• 연약한 점성토 지반에서 땅파기 외측의 흙의 중량으로 인하여 땅파기된 저면이 부풀어 오르는 현상은 히빙이다.

12 그림과 같이 직사각형 단면을 가지는 단순보에서 B점과 C점에 작용하는 최대 휨응력에 대한 설명으로 옳은 것은? (단, 보의 자중은 무시하며, 보의 전 길이에 걸쳐 재질은 동일하다)

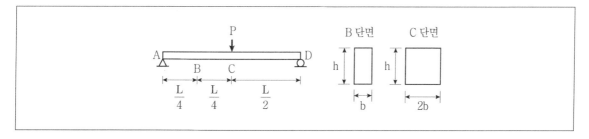

① B점 최대휨응력은 C점 최대휨응력의 1/4이다.

② B점 최대휨응력은 C점 최대휨응력의 1/2이다.

③ B점 최대휨응력은 C점 최대휨응력과 같다.

④ B점 최대휨응력은 C점 최대휨응력의 2배이다.

13 목구조기준 방화설계에 대한 설명으로 옳지 않은 것은?

① 내부마감재료는 방화상 지장이 없는 불연재료, 준불연재료 또는 난연재료를 사용한다.

② 보 및 기둥은 1시간에서 3시간의 내화성능을 가진 내화구조로 하여야 한다.

③ 주요구조부가 내화구조 또는 불연재료로 된 건축물은 연면적 1,000m² 이내마다 방화구획을 설치하여야 하며, 이 방화구획은 1시간 이상의 내화구조로 하여야 한다.

④ 연소 우려가 있는 부분의 외벽 개구부는 방화문 설치 등의 방화설비를 갖추어야 한다.

....

ANSWER 12.③ 13.③

12 B단면의 단면2차모멘트는 C단면의 단면2차모멘트의 2배이다.
휨응력은 휨모멘트에 비례하고 단면2차모멘트에 반비례한다.
B점의 휨모멘트는 C점의 휨모멘트의 1/2이고 B단면의 단면2차모멘트는 C단면의 단면2차모멘트의 1/2이므로 B점의 최대응력과 C점의 최대응력은 크기가 같다.

13 주요구조부가 내화구조 또는 불연재료로 된 건축물은 연면적 1,000m² 이내마다 방화구획을 설치하여야 하며, 이 방화구획은 2시간 이상의 내화구조로 하여야 한다.

14 콘크리트구조의 스트럿-타이 모델에 대한 설명으로 옳은 것만을 모두 고르면?

ⓐ 스트럿-타이 모델의 절점에서는 2개 이하의 스트럿과 타이가 만나야 한다.

ⓑ 스트럿(strut)은 스트럿-타이 모델의 압축요소로서, 프리즘 모양 또는 부채꼴 모양의 압축응력장을 이상화한 요소이다.

ⓒ 타이(tie)는 스트럿-타이 모델의 인장력 전달요소이다.

ⓓ B 영역은 집중하중에 의한 하중 불연속부, 단면이 급변하는 기하학적 불연속부 그리고 보 이론의 평면유지원리가 적용되지 않는 영역을 뜻한다.

---

① ⓐ, ⓑ   ② ⓑ, ⓒ

③ ⓑ, ⓓ   ④ ⓒ, ⓓ

ANSWER 14.②

14 ⓐ 스트럿-타이 모델의 절점에서는 3개이상의 타이의 연결점 또는 스트럿과 타이, 그리고 집중하중의 중심선이 교차한다.

ⓓ B 영역은 보 이론의 평면유지원리가 적용되는 부분인 반면 D영역은 집중하중에 의한 하중 불연속부, 단면이 급변하는 기하학적 불연속부 그리고 보 이론의 평면유지원리가 적용되지 않는 영역을 뜻한다.

※ 스트럿-타이모델
- 스트럿, 타이 그리고 스트럿과 타이의 단면력을 받침부나 그 부근의 B영역으로 전달시켜주는 절점 등으로 구성된 콘크리트 부재 또는 부재 D영역의 설계를 위한 트러스모델이다.
- 스트럿-타이 모델의 절점에서는 3개 이상의 타이의 연결점 또는 스트럿과 타이, 그리고 집중하중의 중심선이 교차한다.
 - B 영역 : 보 이론의 평면유지원리가 적용되는 부분이다.
 - D영역 : 집중하중에 의한 하중 불연속부, 단면이 급변하는 기하학적 불연속부 그리고 보 이론의 평면유지원리가 적용되지 않는 영역을 뜻한다.
- 스트럿 : 스트럿-타이모델의 압축요소로서 프리즘 모양 또는 부채꼴 모양의 압축응력장을 이상화한 요소
- 타이 : 스트럿-타이모델의 인장력 전달요소
- 절점영역 : 스트럿과 타이의 힘이 절점을 통해서 전달될 수 있도록 하는 절점의 유한영역으로 2차원의 삼각형 또는 다각형 형태이거나 3차원에서는 입체의 유한영역이 있다.

15 플랫 슬래브에서 기둥 상부의 부모멘트에 대한 철근 배근량을 줄이기 위하여 지판을 사용하는 경우, 지판에 대한 규정으로 옳지 않은 것은?

① 지판은 받침부 중심선에서 각 방향 받침부 중심 간 경간의 1/6 이상을 각 방향으로 연장시켜야 한다.

② 지판이 있는 2방향 슬래브의 유효지지단면은 이의 바닥 표면이 기둥축을 중심으로 30° 내로 펼쳐진 기둥과 기둥머리 또는 브래킷 내에 위치한 가장 큰 정원추, 정사면추 또는 쐐기 형태의 표면과 이루는 절단면으로 정의된다.

③ 지판의 슬래브 아래로 돌출한 두께는 돌출부를 제외한 슬래브 두께의 1/4 이상으로 하여야 한다.

④ 지판 부위 슬래브 철근량을 계산 시, 슬래브 아래로 돌출한 지판두께는 지판의 외단부에서 기둥이나 기둥머리 면까지 거리의 1/4 이하이어야 한다.

16 그림과 같은 2축 대칭 용접 H형강 단면에서 도심을 지나는 강축에 대한 소성단면계수 값은?

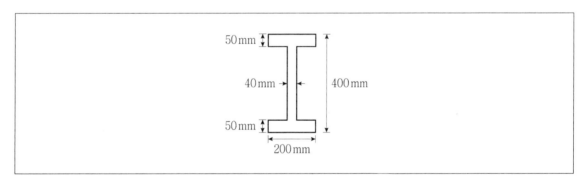

① $2.2 \times 10^5 \text{mm}3$

② $3.2 \times 10^5 \text{mm}^3$

③ $2.6 \times 10^6 \text{mm}^3$

④ $4.4 \times 10^6 \text{mm}^3$

ANSWER 15.② 16.④

15 지판이 있는 2방향 슬래브의 유효지지단면은 이의 바닥 표면이 기둥축을 중심으로 45° 내로 펼쳐진 기둥과 기둥머리 또는 브래킷 내에 위치한 가장 큰 정원추, 정사면추 또는 쐐기 형태의 표면과 이루는 절단면으로 정의된다.

16 $I = \dfrac{300 \cdot 400^3 - 2(40 \cdot 300^3)}{12} = 4.43 \times 10^6 [\text{mm}^3]$

17 막구조에서 막재에 대한 설명으로 옳은 것은?

① 막재는 흡수길이의 최대치가 20mm 이하이어야 한다.

② 막재의 최소 접힘 인장강도는 종사방향 및 횡사방향 각각의 인장강도 평균치가 동일한 로트에 있어 시험 전에 측정된 각 실 방향 인장강도 평균치의 80% 이상이어야 한다.

③ C종 막재는 외부 폭로에 대해 종사방향 및 횡사방향의 인장강도가 각각 초기인장강도의 70% 이상이어야 한다.

④ 직물의 휨 측정은 200mm 이상 간격으로 2개소 이상에 대하여 측정한다.

18 철근콘크리트 횡구속 골조에서 압축을 받는 장주의 각 단부에 그림과 같이 모멘트 M_1, M_2가 작용할 때 등가균일 휨모멘트 보정계수 C_m 값은?

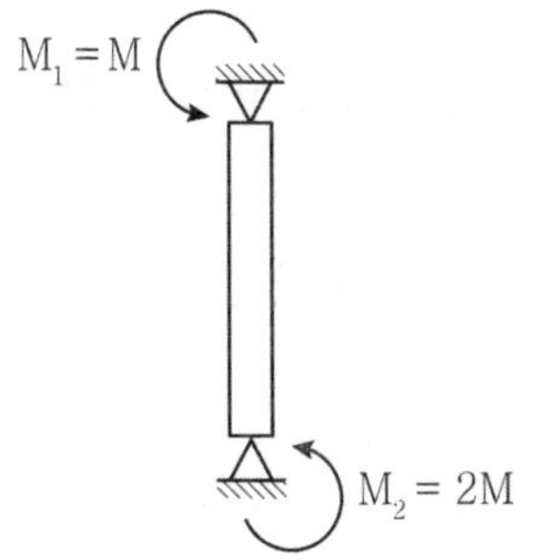

① 0.2

② 0.4

③ 1.0

④ 2.0

17
- 막재의 접힘 인장강도는 종사방향 및 횡사방향 각각의 인장강도 평균치가 동일한 로트에 있어 시험 전에 측정된 각 실 방향 인장강도 평균치의 70% 이상이어야 한다.
- C종 막재는 외부 폭로에 대해 종사방향 및 횡사방향의 인장강도가 각각 초기인장강도의 80% 이상이어야 한다.
- 직물의 휨 측정은 300mm 이상 간격으로 5개소 이상에 대하여 측정한다.

18
$C_m = 0.6 + 0.4\dfrac{M_1}{M_2} = 0.6 + 0.4 \cdot (-1) \cdot \dfrac{M}{2M} = 0.4$

등가균일 휨모멘트계수: 실제 휨모멘트도를 등가 균일 분포 휨모멘트도로 치환하는데 관련된 계수

$C_m = 0.6 + 0.4\dfrac{M_1}{M_2}$ 에서 기둥이 단일곡률로 변형될 때 $\dfrac{M_1}{M_2}$의 값은 양(+)의 값을 취하고 복곡률로 변형될 때는 음(−)의 값을 취한다. 또한 기둥의 양단 사이에 횡하중이 있는 경우에는 C_m을 1.0으로 취하여야 한다.

19 강구조 골조의 안정성 설계 시 구조물의 안정성에 영향을 미치는 요소로 옳은 것만을 모두 고르면?

> ㉠ 2차효과($P-\varDelta$, $P-\delta$ 효과)
> ㉡ 기하학적 불완전성
> ㉢ 비탄성에 기인한 강성감소
> ㉣ 강성과 강도의 불확실성

① ㉠, ㉡

② ㉠, ㉢

③ ㉡, ㉢, ㉣

④ ㉠, ㉡, ㉢, ㉣

20 그림과 같이 압축력을 받는 충전형 합성기둥에 대하여 건축물 강구조 설계기준의 설계전단강도 중 가장 큰 값은?

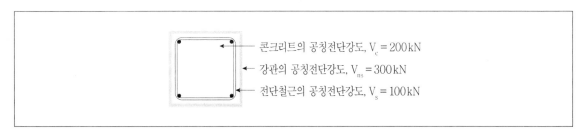

콘크리트의 공칭전단강도, $V_c = 200 \text{kN}$

강관의 공칭전단강도, $V_{ns} = 300 \text{kN}$

전단철근의 공칭전단강도, $V_s = 100 \text{kN}$

① 225kN

② 300kN

③ 400kN

④ 450kN

ANSWER 19.④ 20.②

19 강구조 골조의 안정성 설계 시 구조물의 안정성에 영향을 미치는 요소
- 2차효과($P-\varDelta$, $P-\delta$ 효과)
- 기하학적 불완전성
- 비탄성에 기인한 강성감소
- 강성과 강도의 불확실성

20 충전형 합성기둥의 경우 설계전단강도를 강재단면만의 전단강도, 콘크리트 단면만의 전단강도 중 하나를 택하여 적용할 수 있다. 따라서 문제에서 주어진 경우 강관의 공칭전단강도를 택하는 것이 설계전단강도 중 가장 큰 값이 된다.

1 건축물 내진설계에 대한 용어 설명으로 옳지 않은 것은?

① 감쇠는 점성, 소성 또는 마찰에 의해 구조물에 입력된 동적 에너지가 소산되어 구조물의 진동이 감소하는 현상이다.

② 중간모멘트골조는 지진력의 25% 이상을 부담하는 연성모멘트골조가 전단벽이나 가새골조와 조합되어 있는 구조방식이다.

③ 최대지반가속도는 지진에 의한 진동으로 특정위치에서의 지반이 수평 2방향 또는 수직방향으로 움직인 가속도의 절대값의 최댓값이다.

④ 내진성능수준은 설계지진에 대해 시설물에 요구되는 성능수준으로 기능수행수준, 즉시복구수준, 장기복구/인명보호수준과 붕괴방지수준으로 구분된다.

2 철근콘크리트 설계에서 인장이형철근의 정착길이 산정에 사용되는 보정계수가 아닌 것은? (단, 정착길이는 기본정착길이에 보정계수를 고려하는 방법으로 구한다)

① 마찰계수

② 도막계수

③ 경량콘크리트계수

④ 철근배치 위치계수

ANSWER 1.② 2.①

1 • 이중골조방식 : 횡력(지진력)의 25% 이상을 부담하는 모멘트 연성골조가 가새골조나 전단벽에 조합되는 방식으로서 중력하중에 대해서도 모멘트연성골조가 모두 지지하는 구조이다.
 • 모멘트골조 : 기둥과 보로 구성하는 라멘골조가 횡력과 수직하중을 저항하는 구조로서 부재와 접합부가 휨모멘트, 전단력, 축력에 저항하는 골조로서 보통모멘트골조, 중간모멘트골조, 특수모멘트골조 등으로 분류한다.

2 인장이형철근의 정착길이 산정에는 마찰계수는 고려하지 않는다.

3 철근콘크리트 설계에서 적용되는 강도감소계수가 가장 작은 것은?

① 인장지배단면

② 포스트텐션 정착구역

③ 스트럿-타이모델에서 스트럿, 절점부 및 지압부

④ 무근콘크리트의 휨모멘트, 압축력, 전단력, 지압력

4 건축구조기준에서 강도설계법 또는 한계상태설계법으로 구조물을 설계하는 경우 하중조합으로 옳은 것은? (단, 고정하중(D), 활하중(L), 지진하중(E), 풍하중(W), 적설하중(S)만 고려하며, 활하중에 대한 하중계수 저감은 고려하지 않는다)

① 1.4D + 1.0W

② 1.2D + 1.6L + 0.5S

③ 1.2D + 1.0E + 1.0L + 0.5S

④ 0.9D + 1.3W + 1.0L + 0.2S

....

ANSWER 3.④ 4.②

3

부재 또는 하중의 종류	강도감소계수
인장지배단면	0.85
압축지배단면-나선철근부재	0.70
압축지배단면-스터럽 또는 띠철근부재	0.65
전단력과 비틀림모멘트	0.75
콘크리트의 지압력	0.65
포스트텐션 정착구역	0.85
스트럿타이-스트럿, 절점부 및 지압부	0.75
스트럿타이-타이	0.85
무근콘크리트의 휨모멘트, 압축력, 전단력, 지압력	0.55

4
- 1.4(D+F)
- 1.2(D+F+T)+1.6L+0.5(Lr 또는 S 또는 R)
- 1.2D+1.6(Lr 또는 S 또는 R)+(1.0L 또는 0.5W)
- 1.2D+1.0W+1.0L+0.5(Lr 또는 S 또는 R)
- 1.2D+1.0E+1.0L+0.2S
- 0.9D+1.0W
- 0.9D+1.0E

5 그림과 같은 양단 지지조건을 가지는 강구조 압축재에 대한 탄성좌굴하중의 비 (a) : (b) : (c)는? (단, 압축재의 길이, 재질 및 단면은 모두 동일하며, 자중은 무시하고 유효좌굴길이계수는 이론값을 적용한다)

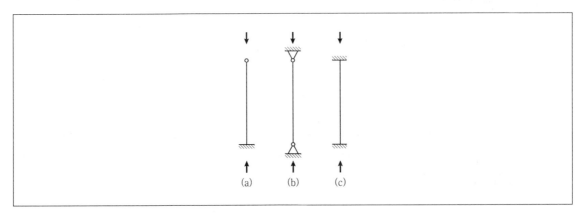

① 4 : 2 : 1

② 1 : 2 : 4

③ 16 : 4 : 1

④ 1 : 4 : 16

ANSWER 5.④

5 오일러의 탄성좌굴하중식에 의하면 부재의 유효좌굴길이의 제곱에 반비례한다. 따라서 문제에서 주어진 조건들을 공식에 대입하면 (a);(b):(c)는 1 : 4 : 16이 된다.

※ 오일러의 탄성좌굴하중

- 탄성좌굴하중 $P_{cr} = \dfrac{\pi^2 EI_{\min}}{(KL)^2} = \dfrac{n \cdot \pi^2 EI_{\min}}{L^2} = \dfrac{\pi^2 EA}{\lambda^2}$

- 좌굴응력 $f_{cr} = \dfrac{P_{cr}}{A} = \dfrac{\pi^2 EI_{\min}}{(KL)^2 \cdot A} = \dfrac{\pi^2 E \cdot r_{\min}^2}{(KL)^2} = \dfrac{\pi^2 E}{\lambda^2}$

- E : 탄성계수 (MPa, N/mm²)

- $I_{\min}$: 최소단면2차 모멘트(mm⁴)

- K : 지지단의 상태에 따른 유효좌굴길이계수

- KL : 유효좌굴길이(mm)

- λ : 세장비 (길이를 단면2차반경으로 나눈 값)

- f_{cr} : 임계좌굴응력

- n : 좌굴계수(강도계수, 구속계수)이며 $n = \dfrac{1}{K^2}$ 이다.

단부구속조건	양단고정	1단힌지 타단고정	양단힌지	1단회전구속 이동자유 타단고정	1단회전자유 이동자유 타단고정	1단회전구속 이동자유 타단힌지
좌굴형태						
이론적인 K값	0.50	0.70	1.0	1.0	2.0	2.0
권장설계 K값	0.65	0.80	1.0	1.2	2.1	2.4
절점조건의 범례	회전구속, 이동구속 : 고정단					
	회전자유, 이동구속 : 힌지					
	회전구속, 이동자유 : 큰 보강성과 작은 기둥강성인 라멘					
	회전자유, 이동자유 : 자유단					

6 그림과 같이 도심을 지나는 x축, y축에 대한 직사각형 단면의 성질에 대한 설명으로 옳지 않은 것은?

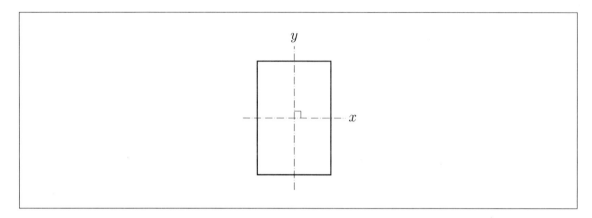

① y축에 대한 단면1차모멘트는 0이다.

② x축, y축에 대한 단면상승모멘트는 0이다.

③ 주축은 서로 직교하지 않고 45°의 각도를 이룬다.

④ 주축에 대한 단면상승모멘트는 0이다.

ANSWER 6.③

6 주축은 도형의 도심을 지나고 단면상승모멘트가 0이 되는 축을 말하며 2개의 축으로 구성되고 이 축들은 서로 직교를 한다.

7 그림과 같은 캔틸레버 보에 대한 설명으로 옳은 것은? (단, 보의 자중은 무시하며, 보의 길이는 일정하고, 보의 전 길이에 걸쳐 재질 및 단면은 동일하며, 부재는 선형 탄성으로 거동하는 것으로 가정한다)

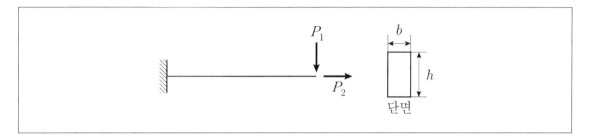

① 하중 P_1만 작용할 경우, 단면의 폭(b)이 2배가 되면 부재의 최대 처짐은 2배가 된다.

② 하중 P_1만 작용할 경우, 단면의 높이(h)가 2배가 되면 부재의 최대 처짐은 1/4배가 된다.

③ 하중 P_2만 작용할 경우, 단면의 폭(b)이 2배가 되면 부재의 축방향 변위는 1/4배가 된다.

④ 하중 P_2만 작용할 경우, 단면의 높이(h)가 2배가 되면 부재의 축방향 변위는 1/2배가 된다.

<hr>

ANSWER 7.④

7 ① 하중 P_1만 작용할 경우, 단면의 폭(b)이 2배가 되면 단면2차모멘트가 2배가 되어 부재의 최대 처짐은 0.5배가 된다.

② 하중 P_1만 작용할 경우, 단면의 높이(h)가 2배가 되면 부재의 최대 처짐은 1/8배가 된다.

③ 하중 P_2만 작용할 경우, 단면의 폭(b)이 2배가 되면 부재의 축방향 변위는 1/2배가 된다.

8

그림과 같은 캔틸레버 보에서 b점과 c점의 처짐을 각각 δ_b와 δ_c라고 할 때, 두 처짐의 비 $\dfrac{\delta_b}{\delta_c}$는? (단, 보의 자중은 무시하며, 보의 전 길이에 걸쳐 재질 및 단면은 동일하고, 부재는 선형 탄성으로 거동하는 것으로 가정한다)

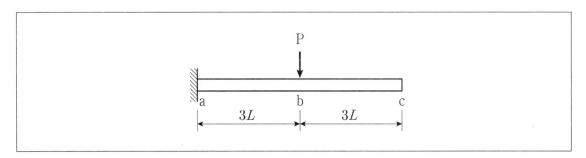

① $\dfrac{1}{2}$ ② $\dfrac{2}{3}$

③ $\dfrac{2}{5}$ ④ $\dfrac{3}{7}$

ANSWER 8.③

8

• b지점의 처짐 : $\delta_b = \dfrac{P(3L)^3}{3EI}$

• c지점의 처짐 : $\delta_c = \delta_b + \dfrac{P(3L)^2}{2EI} \cdot 3L = \dfrac{P(3L)^3}{3EI} + \dfrac{P(3L)^3}{3EI} = \dfrac{5}{6}\dfrac{P(3L)^3}{EI}$

• b, c지점의 처짐비 : $\dfrac{\delta_b}{\delta_c} = \dfrac{2}{5}$

9 조적구조의 내진설계에 대한 설명으로 옳지 않은 것은?

① 조적허리벽이 모멘트골조로부터 이격된 경우에는 허리벽에 의한 기둥길이의 감소효과를 구조해석과 설계에 반영해야 한다.

② 조적채움벽이 모멘트골조로부터 이격되지 않아서 구조요소로 역할을 할 경우에는 채움벽의 영향을 구조해석에서 고려해야 한다.

③ 철근콘크리트모멘트골조 또는 철골모멘트골조의 내부에 밀착하여 채움벽이 배치되는 경우에는 채움벽의 강성 및 강도 기여도를 고려해야 한다.

④ 철근콘크리트모멘트골조 또는 철골모멘트골조의 내부에 밀착된 채움벽체의 대각방향 압축대의 강도는 골조의 강성을 고려한 유효폭을 산정하여 골조의 강도 및 강성 증가 효과를 고려한다.

ANSWER 9.①

9 조적채움벽과 허리벽의 고려사항
- 조적허리벽 또는 콘크리트허리벽이 모멘트골조로부터 이격되지 않은 경우에는 허리벽에 의한 기둥길이의 감소효과를 구조해석과 설계에 반영해야 한다.
- 조적채움벽이 모멘트골조로부터 이격되지 않아서 구조요소로 역할을 할 경우에는 채움벽의 영향을 구조해석에서 고려하여야 한다. 조적채움벽은 조적구조기준에 따라서 설계하여야 하며, 콘크리트 기둥과 보에는 조적채움벽으로부터 전달되는 추가하중에 대하여 설계하여야 한다.
- 학교시설 중 대부분의 교사동 건물은 장변방향으로 조적허리벽, 단변방향으로 조적채움벽이 있는 철근콘크리트 모멘트 골조로 이루어져 있다. 그 중 조적허리벽이 있는 장변방향의 경우 단주효과로 인해 기둥의 전단력이 증가하는 반면에 내진설계가 되지 않은 건물의 경우 띠철근 간격이 커서 전단파괴가 발생하고 취성적 거동을 할 가능성이 높다. 실제로 포항지진이 발생하였을 때 조적허리벽 구조를 가진 학교시설물에서 기둥의 단주파괴가다수 발생하였다.
- 채움벽이란 기둥 사이에 시공되는 벽체로, 벽체의 재료로는 철골, 철근콘크리트, 보강된 조적, 비보강된 조적, 구속된 조적, 나무 등이 사용된다.

10 목구조 부재설계기준에서 수평하중저항구조의 설계에 대한 설명으로 옳지 않은 것은?

① 바닥격막구조는 콘크리트구조 및 조적조에 따라 유발되는 지진하중을 지지하도록 설계하여야 한다.

② 모든 격막구조는 인장 및 압축 하중을 전달하도록 가장자리에 경계부재를 설치하여야 한다.

③ 개구부 주변의 경계부재는 전단응력을 분산하도록 설계하여야 한다.

④ 격막의 덮개용 목질판상재를 경계부재의 이음에 사용하지 않아야 한다.

11 지반개량에 대한 설명으로 옳지 않은 것은?

① 지반의 지지력 증대, 기초의 부등침하 방지 등을 목적으로 실시한다.

② 주입공법은 시멘트, 약액 등을 주입하여 고결시키는 공법이다.

③ 웰포인트 공법은 주로 연약 점토질지반 개량에 사용되는 치환공법이다.

④ 바이브로 플로테이션 공법은 주로 사질지반 개량에 사용되는 다짐공법이다.

ANSWER 10.① 11.③

10 목구조의 수평하중저항구조 설계
- 이 조항은 목구조 건축물에서 바람, 지진 및 기타 수평하중에 저항하는 전단벽(수직격막)과 바닥(수평격막)에 관한 설계에 적용한다.
- 바닥과 전단벽의 전단성능은 파스너의 허용내력과 덮개용 목질판상재의 허용응력을 사용한 역학적 원리에 따라 산정한다.
- 구조내력상 주요한 기둥과 보 등의 구조부재는 KDS 41 17 00(내진설계기준)에 따라 결정되는 지진하중을 지지하도록 설계하여야 한다.
- 구조내력상 주요한 구조부재 사이의 접합부는 KDS 41 17 00(내진설계기준)에 따라 결정되는 지진하중을 지지하도록 KDS 41 50 30(목구조 접합부 설계)에 따라 설계하여야 한다.
- 벽, 기둥, 보 등의 주요구조부가 지진하중을 지지하도록 설계된 건축물에서, 벽이나 가새 등의 수평하중저항요소를 각 층에서 길이 및 너비 방향으로 균형 있게 배치하여야 한다.
- 모든 격막구조는 인장 및 압축 하중을 전달하도록 가장자리에 경계부재를 설치하여야 한다. 개구부 주변의 경계부재는 전단응력을 분산하도록 설계하여야한다.
- 격막의 덮개용 목질판상재를 경계부재의 이음에 사용하지 않아야한다.
- 전단벽의 이중깔도리(버팀재)나 바닥의 보막이장선(현재) 등 골조부재의 끝부분에 직각방향으로 설치되는 부재는 해당 격막구조가 작용하중을 충분히 지지한다는 사실이 증명되지 않는 한 반드시 설치하여야 한다.

11 웰포인트공법은 양수관을 다수 박아 넣고 상부를 연결하여 진공흡입펌프에 의해 지하수를 양수하도록 하는 강제배수공법으로서 주로 사질지반 개량에 사용된다.

12 건축물 내진설계에 대한 내용으로 옳지 않은 것은?

① 건물의 중요도를 고려하여 내진등급과 내진설계 중요도계수를 결정한다.

② 내진등급은 내진특등급, 내진 I 등급, 내진 II 등급, 내진 III 등급으로 구분된다.

③ 평면비정형성의 유형에는 비틀림비정형, 요철형평면, 격막의 불연속, 면외 어긋남, 비평행시스템이 있다.

④ 수직비정형성의 유형에는 강성비정형 — 연층, 중량비정형, 기하학적 비정형, 횡력저항 수직저항 요소의 비정형, 강도의 불연속 — 약층이 있다.

13 특수목적 건축기준에서 케이블구조 및 막구조에 대한 설명으로 옳지 않은 것은?

① 케이블구조는 주로 휨응력과 전단응력을 받을 목적으로 케이블 부재로 시공되는 구조이다.

② 케이블구조의 형상은 케이블의 장력분포와 깊은 관계가 있으므로 초기형상해석을 수행한다.

③ 막구조는 자중을 포함하는 외력이 막응력에 따라 저항되는 구조물로서, 휨 또는 비틀림에 대한 저항이 작거나 또는 전혀 없는 구조이다.

④ 공기막구조는 공기막 내외부의 압력차에 따라 막면에 강성을 주어 형태를 안정시켜 구성되는 구조이다.

14 콘크리트구조 철근상세 설계기준에서 수축·온도철근에 대한 설명으로 옳지 않은 것은?

① 슬래브에서 휨철근이 1방향으로만 배치되는 경우, 이 휨철근에 직각방향으로 수축·온도철근을 배치하여야 한다.

② 1방향 철근콘크리트 슬래브의 수축·온도철근비는 콘크리트 전체 단면적에 대한 수축·온도철근 단면적의 비로 한다.

③ 1방향 철근콘크리트 슬래브에 배치되는 수축·온도철근의 간격은 슬래브 두께의 6배 이하, 또한 500mm 이하로 하여야 한다.

④ 1방향 철근콘크리트 슬래브에서 수축·온도철근은 설계기준항복강도(f_y)를 발휘할 수 있도록 정착되어야 한다.

ANSWER 12.② 13.① 14.③

12 내진등급은 중요도에 따라서 내진특등급, 내진 I 등급, 내진 II 등급으로 분류한다.

13 케이블구조는 주로 인장응력을 받을 목적으로 시공되는 구조이다.

14 1방향 철근콘크리트 슬래브에 배치되는 수축·온도철근의 간격은 슬래브 두께의 5배 이하, 또한 450mm 이하로 하여야 한다.

15 그림과 같은 2방향 직사각형 독립 기초판의 단변방향으로 배근할 전체 철근량이 15,000mm²이면, 유효 폭 내에 배근해야 하는 단변방향 철근량[mm²]은?

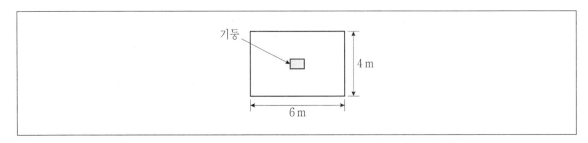

① 10,000

② 12,000

③ 12,500

④ 13,500

15 단변방향에 전체 철근량에 대한 유효폭 내의 철근량

$$\gamma_s = \frac{유효폭 내에 배치되는 철근량}{단변방향의 전체철근량(15,000)} = \frac{2}{\beta+1} = \frac{2}{\frac{6}{4}+1} \; 이므로$$

유효폭 내에 배치되는 철근량은 12,000[mm²]이다.

16 다음 그림은 철근콘크리트 기둥의 P-M 상관도에 기둥의 세장비에 따른 파괴양상을 표현하였다. (가) ~ (다)에 들어갈 말을 바르게 연결한 것은?

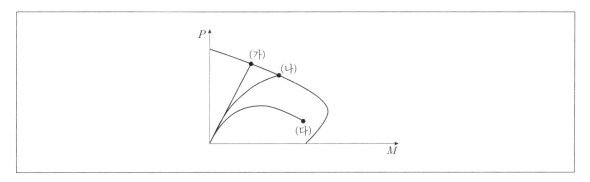

	(가)	(나)	(다)
①	재료파괴	재료파괴	좌굴파괴
②	재료파괴	좌굴파괴	좌굴파괴
③	좌굴파괴	재료파괴	재료파괴
④	좌굴파괴	좌굴파괴	재료파괴

ANSWER 16.①

16 (가),(나)는 재료파괴, (다)는 좌굴파괴이다.

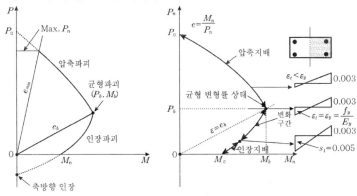

17 강구조 설계에서 용접에 대한 설명으로 옳지 않은 것은?

① 필릿용접의 유효면적은 유효길이에 유효목두께를 곱한 것으로 한다.

② 필릿용접의 유효길이는 필릿용접의 총길이에서 용접치수의 2배를 공제한 값으로 한다.

③ 플러그용접과 슬롯용접의 유효길이는 목두께의 중심을 잇는 용접중심선의 길이로 한다.

④ 강도를 기반으로 하여 설계되는 필릿용접의 최소길이는 공칭용접치수의 3배 이상으로 하여야 한다.

18 다음은 온도변화에 따른 강재의 특성에 관한 내용이다. (개)~(대)에 들어갈 말을 바르게 연결한 것은?

> 일반적으로 강재는 저온 상태가 되면 ⬚(개)⬚ 와/과 ⬚(나)⬚ 이 급격히 감소하여 ⬚(대)⬚ 와 같은 현상이 발생하기 쉽다.

	(개)	(나)	(대)
①	인장강도	전단강성	취성파괴
②	인장강도	단면수축률	연성파괴
③	연신율	전단강성	연성파괴
④	연신율	단면수축률	취성파괴

ANSWER 17.④ 18.④

17 강도를 기반으로 하여 설계되는 필릿용접의 최소길이는 공칭용접사이즈의 4배 이상으로해야 한다. 또는 유효용접사이즈는 그 용접길이의 1/4 이하가 되어야 한다.

18 일반적으로 강재는 저온 상태가 되면 연신율과 단면수축률이 급격히 감소하여 취성파괴와 같은 현상이 발생하기 쉽다.

19 강구조 설계에 대한 용어 설명으로 옳은 것은?

① 자유돌출판은 하중의 방향과 평행하게 양면이 직각방향의 판요소에 의해 연속된 압축을 받는 평판요소이다.

② 스켈럽은 용접선의 단부에 붙인 보조판으로 용접의 시작부나 종단부에서 용착금속의 결함 방지를 위하여 사용한다.

③ 블록전단파단은 접합부에서, 한쪽 방향으로는 인장파단, 다른 방향으로는 전단항복 혹은 전단파단이 발생하는 한계상태이다.

④ 인장역작용은 하중점과 볼트, 접합된 부재의 반력 사이에서 지렛대와 같은 거동에 의해 볼트에 작용하는 인장력이 증폭되는 작용이다.

ANSWER 19.③

19 ① 양면지지판은 하중의 방향과 평행하게 양면이 직각방향의 판요소에 의해 연속된 압축을 받는 평판요소이다.
② 엔드탭은 용접선의 단부에 붙인 보조판으로 용접의 시작부나 종단부에서 용착금속의 결함 방지를 위하여 사용한다.
④ 인장역작용은 프랫트러스와 유사하게 전단력이 작용할 때 웨브의 대각방향으로 인장력이 발생하고 수직보강재에 압축력이 발생하는 패널의 거동이다.

20 건축물 기초구조 설계기준에서 깊은 지하층의 지하외벽 및 바닥구조 설계에 대한 설명으로 옳지 않은 것은?

① 지하외벽구조는 지상층구조의 횡력 영향과 지하외벽에 직접 작용하는 토압 및 수압의 영향을 고려하여야 한다.

② 지하연속벽공법에 의해 시공되는 지하외벽이 영구벽체로 사용되는 경우, 지하연속벽의 수직 시공 이음부의 설계전단강도와 전단강성은 소요전단강도와 소요전단강성을 만족하여야 한다.

③ 1층을 포함한 지하층 바닥구조는 연직하중에 의한 영향뿐만 아니라 지상층구조의 횡력 영향과 지하외벽에 직접 작용하는 횡토압 및 횡수압에 의한 면내압축력도 고려하여야 한다.

④ 지반에 접한 바닥구조는 지하외벽으로부터의 면외하중과 지반으로부터의 상향 수압 및 토압에 의한 면내하중도 고려하여야 한다.

ANSWER 20.④

20 지반에 접한 바닥구조는 지하외벽으로 부터의 면내하중과 지반으로부터의 상향 수압 및 토압에 의한 면외 하중도 고려하여 설계하여야 한다.

  ※ **지하층 바닥구조**
  • 1층을 포함한 지하층 바닥구조는 연직하중에 의한 영향뿐만 아니라 지상층 구조의 횡력 영향과 지하외벽에 직접 작용하는 횡토압 및 횡수압에 의한 면내압축력도 고려하여 설계하여야 한다. 또한 세장 압축부재는 세장영향을 고려하여한다.
  • 면내하중이 작용하는 바닥구조의 설계는 큰 개구부의 영향도 고려하여야 한다.
  • 지하외벽에 직접 작용하는 정적 횡토압과 횡수압은 지속하중으로 간주하여야 한다.
  • 횡력을 전달하는 지하층 바닥구조는 격막 및 수집재들을 설계하여야 한다.
  • 지하층 바닥구조의 상세는 격막, 경계부재, 수집재 들의 구성요소 사이에 힘이 안전하게 전달되도록 해당 기준에 따라 설계하여야 한다.
  • 지하층 바닥구조의 하중전달 경로에 단면의 변화가 있는 경우에는 이에 대한 영향을 고려하여 설계하여야 한다.
  • 지하층에 합성바닥구조를 사용한 경우에는 압축력을 받는 구조요소들의 접합부 주변은 길이방향 전단력을 고려하여 설계하여야 한다.
  • 압축력을 받는 합성부재의 각 요소(강재와 콘크리트의 단면)에 작용하는 압축력 산정에는 콘크리트의 장기경과에 따른 영향을 고려하여야 한다.

1 다음 중 건축구조기준에서 규정하고 있는 기본등분포활하중의 용도별 최솟값이 가장 큰 건축물 용도는?

① 주거용 건축물의 거실

② 일반사무실

③ 도서관 서고

④ 총중량 30kN 이하의 차량용 옥외 주차장

2 건축구조기준에서 규정한 목표성능을 만족하면서, 건축주가 선택한 성능지표(안전성능, 사용성능, 내구성능 및 친환경성능 등)를 만족하도록 건축구조물을 설계하는 방법은?

① 성능기반설계법   ② 강도설계법

③ 한계상태설계법   ④ 허용응력설계법

ANSWER 1.③ 2.①

1 직관적으로 단위면적당 가장 큰 하중이 작용하는 경우는 도서관 서고임을 알 수 있다.

① 주거용 건축물의 거실 2.0

② 일반사무실 2.5

③ 도서관 서고 7.5

④ 총중량 30kN 이하의 차량용 옥외 주차장 5.0

2 • 성능기반설계법 : 건축구조기준에서 규정한 목표성능을 만족하면서, 건축주가 선택한 성능지표(안전성능, 사용성능, 내구성능 및 친환경성능 등)를 만족하도록 건축구조물을 설계하는 방법

• 허용응력설계법 : 부재에 작용하는 실제하중에 의해 단면 내에 발생하는 각종 응력이 그 재료의 허용응력 범위 이내가 되도록 설계하는 방법으로서 안전을 도모하기 위하여 재료의 실제강도를 적용하지 않고 이 값을 일정한 수치(안전률)로 나눈 허용응력을 기준으로 한다는 것이 특징이다.

• 강도설계법 : 부재의 강도가 사용하중에 하중계수를 곱한 값인 계수하중을 지지할 수 있는 이상의 강도를 발휘할 수 있도록 설계하는 방법

• 한계상태설계법 : 구조물의 모든 부재가 한계상태로 되는 확률을 일정한 값 이하가 되도록 하는 설계법이다. 즉, 하중의 작용과 재료강도의 변동 등을 종합적으로 고려하여 구조물의 안전성을 확률론적으로 평가하는 것이다.

3 강봉, 강선, 강연선 등과 같은 긴장재를 사용하여 콘크리트에 초기 긴장력을 도입한 구조는?

① 공기막구조

② 프리스트레스트 콘크리트 구조

③ 프리캐스트 콘크리트 구조

④ 합성구조

4 조적구조에 대한 설명으로 옳지 않은 것은?

① 일반적으로 풍하중이나 지진하중과 같은 수평하중에 취약하다.

② 벽돌구조의 세로줄눈은 막힌줄눈보다 통줄눈으로 설계하는 것이 구조적으로 유리하다.

③ 테두리보는 조적벽 상부에 설치하여 구조를 일체화시키고 상부하중을 균등히 분포시킨다.

④ 벽돌쌓기 방법 중 불식쌓기는 같은 켜에 길이쌓기와 마구리쌓기를 교대로 사용하는 방법이다.

ANSWER 3.② 4.②

3 강봉, 강선, 강연선 등과 같은 긴장재를 사용하여 콘크리트에 초기 긴장력을 도입한 구조는 프리스트레스트 콘크리트 구조이다.

4 벽돌구조의 세로줄눈은 통줄눈보다 막힌줄눈으로 설계하는 것이 구조적으로 유리하다.

5 그림과 같이 수평하중 20kN이 작용하는 라멘구조에서 D점의 휨모멘트는?

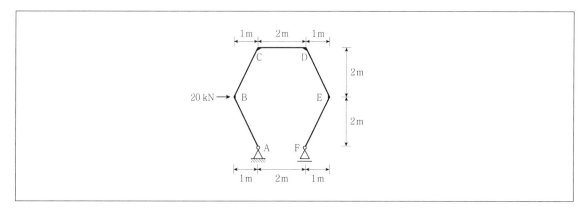

① 0kN · m

② 10kN · m

③ 20kN · m

④ 40kN · m

ANSWER 5.①

5
• F점의 연직반력은 작용선상에 D점에 위치하고 있으므로 D점에 아무런 영향을 주지 못한다.
• 반력의 크기는 $R_{HA} = 20[kN](\downarrow)$, $R_{VA} = 20[kN](\leftarrow)$
• D점에 대하여 시계방향의 모멘트를 (+)로 가정하면

$$\sum M_D = -(H_B \cdot 2) + R_{HA} \cdot 4 - (R_{VA} \cdot 2) = -20 \cdot 2 + 20 \cdot 4 - 20 \cdot 2 = 0$$

6 그림과 같은 연속보에 발생하는 모멘트도의 개형으로 옳은 것은? (단, P는 집중하중이고, 보의 자중은 무시한다)

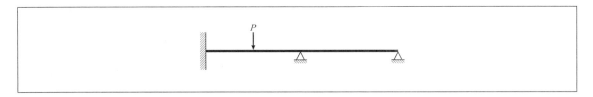

①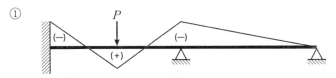

②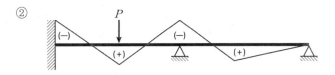

③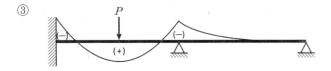

④

ANSWER 6.①

6 휨모멘트선도의 형상은 실재 처짐의 형상과 매우 유사하므로 하중이 가해졌을 때 변형형상은 직관적으로 ②, ④는 아님을 알수 있다. 또한 휨모멘트선도가 곡선을 이루려면 해당 구간에서 등분포하중이 가해져야 하나 문제에서 주어진 조건은 등분포하중이 없으므로 ③도 아니므로 정답은 ①이 된다.

7 그림과 같이 등분포하중(ω)을 받는 단순보에서 중앙부 최대처짐(δ)을 줄이는 방법 중 가장 효과가 큰 경우는? (단, 보는 직사각형 단면의 강재보이고, 선형탄성거동으로 제한하며, 보 전체 길이(l)에서 단면과 재질은 동일하다)

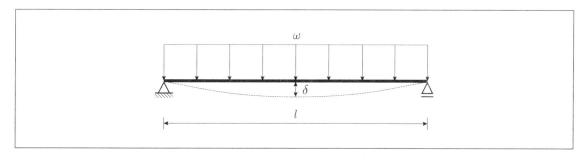

① 하중을 1/2로 줄인다.
② 보 폭을 2배 증가시킨다.
③ 보 춤을 1.5배 증가시킨다.
④ 항복강도가 2배 큰 강재로 교체한다.

8 벽돌벽체를 쌓을 때 조적 내부에 수직 중 공부를 두는 공간 쌓기의 목적이 아닌 것은?

① 방음기능 향상

② 단열성능 향상

③ 내진성능 향상

④ 방습기능 향상

9 슬래브와 보를 일체로 타설하고, 보의 양쪽에 슬래브가 있는 철근콘크리트 T형보의 유효폭을 산정하는 세 가지 방법에 해당하지 않는 것은? (단, b_w는 보의 복부(웨브)폭이며, 슬래브(플랜지)의 두께는 균일하다)

① 슬래브 두께의 16배 + b_w

② 인접 보와의 내측거리

③ 양쪽 슬래브의 중심 간 거리

④ 보경간의 1/4

ANSWER 8.③ 9.②

8 공간쌓기를 하면 빈 공간이 많아지게 되어 내진성능은 저하된다.

9 T형보 플랜지의 유효폭

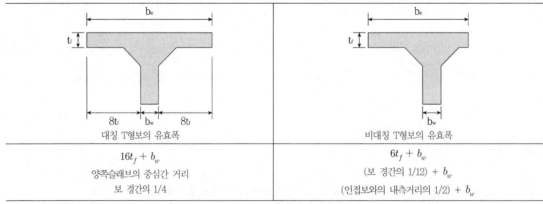

대칭 T형보의 유효폭	비대칭 T형보의 유효폭
$16t_f + b_w$ 양쪽슬래브의 중심간 거리 보 경간의 1/4	$6t_f + b_w$ (보 경간의 1/12) + b_w (인접보와의 내측거리의 1/2) + b_w

t_f : 슬래브의 두께, b_w : 웨브의 폭

10 그림과 같은 등변사다리꼴 단면의 단근보가 휨내력에 도달할 때, 인장철근의 변형률이 0.0099가 되기 위한 총인장철근량은? (단, 콘크리트 설계기준압축강도 f_{ck} = 30MPa, 철근 설계기준항복강도 f_y = 600MPa이다)

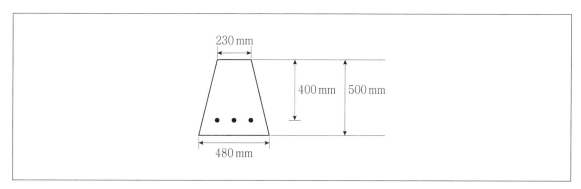

① 450mm^2

② 650mm^2

③ 750mm^2

④ 850mm^2

ANSWER 10.④

10 시간이 상당히 소요되는 문제이며 출제빈도가 매우 낮은 문제이므로 과감히 넘어갈 것을 권한다.

- $\rho_b = 0.85\beta_1 \dfrac{f_{ck}}{f_y} \cdot \dfrac{\varepsilon_c}{\varepsilon_c + \varepsilon_t} = 0.85 \cdot 0.8 \cdot \dfrac{30}{600} \cdot \dfrac{0.0033}{0.0033 + 0.0099} = 0.0085$

- $A_s = \rho_b A = \rho_b \cdot (230 \cdot 400) = 0.0085 \cdot 230 \cdot 400 = 782[mm^2]$

11 콘크리트 벽체 설계기준에 따른 벽체 설계에 대한 설명으로 옳지 않은 것은?

① 수직 및 수평철근의 간격은 벽두께의 3배 이하 또한 450mm 이하로 하여야 한다.

② 두께 250mm 이상의 벽체에서는 수직 및 수평 철근을 벽면에 평행하게 양면으로 배근한다. 단, 지하실 벽체에는 이 규정을 적용하지 않을 수 있다.

③ 비내력벽의 두께는 100mm 이상이어야 하고, 또한 이를 횡방향으로 지지하고 있는 부재 사이 최소 거리의 1/30 이상이 되어야 한다.

④ 지하실 외벽의 두께는 150mm 이상이어야 한다.

12 강구조에 대한 설명으로 옳지 않은 것은?

① 소성변형능력이 우수하다.

② 내화성능향상과 부식방지를 위한 유지관리 대책이 필요하다.

③ 지속적인 반복하중에 따른 피로에 의한 파단의 우려가 있다.

④ 강재보 부재는 압축력이 작용하지 않으므로 좌굴을 고려하지 않아도 된다.

13 강구조 부재의 접합에서 볼트 접합부의 파괴유형이 아닌 것은?

① 볼트의 압축파괴

② 볼트의 인장파괴

③ 볼트의 전단파괴

④ 피접합재의 연단부파괴

ANSWER 11.④ 12.④ 13.①

11 지하실 외벽의 두께는 200mm이상이어야 한다.

12 강재보 부재는 압축력이 작용할 수 있으므로 좌굴을 반드시 고려해야 한다.

13 볼트 접합부의 파괴는 볼트의 파괴(1면전단파괴, 2면전단파괴, 인장파괴)와 모재의 파괴(연단부파괴, 측단부파괴, 지압파괴)로 나뉜다.

14 강구조의 내진설계에서 국가공인기관에 의한 실험결과나 다른 합리적 기준에 의해 강재의 적합성을 입증해야만 특수모멘트골조, 중간모멘트골조 또는 편심가새골조 등으로 사용할 수 있는 강재는?

① SM강

② SN강

③ SHN강

④ TMC강

15 강구조에서 와이어로프 등과 같은 인장재를 긴장시킬 때 사용하는 부속철물은?

① 베이스플레이트(base plate)

② 턴버클(turn buckle)

③ 거셋플레이트(gusset plate)

④ 앵커볼트(anchor bolt)

ANSWER 14.① 15.②

14 SM강은 용접구조용 압연강재로서 기본적으로 내진성능이 갖추어졌다고 볼 수는 없는지라 이를 특수모멘트골조, 중간모멘트골조 또는 편심가새골조 등으로 사용할 수 있으려면 국가공인기관에 의한 실험결과나 다른 합리적 기준에 의해 강재의 적합성을 입증해야만 한다.
• SS : 일반구조용 압연강재
• SM : 용접구조용 압연강재
• SMA : 용접구조용 내후성 열간압연강재
• SN : 건축구조용 압연강재
• FR : 건축구조용 내화강재
• SPS : 일반구조용 탄소강관
• SPSR : 일반구조용 각형강관
• STKN : 건축구조용 원형강관
• SPA : 내후성강
• SHN : 건축구조용 H형강

15 턴버클 : 강구조에서 와이어로프 등과 같은 인장재를 긴장시킬 때 사용하는 부속철물
• 거셋플레이트 : 트러스의 부재, 스트럿 또는 가새재를 보 또는 기둥에 연결하는 판요소

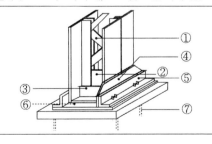

① 래티스
② 웨브플레이트
③ 클립앵글
④ 윙플레이트
⑤ 사이드앵글
⑥ 베이스플레이트
⑦ 앵커볼트

16 철근콘크리트구조 기초설계에 대한 설명으로 옳지 않은 것은?

① 동일하중 조건에서 기초면적이 커질수록 지반의 지압 및 기초의 침하량은 감소한다.

② 연약 지반에서는 말뚝을 사용하여 기초의 하중을 연약 지층 하부의 암반층으로 전달하기도 한다.

③ 기초로부터 지반에 전달되는 하중의 면적당 크기가 허용지내력보다 커지도록 설계하여 지반이 구조물을 안정적으로 지지할 수 있도록 한다.

④ 부동침하는 구조물에 추가적인 응력과 균열을 발생시킬 수 있어 설계 시 주의하여야 한다.

ANSWER 16.③

16 기초로부터 지반에 전달되는 하중의 면적당 크기가 허용지내력보다 작아지도록 설계하여 지반이 구조물을 안정적으로 지지할 수 있도록 한다.

17 건축구조기준에 따른 건축물의 중요도 분류 중 '중요도(1)'에 해당하는 것은?

① 연면적 1,000m² 이상인 위험물 저장 및 처리시설

② 연면적 1,000m² 이상인 국가 또는 지방자치단체의 청사·외국공관·소방서·발전소·방송국·전신전화국

③ 5층 이상인 숙박시설·오피스텔·기숙사·아파트

④ 가설구조물

ANSWER 17.③

17 다품종 소량생산보다 소품종 대량생산 시에 치공구를 사용하는 것이 치공구 제작비면에서 더 유리하다.

내진등급	분류목적	소분류
중요도(특) 중요도계수 1.5	유출 시 인명피해가 우려되는 독극물 등을 저장하고 처리하는 건축물	연면적 1,000m²이상인 위험물 저장 및 처리시설
	응급비상 필수시설물로 지정된 건축물	연면적 1,000m²이상인 국가 또는 지방자치단체의 청사·외국공관·소방서·발전소·방송국·전신전화국
		종합병원, 또는 수술시설이나 응급시설이 있는 병원
중요도(1) 중요도계수 1.2	중요도(특)보다 작은 규모의 위험물 저장·처리시설 및 응급비상 필수시설물	연면적 1,000m²미만인 위험물 저장 및 처리시설
		연면적 1,000m²미만인 국가 또는 지방자치단체의 청사·외국공관·소방서·발전소·방송국·전신전화국
	붕괴 시 인명에 상당한 피해를 주거나 국민의 일상생활에 상당한 경제적 충격이나 대규모 혼란이 우려되는 건축물	연면적 5,000m²이상인 공연장·집회장·관람장·전시장·운동시설·판매시설·운수시설(화물터미널과 집배송시설은 제외함)
		아동관련시설·노인복지시설·사회복지시설·근로복지시설
		5층 이상인 숙박시설·오피스텔·기숙사·아파트
		학교
		수송시설과 응급시설 모두 없는 병원, 기타 연면적 1,000m²이상 의료시설로서 중요도(특)에 해당되지 않은 건축물
중요도(2) 중요도계수 1.0	붕괴 시 인명피해의 위험도가 낮은 건축물	중요도(특), 중요도(1), 중요도(3)에 해당하지 않는 건축물
중요도(3) 중요도계수 1.0	붕괴 시 인명피해가 없거나 일시적인 건축물	농업시설물, 소규모창고 가설구조물

18 초고층건물의 구조설계와 관련된 요소기술이 아닌 것은?

① 풍동실험기술

② 기둥축소량 보정기술

③ 횡력저항구조시스템 설계기술

④ PEB구조(Pre-Engineered Metal Building System)기술

19 지진력에 저항하는 철근콘크리트 구조시스템에서 설계기준항복강도가 600MPa인 철근을 사용할 수 있는 경우가 아닌 것은?

① 중간모멘트골조에 사용하는 주철근

② 특수철근콘크리트 구조벽체 소성영역 및 연결보에 사용하는 주철근

③ 특수모멘트골조의 보에 사용하는 전단철근

④ 특수철근콘크리트 구조벽체에 사용하는 전단철근

....

ANSWER 18.④ 19.③

18 PEB구조(Pre-Engineered Metal Building System)
- H형강 단면의 두께와 폭을 컴퓨터 프로그램에 의하여 건축물의 물리적 치수와 하중조건에 필요한 응력에 대응하도록 설계, 제작되는 철골 구조물
- 휨모멘트 크기에 따라 부재형상을 최적화 한 변단면부재(Tapered Beam)를 사용한 철골시스템이다.
- 공장제작방식으로 제조되며 현장에서 단순하게 볼트조립만 필요하다.
- 현장에서 구조설계 변경 시 즉각 대응이 어렵다.
- 용접과 절단기술, 컴퓨터시스템의 도입과 더불어 골조 중량감소 등의 이유로 공장, 창고, 격납고 시설 등에 널리 사용된다.

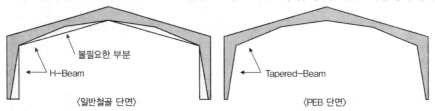

19
- 특수모멘트골조의 보에 사용하는 전단철근은 설계기준항복강도가 500MPa이하의 철근을 사용해야 한다.
- 지진력에 의한 휨모멘트 및 축력을 받는 중간모멘트골조와 특수모멘트골조, 그리고 특수철근콘크리트 구조벽체 소성영역과 연결보에 사용하는 철근(KS D 3504, 3552, 7017)은 설계기준항복강도 가 600MPa 이하이어야 한다.

20 다음 설명에서 (가)와 (나)에 들어갈 내용은?

> 말뚝의 중심 간격은 최소한 말뚝지름의 ⎡ (가) ⎤ 배 이상, 기초측면과 말뚝중심 간의 거리는 최소 말뚝지름의 ⎡ (나) ⎤ 배 이상으로 한다. (단, 말뚝기초판은 말뚝 가장자리에서 100mm 이상 확장해야 한다)

	(가)	(나)
①	2.0	1.25
②	2.0	1.5
③	2.5	1.25
④	2.5	1.5

20 말뚝의 중심 간격은 최소한 말뚝지름의 2.5배 이상, 기초측면과 말뚝중심 간의 거리는 최소 말뚝지름의 1.25배 이상으로 한다. (단, 말뚝기초판은 말뚝 가장자리에서 100mm 이상 확장해야 한다)

1 강구조 압축부재의 하단부가 회전고정 및 이동고정 되어 있고 상단부가 회전자유 및 이동고정 되어 있을 경우 유효좌굴길이계수의 이론값은?

① 0.5

② 0.7

③ 1.0

④ 1.2

2 강구조 건축물 설계 시 고려하는 사용한계상태로 옳은 것은?

① 구조물의 진동

② 소성힌지의 형성

③ 인장파괴

④ 골조의 안정성

ANSWER 1.② 2.①

1 유효좌굴길이 $L_k = K \cdot L$ (K: 좌굴계수, L: 부재길이)

단부구속조건	양단 고정단	1단 힌지단 타단 고정단	양단 힌지단	1단 자유단 타단 고정단
좌굴계수	0.50	0.70	1.0	2.0

2 • 사용성에 대한 한계상태는 작용하중으로 인하여 그 구조물의 범용적인 사용이 불가능해지거나 편리성이 상실되는 상태를 말하는데 이를 사용한계상태(Service Strength State)라 부른다. 사용한계상태의 대표적인 예로는 처짐, 진동, 균열, 소음 등이 있다.

• 강도한계상태 : 항복, 소성힌지의 형성, 골조 또는 부재의 안정성, 인장파괴, 피로파괴 등 안정성과 최대하중지지력에 대한 한계상태이다.

3 다음은 철근콘크리트 구조의 인장지배단면에 관한 내용이다. ㈎~㈐에 들어갈 내용을 바르게 연결한 것은?

압축연단 콘크리트가 가정된 극한변형률에 도달할 때 최외단 인장철근의 순인장변형률 ε_t 가 ㈎ 의 인장지배변형률 한계 ㈏ 인 단면을 인장지배단면이라고 한다. 다만, 철근의 항복강도가 400MPa 을 초과하는 경우에는 인장지배변형률 한계를 철근 항복변형률의 ㈐ 배로 한다.

	㈎	㈏	㈐
①	0.004	이상	2.0
②	0.004	이하	2.0
③	0.005	이상	2.5
④	0.005	이하	2.5

4 그림과 같은 단순보 중앙에 집중하중 24kN이 작용할 때, 단순보 단면에 발생할 수 있는 최대 전단응력 [MPa]은? (단, 보의 자중은 무시한다)

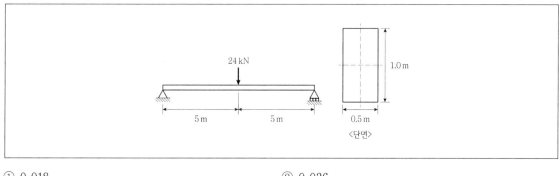

① 0.018   ② 0.036

③ 0.048   ④ 0.072

---

3 압축연단 콘크리트가 가정된 극한변형률에 도달할 때 최외단 인장철근의 순인장변형률 ε_t 가 0.005의 인장지배변형률 한계 이 상인 단면을 인장지배단면이라고 한다. 다만, 철근의 항복강도가 400MPa을 초과하는 경우에는 인장지배변형률 한계를 철근 항복변형률의 2.0배로 한다.

4 최대전단응력은 지점단면의 중앙부에서 발생하게 된다.

$$\tau_{\max} = 1.5 \frac{V_A}{A} = 1.5 \cdot \frac{12[kN]}{0.5[m] \cdot 1.0[m]} = 0.036[MPa]$$

5 얕은기초 설계에 대한 설명으로 옳지 않은 것은?

① 기초의 폭은 300mm 이상이어야 한다.

② 계단식 기초의 상부면은 평평하여야 하며, 기초의 하부면은 1/10을 초과하지 않는 경사는 허용된다.

③ 동결조건이 영구적이지 않으면 동결지반에 지지해서는 안 된다.

④ 교란된 지반, 다짐하지 않은 채움재 또는 제어되지 않은 저강도재료 위에 시공하여야 한다.

6 그림과 같은 트러스 구조물에서 부재 DF의 부재력[kN]은? (단, 부재의 인장력은 (+), 압축은 (−)로 하며, 자중은 무시한다)

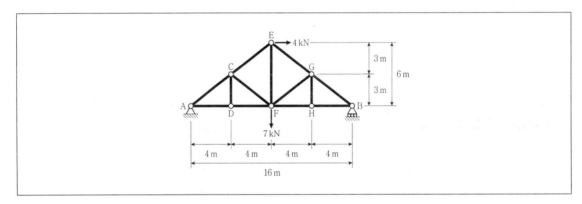

① $+\dfrac{16}{3}$

② $-\dfrac{16}{3}$

③ $+\dfrac{20}{3}$

④ $-\dfrac{20}{3}$

ANSWER 5.④ 6.③

5 얕은 기초는 교란되지 않은 지반, 다짐한 채움재 또는 제어된 저강도재료 위에 시공하여야 한다.

6 DF부재를 해석하려면 DF부재를 지나는 절단면을 그린 다음 힘의 평형법칙을 적용해야 한다.

$\sum F_y = 0 : V_A - 7 + V_B = 0$

$\sum F_x = 0 : H_A + 4 = 0$

$\sum M_B = 0 : V_A \cdot 16[m] + 4[kN] \cdot 6[m] - 7[kN] \cdot 8[m] = 0$

$V_A = 2[kN]$

C점에 대해서 힘의 평형이 이루어져야 하므로

$\sum M_c = 0 : 4 \cdot 3 + 2 \cdot 4 - F_{DF} \cdot 3 = 0$이므로 $F_{DF} = \dfrac{12+8}{3} = +\dfrac{20}{3}$

7 평지붕설하중에 대한 설명으로 옳지 않은 것은?

① 기본지붕설하중계수 Cb는 일반적으로 0.7로 한다.

② 건축물의 중요도가 1등급일 때 중요도 계수는 1.1이다.

③ 모든 면의 주변이 바람막이가 없이 노출된 지붕이고, 거센바람이 부는 지역의 노출계수는 0.8이다.

④ 난방 이외 동일한 조건일 경우 비난방구조물은 난방구조물에 비해 평지붕설하중이 감소된다.

8 긴 변의 순경간(ℓ_n)이 5m이며, 테두리보를 제외하고 슬래브 주변에 보가 없는 2방향 슬래브의 최소 두께에 대한 설명으로 옳지 않은 것은? (단, 제시된 조건 외에 비교되는 슬래브의 조건은 동일하며, 슬래브의 두께는 120mm를 초과한다)

① 철근의 설계기준항복강도가 증가할수록 슬래브 최소 두께는 감소한다.

② 외부 슬래브의 경우 테두리보가 없는 슬래브보다 테두리보가 있는 슬래브의 최소 두께가 작다.

③ 지판이 있는 경우 테두리보가 없는 외부 슬래브보다 내부 슬래브의 최소 두께가 작다.

④ 내부 슬래브의 경우 지판이 없는 슬래브보다 지판이 있는 슬래브의 최소 두께가 작다.

ANSWER 7.④ 8.①

7 평지붕적설하중 산정식에서 온도계수를 살펴보면 난방구조물의 경우 1.0, 비난방구조물의 경우 1.2이므로 난방 이외 동일한 조건일 경우 비난방구조물은 난방구조물에 비해 평지붕설하중이 증가한다.

8 2방향 슬래브의 최소두께는 아래의 식에 따라 철근의 항복강도가 증가할 경우 슬래브의 최소두께도 증가한다.

강성비 α_m 이 0.2 초과 2.0 미만인 경우	강성비 α_m 이 2.0 이상인 경우
$h = \dfrac{l_n\left(800 + \dfrac{f_y}{1.4}\right)}{36,000 + 5,000\beta(\alpha_m - 0.2)} \geq 120mm$	$h = \dfrac{l_n\left(800 + \dfrac{f_y}{1.4}\right)}{36,000 + 9,000\beta} \geq 90mm$

9 비강화유리, 배강도유리, 강화유리를 이용하여 2장 이상 유리 사이에 PVB 포일이나 아크릴 등의 레진을 삽입하여 유리에 부착한 유리는?

① 로이유리　　　　　　　　　　　　　② 복층유리

③ 망입유리　　　　　　　　　　　　　④ 접합유리

10 기초구조 용어 정의에 대한 설명으로 옳지 않은 것은?

① 극한지지력 : 흙에서 전단파괴가 발생되는 기초의 단위면적당 하중

② 마이크로 파일 : 지반에 구멍을 뚫고 강봉을 삽입하여 그라우트 한 깊은 기초이며 소구경 말뚝이라고 함

③ 저강도재료 : 재령 28일의 압축강도가 9.3MPa 이하가 되도록 제어된 시멘트계 슬러리 재료

④ 허용지지력 : 침하 또는 부등침하와 같은 허용한도 내에서 지반의 극한지지력을 적정의 안전율로 나눈 값

11 목구조에서 바닥에 작용하는 하중을 지지하며 평평한 바닥면을 이루기 위하여 설치하는 바닥 덮개를 지지하는 골조 부재는?

① 마룻대　　　　　　　　　　　　　　② 바닥장선

③ 바닥도리　　　　　　　　　　　　　④ 토대

ANSWER 9.④　10.③　11.②

9 • 접합유리 : 비강화유리, 배강도유리, 강화유리를 이용하여 2장 이상 유리 사이에 PVB 포일이나 아크릴 등의 레진을 삽입하여 유리에 부착한 유리
　　• 복층(Pair)유리 : 두 장의 판유리 사이에 공간을 두어 최소 두 겹 이상으로 만들어진 판유리로서 공간 안에는 공기의 습기를 흡수할 수 있는 건조제가 들어있다.
　　• 접합유리 : 2장 이상의 판유리 사이에 투명하고 내열성과 접착성이 강한 접합 필름을 삽입하고 내부의 공기를 제거한 후 온도와 압력을 높여 판유리들을 서로 접합한 것으로, 파손 시에 파편이 비산하는 것을 방지할 수 있으며 충격에 대한 흡수능력이 우수하다. 주로 건축물, 쇼윈도 등의 용도에 사용되며 승용차의 전면 유리 역시 접합 유리를 쓰고 있다.
　　• 망입유리 : 유리 안에 금속철망을 삽입한 판유리로서 충격에 강하며 파손 시 유리파편들이 금속망에 붙어 있으므로 안전성을 확보할 수 있다. 위험물 취급소의 창이나 지하철 플랫폼 주변 계단 부근의 방화구역 등에 사용된다.

10 기초구조 용어 중 저강도재료에 대한 용어정의는 없으며 재령 28일의 압축강도를 9.3MPa이하가 되도록 제어하는 재료에 대한 서술이 없다.

11 바닥장선 : 목구조에서 바닥에 작용하는 하중을 지지하며 평평한 바닥면을 이루기 위하여 설치하는 바닥 덮개를 지지하는 골조 부재

12 철근콘크리트 보에 10년 동안 지속하중이 작용할 때, 이 보의 장기 추가처짐에 대한 계수(λ_Δ)는? (단, 압축철근비(ρ')는 0.00096이며, 인장철근비(ρ)는 0.0066이다)

① $\lambda_\Delta = \dfrac{1}{1+50(0.0066)}$ 　　　　② $\lambda_\Delta = \dfrac{2}{1+50(0.0066)}$

③ $\lambda_\Delta = \dfrac{1}{1+50(0.00096)}$ 　　　　④ $\lambda_\Delta = \dfrac{2}{1+50(0.00096)}$

13 강구조에서 집중하중에 대하여 내력을 향상시키기 위해, 보나 기둥에 웨브와 평행하도록 부착하는 판재는?

① 띠판 　　　　　　　　　　　② 겹침판
③ 뒷댐재 　　　　　　　　　　④ 끼움재

14 철근콘크리트 휨부재 설계에 대한 설명으로 옳지 않은 것은? (단, f_y는 철근의 설계기준항복강도이다)

① 휨모멘트를 받는 부재의 콘크리트 압축연단의 극한변형률은 콘크리트의 설계기준압축강도가 40MPa 이하인 경우에는 0.003으로 가정한다.

② 철근과 콘크리트의 변형률은 중립축부터 거리에 비례하는 것으로 가정할 수 있다. 그러나 설계 기준에 규정된 깊은 보는 비선형 변형률 분포를 고려하여야 한다.

③ 철근의 변형률이 f_y에 대응하는 변형률보다 큰 경우 철근의 응력은 변형률에 관계없이 f_y로 하여야 한다.

④ 콘크리트 압축응력의 분포와 콘크리트변형률 사이의 관계는 직사각형, 사다리꼴, 포물선형 등으로 가정할 수 있다.

ANSWER 12.④ 13.② 14.①

12 $\lambda = \dfrac{\xi}{1+50\rho'}$ 　(ξ : 시간경과계수, $\rho' = \dfrac{A_s'}{bd}$: 압축철근비)

$\lambda = \dfrac{\xi}{1+50\rho'} = \dfrac{2.0}{1+50(0.0096)}$ (5년 이상이므로 시간경과계수는 2.0)

13 겹침판 : 강구조에서 집중하중에 대하여 내력을 향상시키기 위해, 보나 기둥에 웨브와 평행하도록 부착하는 판재

14 휨모멘트 또는 휨모멘트와 축력을 동시에 받는 부재의 콘크리트 압축연단의 극한변형률은 콘크리트의 설계기준압축강도가 40MPa 이하인 경우에는 0.0033으로 가정하며, 40MPa을 초과할 경우에는 매 10MPa의 강도 증가에 대하여 0.0001씩 감소시킨다.

15 조적식구조에서 사용하는 모르타르와 그라우트에 대한 설명으로 옳지 않은 것은?

① 모르타르에서 사용하는 물의 양은 현장에서 적절한 시공연도를 얻도록 조절할 수 있다.

② 그라우트의 압축강도는 조적개체 강도의 1.3배 이상으로 한다.

③ 실험에 의해서 규준의 요구조건에 합당한 결과가 나타나지 않으면 모르타르나 그라우트에 공기연행제를 사용한다.

④ 동결방지용액이나 염화물 등의 성분은 모르타르나 그라우트에 사용할 수 없다.

16 보통중량 콘크리트의 설계기준압축강도(f_{ck})가 30MPa일 때 콘크리트의 할선탄성계수(E_c, MPa)는? (단, 콘크리트의 평균 압축강도(f_{cm})에 대한 충분한 시험자료는 없는 상태이다)

① $8,500\sqrt[3]{30}$

② $8,500\sqrt[3]{33}$

③ $8,500\sqrt[3]{34}$

④ $8,500\sqrt[3]{35}$

ANSWER 15.③ 16.③

15 조적식구조에서 사용하는 모르타르와 그라우트에 공기연행제 사용은 요구조건에 합당한 결과가 나와야만 할 수 있으며 실재로 조적식구조의 모르타르와 그라우트에 공기연행제를 사용하면서 공사를 하지는 않는다.

16 $E_c = 8,500\sqrt[3]{f_{cu}} = 8,500\sqrt[3]{f_{ck} + \triangle f} = 8,500\sqrt[3]{30 + 4}$

$f_{ck} \leq 40MPa$이면 $\triangle f = 4MPa$

$f_{ck} \geq 60MPa$이면 $\triangle f = 6MPa$

$40MPa < f_{ck} < 60MPa$이면 $\triangle f$는 직선보간 한다.

17 그림과 같은 겔버보의 C점에 발생하는 휨모멘트[kN · m]의 절댓값은? (단, 보의 자중은 무시한다)

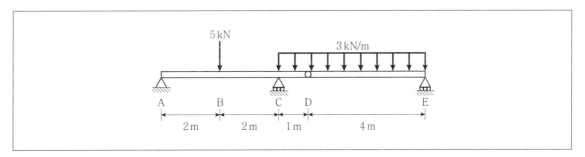

① 5.0

② 7.5

③ 10.0

④ 12.5

18 철근콘크리트 연속 휨부재의 모멘트 재분배에 대한 설명으로 옳지 않은 것은? (단, ε_t는 공칭축강도에서 최외단 인장철근의 순인장변형률이다)

① 경간 내의 단면에 대한 휨모멘트의 계산은 수정된 부모멘트를 사용하여야 한다.

② 근사해법에 의해 휨모멘트를 계산한 경우를 제외하고, 탄성이론에 의하여 산정한 연속 휨부재 받침부의 부모멘트는 20% 이내에서 $1,000\varepsilon_t$% 만큼 증가 또는 감소시킬 수 있다.

③ 휨모멘트 재분배 이후에도 정적 평형은 유지되어야 한다.

④ 휨모멘트의 재분배는 휨모멘트를 감소시킬 단면에서 ε_t가 0.0075 미만인 경우에만 가능하다.

ANSWER 17.② 18.④

17 겔버보 우측부를 단순보로 간주하므로 D점에는 $(3 \times 4)/2 = 6$[kN]의 연직방향 하중이 작용한다.
따라서 C점에 작용하는 휨모멘트는

$$M_c = 6[kN] \cdot 1[m] + 3[kN/m] \cdot \frac{1}{2} = 7.5[kNm]$$

18 휨모멘트의 재분배는 휨모멘트를 감소시킬 단면에서 ε_t가 0.0075 이상인 경우에만 가능하다.

19 강합성구조 합성단면의 공칭강도에 대한 설명으로 옳지 않은 것은? (단, f_{ck} 는 콘크리트의 설계기준압축 강도이다)

① 소성응력분포법에서는 강재가 인장 또는 압축으로 항복응력에 도달할 때 콘크리트는 축력 또는 휨으로 인한 압축으로 $0.8f_{ck}$ 의 응력에 도달한 것으로 가정하여 공칭강도를 계산한다.

② 합성단면의 공칭강도를 결정할 때 콘크리트의 인장강도는 무시한다.

③ 변형률적합법에서는 단면에 걸쳐 변형률이 선형적으로 분포한다고 가정한다.

④ 매입형 합성부재는 국부좌굴을 고려할 필요가 없다.

20 설계하중의 용어에 대한 설명으로 옳지 않은 것은?

① 와류진동 : 시시각각 변하는 바람의 난류 성분이 물체에 닿아 물체를 풍방향으로 불규칙하게 진동시키는 현상

② 외압계수 : 건축물 외피의 임의 수압면에 가해지는 평균풍압과 기준 높이에서 속도압의 비

③ 강체건축구조물 : 바람과 구조물의 동적 상호작용에 의해 발생하는 부가적인 하중효과를 무시할 수 있는 안정된 건축구조물

④ 골바람효과 : 산과 산 사이의 골짜기를 따라 평행하게 바람이 불어가면서 유선이 수평 방향으로 수렴하여 풍속이 급격하게 증가하는 현상

ANSWER 19.① 20.①

19 소성응력분포법에서는 강재가 인장 또는 압축으로 항복응력에 도달할 때 콘크리트는 축력 또는 휨으로 인한 압축으로 $0.85f_{ck}$ 의 응력에 도달한 것으로 가정하여 공칭강도를 계산한다.

20 와류진동 : 건축물 배후면에서 좌우 상호 규칙적으로 발생하는 와류의 영향에 의해 발생하는 건축물의 진동

1 강도설계법을 사용하여 구조물의 소요강도를 산정하는 경우, 고정하중과 지진하중만으로 하중을 조합할 때 고정하중에 적용하는 하중계수는?

① 0.9

② 1.0

③ 1.2

④ 1.4

2 건축물 내진설계기준에서 수직하중과 횡력을 보와 기둥으로 구성된 라멘골조가 저항하는 구조방식은?

① 건물골조방식

② 모멘트골조방식

③ 내력벽방식

④ 이중골조방식

ANSWER 1.① 2.②

1 강도설계법을 사용하여 구조물의 소요강도를 산정하는 경우, 고정하중과 지진하중만으로 하중을 조합할 때 고정하중에 적용하는 하중계수는 0.9이다.

2 • 건물골조방식 : 수직하중은 입체골조가 저항하고, 지진하중은 전단벽이나 가새골조가 저항하는 구조방식
  • 모멘트골조방식 : 수직하중과 횡력을 보와 기둥으로 구성된 라멘골조가 저항하는 구조방식
  • 내력벽방식 : 수직하중과 횡력을 전단벽이 부담하는 구조방식
  • 이중골조방식 : 횡력의 25% 이상을 부담하는 연성모멘트골조가 전단벽이나 가새골조와 조합되어 있는 구조방식

3 휨 모멘트를 받는 부재의 콘크리트 설계기준압축강도가 40MPa일 때, 콘크리트 압축연단의 극한변형률 ϵ_{cu} 값은?

① 0.0030
② 0.0031
③ 0.0032
④ 0.0033

4 조적식구조에서 그라우트 또는 모르타르가 포함된 단위조적 개체로 조적조의 성질을 규정하기 위해 사용하는 시험체는?

① 면살
② 프리즘
③ 겹
④ 대린벽

3 휨 모멘트를 받는 부재의 콘크리트 설계기준압축강도가 40MPa일 때, 콘크리트 압축연단의 극한변형률 ϵ_{cu} 값은 0.0033이다.

4 • 프리즘 : 그라우트 또는 모르타르가 포함된 단위조적의 개체로 조적조의 성질을 규정하기 위해 사용하는 시험체
   • 대린벽 : 한 내력벽에 직각으로 교차하는 벽

5 철근콘크리트 부재의 전단철근으로 적절하지 않은 것은?

① 부재축에 평행하게 배치한 용접철망

② 나선철근 또는 원형 띠철근

③ 주인장철근에 45도 이상의 각도로 설치되는 스터럽

④ 주인장철근에 30도 이상의 각도로 구부린 굽힘철근

6 그림과 같은 단순보에서 B 지점의 수직반력[kN]은? (단, 보의 자중은 무시한다)

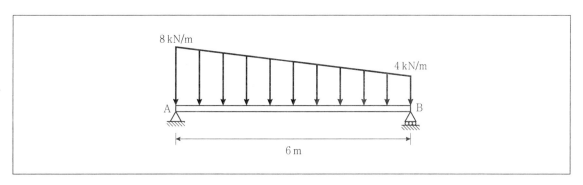

① 10

② 16

③ 20

④ 22

---

5 전단철근(스터럽)의 종류
 • 주철근에 직각으로 설치하는 스터럽
 • 부재축에 직각인 용접철망
 • 주철근을 30° 이상의 각도로 구부린 굽힘주철근
 • 주철근에 45° 이상의 각도로 설치된 경사스터럽
 • 스터럽과 경사철근의 조합
 • 나선철근, 원형띠철근 또는 후프철근

6 등분포하중과 등변분포하중이 중첩되어 작용하는 경우이므로 각각의 경우에 작용하는 하중을 중첩시켜 구한다.
 등분포하중 $w = 4[kN/m]$에 의한 B점의 반력은 12[kN/m]이다.
 등변분포하중에 의한 B점의 반력은 4[kN/m]이다. 따라서 B점의 반력은 16[kN/m]이다.

7 고장력볼트의 접합 방법으로 옳지 않은 것은?

① 휨접합
② 마찰접합
③ 인장접합
④ 지압접합

8 철근콘크리트 특수모멘트골조의 휨부재에 대한 설명으로 옳지 않은 것은?

① 접합면에서 정모멘트에 대한 강도는 부모멘트에 대한 강도의 1/2 이상이어야 한다.
② 부재의 어느 위치에서나 정 또는 부모멘트에 대한 강도는 부재 양단 접합면의 최대 휨강도의 1/4 이상이어야 한다.
③ 첫 번째 후프철근은 지지부재의 면부터 100mm 이내에 위치하여야 한다.
④ 보의 상부와 하부에 최소한 연속된 두 개의 축방향 철근으로 보강하여야 한다.

ANSWER 7.① 8.③

7 고장력볼트의 **접합방법** : 마찰접합, 인장접합, 지압접합

8 첫 번째 후프철근은 지지부재의 면으로부터 50mm 이내에 위치하여야 한다. 후프철근의 최대 간격은 d/4, 축방향 철근의 최소 지름의 8배, 후프철근지름의 24배, 300mm 중 가장 작은 값을 초과하지 않아야 한다.

9 구조용 강재의 항복강도[MPa]로 옳지 않은 것은?

① 판두께 1mm인 SS275 : 275

② 판두께 30mm인 SS275 : 265

③ 판두께 15mm인 SN275 : 275

④ 판두께 30mm인 SN275 : 265

ANSWER 9.④

9 판두께 30mm인 SN275의 항복강도는 275이다.

※ 주요 구조용 강재의 재료강도(MPa)

강도	강재 기호 / 판 두께	SS275	SM275 SMA275	SM355 SMA355	SM420	SM460	SN275	SN355	SHN275	SHN355
F_y	16mm 이하	275	275	355	420	460	275	355	275	355
	16mm 초과 40mm 이하	265	265	345	410	450				
	40mm 초과 75mm이하	245	255	335	400	430	255	335		
	75mm 초과 100mm 이하		245	325	390	420			–	–
F_u	75mm 이하	410	410	490	520	570	410	490	410	490
	75mm 초과 100mm 이하								–	–

※ 강재의 종별 용도표시

기호	강재의 종류	기호	강재의 종류
SS	일반구조용 압연강재	SPS	일반구조용 탄소강관
SM	용접구조용 압연강재	SPSR	일반구조용 각형강관
SMA	용접구조용 내후성 열간압연강재	STKN	건축구조용 원형강관
SN	건축구조용 압연강재	SPA	내후성강
FR	건축구조용 내화강재	SHN	건축구조용 H형강

10 콘크리트구조 내구성 설계기준에서 보통 정도의 습도에 노출되는 콘크리트로 탄산화 위험이 비교적 높은 경우에 내구성 확보를 위하여 요구되는 콘크리트 최소 설계기준압축강도[MPa]는? (단, 별도의 내구성 설계와 보호 조치는 취하지 않는다)

① 24

② 27

③ 30

④ 35

....

ANSWER 10.②

10 보통 정도의 습도에 노출되는 콘크리트로 탄산화 위험이 비교적 높은 경우는 내구성등급 EC3에 해당되므로 콘크리트 최소설계기준압축강도는 27[MPa] 이상이어야 한다.

※ 내구성 확보를 위한 요구조건 … 콘크리트 설계기준압축강도는 노출등급에 따라 아래의 표에서 규정하는 값 이상이라야 한다. (다만, 별도의 내구성 설계를 통해 입증된 경우나 성능이 확인된 별도의 보호 조치를 취하는 경우에는 아래의 표에서 규정하는 값보다 낮은 강도를 적용할 수 있다.)

※ 노출등급에 따른 최소 설계기준압축강도

항목	노출등급															
	−	EC				ES				EF				EA		
	E0	EC1	EC2	EC3	EC4	ES1	ES2	ES3	ES4	EF1	EF2	EF3	EF4	EA1	EA2	EA3
최소 설계기준 압축강도 f_{ck}(MPa)	21	21	24	27	30	30	30	35	35	24	27	30	30	27	30	30

범주	등급	조건	예
일반	E0	물리적, 화학적 작용에 의한 콘크리트 손상의 우려가 없는 경우 철근이나 내부 금속의 부식 위험이 없는 경우	• 공기 중 습도가 매우 낮은 건물 내부의 콘크리트
EC (탄산화)	EC1	건조하거나 수분으로부터 보호되는 또는 영구적으로 습윤한 콘크리트	• 공기 중 습도가 낮은 건물 내부의 콘크리트 • 물에 계속 침지 되어 있는 콘크리트
	EC2	습윤하고 드물게 건조되는 콘크리트로 탄산화의 위험이 보통인 경우	• 장기간 물과 접하는 콘크리트 표면 • 외기에 노출되는 기초
	EC3	보통 정도의 습도에 노출되는 콘크리트로 탄산화 위험이 비교적 높은 경우	• 공기 중 습도가 보통 이상으로 높은 건물 내부의 콘크리트 • 비를 맞지 않는 외부 콘크리트
	EC4	건습이 반복되는 콘크리트로 매우 높은 탄산화 위험에 노출되는 경우	• EC2 등급에 해당하지 않고, 물과 접하는 콘크리트(예를 들어 비를 맞는 콘크리트 외벽, 난간 등)
ES (해양환경, 제빙화학제 등 염화물)	ES1	보통 정도의 습도에서 대기 중의 염화물에 노출되지만 해수 또는 염화물을 함유한 물에 직접 접하지 않는 콘크리트	• 해안가 또는 해안 근처에 있는 구조물 • 도로 주변에 위치하여 공기중의 제빙화학제에 노출되는 콘크리트
	ES2	습윤하고 드물게 건조되며 염화물에 노출되는 콘크리트	• 수영장 • 염화물을 함유한 공업용수에 노출되는 콘크리트
	ES3	항상 해수에 침지되는 콘크리트	• 해상 교각의 해수 중에 침지되는 부분
	ES4	건습이 반복되면서 해수 또는 염화물에 노출되는 콘크리트	• 해양 환경의 물보라 지역(비말대) 및 간만대에 위치한 콘크리트 • 염화물을 함유한 물보라에 직접 노출되는 교량 부위 • 도로 포장 • 주차장
EF (동결융해)	EF1	간혹 수분과 접촉하나 염화물에 노출되지 않고 동결융해의 반복작용에 노출되는 콘크리트	• 비와 동결에 노출되는 수직 콘크리트 표면
	EF2	간혹 수분과 접촉하고 염화물에 노출되며 동결융해의 반복작용에 노출되는 콘크리트	• 공기 중 제빙화학제와 동결에 노출되는 도로구조물의 수직 콘크리트 표면
	EF3	지속적으로 수분과 접촉하나 염화물에 노출되지 않고 동결융해의 반복작용에 노출되는 콘크리트	• 비와 동결에 노출되는 수평 콘크리트 표면
	EF4	지속적으로 수분과 접촉하고 염화물에 노출되며 동결융해의 반복작용에 노출되는 콘크리트	• 제빙화학제에 노출되는 도로와 교량 바닥판 • 제빙화학제가 포함된 물과 동결에 노출되는 콘크리트 표면 • 동결에 노출되는 물보라 지역(비말대) 및 간만대에 위치한 해양 콘크리트
EA (황산염)	EA1	보통 수준의 황산염이온에 노출되는 콘크리트	• 토양과 지하수에 노출되는 콘크리트 • 해수에 노출되는 콘크리트
	EA2	유해한 수준의 황산염이온에 노출되는 콘크리트	• 토양과 지하수에 노출되는 콘크리트
	EA3	매우 유해한 수준의 황산염이온에 노출되는 콘크리트	• 토양과 지하수에 노출되는 콘크리트 • 하수, 오·폐수에 노출되는 콘크리트

콘크리트구조 내구성 설계기준에서 보통 정도의 습도에 노출되는 콘크리트로 탄산화 위험이 비교적 높은 경우에 내구성 확보를 위하여 요구되는 콘크리트 최소 설계기준압축강도는 27[MPa]이다.

11 그림과 같이 등분포하중 ω가 작용하는 캔틸레버보의 최대 처짐은? (단, 보의 자중은 무시하고, 탄성계수(E)와 단면2차모멘트(I)는 일정하며, 선형탄성 거동하는 것으로 가정한다)

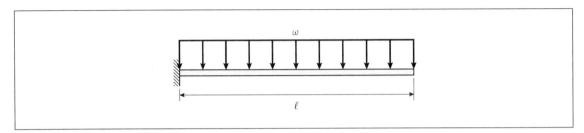

① $\dfrac{\omega\ell^4}{3EI}$

② $\dfrac{\omega\ell^4}{8EI}$

③ $\dfrac{\omega\ell^4}{48EI}$

④ $\dfrac{5\omega\ell^4}{384EI}$

ANSWER 11.②

10 캔틸레버 보의 최대처짐은 자유단에서 발생하며 최대처짐량은 $\dfrac{\omega\ell^4}{8EI}$ 이다.

하중조건	처짐각	처짐
A⊥──────── P ──B |←── L ──→|	$\theta_B = \dfrac{PL^2}{2EI}$	$\delta_B = \dfrac{PL^3}{3EI}$
A⊥──── P ────B |← L/2 →C← L/2 →| |←──── L ────→|	$\theta_B = \dfrac{PL^2}{8EI}$, $\theta_C = \dfrac{PL^2}{8EI}$	$\delta_B = \dfrac{PL^3}{24EI}$, $\delta_C = \dfrac{5PL^3}{48EI}$
A⊥──── w ────B |←──── L ────→|	$\theta_B = \dfrac{wL^3}{6EI}$	$\delta_B = \dfrac{wL^4}{8EI}$

12 목구조에서 도리 위에 건너지르는 긴 부재로 지붕의 하중을 받아서 도리로 전달하는 부재는?

① 서까래

② 대들보

③ 종보

④ 개판

13 그림과 같은 구조물의 판별 결과로 옳은 것은?

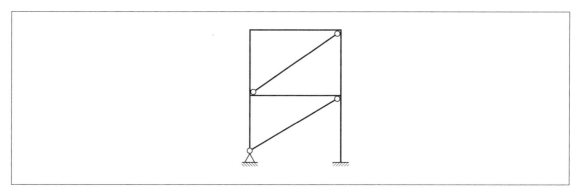

① 불안정

② 6차 부정정

③ 7차 부정정

④ 8차 부정정

---

12 • 서까래 : 비탈진 지붕면을 만들려고 도리 위에 촘촘하게 설치하는 구조 요소. 연목

• 대들보 : 기둥과 기둥을 연결하는 가로재인 큰 들보

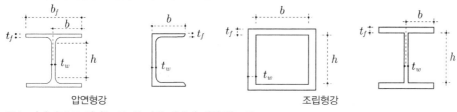

압연형강   조립형강

• 종보 : 여러 층으로 걸리는 보 중 가장 상층에 위치하는 보

• 개판 : 지붕이나 서까래 위를 덮는 널. 지붕널

※ 보는 가구형식에 따라 상하 여러 층 걸리는 경우가 있다. 삼량집에서는 앞뒤 기둥을 연결하는 보가 하나만 걸린다. 보가 이렇게 하나만 있을 때는 보 또는 대들보라고 부를 수 있다. 그런데 오량집이 되면 대들보 위에 동자주를 세우고 보를 하나 더 건다. 이 경우 아랫보는 윗보에 비해 길고 단면 또한 굵다. 이때 아랫보를 대들보(大樑)라고 하며 윗보는 종보(宗樑)라고 한다.

13 $n = R + m + f - 2j = 5 + 8 + 6 - 2 \cdot 6 = 19 - 12 = 7$

14 두 개 이상의 기둥 하중을 하나의 기초판을 통하여 지반으로 전달하는 기초는?

① 연성기초

② 줄기초

③ 복합기초

④ 연속기초

15 용접 H형강(H − 300 × 300 × 10 × 15) 판요소의 폭두께비는?

	플랜지	웨브
①	10	27
②	10	30
③	20	27
④	20	30

---

14 복합기초 : 2개 또는 그 이상의 기둥으로부터의 응력을 하나의 기초판을 통해 지반 또는 지정에 전달토록 하는 기초

줄기초, 연속기초 : 벽 또는 일련의 기둥으로부터의 응력을 띠모양으로 하여 지반 또는 지정에 전달토록 하는 기초

15 플랜지의 판폭두께비 : $(300/2)/15=10$

웨브의 판폭두께비 : $(300-2\times15)/10=27$

판폭두께비

㉠ 판재의 판폭두께비가 크다는 것은 판재의 세장비가 커서 항복보다 탄성좌굴이 먼저 발생한다는 의미이다. 콤팩트단면은 판폭두께비가 작아 단단하기에 전체 소성응력을 받을 수 있고 국부좌굴 발생 전에 회전연성비 약 3의 값을 갖는다. 비콤팩트단면은 국부좌굴발생전에 항복응력이 발생할 수 있으나 완전소성응력분포를 위해 요구되는 변형값에서 소성국부좌굴을 저항하지 못한다.

㉡ H형 단면의 경우 플랜지의 판폭두께비 $\lambda = \dfrac{b}{t_f}$, 웨브의 판폭두께비 : $\lambda = \dfrac{h}{t_w}$

16 강구조 연결 설계기준에 따른 M20 고장력볼트의 표준구멍의 직경과 과대구멍(대형구멍)의 직경[mm]으로 옳은 것은?

	표준구멍 직경	과대구멍(대형구멍) 직경
①	20	22
②	21	23
③	22	24
④	23	25

17 철근콘크리트 슬래브의 길이가 ℓ이고 처짐을 계산하지 않는 경우, 리브가 있는 1방향 슬래브의 최소 두께로 옳지 않은 것은? (단, 보통중량 콘크리트와 설계기준항복강도가 400MPa인 철근을 사용하며, 큰 처짐에 의해 손상되기 쉬운 칸막이벽이나 기타 구조물을 지지 또는 부착하지 않는다)

① 단순 지지인 경우 $\ell/16$

② 1단 연속인 경우 $\ell/18.5$

③ 양단 연속인 경우 $\ell/21$

④ 캔틸레버인 경우 $\ell/10$

ANSWER 16.③ 17.④

16

고력볼트 직경	표준구멍 직경	과대구멍 직경	단슬롯	장슬롯
M16	18	20	18×22	18×40
M20	22	24	22×26	22×50
M22	24	28	24×30	24×55
M24	27	30	27×32	27×60
M27	30	35	30×37	30×67
M30	33	38	33×40	33×75

17 부재의 처짐과 최소두께 : 처짐을 계산하지 않는 경우의 보 또는 1방향 슬래브의 최소두께는 다음과 같다. (L은 경간의 길이)

부재	최소 두께 또는 높이			
	단순지지	일단연속	양단연속	캔틸레버
1방향 슬래브	L/20	L/24	L/28	L/10
보	L/16	L/18.5	L/21	L/8

위의 표의 값은 보통콘크리트($m_c = 2,300kg/m^3$)와 설계기준항복강도 400MPa철근을 사용한 부재에 대한 값이며 다른 조건에 대해서는 그 값을 다음과 같이 수정해야 한다.

1500~2000kg/m³범위의 단위질량을 갖는 구조용 경량콘크리트에 대해서는 계산된 $h_{\min}$ 값에 $(1.65-0.00031 \cdot m_c)$를 곱해야 하나 1.09보다 작지 않아야 한다.

f_y가 400MPa 이외인 경우에는 계산된 $h_{\min}$ 값에 $(0.43+\dfrac{f_y}{700})$를 곱해야 한다.

18 그림과 같은 단순보에서 C점에 발생하는 휨모멘트[kN · m]의 절댓값은? (단, 보의 자중은 무시한다)

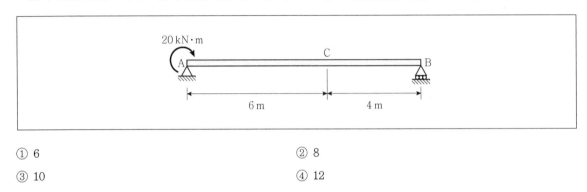

① 6

② 8

③ 10

④ 12

19 다음은 옹벽 설계에 대한 규정이다. ㈎에 들어갈 내용으로 옳은 것은? (단, 지진하중은 고려하지 않는다.)

> 옹벽은 지반의 횡작용에 의한 활동(미끄러짐)에 대하여 안전율이 _____㈎_____ 이상이 되도록 설계하여야 한다.

① 1.2

② 1.3

③ 1.4

④ 1.5

ANSWER 18.② 19.④

18 B점의 반력은 $\sum M_A = 20 - 10 V_B = 0$이어야 하므로 $V_B = 2[kN](\uparrow)$

$M_B = 2[kN] \cdot 4[m] = 8[kNm]$

19 옹벽의 안전률

사용하중에 의해 검토한다. 전도에 대한 안전율(저항모멘트를 전도모멘트로 나눈 값)은 2.0 이상, 활동에 대한 안전율(수평저항력을 수평력으로 나눈 값)은 1.5 이상, 지반의 지지력에 대한 안전율(지반의 허용지지력을 지반에 작용하는 최대하중으로 나눈 값)은 1.0 이상이어야 한다.

20 강구조의 재료 특성에 대한 설명으로 옳지 않은 것은?

① SHN275는 건축구조용 열간압연형강이다.

② 구조용 강재의 전단탄성계수는 81,000MPa이다.

③ SN355 강재의 인장강도는 355MPa이다.

④ 고장력볼트는 재료의 강도에 따라 F8T, F10T, F13T로 구분한다.

ANSWER 20.③

20 SN355 강재의 항복강도는 355MPa이다.

기호	강재의 종류	기호	강재의 종류
SS	일반구조용 압연강재	SPS	일반구조용 탄소강관
SM	용접구조용 압연강재	SPSR	일반구조용 각형강관
SMA	용접구조용 내후성 열간압연강재	STKN	건축구조용 원형강관
SN	건축구조용 압연강재	SPA	내후성강
FR	건축구조용 내화강재	SHN	건축구조용 H형강

※ 주요 구조용 강재의 재료강도(MPa)

강도	강재기호 / 판 두께	SS275	SM275 SMA275	SM355 SMA355	SM420	SM460	SN275	SN355	SHN275	SHN355
F_y	16mm 이하	275	275	355	420	460	275	355	275	355
	16mm 초과 40mm 이하	265	265	345	410	450				
	40mm 초과 75mm이하	245	255	335	400	430	255	335		
	75mm 초과 100mm 이하		245	325	390	420			−	−
F_u	75mm 이하	410	410	490	520	570	410	490	410	490
	75mm 초과 100mm 이하								−	−

기준 법령

- 「국토의 계획 및 이용에 관한 법률」(약칭: 국토계획법) [시행 2024. 8. 7.] [법률 제20234호, 2024. 2. 6., 일부개정]
- 「국토의 계획 및 이용에 관한 법률 시행령」(약칭: 국토계획법 시행령) [시행 2024. 9. 20.] [대통령령 제34319호, 2024. 3. 19., 일부개정]
- 「건축기본법」 [시행 2021. 10. 28.] [법률 제18339호, 2021. 7. 27., 일부개정]
- 「건축물의 설비기준 등에 관한 규칙」(약칭: 건축물설비기준규칙) [시행 2024. 3. 21.] [국토교통부령 제1316호, 2024. 3. 21., 일부개정]
- 「건축법」 [시행 2024. 6. 27.] [법률 제20424호, 2024. 3. 26., 일부개정]
- 「건축법 시행령」 [시행 2024. 12. 19.] [대통령령 제34580호, 2024. 6. 18., 일부개정]
- 「노인복지법」 [시행 2024. 8. 7.] [법률 제20212호, 2024. 2. 6., 일부개정]
- 「녹색건축물 조성 지원법」(약칭: 녹색건축법) [시행 2025. 1. 1.] [법률 제20337호, 2024. 2. 20., 일부개정]
- 「도로교통법」 [시행 2024. 10. 25.] [법률 제20155호, 2024. 1. 30., 일부개정]
- 「도시 및 주거환경정비법」(약칭: 도시정비법) [시행 2024. 7. 31.] [법률 제20174호, 2024. 1. 30., 일부개정]
- 「소방시설 설치 및 관리에 관한 법률 시행령」(약칭: 소방시설법 시행령) [시행 2024. 5. 17.] [대통령령 제34488호, 2024. 5. 7., 타법개정]
- 「실내공기질 관리법 시행규칙」(약칭: 실내공기질법 시행규칙) [시행 2024. 3. 15.] [환경부령 제1082호, 2024. 3. 11., 일부개정]
- 「의료법 시행규칙」 [시행 2023. 11. 17.] [보건복지부령 제976호, 2023. 11. 17., 타법개정]
- 「장애인·노인·임산부 등의 편의증진 보장에 관한 법률」(약칭: 장애인등편의법) [시행 2023. 6. 29.] [법률 제19302호, 2023. 3. 28., 일부개정]
- 「장애인·노인·임산부 등의 편의증진 보장에 관한 법률 시행규칙」 [시행 2023. 12. 11.] [보건복지부령 제983호, 2023. 12. 11., 일부개정]
- 「주차장법 시행령」 [시행 2023. 4. 25.] [대통령령 제33434호, 2023. 4. 25., 타법개정]
- 「주차장법 시행규칙」 [시행 2024. 12. 2.] [국토교통부령 제1279호, 2023. 12. 1., 일부개정]
- 「주택법」 [시행 2024. 7. 17.] [법률 제20048호, 2024. 1. 16., 일부개정]
- 「주택법 시행령」 [시행 2024. 6. 27.] [대통령령 제34581호, 2024. 6. 18., 일부개정]

기준 규칙

- 「건축물의 에너지절약설계기준」 [시행 2023. 2. 28.] [국토교통부고시 제2023-104호, 2023. 2. 28., 일부개정]
- 「건축물의 피난·방화구조 등의 기준에 관한 규칙」(약칭: 건축물방화구조규칙) [시행 2023. 8. 31.] [국토교통부령 제1247호, 2023. 8. 31., 일부개정]
- 「녹색건축 인증에 관한 규칙」(약칭: 녹색건축인증규칙) [시행 2021. 4. 1.] [국토교통부령 제831호, 2021. 3. 24., 일부개정] [시행 2021. 4. 1.] [환경부령 제908호, 2021. 3. 24., 일부개정]
- 「다중생활시설 건축기준」 [시행 2021. 7. 14.] [국토교통부고시 제2021-951호, 2021. 7. 14., 일부개정]
- 「지구단위계획수립지침」 [시행 2024. 5. 29.] [국토교통부훈령 제1765호, 2024. 5. 29., 일부개정]
- 「범죄예방 건축기준 고시」 [시행 2021. 7. 1.] [국토교통부고시 제2021-930호, 2021. 7. 1., 일부개정]

서원각 용어사전 시리즈

상식은 "용어사전"

용어사전으로 중요한 용어만 한눈에 보자

① 시사용어사전 1200
매일 접하는 각종 기사와 정보 속에서 현대인이
놓치기 쉬운, 그러나 꼭 알아야 할 최신 시사상식
을 쏙쏙 뽑아 이해하기 쉽도록 정리했다!

② 경제용어사전 1030
주요 경제용어는 거의 다 실었다! 경제가 쉬워지
는 책, 경제용어사전!

③ 부동산용어사전 1300
부동산에 대한 이해를 높이고 부동산의 개발과 활
용, 투자 및 부동산 용어 학습에도 적극적으로 이
용할 수 있는 부동산용어사전!

중요한 용어만 공부하자!

- 최신 관련 기사 수록
- 다양한 용어를 수록하여 1000개 이상의 용어 한눈에 파악
- 용어별 중요도 표시 및 꼼꼼한 용어 설명
- 파트별 TEST를 통해 실력점검